工业和信息化设计人才实训指南

Premiere Pro 基础与实战教程

孙福波 编著

電子工業出版社
Publishing House of Electronics Industry
北京 • BEIJING

读者服务

读者在阅读本书的过程中如果遇到问题，可以关注"有艺"公众号，通过公众号中的"读者反馈"功能与我们取得联系。此外，通过关注"有艺"公众号，您还可以获取艺术教程、艺术素材、新书资讯、书单推荐、优惠活动等相关信息。

扫一扫关注"有艺"

资源下载方法：关注"有艺"公众号，在"有艺学堂"的"资源下载"中获取下载链接。如果遇到无法下载的情况，可以通过以下三种方式与我们取得联系。

1.关注"有艺"公众号，通过"读者反馈"功能提交相关信息。

2.请发邮件至art@phei.com.cn，邮件标题命名方式：资源下载+书名。

3.读者服务热线：（010）88254161~88254167转1897。

扫一扫看视频

投稿、团购合作：请发邮件至art@phei.com.cn。

图书在版编目（CIP）数据

Premiere Pro基础与实战教程 / 孙福波编著. -- 北京：电子工业出版社, 2023.5
（工业和信息化设计人才实训指南）
ISBN 978-7-121-45396-0

Ⅰ. ①P… Ⅱ. ①孙… Ⅲ. ①视频编辑软件－教材 Ⅳ. ①TP317.53

中国国家版本馆CIP数据核字(2023)第062486号

责任编辑：高　鹏　　特约编辑：刘红涛
印　　刷：中国电影出版社印刷厂
装　　订：中国电影出版社印刷厂
出版发行：电子工业出版社
　　　　　北京市海淀区万寿路173信箱　　邮编：100036
开　　本：787×1092　1/16　印张：18.5　字数：592千字
版　　次：2023 年 5 月第 1 版
印　　次：2023 年 5 月第 1 次印刷
定　　价：79.00 元

凡所购买电子工业出版社图书有缺损问题，请向购买书店调换。若书店售缺，请与本社发行部联系，联系及邮购电话：（010）88254888，88258888。

质量投诉请发邮件至 zlts@phei.com.cn，盗版侵权举报请发邮件至 dbqq@phei.com.cn。

本书咨询联系方式：（010）88254161 ～ 88254167 转 1897。

Preface

前言

Premiere Pro CC 简称 PR，是 Adobe 公司推出的一款影视编辑软件，具有专业、简洁、方便、实用等特点。这款软件被广泛应用于影视、广告、栏目包装、短视频制作等领域，并深受众多影视制作者和广大爱好者的钟爱。

本书共 12 章，具体内容概括如下：

第 1 章讲解视频剪辑的基础知识。

第 2 章讲解软件的菜单和功能面板。

第 3 章讲解项目设置、导入和管理素材及创建元素的相关知识。

第 4 章讲解序列编辑的相关知识。

第 5 章讲解使用监视器和各种工具修剪素材的相关知识。

第 6 章讲解使用关键帧制作动画的相关知识。

第 7 章讲解编辑视频效果的相关知识。

第 8 章讲解编辑视频过渡效果的相关知识。

第 9 章讲解编辑音频效果和音频过渡效果的相关知识。

第 10 章讲解创建图形和文本的方法和技巧。

第 11 章讲解输出不同类型文件的方法。

第 12 章讲解综合案例的制作方法。

本书通过本章介绍、学习目标、技能目标、课堂案例和课堂练习等环节，多维度提高读者的学习效果；通过提示和课后习题环节，扩展知识的深度和广度；配合大量的综合案例，使读者更好地巩固所学知识。

本书配套资源包含全书相关案例的工程文件、素材文件和教学视频，详细讲解相关案例的制作过程和方法，以供读者使用。提供每章课后习题的答案和练习素材，以便读者检验学习成果。另外还提供与教学配套的 PPT 课件，方便老师课堂教学使用。

本书思路明确，由浅入深、循序渐进地讲解软件的主要功能。本书内容结构完整、图文并茂、通俗易懂，并配有大量操作案例，适合相关专业学生学习和使用，也适合视频制作爱好者学习和提高。由于编者水平有限，难免会有疏漏之处，敬请广大读者批评指正。

增值服务介绍

本书增值服务丰富，包括图书相关的训练营、素材文件、源文件、视频教程；设计行业相关的资讯、开眼、社群和免费素材，助力大家自学与提高。

在每日设计 APP 中搜索关键词“D45396”，进入图书详情页面获取；设计行业相关资源在APP主页即可获取。

训练营

书中课后习题线上练习，提交作品后，有专业老师指导。

赠送配套讲义、素材、源文件和课后习题答案，辅助学习。

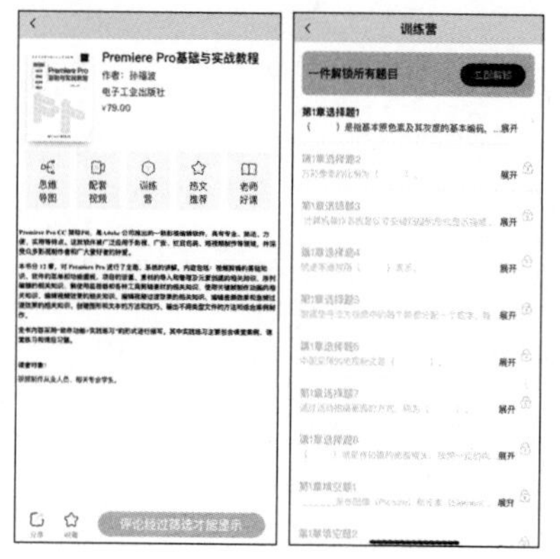

视频教程

配套视频讲解知识点，由浅入深，让你学以致用。

配套视频

3.2.1

3.2.2.

3.3.1

3.3.2

3.4.9

3.5

3.6

4.3.3

4.5.6

设计资讯

搜集设计圈内最新动态、全球尖端优秀创意案例和设计干货，了解圈内最新资讯。

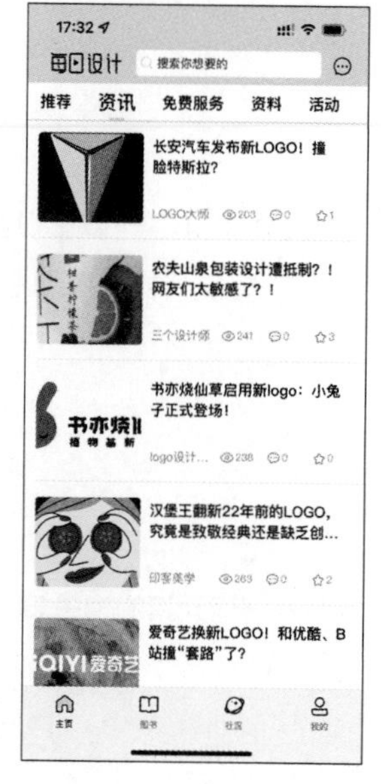

设计开眼

汇聚全球优质创作者的作品，带你遍览全球，看更好的世界，挖掘更多灵感。

设计社群

八大设计学习交流群，专业老师在线答疑，帮助你成为更好的自己。

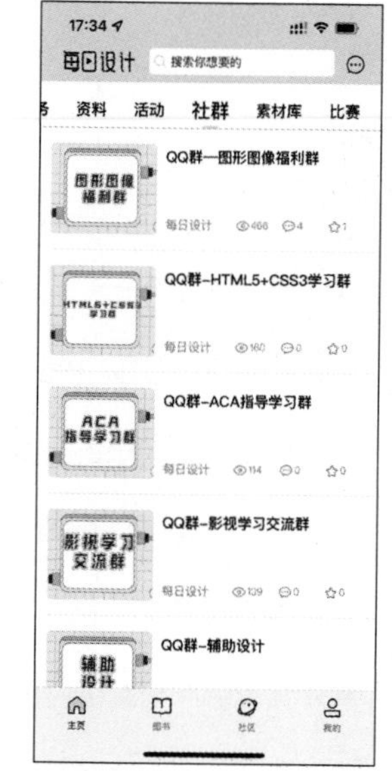

免费素材

涵盖 Photoshop、Illustrator、Auto CAD、Cinema 4D、Premiere、PowerPoint 等相关软件的设计素材、免费教程，满足你全方位学习需求。

目录 Contents

第 1 章 视频剪辑基础知识

第 2 章 软件概述

第 3 章 项目管理

第 4 章 序列编辑

第 5 章 修剪素材

第 6 章 属性动画

第7章 视频效果

第8章 视频过渡效果

第9章 音频效果

第10章 图形和文本

第11章 输出文件

第12章 综合案例

Chapter

1

第1章 视频剪辑基础知识

本章主要介绍视频剪辑的基础知识、格式规范及一些剪辑技巧。通过学习这些知识，读者可以对视频剪辑有一个宏观的认识，为以后的学习奠定一定的理论基础。

PREMIERE PRO

学习目标

- 掌握与视频相关的基础知识
- 了解三种常见的电视制式
- 了解常见的图像、视频和音频文件格式的特点
- 掌握影视剪辑的基本知识

1.1 基础知识

1. 像素

像素(Pixel)是指基本原色素及其灰度的基本编码，是构成数字图像的基本单元，通常以“像素/英寸”(Pixels Per Inch，PPI)为单位来表示图像分辨率的大小。

把图像放大数倍，会发现图像是由多个色彩相近的小方格组成的，这些小方格就是构成图像的最小单位，即像素，如图 1-1 所示。

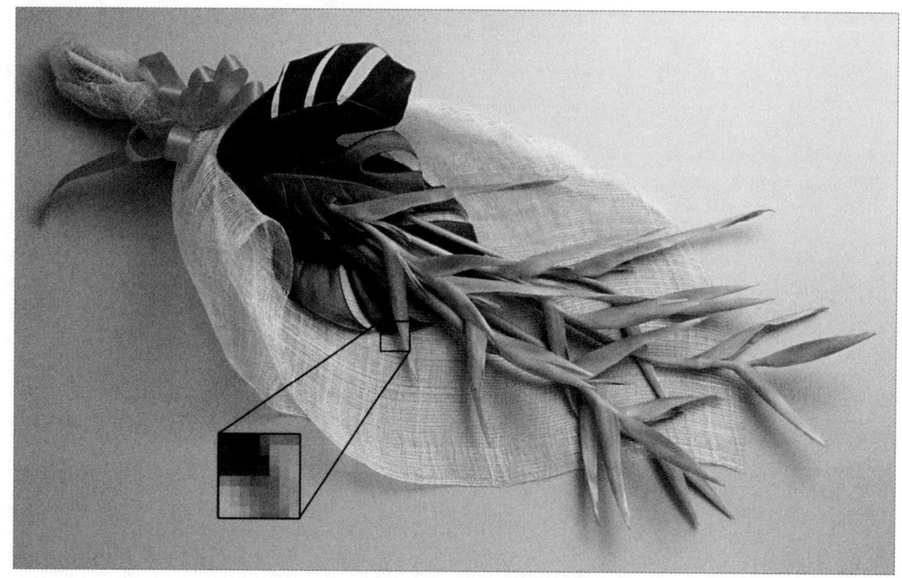

图 1-1

在屏幕上，通常最小的图像单元显示为单个的像素点（染色点）。图像中的像素点越多，拥有的色彩就越丰富，图像效果越好，也就越能表现色彩的真实效果，如图 1-2 所示。

高像素

低像素

图 1-2

2. 像素比与帧纵横比

像素比是指图像中一个像素的宽度与高度之比，而帧纵横比则是指一帧图像的宽度与高度之比。方形像素的比例为 1:1，矩形像素的宽度与高度则不相同。一般计算机像素为方形像素，电视机像素为矩形像素。

3. 图像尺寸

数字图像以像素为单位表示画面的高度和宽度。图像分辨率越高，所需像素越多。标准视频的图像尺寸有许多种，如 DV 画面像素大小为 720×576，HDV 画面像素大小为 1280×720 和 1400×1080，HD 高清画面像素大小为 1920×1080 等。

4. 帧

帧就是动态影像中的单幅影像画面，是动态影像的基本单位，相当于电影胶片上的一格镜头，如图 1-3 所示。一帧就是一个静止的画面，快速播放多个画面逐渐变化的帧，就形成了动态影像。

图 1-3

5. 帧速率

帧频率就是每秒显示的静止图像帧数，通常用 fps 表示。帧频率越高，视频的播放就越流畅。如果帧速率过小，播放视频时画面就会不连贯，影响观看效果。电影的帧速率为 24fps，我国电视的帧速率为 25fps。

6. 时间码

时间码是摄像机在记录图像信号的时候，针对每一幅图像记录的唯一的时间编码。数据信号流为视频中的每个帧都分配一个数字，每个帧都有唯一的时间码，格式为“小时：分钟：秒钟：帧”。例如，01:23:45:10 指的是 1 小时 23 分钟 45 秒 10 帧。

7. 场

每一帧由两个场组成，即奇数场和偶数场，又称为上场和下场。场通过水平分隔线隔行保存帧的内容，在显示时可以选择优先显示上场内容或下场内容。计算机操作系统是以非交错扫描的形式显示视频的，每一帧图像一次性垂直扫描完成，即为无场。

1.2 电视制式

电视制式就是用来展示电视图像或声音信号所采用的一种技术标准，可以简称为制式。世界上各个国家所执行的电视制式标准不同，主要表现在帧速率、分辨率和信号带宽等多方面。世界上使用的电视制式主要有 NTSC、PAL 和 SECAM 三种，分布在世界各个国家和地区。

1. NTSC 制式

NTSC 制式一般被称为正交调制式彩色电视制式，是 1952 年由美国国家电视标准委员会指定的彩色电视广播标准，采用正交平衡调幅技术。

采用 NTSC 制式的国家有日本、韩国和菲律宾，以及美国、加拿大等大部分西半球国家。

2. PAL 制式

逐行倒相（Phase Alternating Line，PAL）制式一般被称逐行倒相式彩色电视制式，是 1962 年由德国指定的彩色电视广播标准，它采用逐行倒相正交平衡调幅技术，克服了 NTSC 制式相位敏感造成色彩失真的缺点。

采用 PAL 制式的国家有德国、中国、英国、意大利和荷兰等。根据不同的参数细节，PAL 制式进一步划分为 G、I、D 等制式，我国采用的是 PAL-D 制式。

3. SECAM 制式

SECAM 制式一般被称为轮流传送式彩色电视制式，是 1956 年由法国提出，并于 1966 年制定的一种新的彩色电视制式。

采用 SECAM 制式的国家有法国、非洲各国和中东一带的国家。

1.3 文件格式

文件格式不同，其编码方式也会有所不同。掌握这些格式的编码方式，可以在剪辑影视作品时选择更合适的格式。

1.3.1 图像格式

图像格式即计算机存储图片的格式，常见的图像格式有 GIF、JPEG、TIFF、BMP、TGA、PSD 和 PNG 等。

1. GIF

GIF（Graphics Interchange Format）格式是一种图像交换格式，是基于 LZW 算法的连续色调的无损压缩格式。GIF 格式的压缩率一般在 50% 左右，支持的软件较为广泛。GIF 格式的文件可以存储多幅彩色图像，并可以逐个显示，形成简单的动画效果。

2. JPEG

JPEG（Joint Photographic Expert Group）格式是最常用的图像格式之一，由软件开发联合会组织制定，是一种有损压缩格式，能够将图像压缩在很小的存储空间中。JPEG 格式是目前网络上最流行的图片格式，可以把文件压缩到最小，它能在保证图像品质的基础上占用最少的磁盘空间。

3. TIFF

TIFF（Tag Image File Format）格式由 Aldus 和 Microsoft 公司为桌上出版系统研制开发的一种较为通用的图像文件格式。TIFF 支持多种编码方法，是最复杂的图像文件格式之一，具有扩展性、方便性、可改性等特点，多用于印刷领域。

4. BMP

BMP 格式是 Windows 中的标准图像文件格式。BMP 采用位映射存储格式，不采用其他任何压缩方式，所需空间较大，支持的软件较为广泛。

5. TGA

TGA（Tagged Graphics）格式是一种图形图像数据的通用格式，是多媒体视频编辑转换的常用格式之一。TGA 格式对不规则形状的图形图像支持较好。TGA 格式支持压缩，使用不失真的压缩算法。

6. PSD

PSD（Photoshop Document）是 Photoshop 图像处理软件的专用文件格式。PSD 格式支持图层、通道、蒙版和不同色彩模式的各种图像特征，是一种非压缩的原始文件格式。PSD 格式可以保留图像的原始信息和制作信息，方便处理和修改，但文件较大。

7. PNG

PNG（Portable Network Graphics）是便携式网络图像格式，能够提供比 GIF 格式还要小的无损压缩图像文件。PNG 格式保留了通道信息，可以制作背景透明的图像。

1.3.2 视频格式

视频格式是计算机存储视频的格式，常见的视频格式有MPEG、AVI、MOV、ASF、WMV、3GP、FLV和F4V等。

1. MPEG

MPEG（Moving Picture Experts Group）是针对运动图像和语音压缩制定的国际标准。MPEG 标准的视频压缩编码技术主要利用具有运动补偿的帧间压缩编码技术减小时间冗余度，大大增强了压缩性能。MPEG 格式广泛应用于商业领域，是主流的视频格式之一。MPEG 格式包括 MPEG-1、MPEG-2 和 MPEG-4 等。

2. AVI

音频视频交错（Audio Video Interleaved，AVI）格式是将语音和影像同步组合在一起的文件格式。通常情况下，一个 AVI 格式的文件里会有一个音频流和一个视频流。AVI 格式是 Windows 操作系统中最基本的，也是最常用的一种媒体文件格式。AVI 格式作为主流的视频文件格式之一，被广泛应用于影视、广告、游戏和软件等领域，但由于该文件格式占用内存较大，经常需要进行压缩。

3. MOV

QuickTime（MOV）是 Apple（苹果）公司推出的一种视频格式，是一种优秀的视频编码格式，也是常用的视频格式之一。

4. ASF

ASF（Advanced Streaming Format）是一种可以在网上即时观赏的视频流媒体文件压缩格式。

5. WMV

Windows Media 输出的是 WMV 格式的文件，WMV 格式是微软推出的一种流媒体视频格式。在同等视频质量下，WMV 格式的文件可以边下载边播放，很适合在网络上播放和传输，因此也成为常用的视频文件格式之一。

6. 3GP

3GP 格式是一种 3G 流媒体视频编码格式，主要是为了配合 3G 网络的高传输速度开发的，也是手机中较为常见的一种视频格式。

7. FLV

FLV（Flash Video）是一种流媒体视频格式。FLV 格式的文件体积小，方便在网络上传输，多用于网络视频播放。

8. F4V

F4V 格式是 Adobe 公司为了迎接高清时代推出的继 FLV 格式后支持 H.264 的流媒体视频格式。F4V 格式和 FLV 格式的主要区别在于，FLV 格式采用的是 H263 编码，而 F4V 则支持使用 H.264 编码的高清晰视频。在文件大小相同的情况下，F4V 格式的视频画面更加清晰，播放更加流畅。

1.3.3 音频格式

音频格式是计算机存储音频的格式，常见的音频格式有 WAV、MP3、MIDI、WMA、Real Audio 和 ACC 等。

1. WAV

WAV 格式是微软公司开发的一种声音文件格式。WAV 格式支持多种压缩算法，支持多种音频位数、采样频率和声道，标准的 WAV 格式采样频率是 44.1K，它支持的软件较为广泛。

2. MP3

MP3（MPEG Audio Player 3）是 MPEG 标准中的音频部分，也就是 MPEG 的音频层。MP3 格式采用保留低音频、高压高音频的有损压缩模式，具有 10:1 ~ 12:1 的高压缩率，因此 MP3 格式的文件体积小、音质好，是较为流行的音频格式之一。

3. MIDI

MIDI（Musical Instrument Digital Interface）是编曲界最广泛的音乐标准格式之一。MIDI 格式用音符的数字控制信号来记录音乐，在乐器与计算机之间以较低的数据量进行传输，存储在计算机里的数据量也相当小，一个 MIDI 文件每存 1 分钟的音乐只有 5 ~ 10KB 的数据量。

4. WMA

WMA（Windows Media Audio）格式是微软推出的音频格式，压缩率一般可以达到 1:18 左右。WMA 格式的音质超过 MP3 格式，更远胜于 RA（Real Audio）格式，是广受欢迎的音频格式之一。

5. Real Audio

Real Audio（RA）是一种可以在网络上实时传输和播放的音频流媒体格式。Real 的文件格式主要有 RA（Real Audio）、RM（Real Media，Real Audio G2）和 RMX（Real Audio Secured）等。RA 格式的文件压缩比例高，可以随网络带宽的不同而改变声音的质量，带宽高的听众听到的声音音质较好。

6. ACC

ACC（Advanced Audio Coding）是杜比实验室开发的格式。AAC 格式是遵循 MPEG-2 规格开发的技术，可以在比 MP3 格式的文件小 30% 的体积下，提供更好的音质。

1.4 剪辑基础

剪辑就是将制作影片所拍摄的大量镜头素材，利用非线性编辑软件，遵循一定的镜头语言和剪辑规律，经过选择、取舍、分解和组接，最终完成一个连贯流畅、主题明确的艺术作品。

1. 非线性编辑

非线性编辑是相对传统的以时间顺序进行的线性编辑而言的。非线性编辑借助计算机来进行数字化制作，几乎所有的工作都在计算机中完成，不依靠外部设备，打破传统的按时间顺序编辑的限制，根据制作需求自由排列组合，具有快捷、简便、随机的特性。

2. 镜头

在影视作品的前期拍摄中，镜头是指摄像机从启动到关闭期间，不间断摄取的一系列画面的总和。在后期编辑时，镜头可以指两个剪辑点间的一组画面。在前期拍摄中，镜头是组成影片的基本单位，也是非线性编辑的基础素材。使用非线性编辑软件可以对镜头进行重新组接和裁剪编辑。

3. 景别

摄影机与被摄体因距离不同，会使被摄体在镜头画面中呈现出不同的范围，这就是景别。景别一般可分为 5 种类型，由近至远分别为特写、近景、中景、全景、远景，如图 1-4 所示。

图1-4

4. 运动拍摄

运动拍摄是指在一个镜头中通过改变摄像机机位，或者改变镜头焦距所进行的拍摄。通过这种拍摄方式拍到的画面称为运动画面。通过推、拉、摇、移、跟、升降摄像机和综合运动摄像机，可以形成推镜头、拉镜头、摇镜头、移镜头、跟镜头、升降镜头和综合运动镜头等。

5. 镜头组接

镜头组接就是将拍摄的镜头画面，按照一定的构思和逻辑，有规律地连在一起。一部影片是由许多镜头合乎逻辑地、有节奏地组接在一起的，从而清楚地表达作者的意图。在后期剪辑的过程中，需要遵循镜头组接的规律，使影片主题表达得更为连贯、流畅。画面组接的一般规律就是动接动、静接静和声画统一等。

课后习题

一、选择题

1. (　　) 是指基本原色素及其灰度的基本编码，是构成数字图像的基本单元。

A. 像素

B. 像素比

C. 帧频率

D. 帧

2. 方形像素的比例为 (　　)。

A. 1:1

B. 2:1

C. 4:3

D. 16:9

3. 计算机操作系统是以非交错扫描的形式显示视频的，每一帧图像一次性垂直扫描完成，即为 (　　)。

A. 上场

B. 下场

C. 无场

D. 偶数场

4. 帧速率通常用 (　　) 表示。

A. PPI

B. fps

C. NTSC

D. PAL

5. 数据信号流为视频中的每个帧都分配一个数字，每个帧都有唯一的 (　　)。

A. 元素

B. 像素

C. 画面

D. 时间码

6. 中国采用的电视制式是（　　）。

A. NTSC

B. PAL

C. SECAM

D. PAL-D

7. 通过运动拍摄画面的方式，称为（　　）。

A. 景别

B. 运动拍摄

C. 运动画面

D. 镜头组接

8.（　　）就是将拍摄的画面镜头，按照一定的构思和逻辑，有规律地连在一起。

A. 景别

B. 运动拍摄

C. 运动画面

D. 镜头组接

二、填空题

1. ________是由图像（Picture）和元素（Element）这两个单词的字母组成的，是用来计算数码影像的一种单位。

2. ________是指图像中一个像素的宽度与高度之比，而帧纵横比则是指图像一帧的宽度与高度之比。

3. 一般计算机像素为________像素，电视机像素为________像素。

4. DV 画面像素大小为________，HDV 画面像素大小为________和________，HD 高清画面像素大小为________。

5. ________是动态影像的基本单位，相当于电影胶片上的每一格镜头。

6. ________就是每秒显示的静止图像帧数。

7. 电影的帧速率为________，我国电视的帧速率为________。

8. ________是摄像机在记录图像信号的时候，针对每一幅图像记录的唯一的时间编码。

9. 世界上使用的电视制式主要有________、________和________3 种。

10. ________是指摄影机与被摄体因距离不同，使被摄体在镜头画面中呈现出范围大小的区别。

三、简答题

1. JPEG 格式的基本概念。

2. AVI 格式的基本概念。

3. MP3 格式的基本概念。

第2章 软件概述

本章主要对Premiere Pro软件进行初步介绍，让读者熟悉软件特点及其界面。使用该软件进行视频编辑制作的所有功能和命令，都可以在菜单或面板中找到。因此，了解软件各个菜单中包含的命令，掌握不同面板的使用方法，十分重要。

PREMIERE PRO

学习目标

- 初步了解Premiere软件的特点
- 了解各个菜单中包含的命令
- 了解各个面板的基本用途

技能目标

- 掌握各个菜单中命令的基本使用方法
- 掌握各个面板的基本功能

2.1 软件简介

Premiere 软件是 Adobe 公司开发的一款优秀的专业视频编辑软件，如图 2-1 所示，专业、简洁、方便、实用是其突出特点，在剪辑领域应用广泛，例如在影视、广告、包装等专业领域得到了普遍应用。

Premiere 软件提供了采集、剪辑、调色、美化音频、字幕添加、输出、DVD 刻录等一整套流程，并和其他 Adobe 软件高效集成，帮助用户完成在编辑、制作、工作流上遇到的各种挑战，满足用户创建高质量作品的要求。

图 2-1

2.2 软件中的菜单

Premiere Pro CC 的菜单栏中包含 8 个菜单，分别是【文件】、【编辑】、【剪辑】、【序列】、【标记】、【图形】、【窗口】和【帮助】，如图 2-2 所示。

Adobe Premiere Pro CC 2018 - C:\用户\公用\公用文档\Adobe\Premiere Pr

文件(F) 编辑(E) 剪辑(C) 序列(S) 标记(M) 图形(G) 窗口(W) 帮助(H)

图 2-2

2.2.1 【文件】菜单

【文件】菜单中的命令主要用于对项目文件的管理，选择相应命令可以进行新建项目、保存项目、导入素材和导出项目等操作，如图 2-3 所示。

图 2-3

命令详解

【新建】：用于创建一个新的项目。

【打开项目】：用于打开一个 Premiere 项目。

【打开团队项目】：用于打开一个 Premiere 团队项目。

【打开最近使用的内容】：用于打开一个最近编辑过的 Premiere 项目。

【转换 Premiere Clip 项目】：用于将文件转换成 Adobe Premiere Clip 项目，以便在移动设备上制作视频，例如在 iPad 上。

【关闭】：用于关闭当前选择的面板。

【关闭项目】：用于关闭当前项目，但不退出软件程序。

【关闭所有项目】：用于关闭所有项目，但不退出软件程序。

【刷新所有项目】：用于刷新工作空间中的所有项目资源。

【保存】：用于保存当前项目。

【另存为】：用于将当前项目重新命名并保存，或者将项目保存到其他位置，并且停留在新的项目编辑环境下。

【保存副本】：用于为当前项目存储一个副本，存储后仍停留在原项目编辑环境下。

【全部保存】：用于保存会话文件及其包含的所有音频文件，以指定文件名保存到指定位置。

【还原】：用于将项目恢复到上一次保存过的项目版本。

【同步设置】：用于让用户将常规首选项、键盘快捷键、预设和库同步到 Creative Cloud 中。

【捕捉】：用于从外接设备中采集素材。

【批量捕捉】：用于从外接设备中自动采集多个素材。

【链接媒体】：用于重新查找脱机素材，使其与源文件重新链接在一起。

【设为脱机】：用于将素材的位置信息删除，可减轻运算负担。

【Adobe Dynamic Link】：用于建立一个动态链接，方便项目与 After Effect 等软件配合调整编辑，移动素材无须进行中介演算，从而提高工作效率。

【Adobe Story】：用于让用户导入在 Adobe Story 软件中创建的脚本。

【从媒体浏览器导入】：用于将在媒体资源管理器中选择的文件导入【项目】面板中。

【导入】：将计算机中的文件导入【项目】面板中。

【导入最近使用的文件】：将最近使用的文件导入【项目】面板中。

【导出】：用于将编辑完成的项目输出成图片、音频、视频或者其他格式的文件。

【获取属性】：用于获取选择文件的相关属性信息。

【项目设置】：用于设置项目的常规和暂存盘，设置视频显示格式、音频显示格式和项目自动保存路径等。

【项目管理】：用于创建项目整合后的副本。

【退出】：退出 Premiere Pro CC 软件，关闭程序。

2.2.2 【编辑】菜单

【编辑】菜单中包括整个程序中通用的标准编辑命令，主要有【复制】、【粘贴】和【撤销】等命令，如图 2-4 所示。

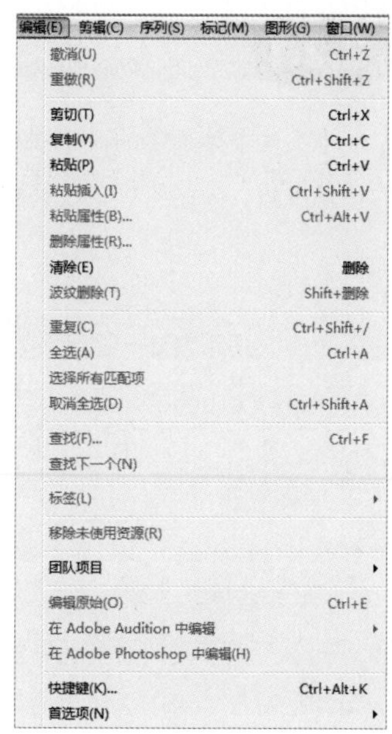

图 2-4

命令详解

【撤销】：用于撤销上一次的操作。

【重做】：用于恢复上一次的操作。

【剪切】：用于将选定的内容剪切到剪贴板中。

【复制】：用于将选定的内容复制一份。

【粘贴】：用于将剪切或复制的内容粘贴到指定区域。

【粘贴插入】：用于将剪切或复制的内容，在指定区域以插入的方式进行粘贴。

【粘贴属性】：用于将其他素材属性粘贴到选定素材上。

【删除属性】：用于删除文档属性，以便编辑自定义属性。

【清除】：用于删除选择的内容。

【波纹删除】：用于删除选择的素材，后面的素材自动移动到被删除素材的位置，时间序列中不会留下空白间隙。

【重复】：用于复制【项目】面板中选定的素材。

【全选】：用于选择当前面板中的全部内容。

【选择所有匹配项】：用于选择【时间轴】面板中多个源于同一素材的素材片段。

【取消全选】：用于取消所有选择状态。

【查找】：用于在【项目】面板中查找素材。

【查找下一个】：用于在【项目】面板中查找多个素材。

【标签】：用于改变素材的标签颜色。

【移除未使用资源】：用于快速删除【项目】面板中多余的素材。

【团队项目】：用于编辑和管理团队项目。

【编辑原始】：用于将选中素材在其他程序中进行编辑。

【在Adobe Audition中编辑】将音频素材导入Adobe Audition中进行编辑。

【在 Adobe Photoshop 中编辑】：将图片素材导入 Adobe Photoshop 中进行编辑。

【快捷键】：用于指定键盘快捷键。

【首选项】：用于设置 Premiere Pro CC 软件的一些基本参数。

2.2.3 【剪辑】菜单

【剪辑】菜单中的命令主要用于对素材进行编辑处理，包括【重命名】、【插入】和【覆盖】等命令，如图 2-5 所示。

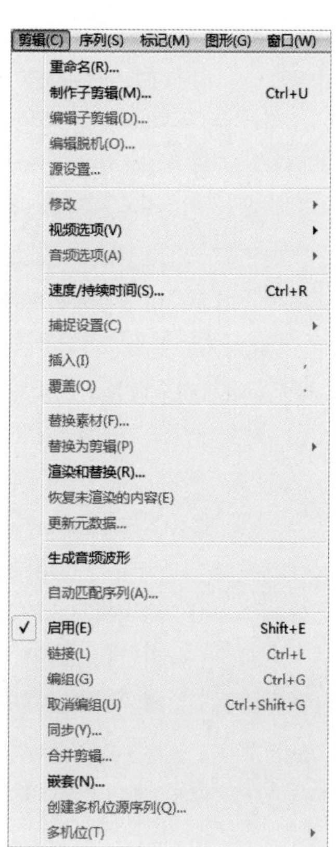

图 2-5

命令详解

【重命名】：用于对选定对象重新命名。

【制作子剪辑】：用于将在【源】监视器面板中编辑的素材创建为一个新的附加素材。

【编辑子剪辑】：用于编辑新附加素材的入点和出点。

【编辑脱机】：用于脱机编辑素材。

【源设置】：用于对素材源对象进行设置。

【修改】：用于修改素材音频声道或时间码等，并可以查看或修改素材信息。

【视频选项】：用于对视频素材的帧定格、场选择、帧混合和帧大小等选项进行设置。

【音频选项】：用于对音频素材的增益、拆分为单声道和提取音频选项进行设置。

【速度 / 持续时间】：用于设置素材的播放速率和持续时间。

【捕捉设置】：用于设置捕捉素材的相关属性。

【插入】：用于将素材插入到【时间轴】面板中当前时间线指示处。

【覆盖】：用于将素材放置到【时间轴】面板中当前时间线指示处，并覆盖已有的素材。

【替换素材】：用于对【项目】面板中的素材进行替换。

【替换为剪辑】：用【源】监视器面板中编辑的素材或【项目】面板中的素材替换【时间轴】面板中的素材片段。

【渲染和替换】：用于设置素材源和目标等。

【恢复未渲染的内容】：用于恢复没有被渲染的内容。

【更新元数据】：用于刷新元数据的同步和描述。

【生成音频波形】：用于通过另一种方式查看音频波形。

【自动匹配序列】：用于将【项目】面板中的素材快速添加到序列中。

【启用】：用于激活或禁用【时间轴】面板中的素材。禁用的素材不会在【节目】监视器中显示，也不会被输出。

【链接】：用于链接或打断链接在一起的素材。

【编组】：用于将在【时间轴】面板中选择的素材组合为一组，方便整体操作。

【取消编组】：用于取消素材的编组。

【同步】：用于根据素材的起点、终点或时间码在【时间轴】面板中排列素材。

【合并剪辑】：用于将在【时间轴】面板中选择的一段音频素材和一段视频素材合并在一起，并添加到【项目】面板中，成为剪辑素材。

【嵌套】：用于将选择的素材添加到新的序列中，并将新序列作为素材，添加至原有素材位置处。

【创建多机位源序列】：用于创建多机位剪辑。

【多机位】：用于显示多机位编辑界面。

2.2.4 【序列】菜单

【序列】菜单中的命令主要用于在【时间轴】面板上预渲染素材，改变轨道数量，包括【序列设置】、【渲染入点到出点的效果】、【添加轨道】和【删除轨道】等命令，如图 2-6 所示。

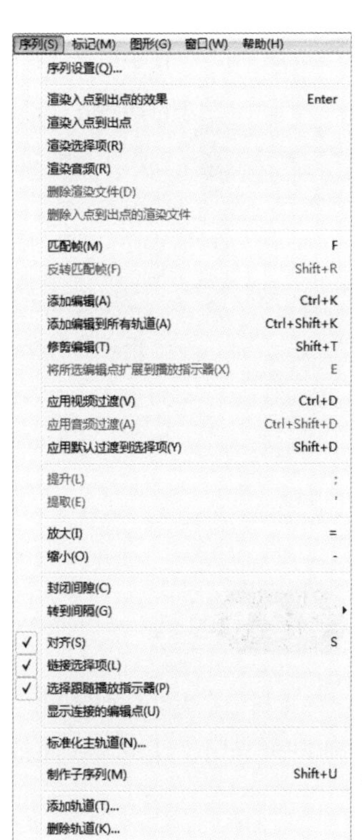

图 2-6

命令详解

【序列设置】：用于对序列参数进行设置。

【渲染入点到出点的效果】：用于渲染序列入点到出点的编辑效果预览文件。

【渲染入点到出点】：用于渲染完整序列的编辑效果预览文件。

【渲染选择项】：用于渲染序列中选择的部分编辑效果预览文件。

【渲染音频】：用于渲染序列音频预览文件。

【删除渲染文件】：用于删除渲染预览文件。

【删除入点到出点的渲染文件】：用于删除渲染序列入点到出点的预览文件。

【匹配帧】：用于将【源】监视器与【节目】监视器中所显示的画面与当前帧所匹配。

【反转匹配帧】：用于找到【源】监视器中加载的帧，并将其在【时间轴】面板中进行匹配。

【添加编辑】：用于拆分选中素材。

【添加编辑到所有轨道】：用于拆分【当前时间帧指示器】位置的所有轨道上的素材。

【修剪编辑】：用于对序列已经设置的剪辑入点和出点进行修整。

【将所选编辑点扩展到播放指示器】：用于将所选编辑点移动到【当前时间帧指示器】所在的位置。

【应用视频过渡】：用于在两段素材之间添加默认视频过渡效果。

【应用音频过渡】：用于在两段素材之间添加默认音频过渡效果。

【应用默认过渡到选择项】：用于将默认的过渡效果添加到所选择的素材上。

【提升】：用于移除序列指定轨道在【节目】监视器中从入点到出点之间的帧，并在【时间轴】面板上保留空白间隙。

【提取】：用于移除序列全部轨道在【节目】监视器中从入点到出点之间的帧，右侧素材向左补进。

【放大】：用于放大显示【时间轴】。

【缩小】：用于缩小显示【时间轴】。

【封闭间隙】：用于封闭图像中的间隙。

【转到间隔】：用于快速跳转到素材的边缘位置。

【对齐】：用于自动对齐素材边缘。

【链接选择项】：用于自动同时操作链接的素材。

【选择跟随播放指示器】：用于自动激活【当前时间帧指示器】所在位置的素材。

【显示连接的编辑点】：用于显示素材衔接处的编辑点。

【标准化主轨道】：用于对主音频轨道进行标准化设置。

【制作子序列】：用于为选择的素材创建新的序列。

【添加轨道】：用于从【时间轴】中添加音视频轨道。

【删除轨道】：用于从【时间轴】中删除音视频轨道。

2.2.5 【标记】菜单

【标记】菜单中的命令主要用于对标记点进行选择、添加和删除操作，包括【标记剪辑】、【添加标记】、【转到下一标记】、【清除所选标记】和【编辑标记】等命令，如图 2-7 所示。

命令详解

【标记入点】：用于在当前时间线位置为素材添加入点标记。

【标记出点】：用于在当前时间线位置为素材添加出点标记。

【标记剪辑】：用于设置当前时间线位置处素材的剪辑入点和出点为序列入点和出点。

【标记选择项】：用于设置所选的剪辑入点和出点为序列入点和出点。

【标记拆分】：用于对标记进行拆分。

【转到入点】：用于跳转到入点位置。

【转到出点】：用于跳转到出点位置。

【转到拆分】：用于跳转到拆分标记的位置。

【清除入点】：用于清除素材的入点标记。

【清除出点】：用于清除素材的出点标记。

【清除入点和出点】：用于清除素材的入点和出点标记。

【添加标记】：用于添加一个标记点。

【转到下一标记】：用于跳转到素材的下一个标记位置。

【转到上一标记】：用于跳转到素材的上一个标记位置。

【清除所选标记】：用于清除所选择的标记。

【清除所有标记】：用于清除所有标记。

【编辑标记】：用于对所选择的标记进行名称注释和颜色等属性的设置。

【添加章节标记】：用于为素材添加章节标记。

【添加 Flash 提示标记】：用于为素材添加 Flash 提示标记。

【波纹序列标记】：用于开启波纹序列标记。

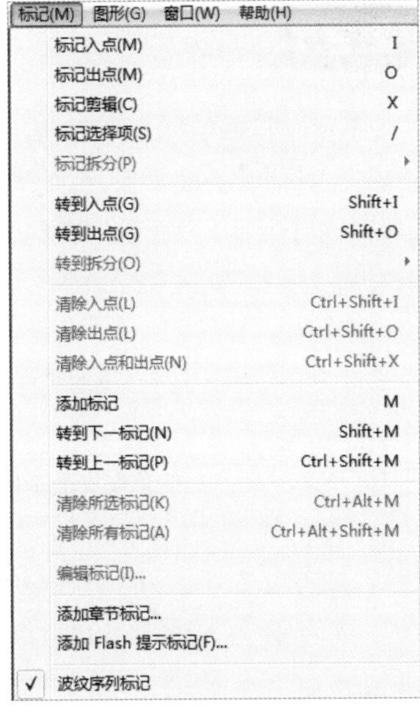

图 2-7

2.2.6 【图形】菜单

【图形】菜单中的命令主要用于对图形进行相关的操作，包括【新建图层】、【选择下一个图形】和【选择上一个图形】等命令，如图 2-8 所示。

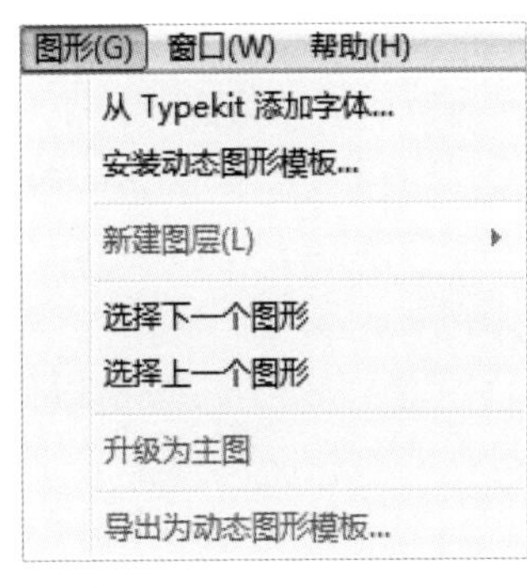

图 2-8

命令详解

【从 Typekit 添加字体】：用于从订阅的 Typekit 字体库中添加字体。

【安装动态图形模板】：用于将运动图形模板添加到基本图形目录中。

【新建图层】：用于创建文本和图像等类型的图层。

【选择下一个图形】：用于选择下一个图形素材。

【选择上一个图形】：用于选择上一个图形素材。

【升级为主图】：用于将序列中的图形素材升级为主图形。

【导出为动态图形模板】：用于将当前图形剪辑（包括所有动画）转换成动态图形模板。

2.2.7 【窗口】菜单

【窗口】菜单中的命令主要用于显示或关闭 Premiere 软件中的各个功能面板。包括【信息】面板、【字幕】面板、【效果控件】面板、【节目】监视器面板和【项目】面板等，如图 2-9 所示。

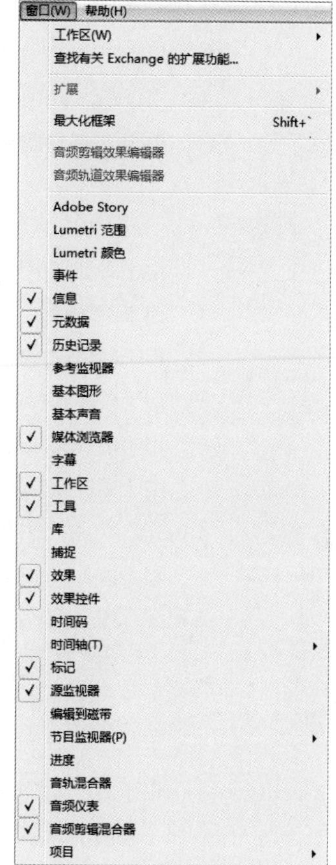

图 2-9

命令详解

【工作区】：用于选择合适的工作区布局。

【查找有关 Exchange 的扩展功能】：用于打开【Adobe Exchange】面板，可以快速浏览、安装并查找最新增效工具和扩展的支持。

【扩展】：可以打开 Premiere Pro 的扩展程序。

【最大化框架】：用于将当前面板最大化显示。

【音频剪辑效果编辑器】：用于开启或关闭音频剪辑效果编辑器面板。

【音频轨道效果编辑器】：用于开启或关闭音频轨道效果编辑器面板。

【Adobe Story】：用于启动 Adobe Story 程序。

【Lumetri 范围】：用于开启或关闭【Lumetri 范围】面板，查看 Lumetri 范围。

【Lumetri 颜色】：用于开启或关闭【Lumetri 颜色】面板，调节颜色。

【事件】：用于开启或关闭【事件】面板，查看或管理序列中设置的事件动作。

【信息】：用于开启或关闭【信息】面板，查看剪辑素材等信息。

【元数据】：用于开启或关闭【元数据】面板，可以查看素材数据的详细信息，也可以添加注释等。

【历史记录】：用于开启或关闭【历史记录】面板，查看操作记录，并可以返回之前某一步骤的编辑状态。

【参考监视器】：用于开启或关闭【参考】监视器面板，显示辅助监视器。

【基本图形】：用于开启或关闭【基本图形】面板，可制作标题和绘制基本图形。

【基本声音】：用于开启或关闭【基本声音】面板，将声音标记为特定类型。

【媒体浏览器】：用于开启或关闭【媒体浏览器】面板，查看计算机中的素材资源，并可快捷地将文件导入【项目】面板中。

【字幕】：用于开启或关闭【字幕】面板。

【工作区】：用于开启或关闭【工作区】面板，选择工作区布局。

【工具】：用于开启或关闭工具面板。

【库】：用于开启或关闭【库】面板，需要联网显示库内容。

【捕捉】：用于开启或关闭【捕捉】面板，设置捕捉参数。

【效果】：用于开启或关闭【效果】面板，可以将效果添加到素材上。

【效果控件】：用于开启或关闭【效果控件】面板，设置素材效果属性。

【时间码】：用于开启或关闭【时间码】面板，方便查看当前时间位置。

【时间轴】：用于开启或关闭【时间轴】面板，编辑序列中素材的操作区域。

【标记】：用于开启或关闭【标记】面板，查看标记信息。

【源监视器】：用于开启或关闭【源】监视器面板，查看或剪辑素材。

【编辑到磁带】：用于开启或关闭【编辑到磁带】面板，设置写入磁带的信息。

【节目监视器】：用于开启或关闭【节目】监视器面板，显示编辑效果。

【进度】：用于开启或关闭【进度】面板，显示项目进度。

【音轨混合器】：用于开启或关闭【音轨混合器】面板，设置音轨信息。

【音频仪表】：用于开启或关闭【音频仪表】面板，显示音波。

【音频剪辑混合器】：用于开启或关闭【音频剪辑混合器】面板，设置音频信息。

【项目】：用于开启或关闭【项目】面板，存放操作素材。

2.2.8 【帮助】菜单

【帮助】菜单主要提供了软件的帮助命令、教程命令，以及【键盘】和【更新】等命令，如图 2-10 所示。

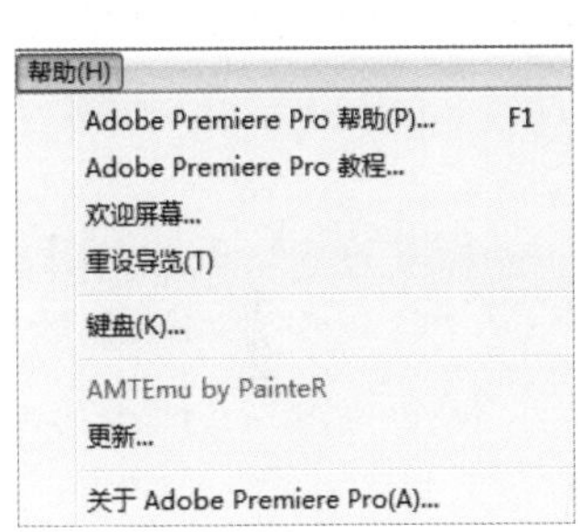

图 2-10

命令详解

【Adobe Premiere Pro 帮助】：可以显示 Adobe Premiere Pro 软件帮助窗口——【Adobe Help Center】（Adobe 帮助中心）窗口，用户可以通过帮助窗口快速了解该软件的功能和应用，通过向导学习如何使用软件，还可以搜索感兴趣的部分来学习。

【Adobe Premiere Pro 教程】：可以链接到 Adobe 官方网站获取技术教程。

【欢迎屏幕】：可以显示欢迎屏幕。

【重设导览】：可以重新设置导览内容。

【键盘】：用于通过 Adobe 公司官方网站获取快捷键设置支持。

【更新】：可以对 Premiere Pro CC 软件进行在线检查和更新。

【关于 Adobe Premiere Pro】：可以提供 Adobe Premiere Pro 软件的信息与专利和法律声明信息。

2.3 功能面板

通过 Premiere Pro CC 软件能够采集素材、编辑素材、显示素材、创建字幕和设置特效等。Premiere Pro CC 将这些功能根据自身的特性进行分类，放入不同的面板中。一般打开软件后，用户就会看到【效果】面板、工具面板、【节目】监视器面板和【时间轴】面板等，如图 2-11 所示。除了这些面板，还有更多的功能面板可以通过选择【窗口】菜单中的命令将其打开，如图 2-12 所示。

图 2-11

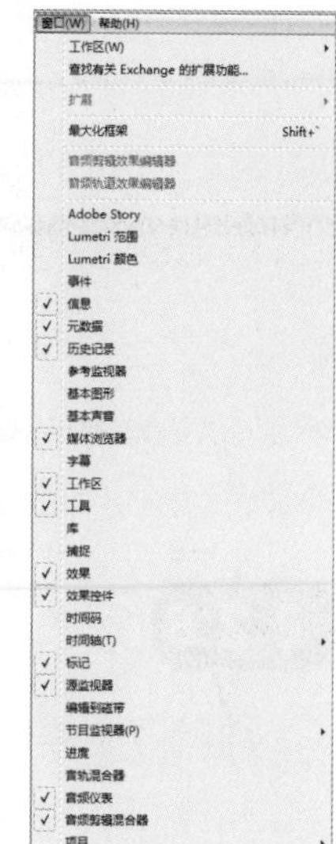

图 2-12

1.【Adobe Story】面板

【Adobe Story】面板主要用于导入在Adobe Story中创建的脚本，以及关联元数据，以便进行编辑，如图2-13所示。

2.【Lumetri 范围】面板

【Lumetri 范围】面板主要用于显示 Lumetri 颜色范围，如图 2-14 所示。

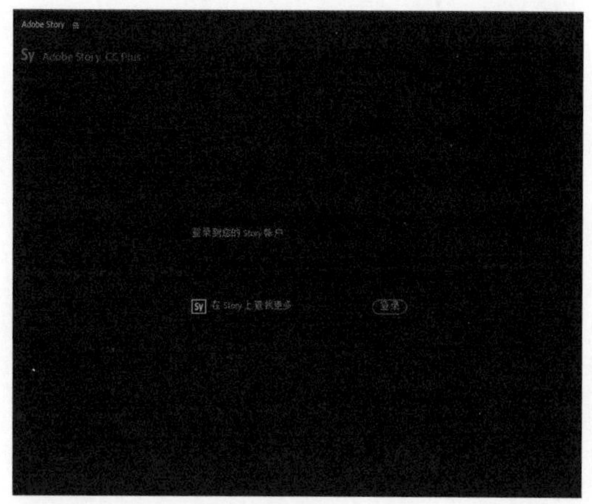

图 2-13

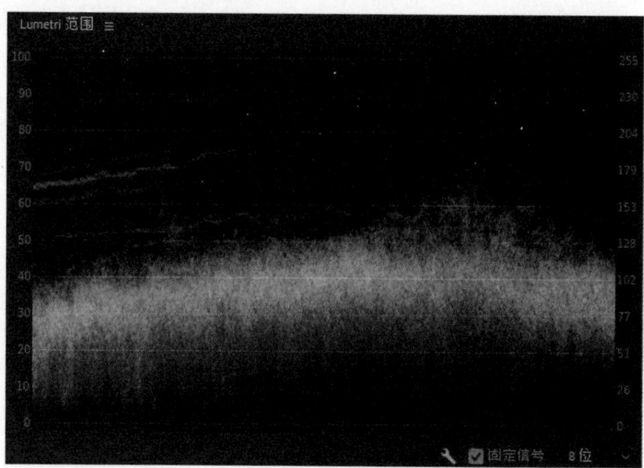

图 2-14

3.【Lumetri 颜色】面板

【Lumetri 颜色】面板包括高动态范围（HDR）模式，可在高光和阴影中显示视频的丰富细节，如图 2-15 所示。

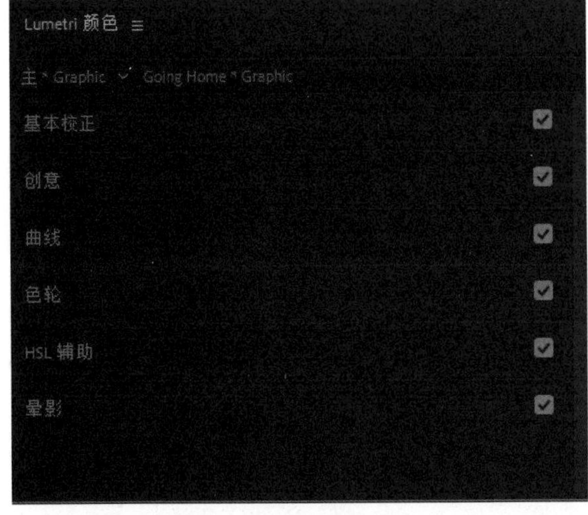

图 2-15

4.【事件】面板

【事件】面板主要用来识别和排除问题的警告、错误消息及其他信息，如图 2-16 所示。

图 2-16

5.【信息】面板

【信息】面板主要用于查看所选素材的详细信息，如图 2-17 所示。

6.【元数据】面板

【元数据】面板主要用于显示所选素材的元数据，如图 2-18 所示。

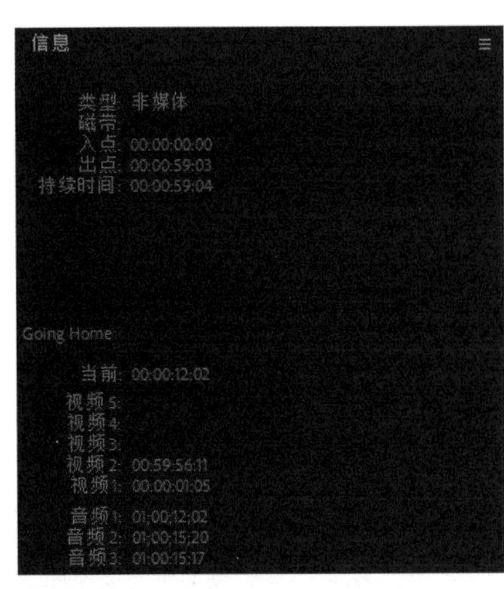

图 2-17

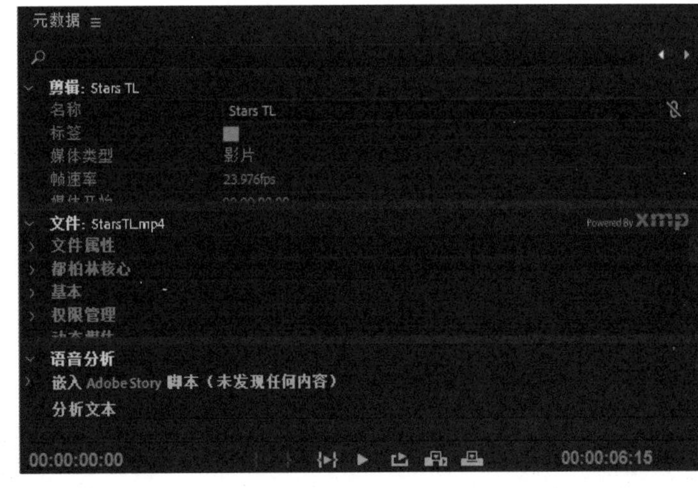

图 2-18

7.【历史记录】面板

【历史记录】面板主要用于记录操作信息，可以删除一项或多项历史操作，如图 2-19 所示。

8.【参考】监视器面板

【参考】监视器面板相当于一个辅助监视器，多与【节目】监视器面板对比查看序列的图像信息，如图 2-20 所示。

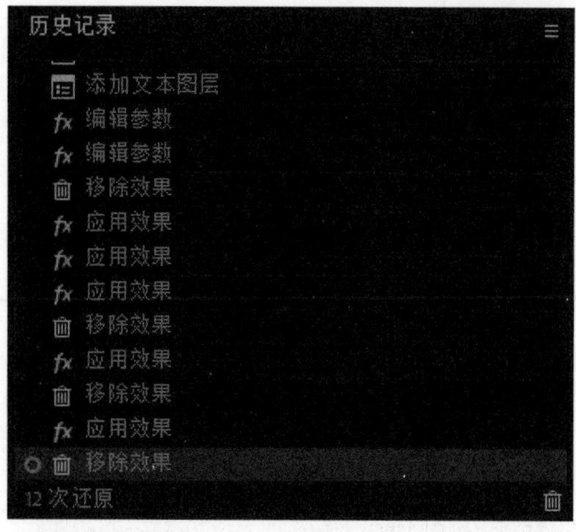

图 2-19

图 2-20

9.【基本图形】面板

【基本图形】面板主要提供功能强大的标题制作和动态图形工作流程，可以创建标题、品牌标志和其他图形，以及动态图形模板，如图 2-21 所示。

10.【基本声音】面板

【基本声音】面板主要用于提供声音混合和修复的一整套工具集，如图 2-22 所示。

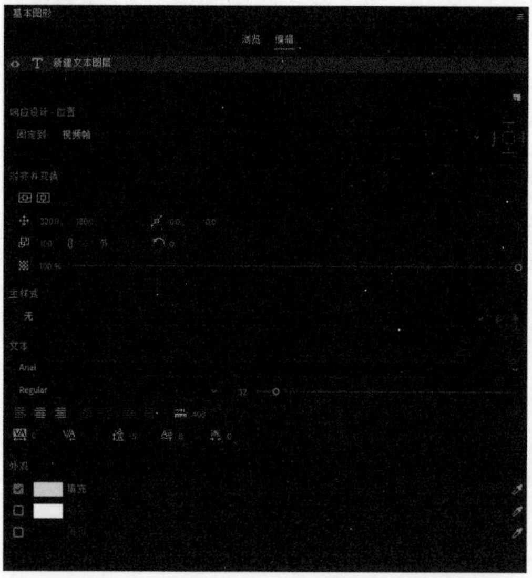

图 2-21

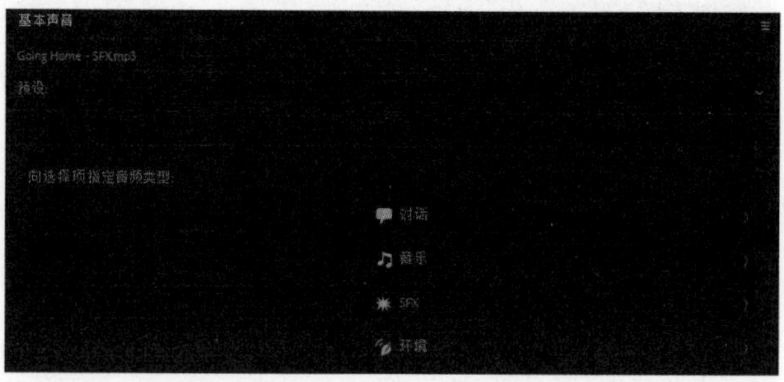

图 2-22

11.【媒体浏览器】面板

【媒体浏览器】面板主要用于快速浏览计算机中的其他素材文件，方便预览文件，以及将文件快速导入项目中，如图 2-23 所示。

12.【字幕】面板

【字幕】面板提供了一系列说明性字幕，主要用于创建、编辑和导出说明性的字幕文件，如图 2-24 所示。

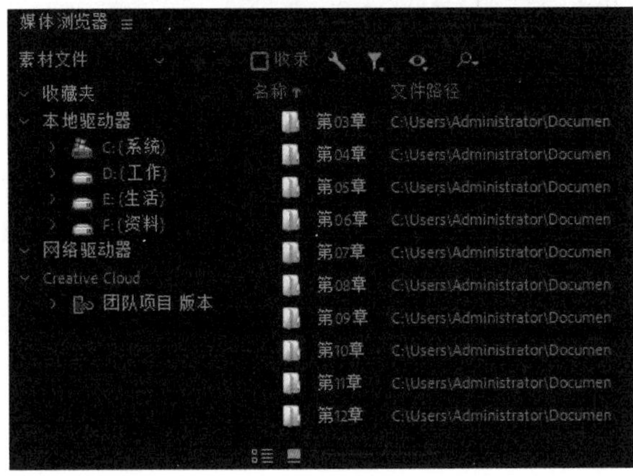

图 2-23

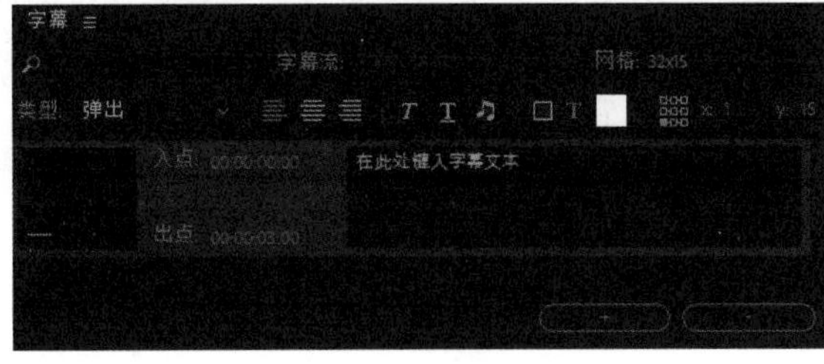

图 2-24

13.【工作区】面板

【工作区】面板主要用于显示工作区布局模式，如图 2-25 所示。

图 2-25

14. 工具面板

工具面板主要提供在【时间轴】面板中编辑素材的工具，如图 2-26 所示。

图 2-26

15.【库】面板

【库】面板主要用于在 Creative Cloud Libraries 应用程序中寻找共享资源，如图 2-27 所示。

16.【捕捉】面板

【捕捉】面板是用于采集所摄录音视频素材的工作面板，如图 2-28 所示。

图 2-27

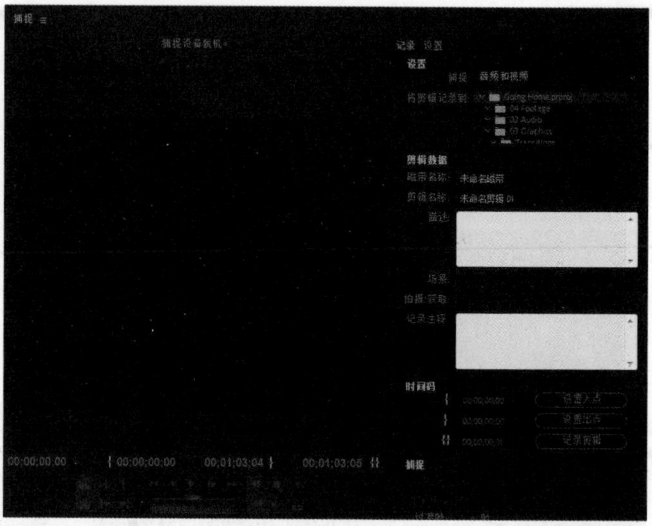

图 2-28

17.【效果】面板

【效果】面板提供多个音视频效果和过渡效果，根据类型不同分别归纳在不同的文件夹中，方便用户选择操作使用，如图 2-29 所示。

18.【效果控件】面板

【效果控件】面板显示素材固有的效果属性，并且可以设置属性参数，从而制作动画效果，如图 2-30 所示。

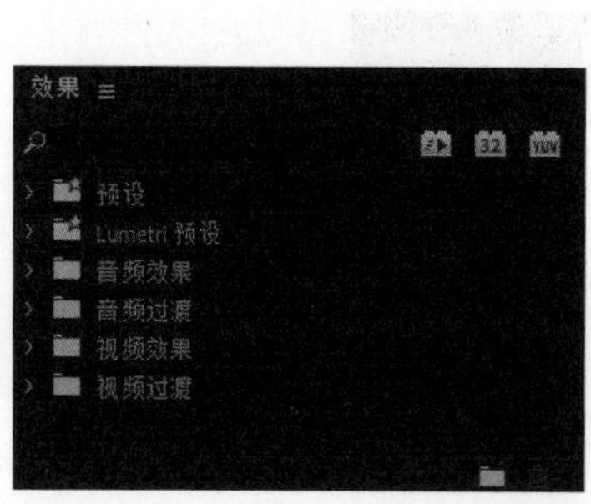

图 2-29

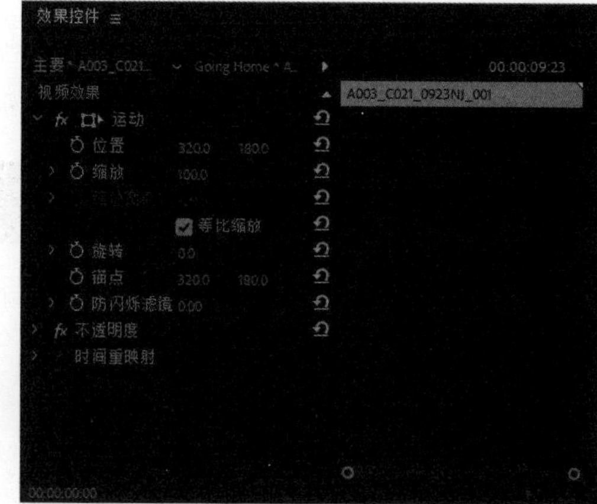

图 2-30

19.【时间码】面板

【时间码】面板用于显示时间码，如图 2-31 所示。

00:00:35:00

图 2-31

20.【时间轴】面板

【时间轴】面板又称【时间线】面板，主要用于排放、剪辑或编辑音视频素材，是视频编辑的主要操作区域，如图 2-32 所示。

21.【标记】面板

【标记】面板主要用于查看素材的标记信息，如图 2-33 所示。

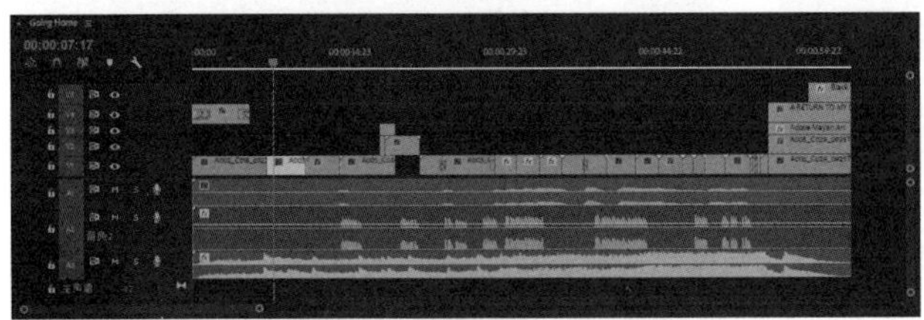

图 2-32

图 2-33

22.【源】监视器面板

【源】监视器面板主要用于预览素材，设置素材的入点和出点，以方便用户剪辑视频，如图 2-34 所示。

23.【编辑到磁带】面板

利用【编辑到磁带】面板用户可以在磁带中反复编辑视频文件，如图 2-35 所示。

图 2-34

图 2-35

24.【节目】监视器面板

【节目】监视器面板主要用于显示【时间轴】中的编辑效果，如图 2-36 所示。

25.【进度】面板

【进度】面板主要用于显示项目的编辑进度。

26.【音轨混合器】面板

【音轨混合器】面板主要用于对素材的音频轨道进行听取和调整，如图 2-37 所示。

图 2-36

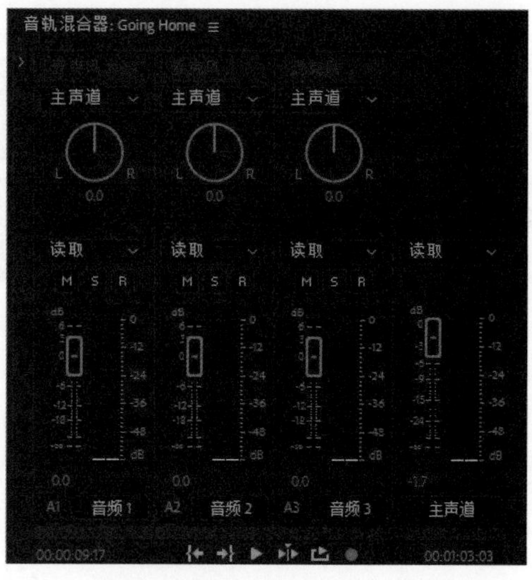

图 2-37

27.【音频仪表】面板

【音频仪表】面板主要用于显示播放素材的音量，如图 2-38 所示。

28.【音频剪辑混合器】面板

【音频剪辑混合器】面板主要用于检查用户编辑的各音轨的混音效果，如图 2-39 所示。

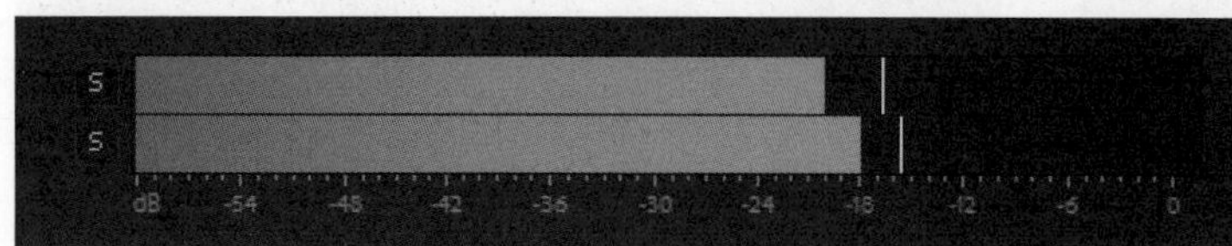

图 2-38

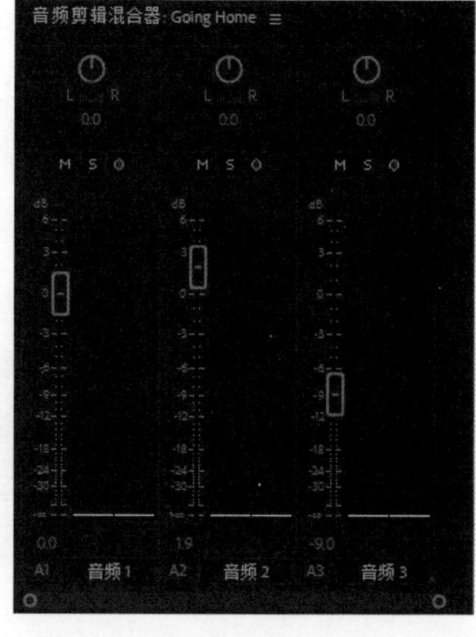

图 2-39

29.【项目】面板

【项目】面板主要用于创建、存放和管理音视频素材。可以对素材进行分类显示、管理、预览，如图 2-40 所示。

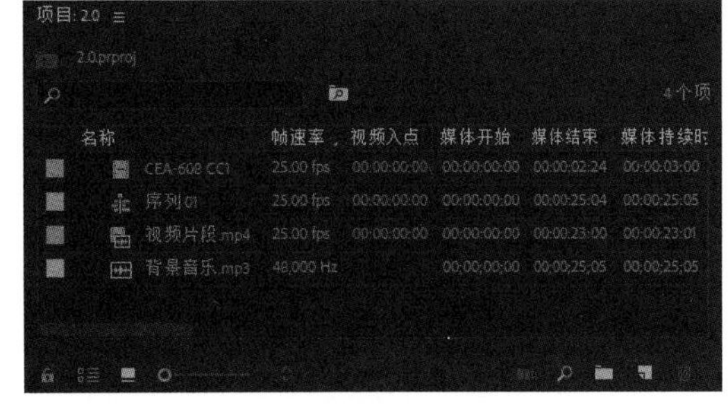

图 2-40

课后习题

一、选择题

1.（　　　）主要包括整个程序中通用的标准编辑命令。

A.【文件】菜单

B.【编辑】菜单

C.【剪辑】菜单

D.【序列】菜单

2.（　　　）中的命令主要用于在【时间轴】面板上预渲染素材，改变轨道数量。

A.【文件】菜单

B.【编辑】菜单

C.【剪辑】菜单

D.【序列】菜单

3.（　　　）中的命令主要用于显示或关闭 Premiere 软件中的各个功能面板。

A.【编辑】菜单

B.【标记】菜单

C.【图形】菜单

D.【窗口】菜单

4.（　　　）相当于一个辅助监视器，多与【节目】监视器面板对比查看序列的图像信息。

A.【参考】监视器面板

B.【源】监视器面板

C.【节目】监视器面板

D.【音轨混合器】面板

5.（　　　）主要用于查看所选素材的详细信息。

A.【效果】面板

B.【信息】面板

C. 工具面板

D.【时间轴】面板

6.（　　　）主要用于提供声音混合和修复的一整套工具集。

A.【基本声音】面板

B.【音频仪表】面板

C.【音轨混合器】面板

D.【音频剪辑混合器】面板

7.（　　　　）提供了一系列说明性字幕，主要用于创建、编辑和导出说明性的字幕文件。

A.【基本图形】面板

B.【字幕】面板

C.【项目】面板

D.【效果控件】面板

8.（　　　　）显示素材固有的效果属性，并且可以设置属性参数，制作动画效果。

A.【基本图形】面板

B.【项目】面板

C.【效果】面板

D.【效果控件】面板

9.（　　　　）主要用于预览素材，设置素材的入点和出点，以方便剪辑。

A.【参考监视器】面板

B.【源】监视器面板

C.【节目】监视器面板

D.【音轨混合器】面板

10.（　　　　）主要用于显示【时间轴】中的编辑效果。

A.【参考监视器】面板

B.【源】监视器面板

C.【节目】监视器面板

D.【音轨混合器】面板

二、填空题

1. Premiere Pro CC 的菜单栏中包括 8 个菜单，分别是 ________、________、________、________、________、________、________ 和 ________。

2. ________ 菜单中的命令主要用于对项目文件进行管理，例如，新建项目、保存项目、导入素材和导出项目等操作。

3. ________ 菜单中的命令主要用于对素材进行编辑处理。

4. ________ 面板主要提供功能强大的标题制作和动态图形工作流程，可以创建标题、品牌标志和其他图形，以及动态图形模板。

5. ________ 面板提供了多个音视频效果和过渡效果。

三、简答题

1. 比较【效果】面板和【效果控件】面板在功能上的区别。

2. 比较【源】监视器面板和【节目】监视器面板在功能上的区别。

3. 比较【参考】监视器面板和【节目】监视器面板在功能上的区别。

Chapter

3

第 3 章 项目管理

本章主要对 Premiere Pro 的项目设置、素材导入、元素创建和素材管理等进行初步介绍。掌握合理的项目设置、素材导入和素材管理的方法，可以更有效地优化项目制作步骤，提高工作效率。

PREMIERE PRO

学习目标

- 了解项目设置
- 熟悉导入素材的常用方法
- 了解 Premiere Pro 的自有元素
- 熟悉管理素材的常用命令

技能目标

- 掌握 4 种常用导入素材的方法
- 掌握创建元素的方法
- 掌握各种素材管理的方法

3.1 项目设置

项目设置是指对项目进行创建、存储、打开、移动和删除等操作。

3.1.1 新建项目

要想创建一个新的项目，可以打开 Premiere Pro CC 软件，在【开始】对话框中，单击【新建项目】按钮，如图 3-1 所示。

用户也可以通过菜单命令创建一个新的项目：执行【文件】>【新建】>【项目】命令，如图 3-2 所示。

开始
最近使用项
CC 文件
同步设置
新建项目...
打开项目...
新建团队项目...
打开团队项目...
Going Home
2 小时前

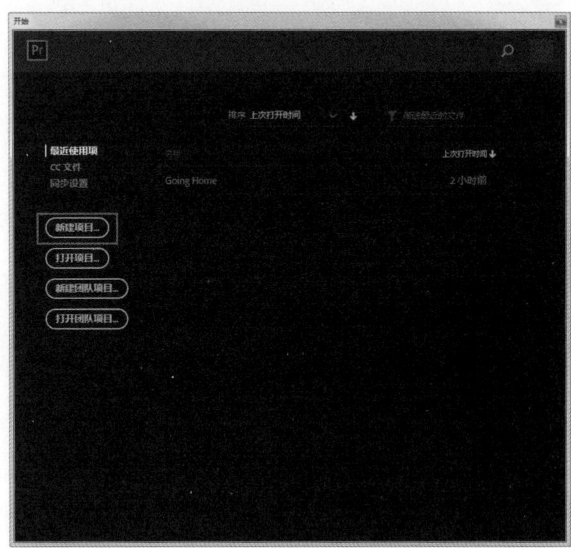

图 3-1

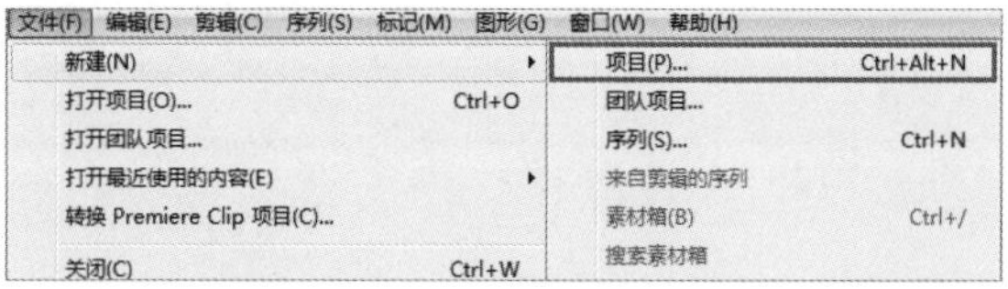

文件(F) 编辑(E) 剪辑(C) 序列(S) 标记(M) 图形(G) 窗口(W) 帮助(H)
新建(N)
打开项目(O)... Ctrl+O
打开团队项目...
打开最近使用的内容(E)
转换 Premiere Clip 项目(C)...
关闭(C) Ctrl+W
项目(P)... Ctrl+Alt+N
团队项目...
序列(S)... Ctrl+N
来自剪辑的序列
素材箱(B) Ctrl+/
搜索素材箱

图 3-2

3.1.2 【新建项目】对话框

执行【新建项目】命令，会弹出【新建项目】对话框。【新建项目】对话框中包括【常规】、【暂存盘】和【收录设置】3 个选项卡，可以设置项目的名称、常规参数和暂存盘位置等信息，如图 3-3 所示。

（1）【常规】选项卡

在【常规】选项卡中，可以设置项目名称、位置和音视频显示格式等。

参数详解

【名称】：用于设置项目文件的名称。

【位置】：用于设置项目文件的存储位置。

【视频渲染和回放】：指定是否启用 Mercury Playback Engine 软件或硬件功能。如果安装了合格的 CUDA 卡，将启用 Mercury Playback Engine 的硬件渲染和回放选项。

【视频】下的【显示格式】：可以显示多种时间码格式。

【音频】下的【显示格式】：指定音频时间显示是使用【音频采样】还是使用【毫秒】。

【捕捉】下的【捕捉格式】：用于设置采集格式。

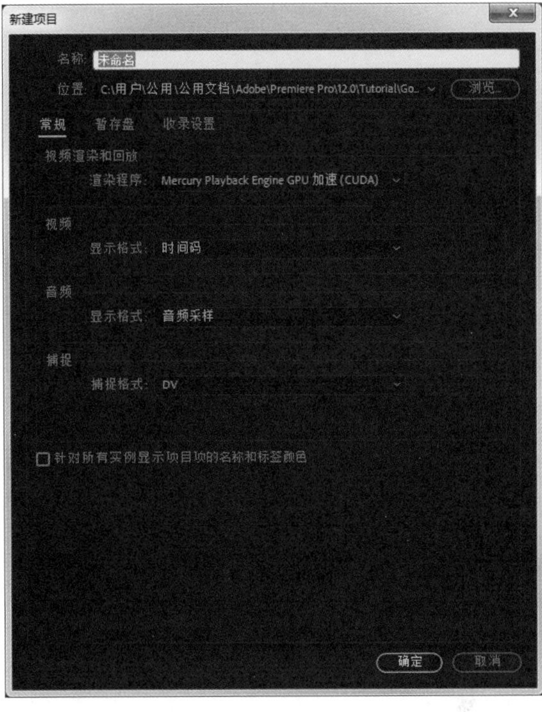

图 3-3

提示

更改【视频】的【显示格式】并不会改变剪辑或序列的帧速率，只会改变其时间码的显示方式。时间码的显示方式与编辑视频和电影胶片的标准相对应。对于“帧”和“英尺 + 帧”时间码，读者可以更改起始帧编号，以便匹配所使用的另一个编辑系统的计时方法。

提示

当在 Mac OS 系统中采集 DV 格式的文件时，Premiere Pro CC 使用 QuickTime 格式作为 DV 编解码器的容器；当在 Windows 系统中采集 DV 格式的文件时，则使用 AVI 格式作为 DV 编解码器的容器。

当采集 HDV 格式的文件时，Premiere Pro CC 使用 MPEG 格式。

对于其他格式，必须使用视频采集卡来进行数字化或采集。

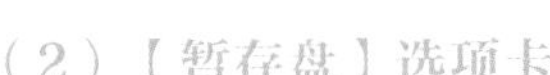

（2）【暂存盘】选项卡

当编辑项目时，Premiere Pro CC 会使用磁盘存储项目所需的文件，所有暂存盘首选项将随每个项目一起保存。在【暂存盘】选项卡中，可以为不同的项目设置不同的暂存盘，以提高系统性能，如图 3-4 所示。

图 3-4

参数详解

【捕捉的视频】：指定采集所创建的视频文件的磁盘位置。

【捕捉的音频】：指定采集所创建的音频文件，或者在录制画外音时通过调音台录制的音频文件的磁盘位置。

【视频预览】：指定当执行【序列】>【渲染工作区域内的效果】命令导出影片文件或将文件导出到设备时，创建视频预览文件的磁盘位置。如果预览区域包括效果，将以预览文件的完整质量渲染效果。

【音频预览】：指定当执行【序列】>【渲染工作区域内的效果】命令导出影片文件或将文件导出到设备时，创建音频预览文件的磁盘位置。如果预览区域包括效果，将以预览文件的完整质量渲染效果。

【项目自动保存】: 指定项目自动保存时的磁盘位置。

【CC 库下载】: 指定从 Adobe CC 库下载文件的磁盘位置。

【动态图形模板媒体】: 指定存放动态图形模板的磁盘位置。

(3) 收录设置

在【收录设置】选项卡中，可以进行项目文件夹同步到云的设置，如图 3-5 所示。

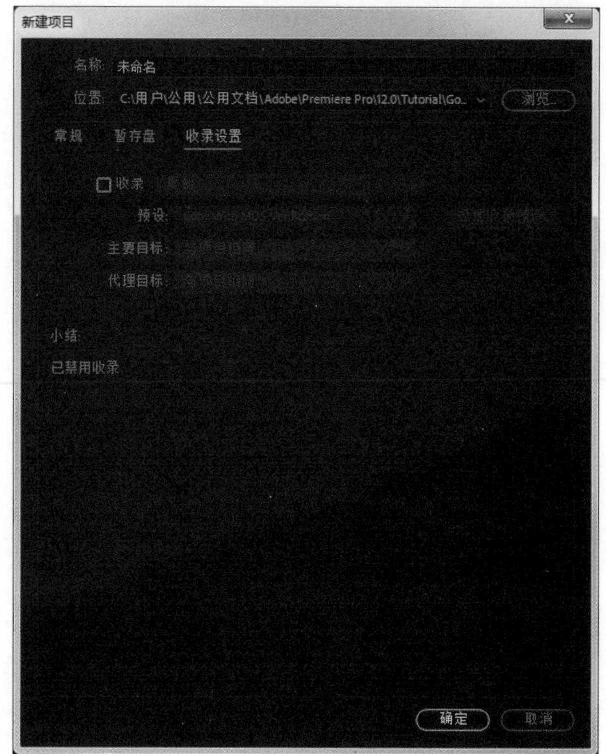

图 3-5

3.1.3 打开项目

在 Premiere Pro CC 中，一次只能打开一个项目，并且可以打开使用早期版本创建的项目文件。要将一个项目的内容置入另一个项目中，需要使用【导入】命令。

在将项目打开后，如果有缺失的文件，则会弹出对话框进行提示，如图 3-6 所示。

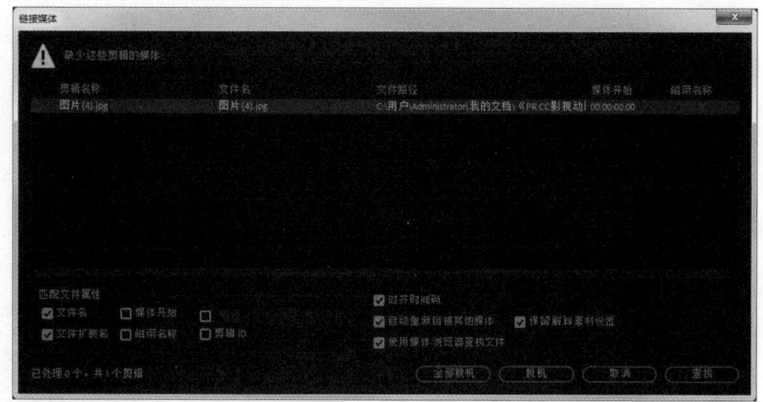

图 3-6

参数详解

【全部脱机】: 单击此按钮，除了已找到的文件，其他所有缺失文件将被替换为脱机文件。

【脱机】: 单击此按钮，会将缺失文件替换为脱机文件。

【取消】: 单击此按钮，会关闭对话框，并将缺失文件替换为临时脱机文件。

【查找】: 单击此按钮，可以在【查找文件】对话框中寻找缺失的文件。

3.1.4 删除项目

要想删除在 Premiere Pro CC 中创建的项目，就需要在 Windows 资源管理器中，找到 Premiere Pro CC 项目文件并将其选中，然后按键盘上的【Delete】键。Premiere Pro CC 项目文件的扩展名为“.prproj”，如图 3-7 所示。

图 3-7

3.1.5 移动项目

要将项目移至另一台计算机中以继续进行编辑，必须将项目所有资源的副本，以及项目文件移至另一台计算机中。对于资源，应保留其文件名和文件夹位置，以便 Premiere Pro CC 能自动找到它们，并将其重新链接到项目中的相应素材上。同时，还要确保用户在第一台计算机上对项目使用的编解码器与第二台计算机上安装的编解码器相同。

3.1.6 管理项目

管理项目就是将项目文件进行整合和归档，以便移动到其他位置，或者与其他团队合作交流。在管理项目时，可以轻松地收集存储在各个位置的项目源媒体文件，并将其复制到一个位置以便移动或共享。

利用【文件】菜单下的【项目管理】命令可以对项目进行有效的管理。在打开的【项目管理器】对话框中，可以很方便地进行项目的整合和归档，如图 3-8 所示。

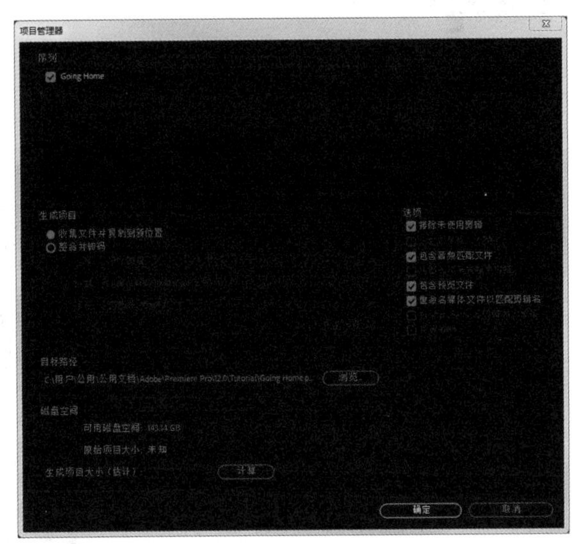

图 3-8

提示

在管理项目的过程中，不会收集和复制动态链接到 Adobe Premiere Pro CC 项目的 After Effects 合成文件。但是，它会将“动态链接”素材文件作为脱机文件保存在修剪项目中。

参数详解

【收集文件并复制到新位置】：用于将所选序列的素材收集并复制到指定的存储位置。

【整合并转码】：整合在所选序列中使用的素材，并转码到单个编解码器以供存档。

【排除未使用剪辑】：选择此复选框，在项目管理过程中将不复制未在原始项目中使用的素材。

【包含过渡帧】：选择此复选框，设置每个转码剪辑的入点之前和出点之后要保留的额外帧数，可以设置的范围为 0 ~ 999 帧。

【包含音频匹配文件】：选择此复选框，可以确保在原始项目中匹配的音频仍在新项目中保持匹配。如果未选择此复选框，则新项目将占用较少的磁盘空间，但 Premiere Pro CC 会在打开项目时重新匹配音频。只有在选择【收集文件并复制到新位置】单选按钮时，此选项才可用。

【包含预览文件】：选择此复选框，则指定在原始项目中渲染的效果仍在新项目中保持渲染。如果未选择此复选框，则新项目将占用较少的磁盘空间，但不会有渲染效果。只有在选择【收集文件并复制到新位置】单选按钮时，此选项才可用。

【重命名媒体文件以匹配剪辑名】：选择此复选框，则使用所采集素材的名称来重命名复制的素材文件。如果在【项目】面板中重命名了采集的素材，并且希望复制的素材文件具有相同的名称，则选择此复选框。

【将 After Effects 合成转换为剪辑】：选择此复选框，将项目中所有的 After Effects 合成转换为拼合视频素材。如果项目中包含动态链接的 After Effects 合成，则将合成拼合为一个视频素材。选择该复选框的好处是，可以在未安装 After Effects 软件的系统上播放已转换的视频素材。

【保留 Alpha】：选择此复选框，则可以保留 Alpha 通道。

3.2 导入素材

导入素材就是将计算机中已有的素材导入 Premiere Pro CC。导入的素材会被放置在【项目】面板中，以便编辑使用，如图 3-9 所示。

一般导入素材有 4 种方法：利用【文件】菜单导入素材；利用【媒体浏览器】面板导入素材；利用【项目】面板导入素材；将素材直接拖进【项目】面板中。

提示

对于某些特殊类型的文件，会为其建立索引；而对于其他类型的文件，Premiere Pro CC 会先导入文件，然后进行转码。只有在这些过程完成之后，读者才能完全编辑这些文件。在完全建立索引或转码之前，素材的文件名会一直以斜体形式显示在【项目】面板中。

图 3-9

课堂案例 导入素材

素材文件	素材文件 / 第 3 章 / 图片 01.jpg ~ 图片 04.jpg	扫码观看视频
案例文件	案例文件 / 第 3 章 / 导入素材.prproj	
教学视频	教学视频 / 第 3 章 / 导入素材.mp4	
案例要点	掌握导入素材的 4 种方法	

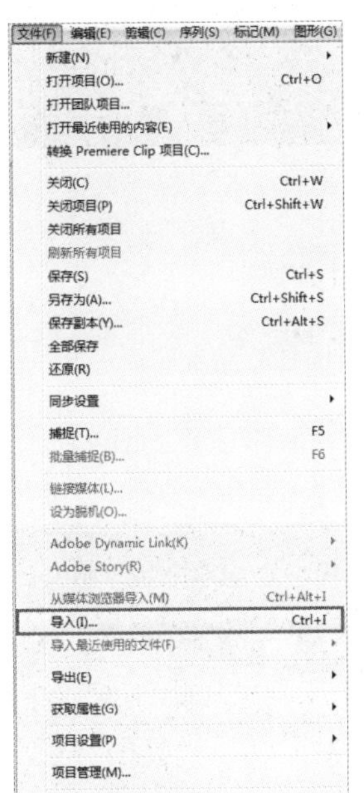

图 3-10

Step 01 利用【文件】菜单导入素材。执行【文件】>【导入】命令，如图 3-10 所示。

图 3-11

Step 02 在弹出的【导入】对话框中查找素材。

Step 03 选择【图片 01.jpg】素材文件，并单击【打开】按钮，如图 3-11 所示。

Step 04 在弹出的【导入文件】对话框中，会显示文件导入进度，如图 3-12 所示。

Step 05 继续利用【媒体浏览器】面板导入素材。执行【窗口】>【媒体浏览器】命令，如图 3-13 所示。

图 3-12

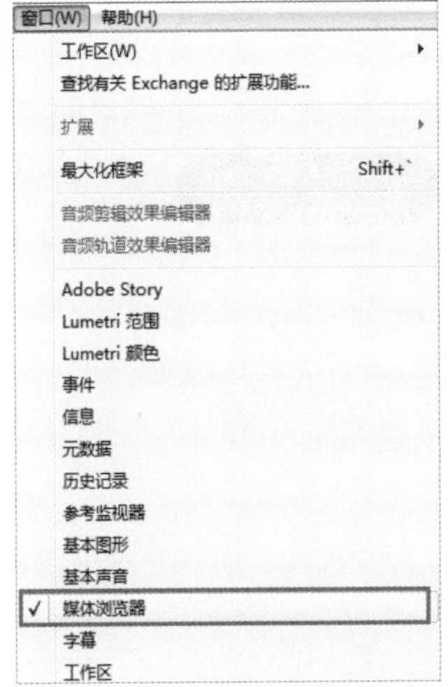

图 3-13

Step 06 在【媒体浏览器】面板中，找到【图片 02.jpg】素材文件并查看文件，如图 3-14 所示。

Step 07 选中【图片 02.jpg】素材文件，单击鼠标右键，在弹出的快捷菜单中选择【导入】命令。

Step 08 继续利用【项目】面板导入素材。双击【项目】面板的空白处，如图 3-15 所示。

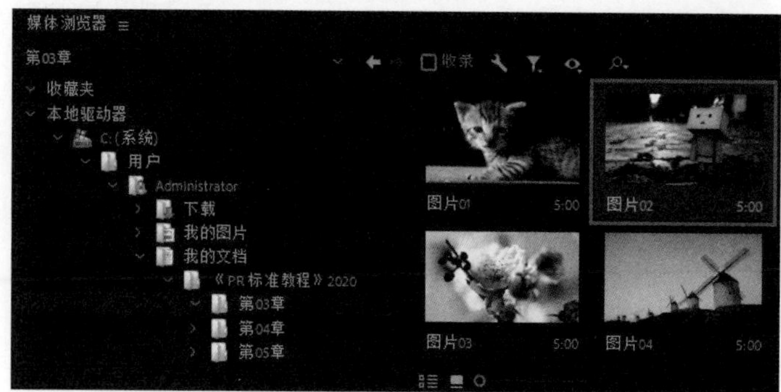

图 3-14

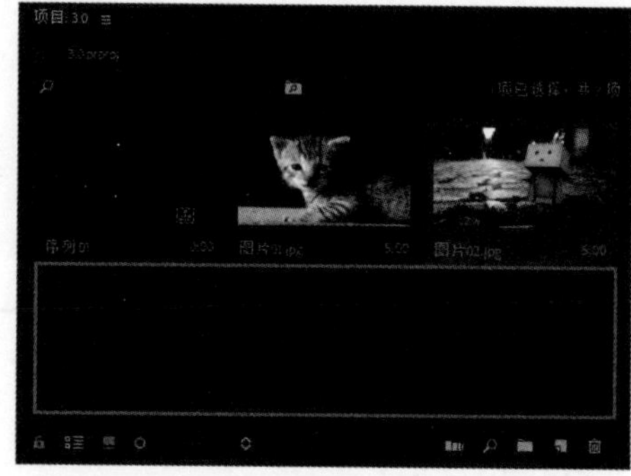

图 3-15

Step 09 在弹出的【导入】对话框中，查找并选择【图片 03.jpg】素材文件，单击【打开】按钮。

Step 10 将素材直接拖入【项目】面板中。在计算机的资源管理器中找到【图片 04.jpg】素材文件。

Step 11 选择【图片 04.jpg】素材文件，将其拖入【项目】面板中，如图 3-16 所示。

Step 12 在【项目】面板中，查看导入效果，如图 3-17 所示。

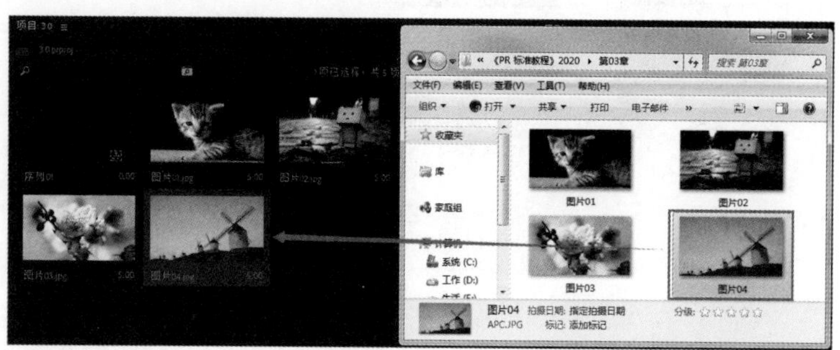

图 3-16

图 3-17

课堂案例 导入图像序列

素材文件	素材文件 / 第 3 章 / 序列 / 序列 00.jpg ~ 序列 98.jpg	扫码观看视频
案例文件	案例文件 / 第 3 章 / 导入图像序列.prproj	
教学视频	教学视频 / 第 3 章 / 导入图像序列.mp4	
案例要点	掌握导入序列素材的方法	

Step 01 执行【文件】>【导入】命令，在弹出的【导入】对话框中查找文件，并检查文件名称，如图 3-18 所示。

Step 02 在【导入】对话框中选择【图像序列】复选框，选择首个编号文件【序列 00.jpg】，然后单击【打开】按钮，如图 3-19 所示。

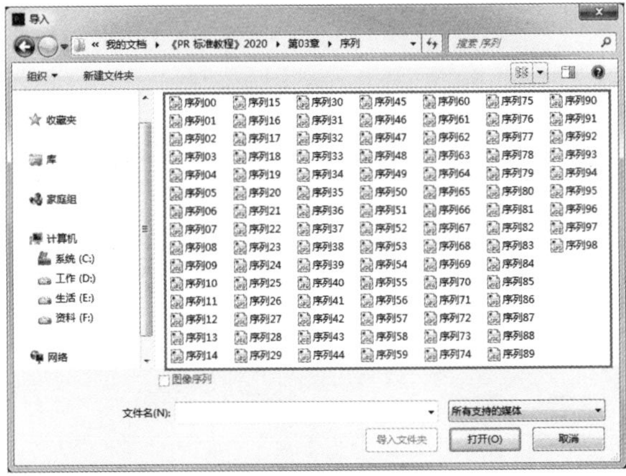

图 3-18

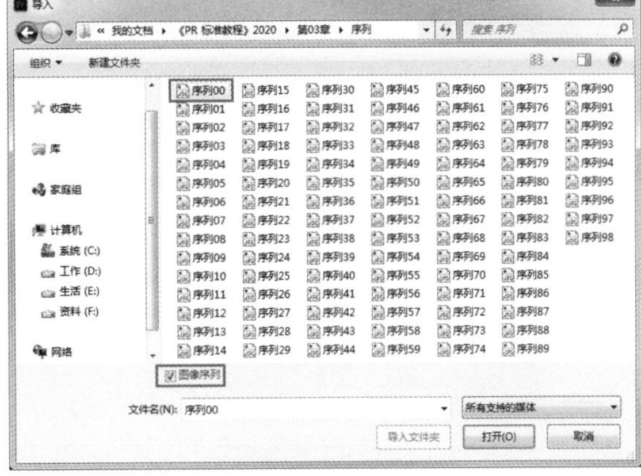

图 3-19

Step 03 在【项目】面板中，查看导入的序列文件，如图 3-20 所示。

图 3-20

创建元素

在编辑视频文件的过程中，除了要对原始素材进行编辑，有时候还需要添加适当的元素，以便达到更好的效果。Premiere Pro CC 提供了一些常用的元素，以方便用户使用。利用【项目】面板中的【新建项目】命令，或者【文件】菜单中的【新建】命令，可以创建许多常用的元素，包括【彩条】、【黑场视频】、【字幕】、【颜色遮罩】、【HD 彩条】、【通用倒计时片头】和【透明视频】等，如图 3-21 所示。

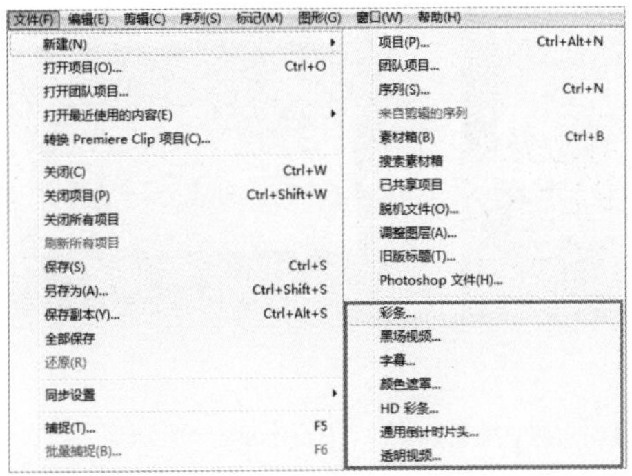

图 3-21

课堂案例　添加通用倒计时片头

素材文件	无	扫码观看视频
案例文件	案例文件 / 第 3 章 / 添加通用倒计时片头.prproj	
教学视频	教学视频 / 第 3 章 / 添加通用倒计时片头.mp4	
案例要点	掌握添加通用倒计时片头的方法	

Step 01 单击【项目】面板右下角的【新建项目】按钮，然后选择【通用倒计时片头】命令，如图 3-22 所示。

Step 02 在弹出的【新建通用倒计时片头】对话框中，单击【确定】按钮，如图 3-23 所示。

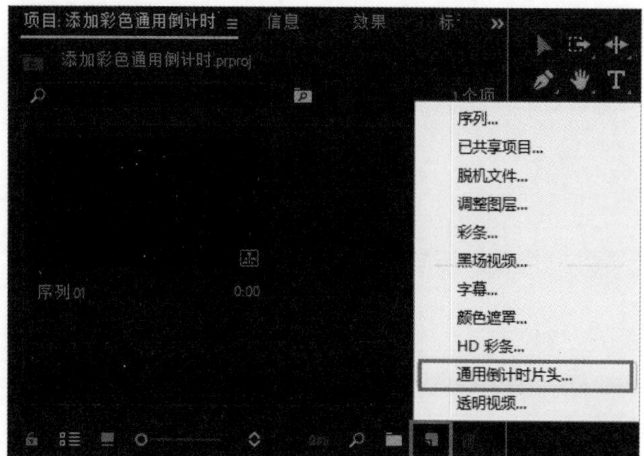

图 3-22

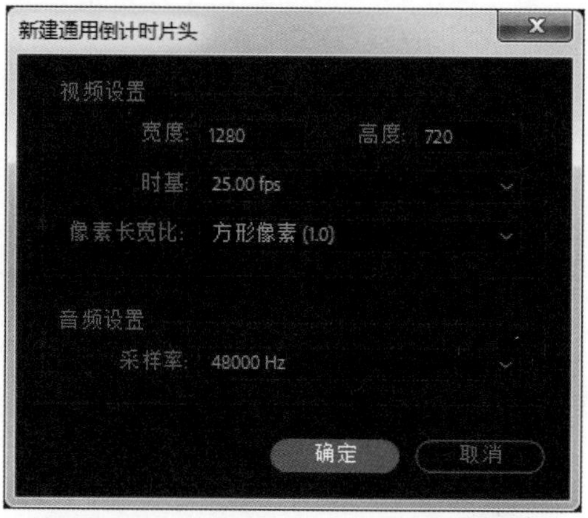

新建通用倒计时片头
视频设置
宽度: 1280
高度: 720
时基: 25.00 fps
像素长宽比: 方形像素 (1.0)
音频设置
采样率: 48000 Hz
确定
取消

图 3-23

Step 03 在弹出的【通用倒计时设置】对话框中，单击【擦除颜色】右侧的颜色块，设置颜色，如图 3-24 所示。

Step 04 在弹出的【拾色器】对话框中，设置颜色为红色（R:255，G:0，B:0），如图 3-25 所示。

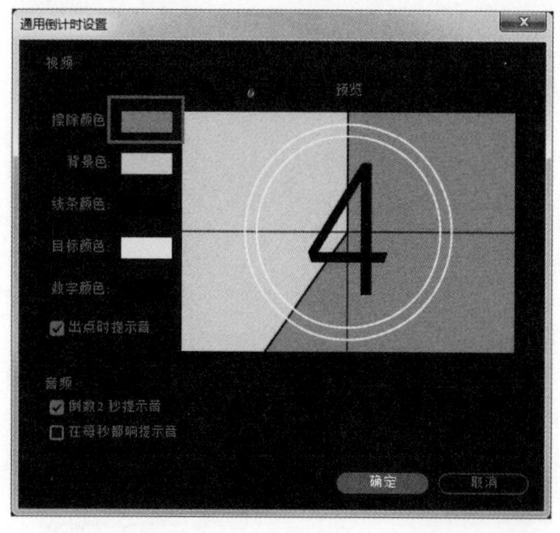

图 3-24

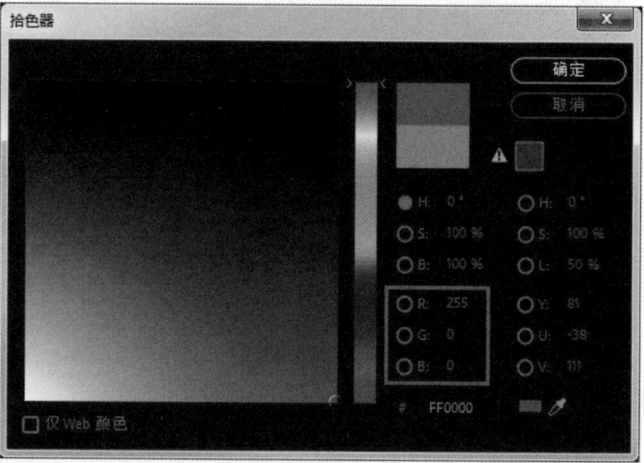

图 3-25

Step 05 在【通用倒计时设置】对话框中，继续更改其他颜色，如图 3-26 所示。

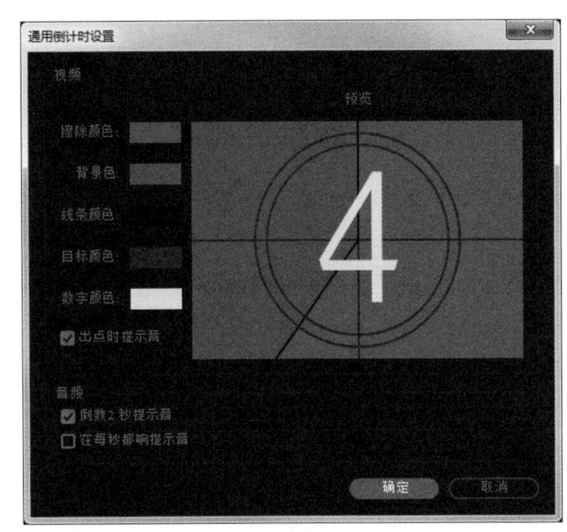

图 3-26

Step 06 在【通用倒计时设置】对话框中，选择【在每秒都响提示音】复选框，并单击【确定】按钮，如图 3-27 所示。

Step 07 将【项目】面板中的【通用倒计时片头】素材拖至【源】监视器中，查看效果，如图 3-28 所示。

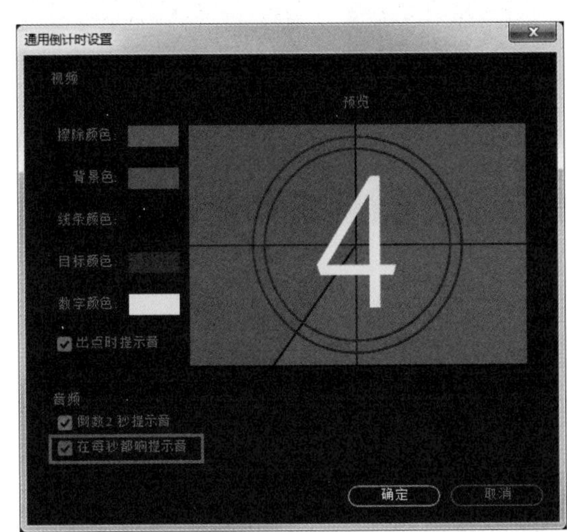

图 3-27

图 3-28

课堂案例 在透明视频上添加时间码

素材文件	无	扫码观看视频
案例文件	案例文件 / 第 3 章 / 在透明视频上添加时间码.prproj	
教学视频	教学视频 / 第 3 章 / 在透明视频上添加时间码.mp4	
案例要点	掌握在透明视频上添加时间码的方法	

Step 01 新建项目和序列，然后执行【文件】>【新建】>【透明视频】命令，如图 3-29 所示。

Step 02 在【新建透明视频】对话框中，确认文件属性信息，并单击【确定】按钮，如图 3-30 所示。

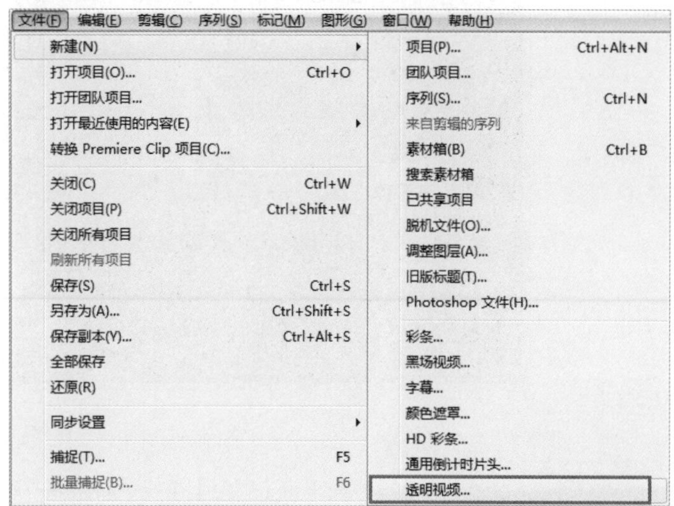

图 3-29

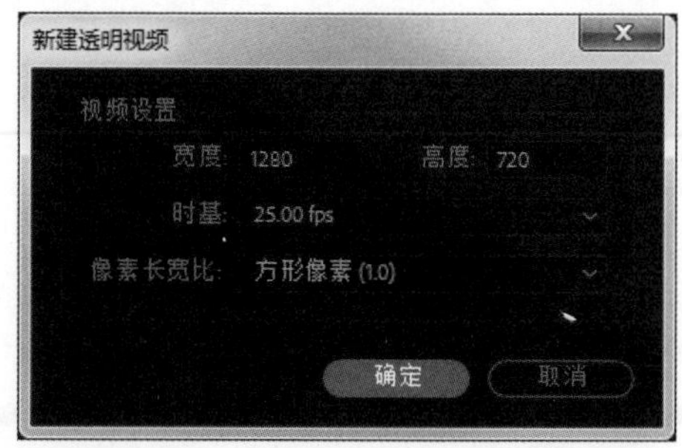

图 3-30

Step 03 将【项目】面板中的【透明视频】素材拖到视频轨道【V1】上，如图 3-31 所示。

Step 04 激活【效果】面板，在搜索栏中输入“时间码”，并按【Enter】键，如图 3-32 所示。

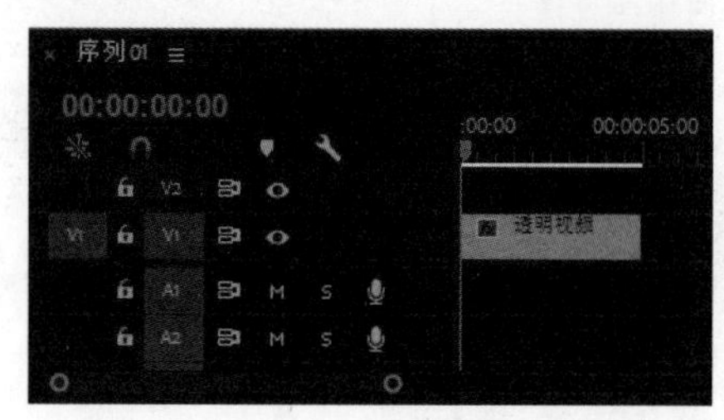

图 3-31

图 3-32

Step 05 激活【时间轴】面板上的【透明视频】素材，然后双击【效果】面板中的【时间码】效果，如图 3-33 所示。

Step 06 在【节目】监视器中查看画面效果，如图 3-34 所示。

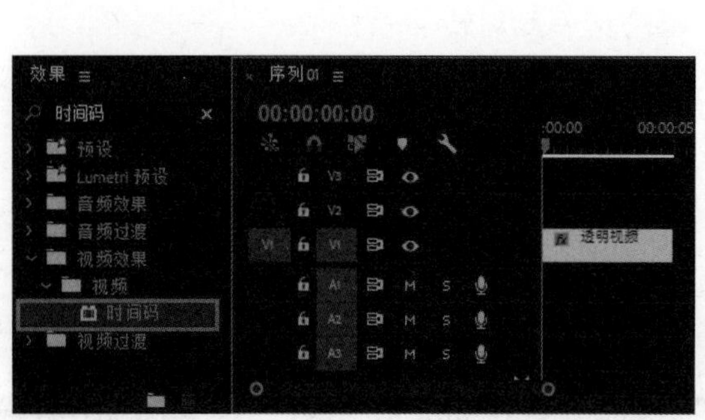

图 3-33

图 3-34

3.4 管理素材

导入素材后，就需要在【项目】面板中对文件进行分类管理，以便快速选择适合的素材操作。

1. 素材显示方式

导入的素材都会显示在【项目】面板中，而【项目】面板中提供了“列表视图”和“图标视图”两种不同的显示方式，以便用户选择使用，如图 3-35 所示。

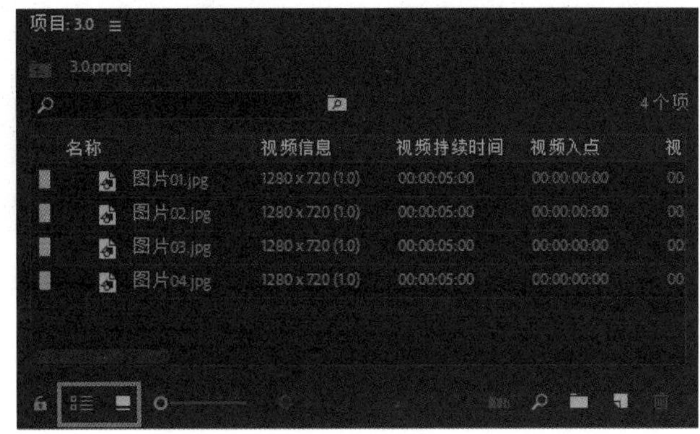

图 3-35

默认的显示方式为“列表视图”，此方式可以使用户快捷地查看素材的名称、标签颜色、视频持续时间、视频信息、视频入点和出点，以及帧速率等多项属性，如图 3-36 所示。

在“图标视图”显示方式下，素材以缩略图的形式显示，方便用户查看素材的画面内容，如图 3-37 所示。

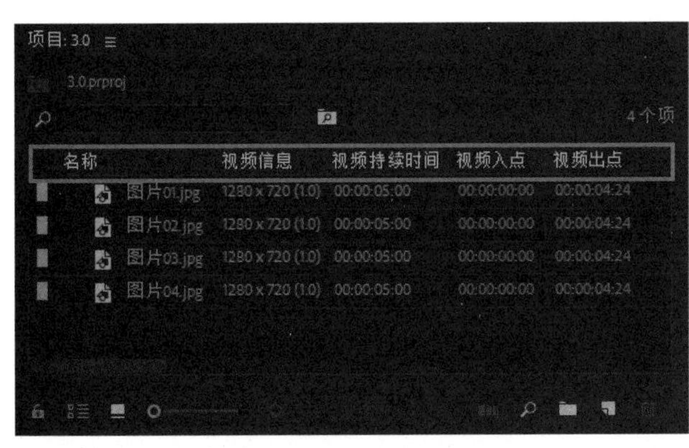

图 3-36

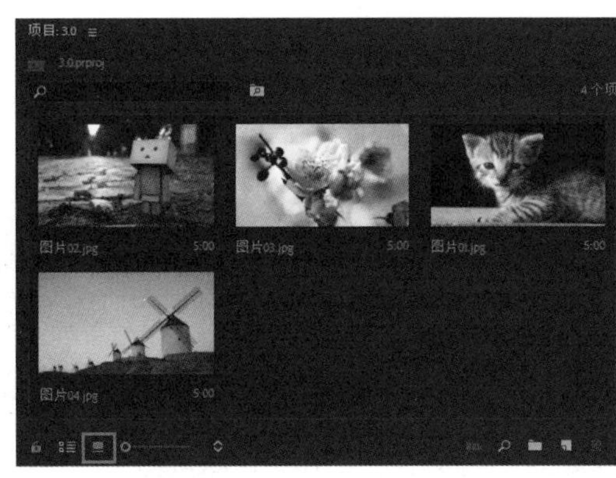

图 3-37

2. 缩放素材图标

在【项目】面板中，用户可以调整素材图标的显示大小。拖动【项目】面板下方的滑块，即可调整图标大小，如图 3-38 所示。

3. 预览素材

在【项目】面板的预览区域，可以预览选中的素材，如图 3-39 所示。用户可以在【项目】面板的设置菜单中选择【预览区域】命令，以显示预览区域。

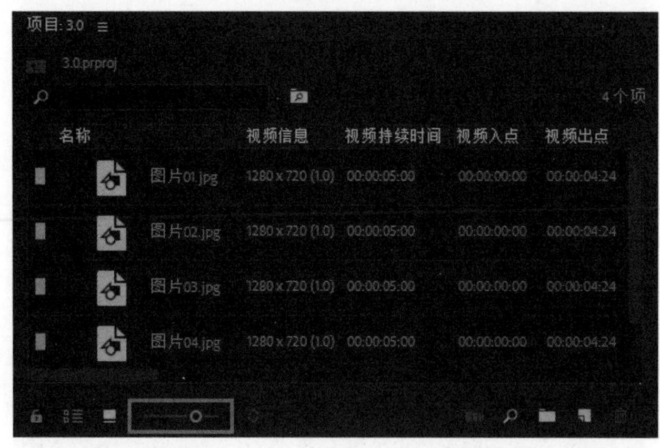

图 3-38

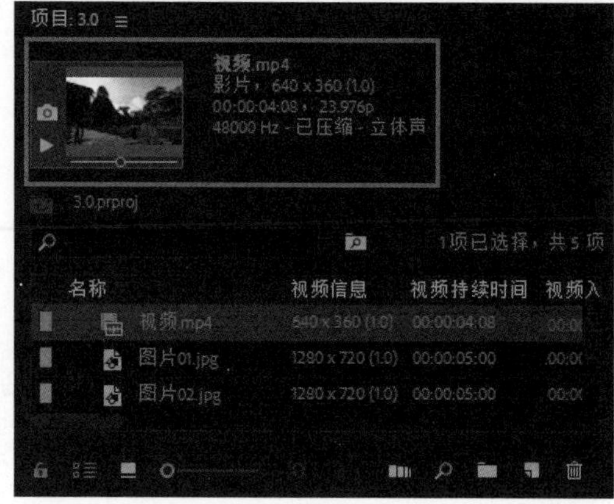

图 3-39

4. 素材标签

标签是指可以识别和关联素材的颜色。在【项目】面板中，系统会根据素材类型自动为标签匹配颜色，以方便用户分类查找素材，如图 3-40 所示。用户也可以根据自身的需要或喜好，更改素材标签的颜色。

5. 重命名素材

用户可以为某些素材重新命名，以方便用户查找或管理。重命名素材有两种方式：在【项目】面板中，在素材上单击鼠标右键，选择【重命名】命令；双击素材名称，名称高亮显示，输入新名称即可，如图 3-41 所示。

图 3-40

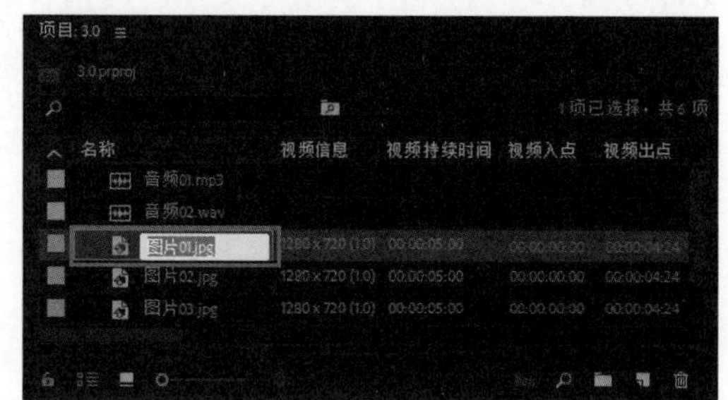

图 3-41

6. 查找素材

在【项目】面板中，在搜索栏中输入要查找的素材的全部名称或部分名称，即可显示所有包含该关键字的素材，如图 3-42 所示。用户也可以单击【项目】面板中的【查找】按钮，在【查找】对话框中进行查找。

7. 删除素材

在 Premiere Pro CC 中，删除多余的素材可以减轻素材管理的难度。在【项目】面板中，选择要删除的素材，按下键盘上的【Backspace】键或【Delete】键，即可删除素材，如图 3-43 所示。需要注意的是，【项目】面板中的素材被删除的同时，序列中相应的素材也将被删除。

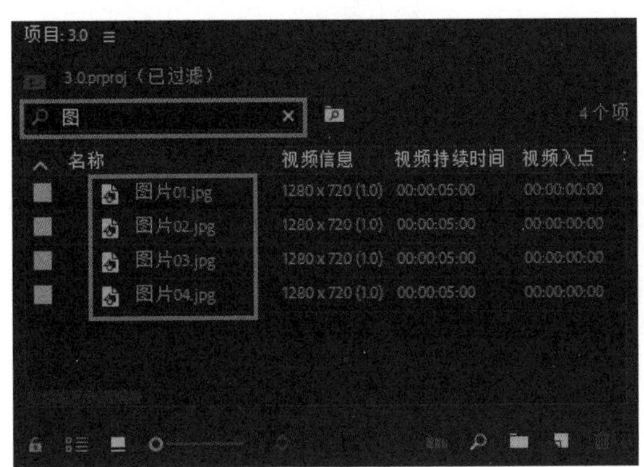

图 3-42

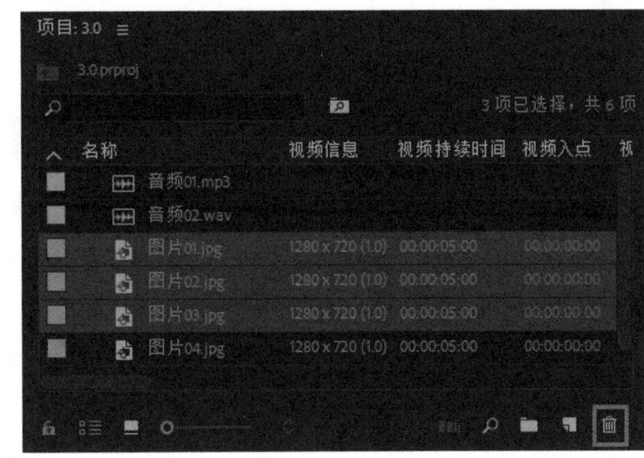

图 3-43

8. 替换素材

在制作项目的过程中，可以使用一个素材替换另一个素材，同时不影响源素材的编辑效果。

课堂案例 替换素材

素材文件	素材文件 / 第 3 章 / 图片 01.jpg ~ 图片 04.jpg	扫码观看视频
案例文件	案例文件 / 第 3 章 / 替换素材.prproj	
教学视频	教学视频 / 第 3 章 / 替换素材.mp4	
案例要点	掌握替换素材的方法	

Step 01 将【项目】面板中的【图片 01.jpg】、【图片 02.jpg】和【图片 03.jpg】素材拖到【时间轴】面板的视频轨道【V1】上，如图 3-44 所示。

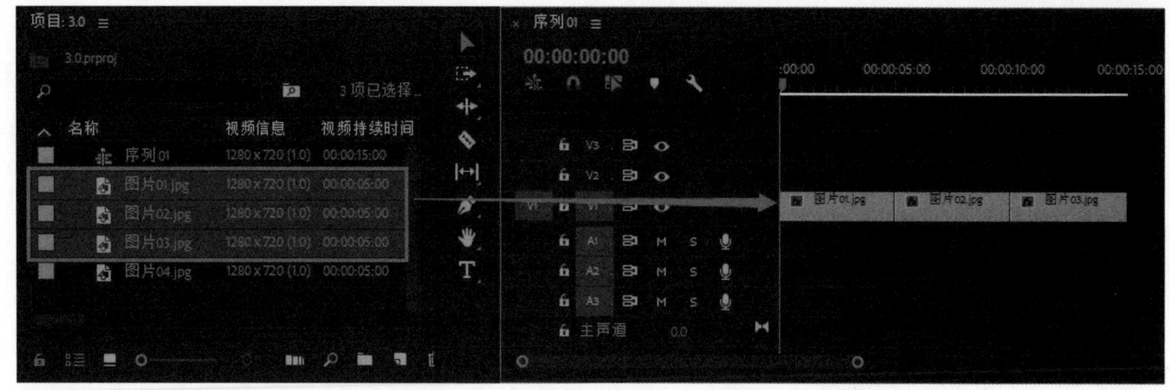

图 3-44

Step 02 激活【效果】面板，在搜索栏中输入“黑白”，并按【Enter】键，如图 3-45 所示。

Step 03 将【效果】面板中的【黑白】效果拖到视频轨道【V1】的【图片 02.jpg】素材上，如图 3-46 所示。

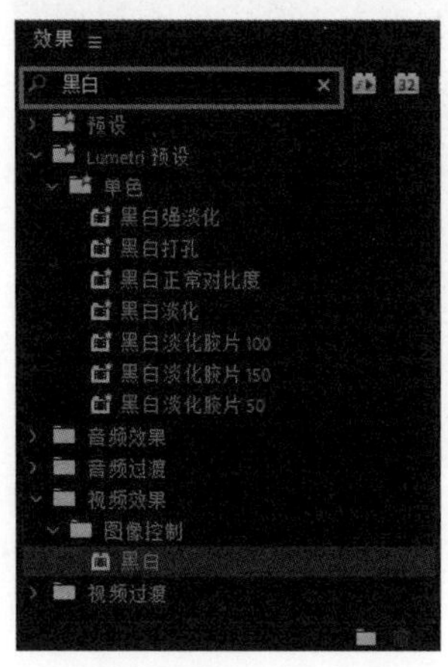

图 3-45

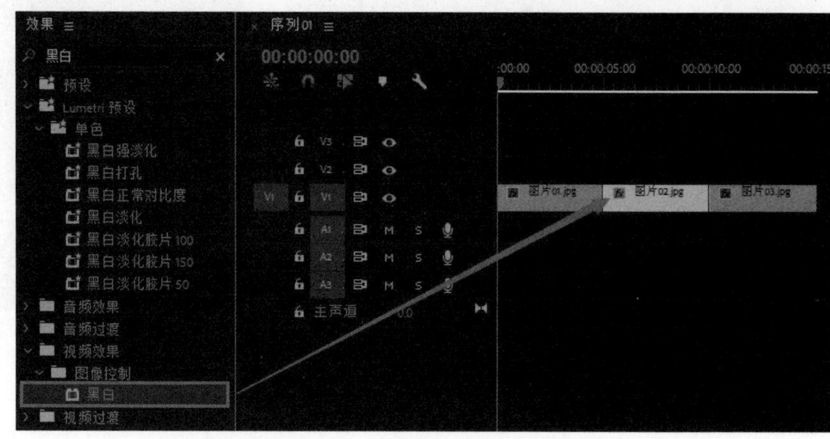

图 3-46

Step 04 选择【项目】面板中的【图片 02.jpg】素材，单击鼠标右键，选择【替换素材】命令，如图 3-47 所示。

Step 05 在弹出的对话框中，选择要替换为的【图片 04.jpg】素材，并单击【选择】按钮，如图 3-48 所示。

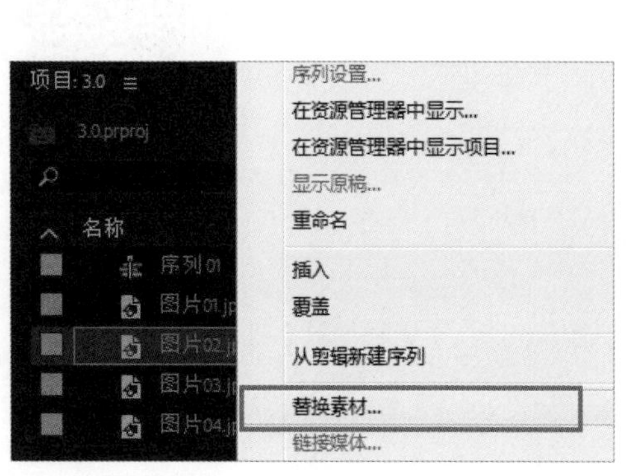

图 3-47

图 3-48

Step 06 查看替换后的效果，如图 3-49 所示。

图 3-49

9. 移除未使用的素材

在【项目】面板中移除未使用的素材，可以简化项目文件，方便管理，同时也减轻操作压力。执行【编辑】>【移除未使用资源】命令，即可移除未使用的素材。

提示

执行【移除未使用资源】命令只会移除在项目中未被用到的素材，被编辑的素材是不会被删除的。

10. 序列自动化

利用序列自动化功能可以将素材按照设置好的方式排列到序列当中。在【项目】面板下方有【自动匹配到序列】按钮，如图 3-50 所示。单击【自动匹配到序列】按钮后，可在【序列自动化】对话框中设置相关参数，如图 3-51 所示。

参数详解

【顺序】：用于设置素材在【时间轴】面板中的排列方式。

【放置】：用于设置素材在【时间轴】面板中的放置方式。

【方法】：用于设置素材到【时间轴】面板中的添加方式。

【剪辑重叠】：用于设置素材之间转场特效的默认时间。

【使用入点 / 出点范围】：用于设置静止素材的持续时间为默认的出点到入点。

【每个静止剪辑的帧数】：用于设置静止素材的持续时间。

【应用默认音频过渡】：选择此复选框，会添加默认音频过渡效果。

【应用默认视频过渡】：选择此复选框，会添加默认视频过渡效果。

【忽略音频】：选择此复选框，则当将素材拖到【时间轴】面板中的轨道上时，音频部分会被忽略掉。

【忽略视频】：选择此复选框，则当将素材拖到【时间轴】面板中的轨道上时，视频部分会被忽略掉。

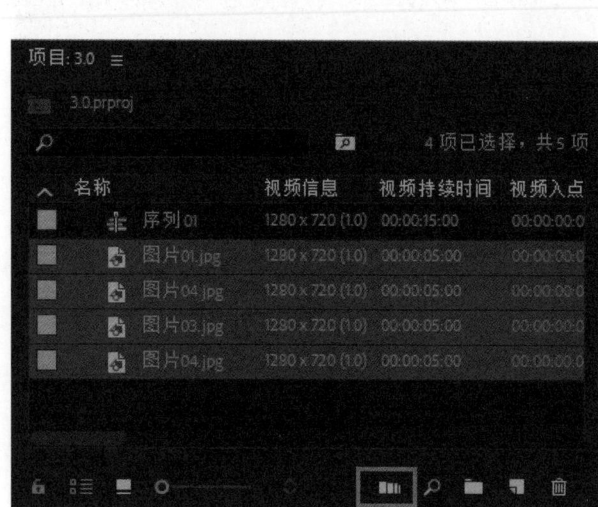

图 3-50

图 3-51

在【项目】面板中，选择素材的先后顺序，决定着素材在【序列】中的排列顺序。

按住【Shift】键可以连续选择两个素材之间的所有素材。

按住【Ctrl】键可以单独加选或减选素材。

自动匹配序列后的素材，会在当前时间指示器之后插入。

11. 脱机文件

脱机文件是当前项目中不可用的素材文件。文件不可用的原因有很多种，包括文件被损坏、文件名称改变和文件路径改变等。脱机文件在【源】监视器和【节目】监视器面板上会显示素材脱机信息，如图 3-52 所示。脱机文件重新链接媒体素材后，便可重新使用。

12. 文件夹管理

在【项目】面板中，可以使用文件夹将素材分类管理，方便使用。单击【项目】面板右下方的【新建文件夹】按钮，便可创建文件夹，如图 3-53 所示。

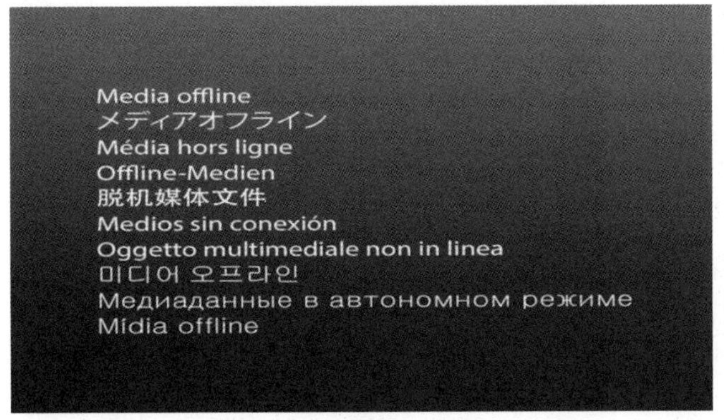

图 3-52

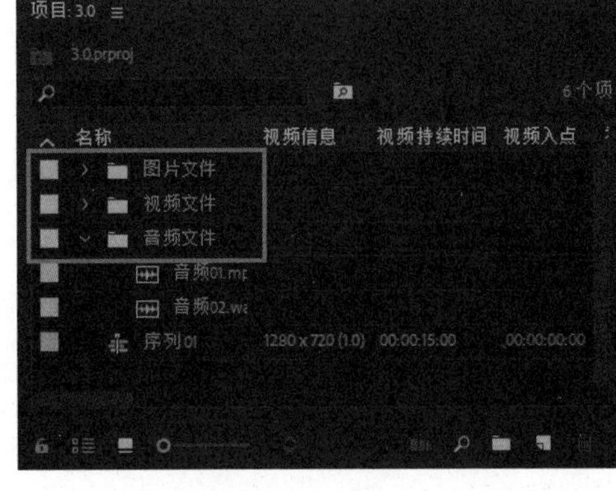

图 3-53

课堂练习 激情赛车

素材文件	素材文件 / 第 3 章 / 片头 00.jpg ~ 片头 74.jpg、图片 01.jpg ~ 图片 18.jpg 和背景音乐.mp3	扫码观看视频 
案例文件	案例文件 / 第 5 章 / 激情赛车.prproj	
教学视频	教学视频 / 第 5 章 / 激情赛车.mp4	
练习要点	本练习是为了加深读者了解多种导入素材、查看素材、管理素材和管理文件夹的方法，以及【自动匹配序列】功能的应用	

1. 练习思路

①将序列素材 . 音频素材和图片素材以多种方式导入到项目中。

②对素材进行查看并管理素材。

③运用【自动匹配序列】功能将素材放置在【时间轴】面板中。

④删除多余的素材。

2. 制作步骤

（1）设置项目

Step 01 打开 Premiere Pro CC，在【开始】对话框中单击【新建项目】按钮，如图 3-54 所示。

Step 02 在【新建项目】对话框中，输入项目名称“激情赛车”，并设置项目的存储位置，单击【确定】按钮，如图 3-55 所示。

图 3-54

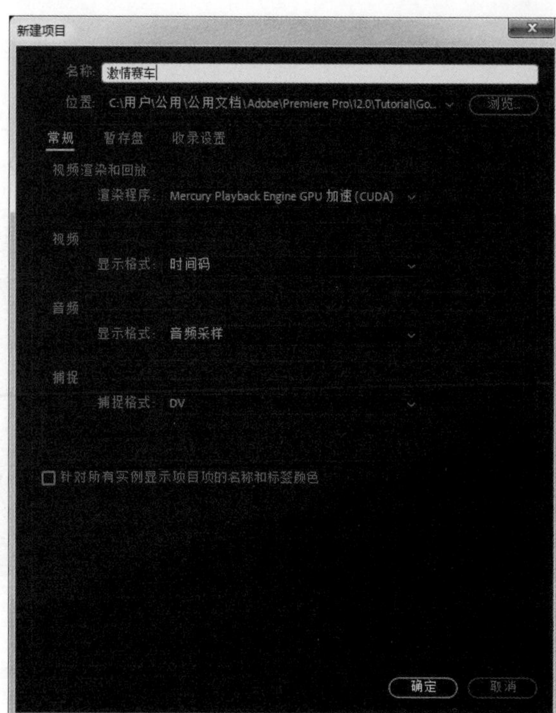

图 3-55

Step 03 新建序列。执行【文件】>【新建】>【序列】命令。在【新建序列】对话框中，设置序列格式为【HDV】>【HDV 720p25】，在【序列名称】文本框中输入“激情赛车”，如图 3-56 所示。

Step 04 双击【项目】面板的空白处，在【导入】对话框中选择序列素材。选中序列素材的首个文件【片头00.jpg】素材，选择【图像序列】复选框，将序列素材导入，如图 3-57 所示。

图 3-56

图 3-57

Step 05 执行【文件】>【导入】命令，在【导入】对话框中选择【图片 01.jpg】~【图片 18.jpg】图片素材，将其导入到【项目】面板中，如图 3-58 所示。

Step 06 将【背景音乐.mp3】文件从资源管理器中拖到【项目】面板中，如图 3-59 所示。

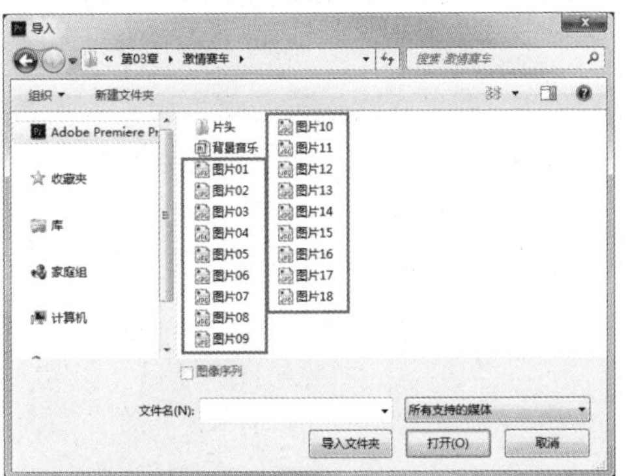

图 3-58

图 3-59

（2）管理素材

Step 01 在【项目】面板中，以列表的形式显示素材，并查看素材的名称、标签颜色、视频持续时间、帧速率、视频入点和视频出点等信息，如图 3-60 所示。

Step 02 在【项目】面板中，单击【新建文件夹】按钮，设置名称为“图片素材”，然后将【图片 01.jpg】~【图片 18.jpg】图片素材拖到文件夹中，如图 3-61 所示。

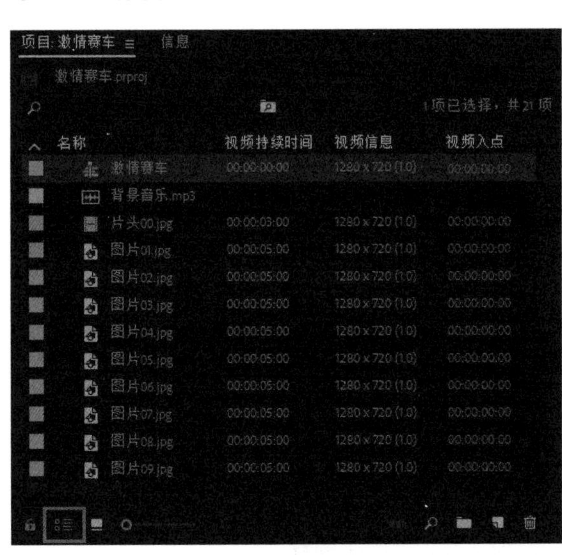

图 3-60

图 3-61

（3）自动匹配序列

Step 01 先选择【片头 00.jpg】序列，再加选【图片素材】文件夹，单击【自动匹配序列】按钮，如图 3-62 所示。

Step 02 在弹出的【序列自动化】对话框中，设置【剪辑重叠】为“20 帧”，选择【每个静止剪辑的帧数】单选按钮，并设置为“70 帧”，如图 3-63 所示。

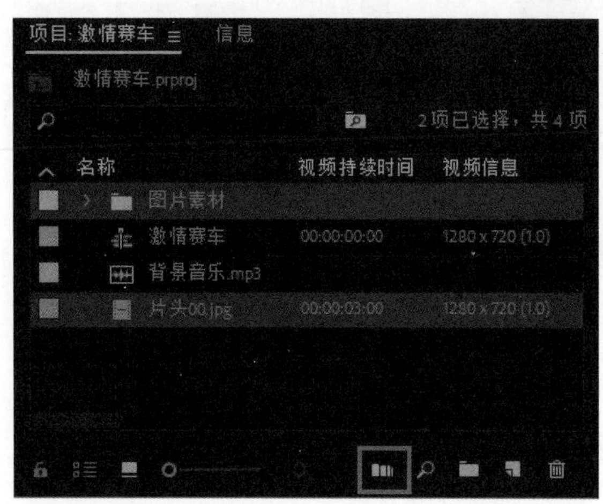

图 3-62

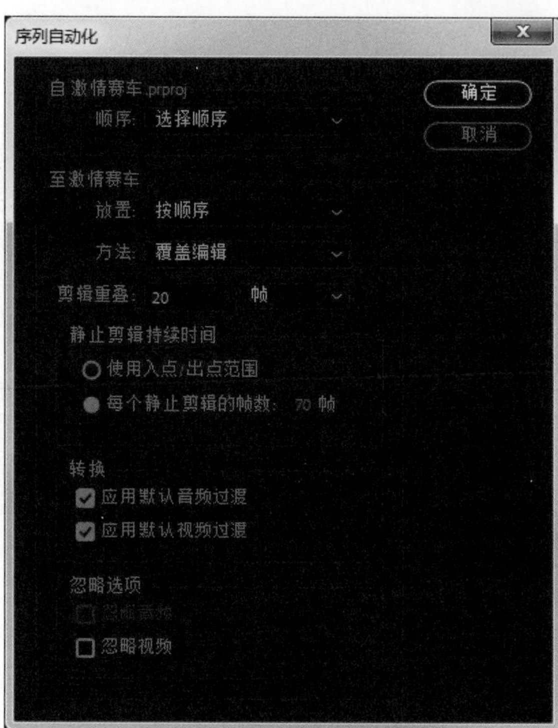

图 3-63

（4）设置时间轴序列

Step 01 将【背景音乐.mp3】素材文件拖至音频轨道【A1】上，如图 3-64 所示。

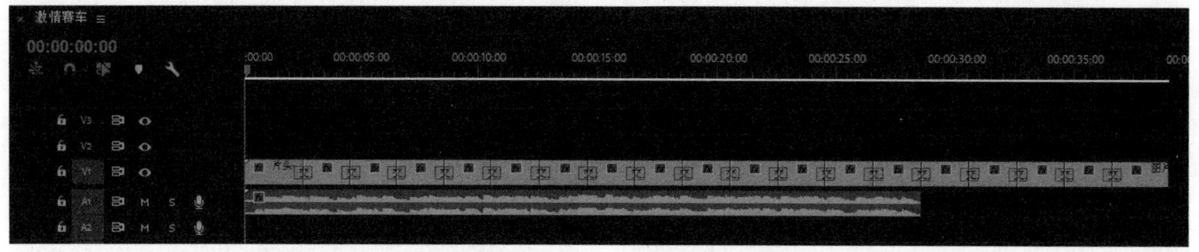

图 3-64

Step 02 选择【时间轴】面板中 00:00:28:15 位置右侧的最后 5 个素材，按键盘上的【Delete】键，将其删除，如图 3-65 所示。

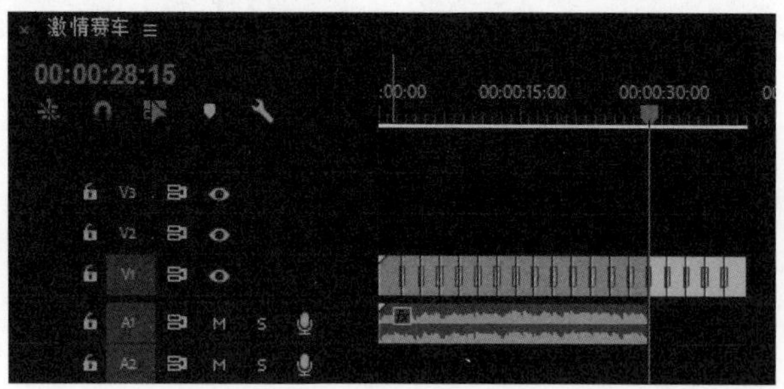

图 3-65

（5）查看最终效果

在【节目】监视器面板中查看最终动画效果，如图 3-66 所示。

图 3-66

课后习题

一、选择题

1. 在【新建项目】对话框的（　　）选项卡中，可以为不同的项目设置不同的暂存盘位置，以提高系统性能。

A.【打开】

B.【常规】

C.【暂存盘】

D.【收录设置】

2. 在打开项目后，如果有缺失的文件，则会弹出对话框询问文件是否在这里。单击（　　）按钮，则表示将缺失文件替换为脱机文件。

A.【全部脱机】

B.【脱机】

C.【取消】

D.【查找】

3. 利用【文件】菜单下的（　　）命令可以对项目进行有效的管理。

A.【同步设置】

B.【获取属性】

C.【项目设置】

D.【项目管理】

4. 不属于【项目】面板中的【新建项目】命令可以创建的元素是（　　）。

A. 彩条

B. 字幕

C. 素材箱

D. 透明视频

5.【项目】面板中的（　　）按钮是用来查找素材的。

A.【查找】

B.【清除】

C.【新建项目】

D.【新建文件夹】

二、填空题

1. 导入的素材会被放置在 ________ 面板中，以便编辑使用。

2. 脱机文件在【源】监视器和 ________ 面板上会显示素材脱机信息。

3. 导入的素材都会在【项目】面板中显示，而【项目】面板中提供了 ________ 和“图标视图”两种不同的显示方式。

4. 在【项目】面板中素材会根据类型自动匹配标签的 ________，以方便用户分类查找素材。

5. Premiere Pro CC 中的 ________ 命令，不仅可以方便用户快捷地将所选素材添加到序列中，还可以在各素材之间添加默认的过渡效果。

三、简答题

1. 列出常用的导入素材的 4 种方法。

2.【移除未使用资源】命令的作用是什么？如何操作？

四、案例习题

习题要求：制作花卉主题视频。

素材文件：练习文件 / 第 3 章 / 片头序列 00.jpg ~ 片头序列 75.jpg、练习图片 01.jpg ~ 练习图片 15.jpg 和练习音乐.mp3。

效果文件：效果文件 / 第 3 章 / 案例习题.mp4，如图 3-67 所示。

习题要点：

1. 将序列素材、音频素材和图片素材以适当的方式导入到【项目】面板中。

2. 将音频素材拖到序列中，观察素材时长。

3. 按照顺序选择素材，然后使用【自动匹配序列】功能。

4. 根据音频素材时长，在【序列自动化】对话框中，设置合适的图片静止时长和默认过渡效果时长。

图 3-67

第 4 章 序列编辑

序列是素材编辑的主要操作载体，因此掌握序列的编辑技巧，可以提高项目的制作效率。本章主要对序列编辑进行全面介绍，让读者了解设置序列、更改序列、操作序列，以及渲染、预览序列等的操作方法和技巧。

PREMIERE PRO

学习目标

- 熟悉【时间轴】面板中的各种控件
- 熟悉轨道操作的方法
- 熟悉序列的基本操作

技能目标

- 掌握【时间轴】面板中各种控件的操作技巧
- 掌握【时间轴】面板中有关轨道的操作
- 掌握新建序列的方法
- 掌握在序列中编辑素材的操作

4.1 使用【时间轴】面板

在【项目】面板中，双击要打开的序列，即可在【时间轴】面板中打开所选序列，如图4-1所示。在【时间轴】面板中，可以打开一个或多个序列。也可将多个序列在不同的【时间轴】面板中打开。

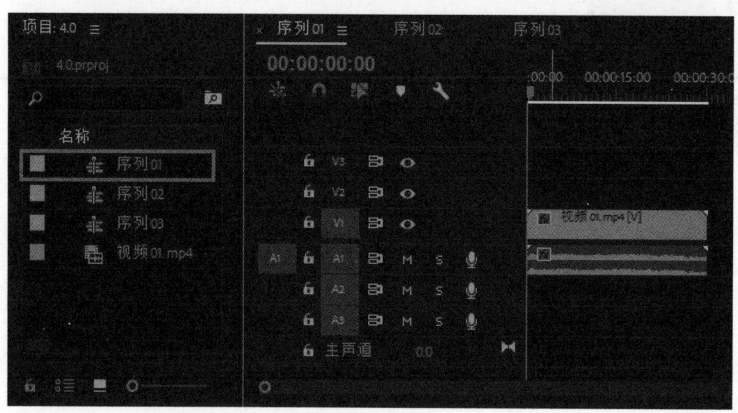

图4-1

4.2 【时间轴】面板中的控件

【时间轴】面板中包含多个用于在序列的各帧之间操作的控件，如图4-2所示。

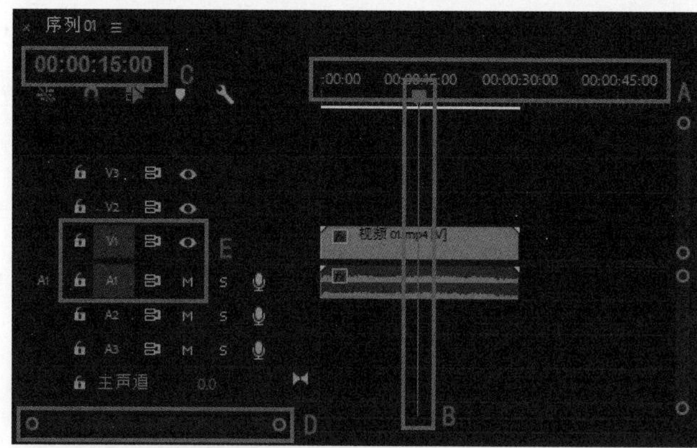

A. 时间标尺 B. 当前时间指示器 C. 播放指示器
D. 缩放滚动条 E. 源轨道指示器

图4-2

参数详解

时间标尺：用于水平测量序列时间，指示序列时间的刻度线，使数字沿标尺显示，并会根据用户查看序列的细节级别而变化。

当前时间指示器：又称“播放指示器”或“当前时间轴指示器”等，指示【节目】监视器中显示的当前帧。当前时间指示器是时间标尺上黄色的盾牌形图标，红色的垂直指示线一直延伸到时间标尺的底部。通过拖动当前时间指示器可以更改当前时间。

播放指示器：又称“当前时间显示”，在【时间轴】面板中显示当前帧的时间码。

缩放滚动条：用于调整【时间轴】面板中时间标尺的可见区域。

源轨道指示器：用于指示【源】监视器面板中要插入或覆盖素材的轨道。

在播放指示器上左右拖动鼠标，拖动距离越远，时间码变化越大。

4.2.1 使用缩放滚动条

将缩放滚动条扩展至最大宽度时，将显示时间标尺的整个持续时间。收缩缩放滚动条可将当前显示区域放大，从而显示更加详细的时间标尺。扩展和收缩缩放滚动条，均会以当前时间指示器为中心。

将鼠标指针置于缩放滚动条上，然后滚动鼠标滚轮，可以扩展或收缩缩放滚动条。在缩放滚动条以外的区域滚动鼠标滚轮，可以移动缩放滚动条。

拖动缩放滚动条的中心，可以滚动时间标尺的显示区域，并且不改变显示比例。在拖动缩放滚动条时，当前时间指示器不会跟随移动。一般先拖动缩放滚动条改变时间标尺的显示区域，再在显示区域单击鼠标左键，从而将当前时间指示器移动到当前区域。

4.2.2 将当前时间指示器移动至【时间轴】面板中

在【时间轴】面板中查看序列详细内容时，当前时间指示器经常不在显示区域中，通过以下方式可以将当前时间指示器快速移动至【时间轴】面板的显示区域中。

- 在时间标尺中拖动当前时间指示器，或者在【时间轴】面板中的显示区域单击鼠标左键。
- 将鼠标指针置于播放指示器上，并拖动鼠标。
- 在播放指示器中输入当前区域的时间码。
- 使用【节目】监视器中的播放控件。
- 利用键盘上的左右方向键，可以将当前时间指示器向左或向右移动1帧。如果配合【Shift】键使用，则可移动5帧。

4.2.3 使用播放指示器移动当前时间指示器

在播放指示器中输入新的时间码，可以快速而又精准地将当前时间指示器移动到新的时间码位置。在播放指示器中，使用一些技巧可以将当前时间指示器快速移动到想要的位置。

- 直接输入数字。例如，“123”代表00:00:01:23和00；00；01；23。
- 输入正常值以外的值。例如，对于我国的25 fps DV PAL格式，如果当前时间为00:00:01:23，若要想向后移动10帧，可以在播放指示器中，将时间码更改为00:00:01:33。这样，就将当前时间指示器移动至00:00:02:08位置了。
- 使用加号（+）或减号（-）。如果在数字前面有加号或减号，则表示当前时间指示器会向右或向左移动。例如，“+123”表示将当前时间指示器向右移动123帧。
- 添加句号。在数字前面添加一个句号，则表示精准的帧编号，而不是省略冒号和分号的时间码。例如，对于我国的25 fps DV PAL格式，“.123”代表00:00:04:23。

提示

时间码分别使用冒号和分号区分PAL格式和NTSC格式。例如，00:00:01:23是对PAL格式而言的，而00；00；01；23则是对NTSC格式而言的。

提示

数值小于100，表示帧编号；数值大于等于100，则表示省略逗号和分号的时间码。例如，对于我国的25 fps DV PAL格式，“75”代表00:00:03:00，而“321”代表00:00:03:21。

4.2.4 设置序列开始时间

在默认情况下，每个序列的时间标尺都是从0开始显示的，并根据【显示格式】显示指定的时间码格式测量时间。用户可以根据需要在【起始时间】对话框中，修改序列的开始时间，如图4-3所示。有些动画或视频项目都将第1帧作为起始帧，因此需要修改开始时间。

图4-3

4.2.5 对齐素材边缘和标记

在【时间轴】面板中，激活【吸附】按钮，当前时间指示器和素材就可以快速对齐到素材边缘和标记的位置，如图4-4所示。

按住【Shift】键的同时拖动当前时间指示器，则可以快速将当前时间指示器移动到素材边缘和标记的位置。

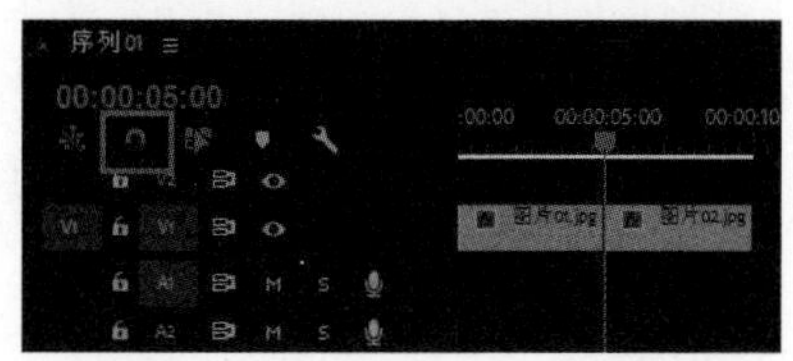

图4-4

4.2.6 缩放查看序列

在【时间轴】面板中，快速缩放序列显示区域，可以更为有效地以整体或局部的方式查看序列内容。通过以下方式可以在【时间轴】面板中放大或缩小序列。

- 使用键盘快捷键：激活【时间轴】面板后，按大键盘中的【-】键和【=】键，可以缩小或放大序列。按【-】键可以缩小序列，按【=】键则可以放大序列。
- 使用缩放滚动条：调整缩放滚动条，使缩放滚动条变宽或变窄，可以放大或缩小序列。
- 使用【Alt】键和鼠标滚轮：按住【Alt】键的同时滚动鼠标滚轮，这样鼠标指针所在的位置就会被放大或缩小。
- 使用反斜线键（【\】键）：使用【\】键可以在【时间轴】面板中显示完整的序列。当再次按下【\】键时，会恢复上一次的显示比例。

4.2.7 水平滚动序列

如果素材序列较长，许多素材都不会被显示出来。通过以下方式可以在【时间轴】面板中查看未显示的素材序列。

- 使用鼠标滚轮。滚动鼠标滚轮，就可以水平滚动序列，查看未显示的序列。
- 使用键盘快捷键。使用【Page Up】键或【Page Down】键，可以使序列显示区域向左移动或向右移动。
- 使用缩放滚动条。向左或向右拖动缩放滚动条，可以使序列显示区域向左移动或向右移动。

4.2.8 垂直滚动序列

如果序列中存在多个视频和音频轨道，这些轨道会堆叠在【时间轴】面板中。使用【时间轴】面板中的滚动条可以调整显示区域。

拖动滚动条或在将鼠标指针放在滚动条上滚动鼠标滚轮，均可以改变显示的序列轨道。

4.3 轨道操作

【时间轴】面板中有视频和音频轨道，对这些轨道进行编辑操作，可以排列序列中的素材、对素材进行编辑和添加特殊效果。用户可以根据需要添加或移除轨道、重新命名轨道，以及进行其他操作。

4.3.1 添加轨道

用户可以在轨道的头部单击鼠标右键，选择【添加单个轨道】和【添加轨道】等命令，如图 4-5 所示。在弹出的【添加轨道】对话框中，可以设置添加轨道的类型、数量和位置等，如图 4-6 所示。

将素材直接拖至【时间轴】面板的空白处，就可以直接添加轨道。

提示

添加轨道时，如果序列中没有与媒体类型相对应的未锁定轨道，则会创建一条新轨道以接收相应的素材。

提示

音频素材只接受跟其匹配的轨道类型，因此需要注意素材的声音信息，从而在【轨道类型】下拉列表中选择适合的类型。

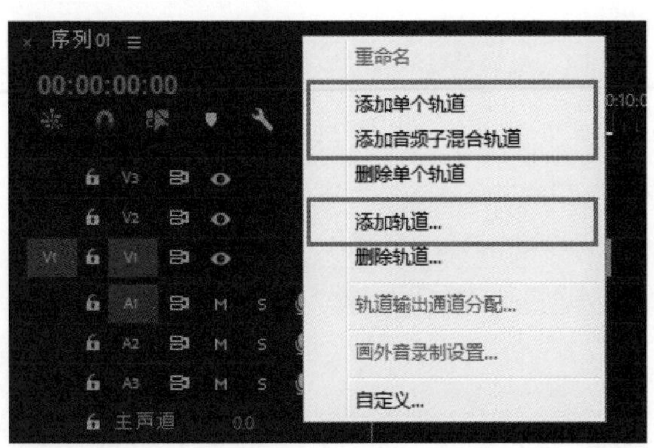

图 4-5

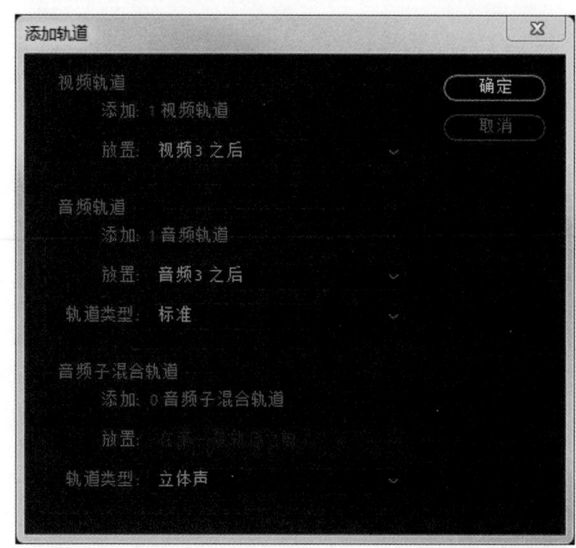

图 4-6

4.3.2 删除轨道

用户可以根据需要同时删除一条或多条音视频轨道，或者删除音 / 视频的空闲轨道。在轨道的头部单击鼠标右键，选择【删除轨道】或者【删除单个轨道】命令即可，如图 4-7 所示。

选择【删除单个轨道】命令可以直接删除当前轨道。选择【删除轨道】命令，则可以在【删除轨道】对话框中，设置删除轨道的类型和位置等，如图 4-8 所示。

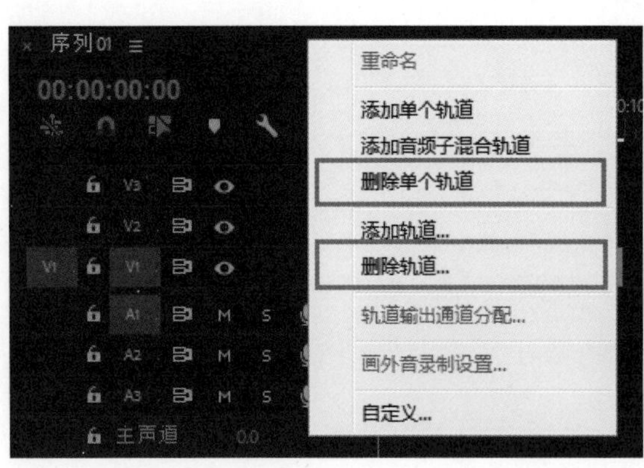

图 4-7

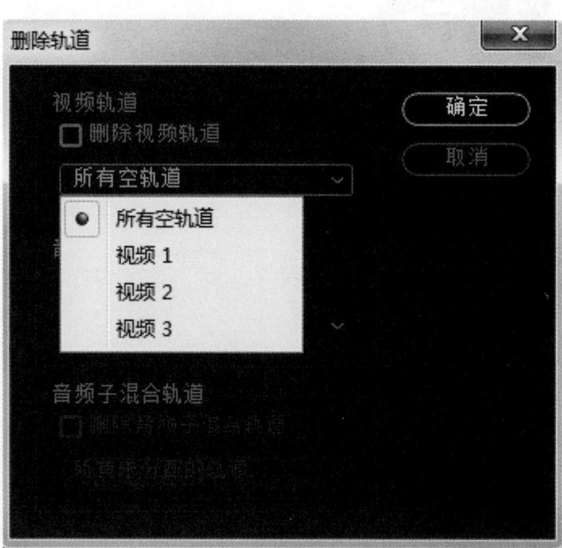

图 4-8

课堂案例 添加和删除轨道

素材文件	素材文件 / 第 4 章 / 图片 01.jpg、图片 02.jpg 和图片 03.jpg	扫码观看视频
案例文件	案例文件 / 第 4 章 / 添加和删除轨道.prproj	
教学视频	教学视频 / 第 4 章 / 添加和删除轨道.mp4	
案例要点	掌握添加和删除轨道的方法	

Step 01 将【项目】面板中的【图片 01.jpg】、【图片 02.jpg】和【图片 03.jpg】素材，依次拖到视频轨道【V3】上方的空白处，如图 4-9 所示。

Step 02 在【时间轴】面板中，在轨道的头部单击鼠标右键，选择【删除轨道】命令，如图 4-10 所示。

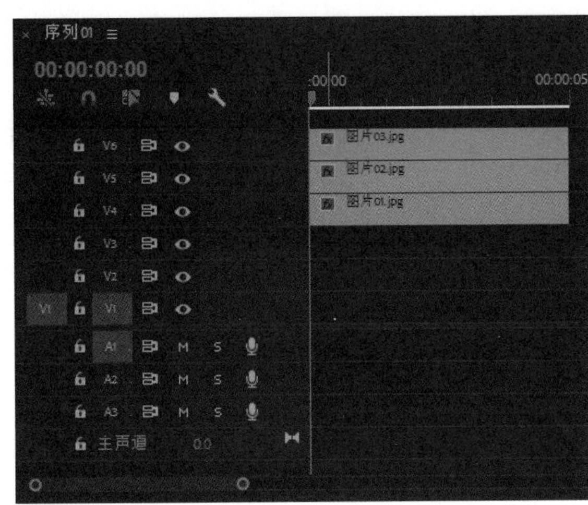

图 4-9

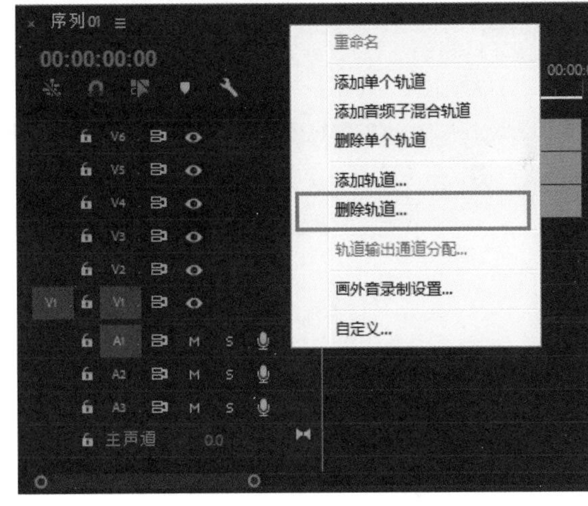

图 4-10

Step 03 在【删除轨道】对话框中，选择【删除视频轨道】和【删除音频轨道】复选框，并在【轨道类型】下拉列表中选择【所有空轨道】选项，如图 4-11 所示。

Step 04 查看删除轨道后的效果，如图 4-12 所示。

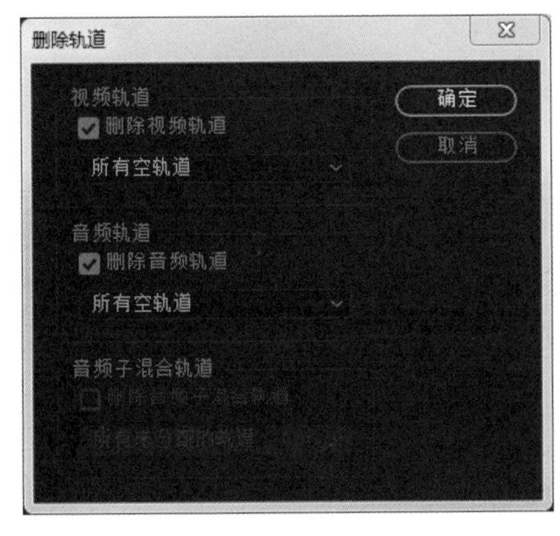

图 4-11

图 4-12

4.3.3 重命名轨道

用户可以根据需要对轨道重新命名。首先展开轨道，显示轨道名称，然后在轨道名称上单击鼠标右键，选择【重命名】命令，如图 4-13 所示。

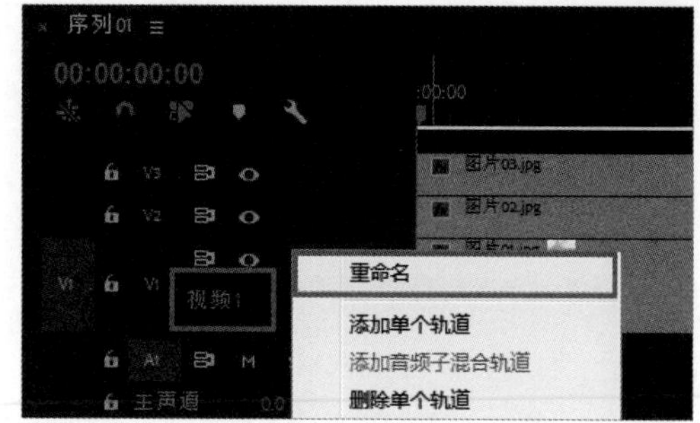

图 4-13

4.3.4 同步锁定

通过对轨道使用【同步锁定】功能，指定当执行【插入】和【波纹删除】等命令时，受影响的轨道。将在【切换同步锁定】框中显示【同步锁定】功能图标，则【同步锁定】功能被启用，如图 4-14 所示。

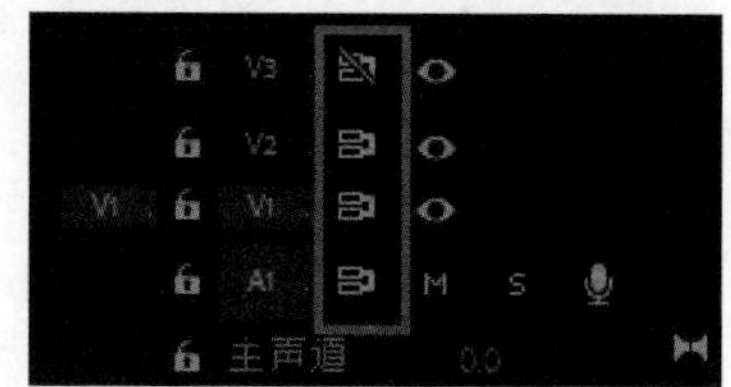

图 4-14

对于编辑中的轨道，无论其【同步锁定】功能是否开启，轨道里被编辑的素材都会发生移动。但是，其他轨道只有在【同步锁定】功能被启用时，才会移动素材内容。

例如，当执行【插入】命令时，想将素材插入到视频轨道【V1】中，其他轨道都受影响，只有视频轨道【V2】不受影响。要启用所有轨道的【同步锁定】功能，将视频轨道【V2】的【同步锁定】功能关闭即可。

提示

按住【Shift】键的同时单击【切换同步锁定】框，可以同时开启或关闭同一类型的所有轨道的【同步锁定】功能。

4.3.5 轨道锁定

通过锁定指定的轨道，可以防止该轨道中的序列内容被更改。在【切换轨道锁定】框中显示【轨道锁定】功能图标，则【轨道锁定】功能被启用，锁定后的轨道会显示斜线图案，如图 4-15 所示。

图 4-15

4.3.6 轨道输出

用户可以根据需要选择一条或多条音／视频轨道的内容是否需要输出。在需要输出的视频轨道的【切换轨道输出】框中，显示眼睛图标👁；在需要输出的音频轨道的【静音轨道】框中，关闭静音图标，如图 4-16 所示。

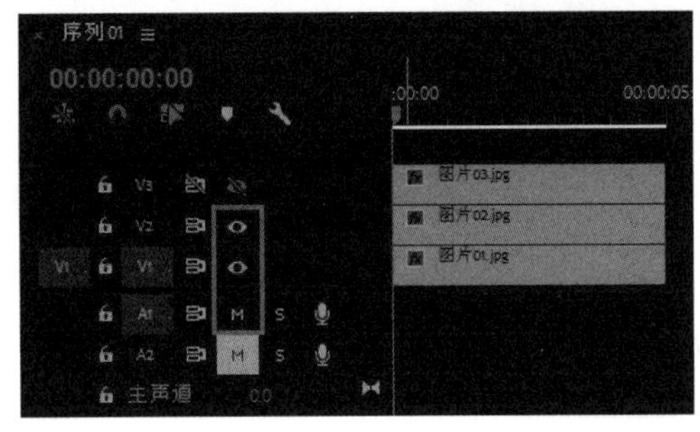

图 4-16

4.3.7 目标轨道

用户可以根据需要选择一条或多条音／视频轨道作为目标轨道，目标轨道的轨道头区域会高亮显示，如图 4-17 所示。当将某一素材添加到序列中时，可以指定一条或多条轨道作为放置素材的轨道，即目标轨道。注意：可以将多条轨道设为目标轨道。

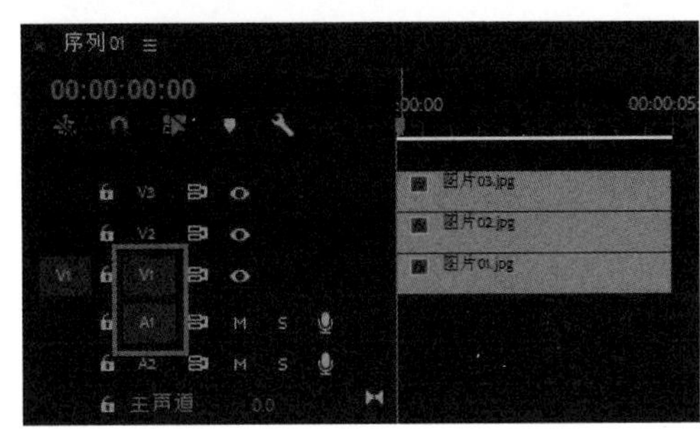

图 4-17

4.3.8 指派源视频

使用源轨道预设可以控制执行【插入】和【覆盖】操作的素材轨道。在轨道头部单击鼠标右键，选择【分配源】命令，即可预设源轨道，如图 4-18 所示。

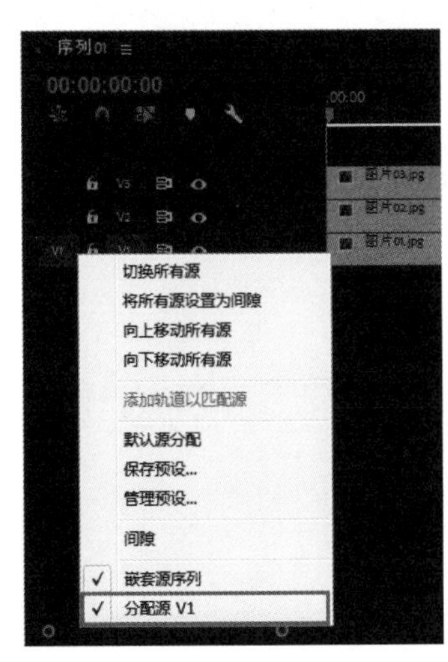

图 4-18

Premiere Pro CC是将源指示器与目标轨道分离开来的。对于【插入】和【覆盖】操作，使用源轨道指示器；对于【粘贴】和【匹配帧】操作，以及其他编辑操作，将使用轨道目标。

当源轨道指示器为开启状态时，相应的轨道会处在编辑操作中。

当源轨道指示器为黑色状态时，相应的轨道会出现一个间隙，并不会放入源素材，如图 4-19 所示。

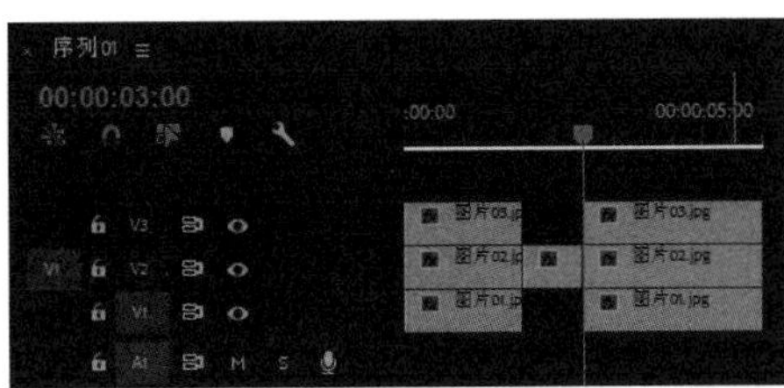

图 4-19

设置新序列

在项目中，需要创建序列，以便进行操作。序列的设置是根据制作要求和素材特点来进行的。

4.4.1 创建序列

创建预设序列时，可以执行【文件】>【新建】>【序列】命令，或者在【项目】面板中执行【新建项目】>【序列】命令，如图 4-20 所示。选择或设置好序列后，只需在【序列名称】文本框中输入名称，单击【确定】按钮，即可完成序列的创建。

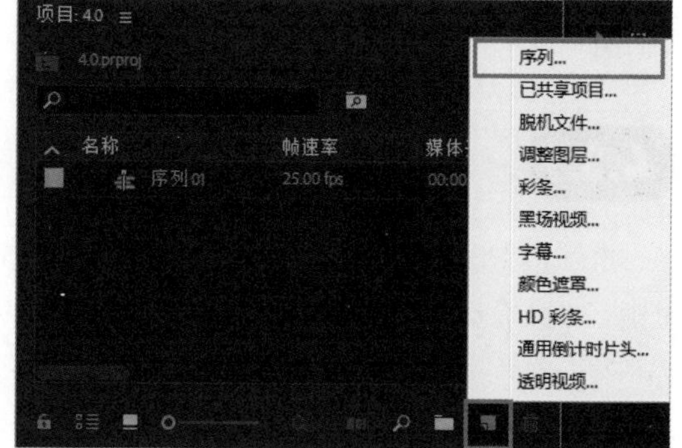

图 4-20

如果需要根据指定素材创建新的序列，则可使用以下 3 种方法。

- 选择指定素材，执行【文件】>【新建】>【序列来自素材】命令。
- 选择指定素材，单击鼠标右键，选择【由当前素材新建序列】命令。
- 将素材拖至【项目】面板中的【新建项目】按钮上，如图 4-21 所示。

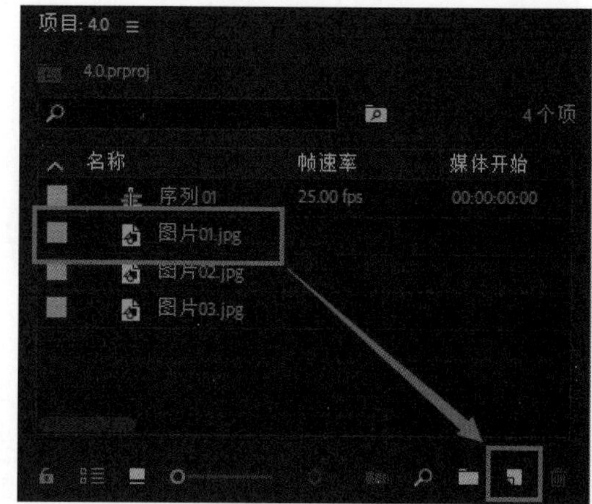

图 4-21

4.4.2 序列预设和设置

Premiere Pro CC 提供了大量的序列预设，这些预设都是常用的视频格式。用户可以从标准的序列预设中进行选择，或者自定义一组序列设置。

创建序列时将会打开【新建序列】对话框。【新建序列】对话框中包含 4 个选项卡，分别是【序列预设】、【设置】、【轨道】和【VR 视频】，如图 4-22 所示。

创建的预设尽可能与素材属性一致，这样才能使软件的性能达到最佳。大家需要了解的属性参数有很多，例如，录制格式、文件格式、像素纵横比和时基等。

- 录制格式（如 DV 或 DVCPRO HD）
- 文件格式（如 AVI、MOV 或 VOB）
- 帧长宽比（如 16:9 或 4:3）
- 像素长宽比（如 1.0 或 0.9091）
- 帧速率（如 29.97 fps 或 23.976 fps）
- 时基（如 29.97 fps 或 23.976 fps）
- 场（如逐行或隔行）
- 音频采样率（如 32 Hz 或 48 Hz）
- 视频编解码器
- 音频编解码器

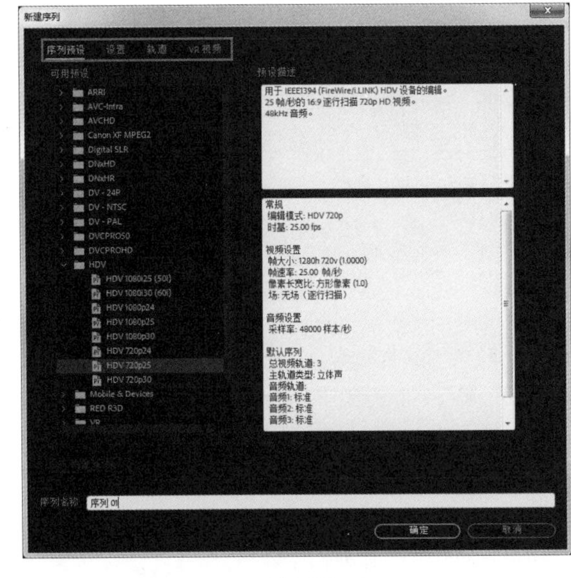

图 4-22

1.【序列预设】选项卡

【序列预设】选项卡里包含【可用预设】和【预设描述】列表框。在【可用预设】列表框中包含大多数典型的序列类型的正确设置。而【预设描述】列表框中是对所选预设序列类型的详细描述。

【序列预设】选项卡里包含许多最为常用的序列类型。例如，我国使用的 DV-PAL、北美使用的 DV-NTSC，以及现在比较流行的高清 HDV 等，如图 4-23 所示。

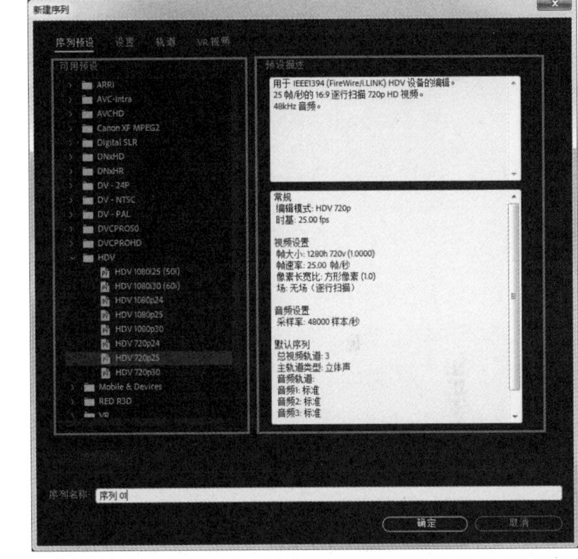

图 4-23

2.【设置】选项卡

【设置】选项卡里包含序列的基本属性参数，如图 4-24 所示。

参数详解

【编辑模式】：用于编辑和预览文件的视频格式。

【时基】：用于计算每个编辑点所在位置的时间。与帧速率不同，但一般与帧速率设置为同一数值。

【帧大小】：以像素为单位，用于指定播放序列时帧的尺寸。

【像素长宽比】：用于为单个像素设置长宽比。

【场】：用于指定场的顺序，或者设置在每个帧中绘制的第一个场。

【显示格式】（视频）：用于在多种时间码格式中选择显示格式。

【采样率】：用于选择播放序列音频时的速率。

【显示格式】（音频）：指定音频时间显示是使用音频采样还是使用毫秒。

【预览文件格式】：选择一种能在提供最佳品质预览的同时，将渲染时间和文件大小保持在系统允许的容限范围之内的文件格式。对于某些编辑模式，只提供了一种文件格式。

【编解码器】：指定用于为序列创建预览文件的编解码器。

【宽度】：指定视频预览的帧宽度，受源素材的像素长宽比限制。

【高度】：指定视频预览的帧高度，受源素材的像素长宽比限制。

【重置】：清除现有预览，并为所有后续预览指定尺寸。

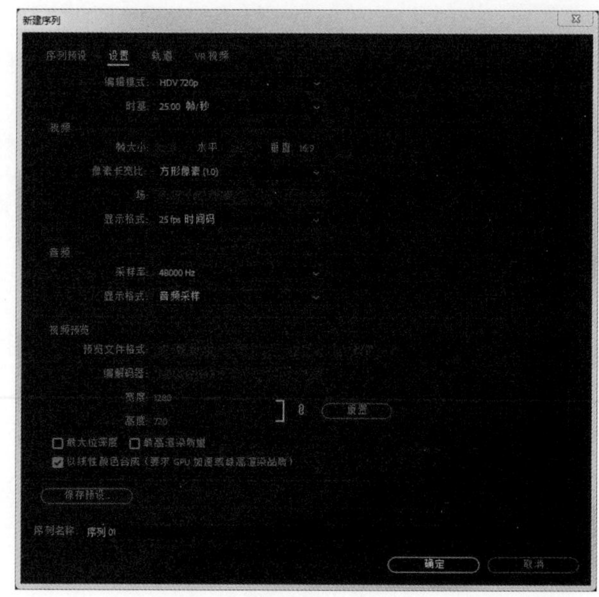

图 4-24

【最大位深层】：使序列中播放视频的色彩位深度达到最大值。

【最高渲染质量】：当从大格式缩放到小格式，或从高清晰度缩放到标准清晰度格式时，保持锐化细节。

【保存预设】：保存当前设置。

3.【轨道】选项卡

在【轨道】选项卡里可以设置创建新序列的视频轨道数量和音频轨道数量及类型，如图 4-25 所示。

4.【VR 视频】选项卡

在【轨道】选项卡里可以设置 VR 视频属性，如图 4-26 所示。

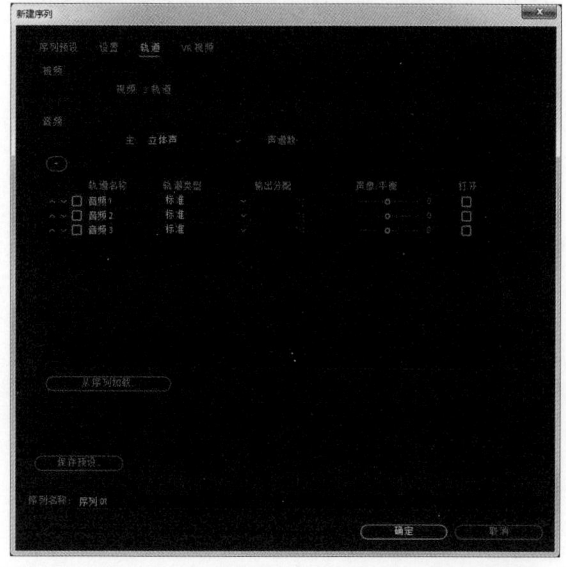

图 4-25

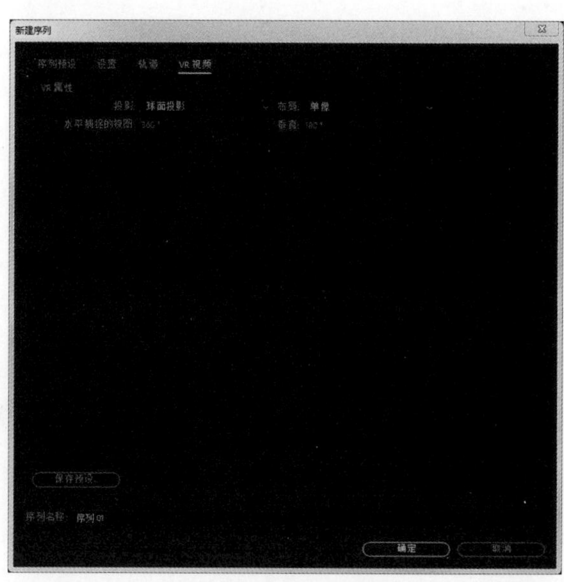

图 4-26

4.5 在序列中添加素材

将素材快速有效地添加到指定的序列中可以更好地提高制作效率，因此选择合适的方式就显得尤为重要。

4.5.1 添加素材到序列

将素材添加到序列中，有 4 种方法较为常用。

- 将素材从【项目】面板或【源】监视器面板中拖到【时间轴】面板或【节目】监视器面板中。
- 使用【源】监视器面板中的【插入】和【覆盖】按钮将素材添加到【时间轴】面板中，或者使用这些按钮的键盘快捷键。
- 将素材在【项目】面板中自动组合，可以使用右键快捷菜单中的【由当前素材新建序列】命令。
- 将来自【项目】面板、【源】监视器面板或【媒体浏览器】面板中的素材拖到【节目】监视器面板中。

4.5.2 素材不匹配警告

当将素材拖至一个新的序列中时，如果素材与序列设置不匹配，将弹出【剪辑不匹配警告】对话框，询问是否更改序列设置，如图 4-27 所示。

参数详解

【更改序列设置】：单击此按钮，则序列设置会根据不同的素材而改变，以匹配素材。

【保持现有设置】：单击此按钮，则序列设置不会发生变化，保持先前的设置。

图 4-27

4.5.3 添加音/视频链接素材

将带有音 / 视频链接的素材添加到序列中，则该素材的视频和音频组件会显示在相应的轨道中。

要想将素材的视频和音频部分拖到特定轨道，先将该素材从【源】监视器面板或【项目】面板中拖至【时间轴】面板中。当该素材的视频部分位于所需的视频轨道之上时，按住【Shift】键，用鼠标继续向下拖动并越过视频轨道与音轨之间的分隔条。当该素材的音频部分位于所需的音轨之上时，就松开鼠标并松开【Shift】键。

4.5.4 替换素材

用户可以将【时间轴】面板中的一个素材替换为来自【源】监视器面板或【项目】面板中的另外一个素材，但同时保留已经应用的原始剪辑效果。

4.5.5 嵌套序列

嵌套序列只需将【项目】面板或【源】监视器面板中的某个序列，拖到新序列的相应轨道中即可；或者选择要嵌套的素材，然后执行【素材】>【嵌套】命令。

嵌套序列将显示为单一的音/视频链接素材，即使嵌套序列的源序列包含多条视频和音频轨道也是可以的。嵌套序列如同其他素材一样，可以被编辑和应用效果。

课堂案例 嵌套序列

素材文件	素材文件/第4章/图片01.jpg～图片04.jpg	扫码观看视频
案例文件	案例文件/第4章/嵌套序列.prproj	
教学视频	教学视频/第4章/嵌套序列.mp4	
案例要点	掌握使用嵌套序列的方法	

Step 01 将【项目】面板中的【图片01.jpg】、【图片02.jpg】和【图片03.jpg】素材文件拖至视频轨道【V1】上，如图4-28所示。

Step 02 选择序列中的全部素材文件，单击鼠标右键，选择【嵌套】命令，如图4-29所示。

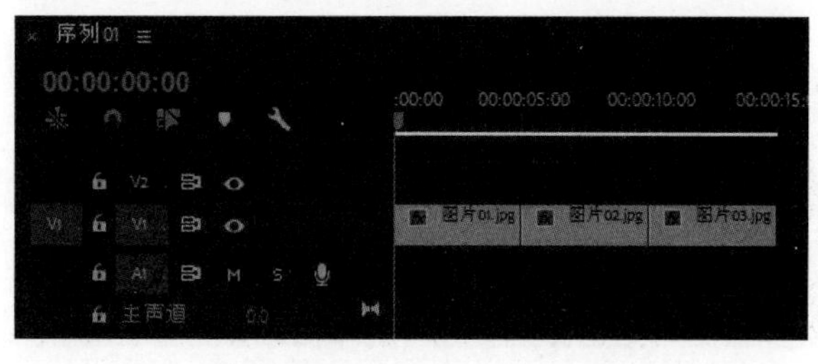

图4-28

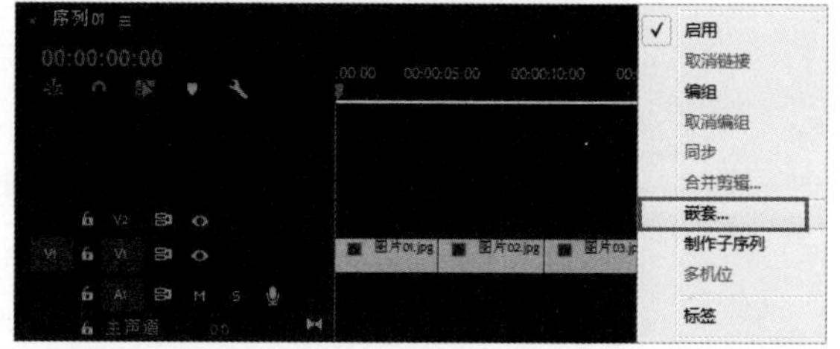

图4-29

Step 03 将【嵌套序列01】文件上移至视频轨道【V2】上，将【图片04.jpg】素材文件拖到视频轨道【V1】上，并将出、入点与【嵌套序列01】文件对齐，如图4-30所示。

Step 04 激活【嵌套序列01】文件的【效果控件】面板，设置【缩放】值为36.0，如图4-31所示。

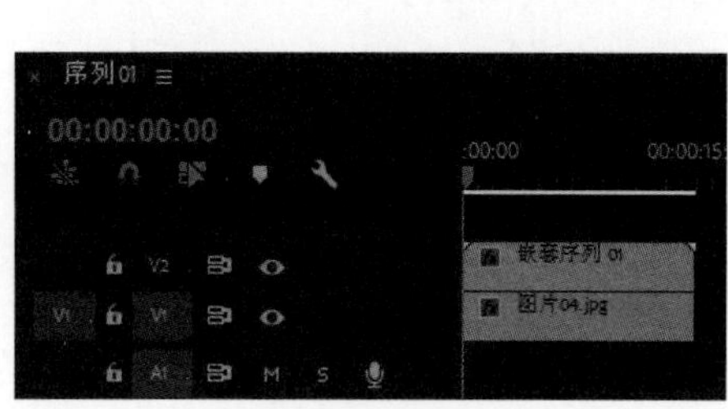

图4-30

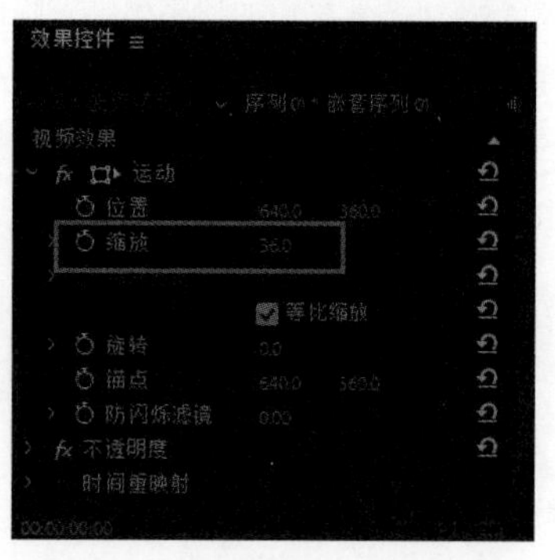

图4-31

Step 05 在【节目】监视器面板中查看最终动画效果，如图 4-32 所示。

图 4-32

4.6 在序列中编辑素材

在序列素材的右键快捷菜单中包含许多常用的编辑命令，例如，【启用】、【编组】、【取消编组】、【帧定格选项】、【速度/持续时间】、【调整图层】和【重命名】等，如图 4-33 所示。这些编辑命令也可以在菜单栏中找到。这些命令强化了素材的编辑效果，使操作更便捷。

4.6.1 启用素材

启用的素材就是正常显示的素材。不启用的素材呈深色，如图 4-34 所示。不启用的素材不会显示在【节目】监视器面板、预览或导出的视频文件中。在处理复杂的项目或编辑较大的素材文件时，会影响软件的操作或预览速度，因此可以暂时关掉部分素材文件的启用状态，以减轻软件的操作压力，提高工作效率。

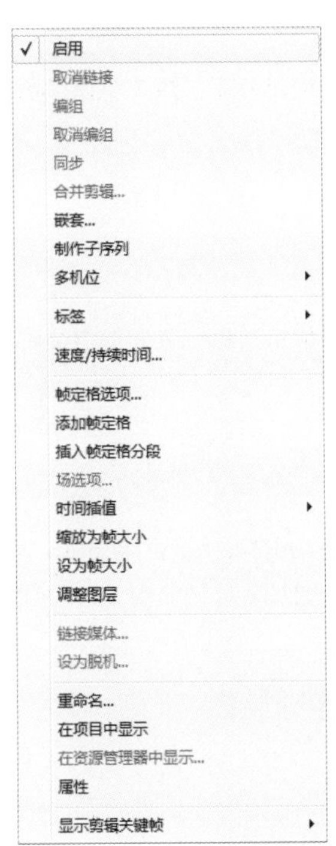

图 4-33

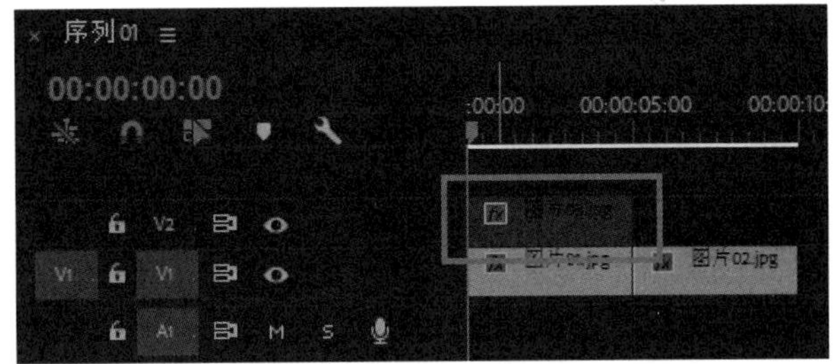

图 4-34

4.6.2 解除和链接

1. 解除音视频链接

解除音视频链接就是将链接音频和视频的素材文件拆分成一个音频文件和一个视频文件，两个素材文件单独使用。要解除素材的音视频链接，需要先选中带有音视频链接的素材，然后执行【取消链接】命令。

2. 链接视频和音频

链接视频和音频就是将一个音频素材与一个视频素材链接在一起，组成一个音视频素材文件。要链接音频和视频，先选中要链接在一起的音频和视频素材文件，然后执行【链接】命令。

链接在一起的音频和视频素材，在视频文件名称后面会添加“[V]”符号，如图 4-35 所示。

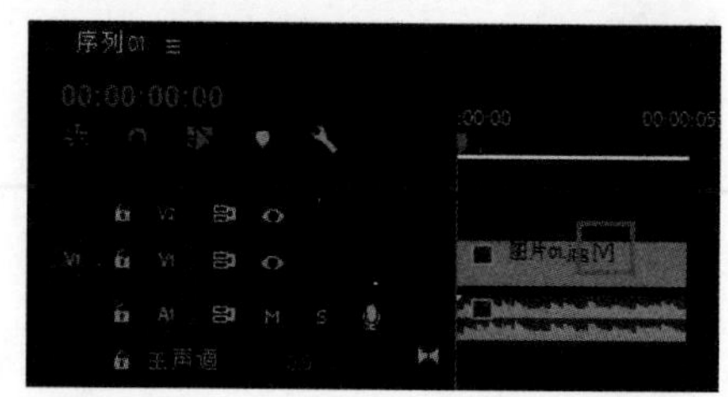

图 4-35

4.6.3 编组和解组

编组和解组分别是指将多个素材文件捆绑组合在一起或分开。编组和解组与解除和链接音视频有所不同，编组和解组是将多个素材文件组成一个组，但素材文件还是单独的。而解除和链接音视频必须是对视频和音频素材文件单独操作。

1. 编组

编组会将多个素材文件组合在一起，以便同时移动、禁用、复制或删除它们。如果将带有音视频链接的素材与其他素材编组在一起，该链接素材的音频和视频部分都将包含在内。

不能将基于素材的命令或效果应用到组，但可以从组中分别选择相应的素材，然后再应用效果。用户可以修剪组的外侧边缘，但不能修剪任何内部入点和出点。

要对素材进行编组，先选择要编组的多个素材文件，然后执行【编组】命令。

2. 解组

解组是将编组在一起的素材文件分开，以方便对组内的素材文件单独进行操作。想要解组素材，要先选中编组文件，然后执行【取消编组】命令。

提示

要在一个素材组中选择一个或多个素材，需要按住【Alt】键并单击组中的单个素材，按住【Shift+ Alt】组合键可选择组中的其他素材。

4.6.4 速度/持续时间

素材的速度是指与录制速率对应的播放速率。在默认情况下，素材以正常的100% 的速度播放。

素材的持续时间是指从入点到出点的播放时间。有时需要通过加速或减速的方式填充素材持续时间。用户可以为静止的图像调整持续时间，但不需要改变播放速度。

要更改素材的速度和持续时间，要先选择素材，然后执行【速度/持续时间】命令。在弹出的【剪辑速度/持续时间】对话框中进行设置，如图 4-36 所示。

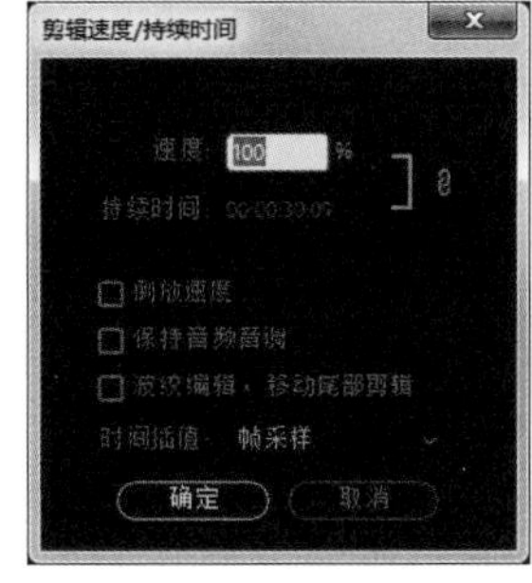

图 4-36

4.6.5 帧定格

执行【添加帧定格】命令，可以捕捉视频素材中的当前帧，并将此帧之后的素材作为静止图像使用。

执行【帧定格选项】命令，打开【帧定格选项】对话框，选择【定格位置】复选框，可以在右侧的下拉列表中选择相应的选项，设置帧定格的位置，如图 4-37 所示。选择【定格滤镜】复选框，可以防止素材在持续时间内产生动画效果。

执行【插入帧定格分段】命令，可以将当前时间指示器所在位置的素材拆分开，并插入一个两秒的冻结帧。

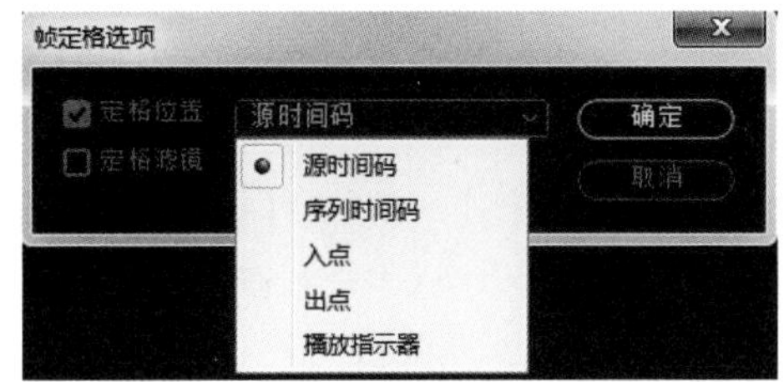

图 4-37

4.6.6 场选项

执行【场选项】命令，可以对素材的场重新进行设置。要使用【场选项】功能，就需要先选中素材文件，然后执行【场选项】命令。在【场选项】对话框中可以设置【处理选项】，如图 4-38 所示。

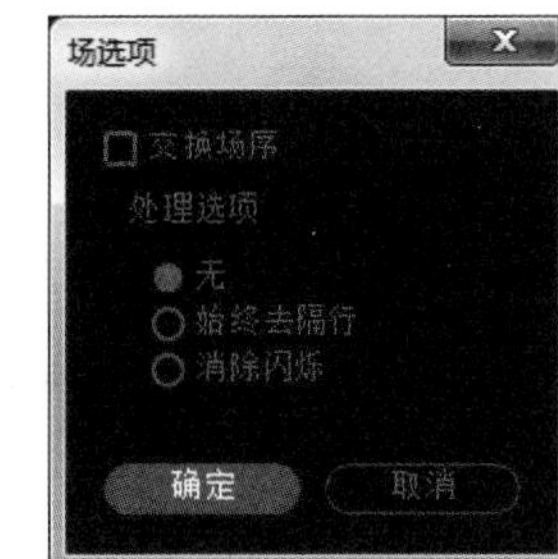

图 4-38

参数详解

【交换场序】：选择此复选框，可以更改素材场的播放顺序。

【无】：不应用任何处理选项。

【始终去隔行】：将隔行扫描场转换为非隔行扫描的逐行扫描帧。

【消除闪烁】：使两个场一起变得轻微模糊，可防止图像水平细节出现闪烁。

4.6.7 时间插值

执行【时间插值】命令，可以使具有停顿或跳帧的视频素材流畅播放。

4.6.8 缩放为帧大小

执行【缩放为帧大小】命令，可以将画面大小不一的素材自动缩放以匹配序列尺寸，是在不发生扭曲的情况下重新缩放资源的。

要使用【缩放为帧大小】功能，先选中素材文件，然后执行【缩放为帧大小】命令。

课堂案例 缩放为帧大小

素材文件	素材文件 / 第 4 章 / 图片 05.jpg	扫码观看视频
案例文件	案例文件 / 第 4 章 / 缩放为帧大小.prproj	
教学视频	教学视频 / 第 4 章 / 缩放为帧大小.mp4	
案例要点	掌握【缩放为帧大小】命令的使用	

Step 01 新建格式为【HDV 720p25】的序列，如图 4-39 所示。

Step 02 将【项目】面板中的【图片 05.jpg】素材文件拖至视频轨道【V1】上，并在【节目】监视器面板中查看效果，如图 4-40 所示。

Step 03 选择视频轨道【V1】上的素材，单击鼠标右键，选择【缩放为帧大小】命令。然后在【节目】监视器面板中查看效果，如图 4-41 所示。

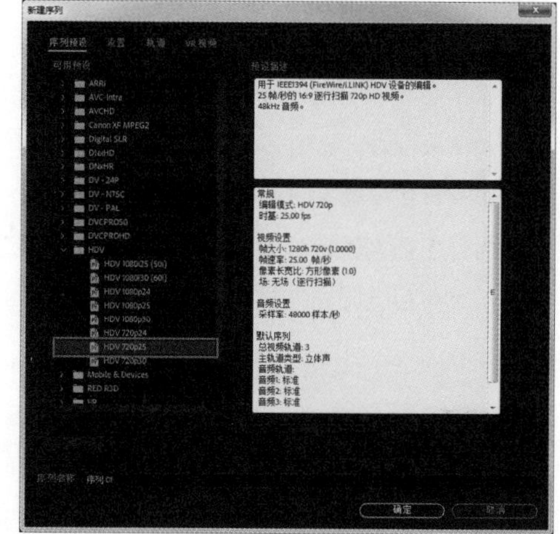

图 4-39

图 4-40

图 4-41

4.6.9 调整图层

利用【调整图层】功能可以将同一效果应用至序列中的多个素材上。应用到调整图层的效果会影响图层堆叠顺序中位于其下的所有图层。要想使用【调整图层】功能，先选中素材文件，再执行【调整图层】命令。

4.6.10 重命名

执行【重命名】命令可以对序列中使用的素材重新命名，以方便区别查找。要重新命名素材，先选中素材文件，然后执行【重命名】命令。

4.6.11 在项目中显示

执行【在项目中显示】命令可以查看序列中某个剪辑素材的源素材。在序列中选择要查看的剪辑素材，然后执行【在项目中显示】命令，即可在【项目】面板中看到高亮显示的源素材。

4.7 渲染和预览序列

Premiere Pro CC 会尽可能地以全帧速率实时播放任何序列内容。Premiere Pro CC 一般会对不需要渲染或已经渲染预览的文件，实现全帧速率实时播放。对于没有预览文件的较为复杂的部分和未渲染部分，会尽可能实现全帧速率实时播放。

用户可以先渲染文件较为复杂的部分，以实现全帧速率实时播放。Premiere Pro CC 会使用彩色渲染栏标记序列未渲染部分，如图 4-42 所示。

- 红色渲染栏：表示必须在进行渲染之后，才能够实现以全帧速率实时播放的未渲染部分。
- 黄色渲染栏：表示无须进行渲染，即可以全帧速率实时播放的未渲染部分。
- 绿色渲染栏：表示已经渲染其关联预览文件的部分。

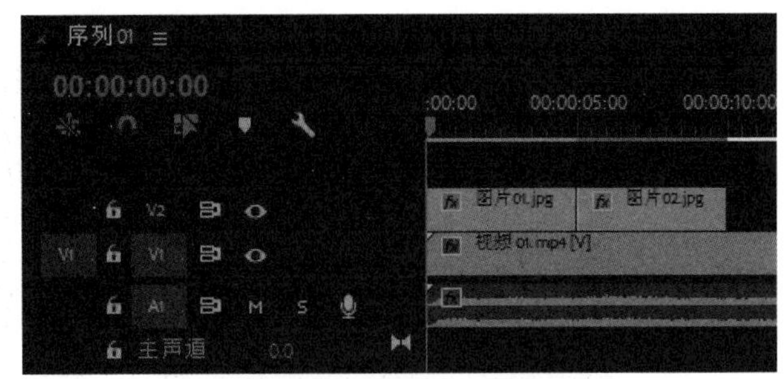

图 4-42

课堂练习 倒带视频

素材文件	素材文件 / 第 4 章 / 视频 01.mp4、背景音乐.mp3	扫码观看视频
案例文件	案例文件 / 第 4 章 / 倒带视频.prproj	
教学视频	教学视频 / 第 4 章 / 倒带视频.mp4	
练习要点	【速度 / 持续时间】、【波形删除】、【取消链接】、【插入】和【复制】命令的使用	

1. 练习思路

① 快捷删除音视频链接素材的音频部分。

② 将视频素材文件裁切为多段。

③ 利用【波形删除】、【插入】和【复制】等命令，调整素材片段的位置。

④ 利用【速度/持续时间】命令为素材片段添加变速效果。

2. 制作步骤

（1）设置项目

Step 01 打开 Premiere Pro CC 软件，在【开始】对话框中单击【新建项目】按钮，如图 4-43 所示。

图 4-43

Step 02 在【新建项目】对话框中，输入项目名称“倒带视频”，并设置项目存储位置，单击【确定】按钮，如图 4-44 所示。

Step 03 新建序列。在【新建序列】对话框中，设置序列格式为【HDV】>【HDV 720p25】，在【序列名称】文本框中输入“倒带视频”，如图 4-45 所示。

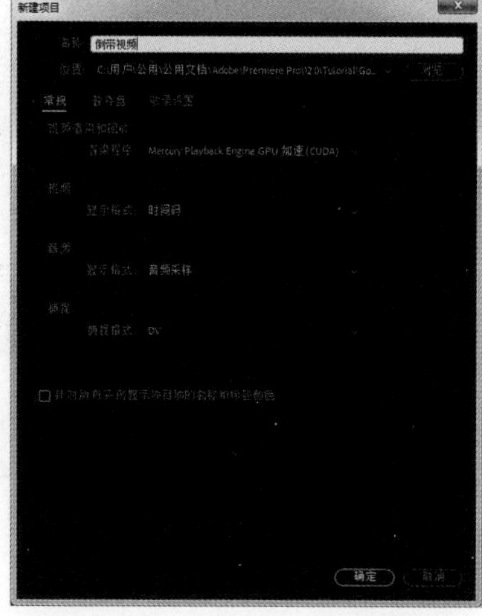

图 4-44

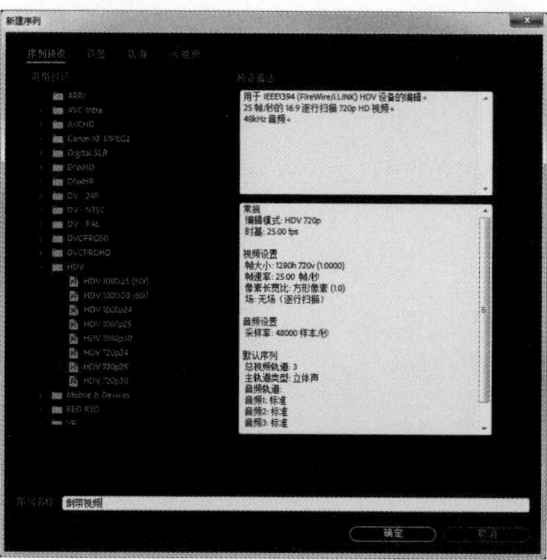

图 4-45

Step 04 执行【文件】>【导入】命令，在【导入】对话框中选择本案例素材，将其导入，如图 4-46 所示。

图 4-46

（2）设置时间轴序列

Step 01 将【项目】面板中的【视频 01.mp4】素材拖至序列的视频轨道【V1】中，如图 4-47 所示。

Step 02 删除音频。按住【Alt】键，同时选择音频部分，然后按键盘上的【Delete】键即可，如图 4-48 所示。

Step 03 在【时间轴】面板中轨道的头部单击鼠标右键，选择【删除轨道】命令。在【删除轨道】对话框中，选择【删除视频轨道】和【删除音频轨道】复选框，并选择【所有空轨道】轨道类型，如图 4-49 所示。

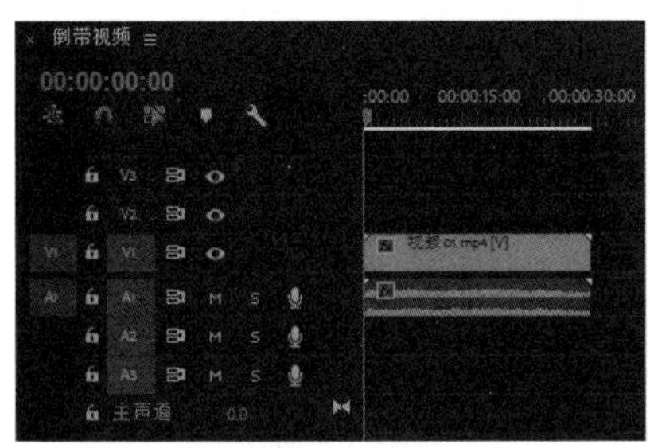

图 4-47

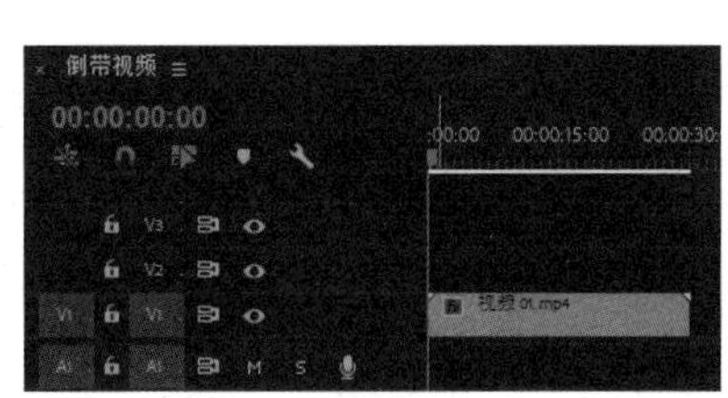

图 4-48

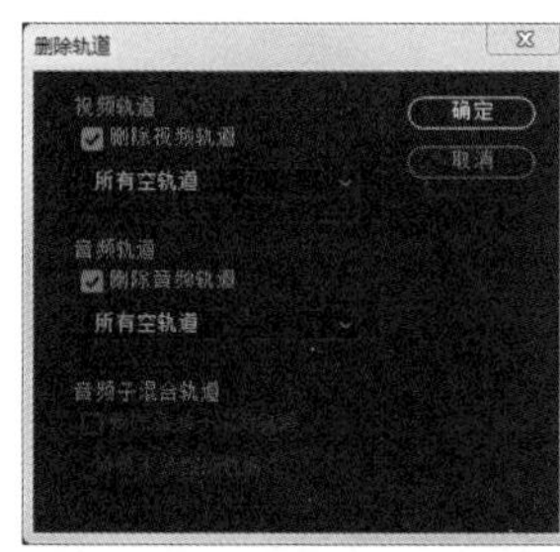

图 4-49

（3）设置快退播放

Step 01 在【时间轴】面板中，在当前时间指示器的位置利用数字键盘输入“1422”，将当前时间指示器移动到 00:00:14:22 位置，如图 4-50 所示。执行【序列】>【添加编辑】命令。

Step 02 利用【选择工具】，选择 00:00:14:22 位置右侧的素材，并单击鼠标右键，选择【波纹删除】命令。

Step 03 复制裁切好的素材。按住【Alt】键拖动左侧素材到当前时间指示器所在位置，如图 4-51 所示。

图 4-50

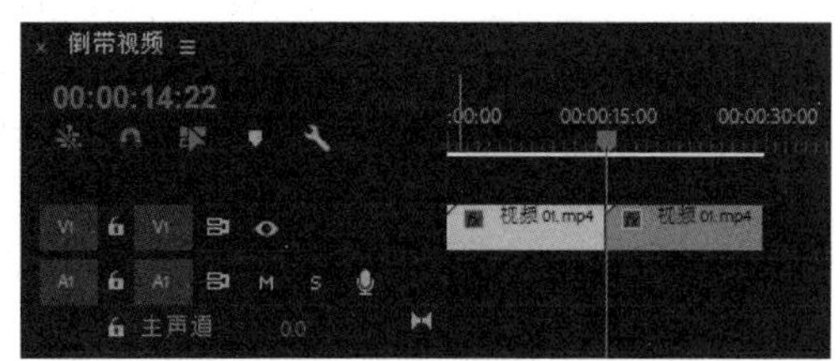

图 4-51

Step 04 激活播放指示器，利用数字键盘输入“+1221”，将当前时间指示器移动到 00:00:27:18 位置，如图 4-52 所示。

Step 05 利用【选择工具】▶，选择 00:00:14:22 到 00:00:27:18 范围内的素材，并单击鼠标右键，选择【波纹删除】命令。

Step 06 将两段素材互换位置。按住【Ctrl】键并拖动后一个素材到前一个素材的入点位置，如图 4-53 所示。

Step 07 选择 00:00:02:01 到 00:00:16:23 范围内的素材，并单击鼠标右键，选择【速度 / 持续时间】命令。在【剪辑速度 / 持续时间】对话框中，设置【速度】值为 600%，选择【倒放速度】复选框，并单击【确定】按钮，如图 4-54 所示。

图 4-52

图 4-53

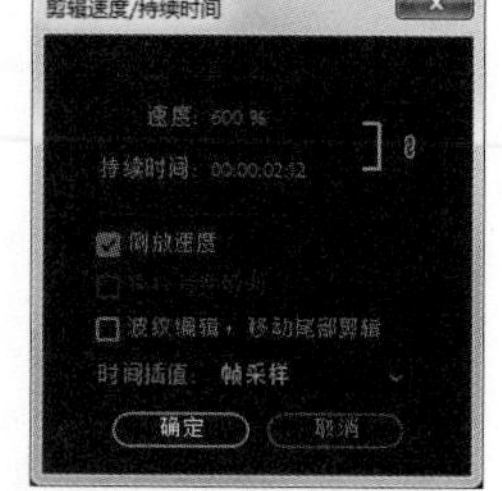

图 4-54

（4）设置快进播放

Step 01 将【视频 01.mp4】素材文件拖至视频轨道【V1】的结尾处，如图 4-55 所示。

Step 02 删除素材的音频部分。按住【Alt】键，同时选择音频部分，然后按键盘上的【Delete】键即可。

Step 03 将当前时间指示器分别移动到 00:00:06:18 和 00:00:23:19 两个位置，并执行【序列】>【添加编辑】命令，如图 4-56 所示。

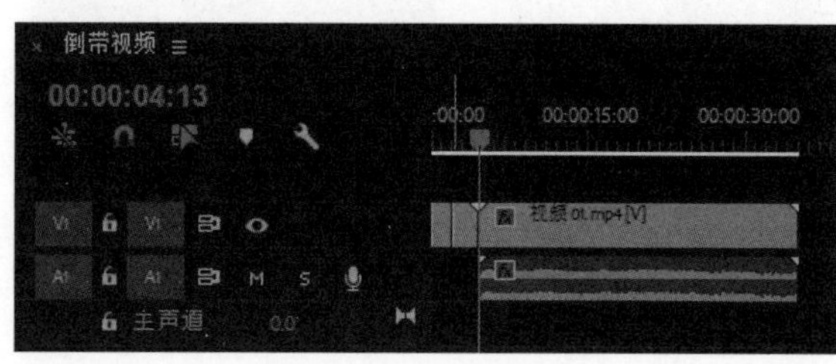

图 4-55

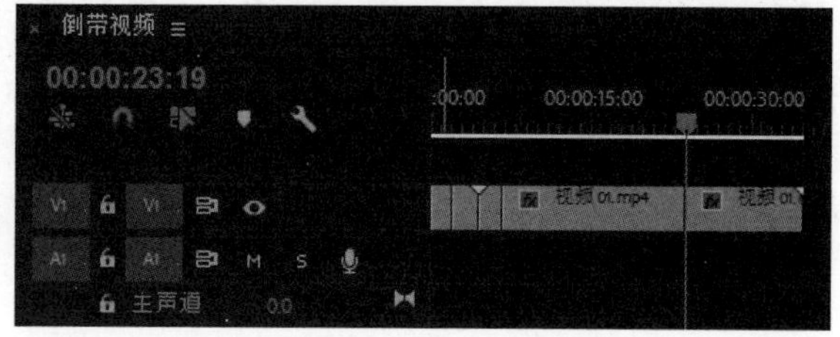

图 4-56

Step 04 选择 00:00:06:18 到 00:00:23:19 范围内的素材，并单击鼠标右键，选择【速度/持续时间】命令。在【速度/持续时间】对话框中设置【速度】值为 600%，如图 4-57 所示。

Step 05 在视频轨道【V1】上 00:00:09:14 到 00:00:23:19 的空白处，单击鼠标右键，选择【波纹删除】命令，如图 4-58 所示。

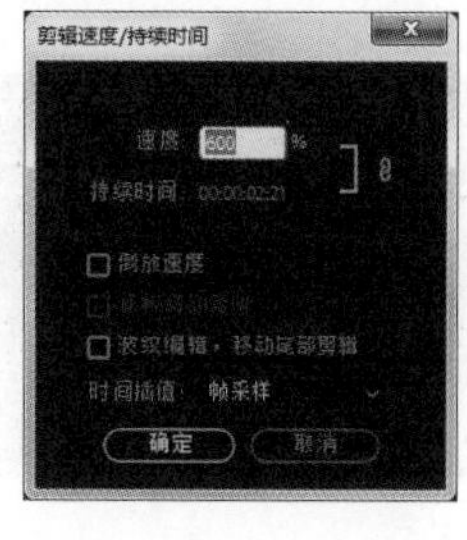

图 4-57

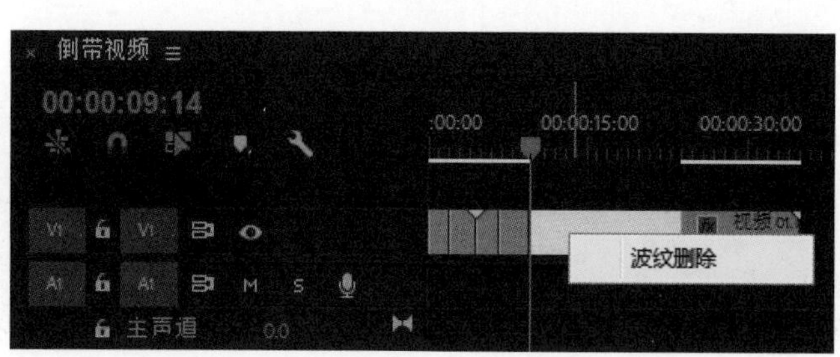

图 4-58

Step 06 将当前时间指示器移动到 00:00:12:04 位置，执行【序列】>【添加编辑】命令，并删除 00:00:12:04 位置右侧的素材，如图 4-59 所示。

Step 07 将【项目】面板中的【背景音乐.mp3】音频素材拖到序列中音频轨道【A1】上，如图 4-60 所示。

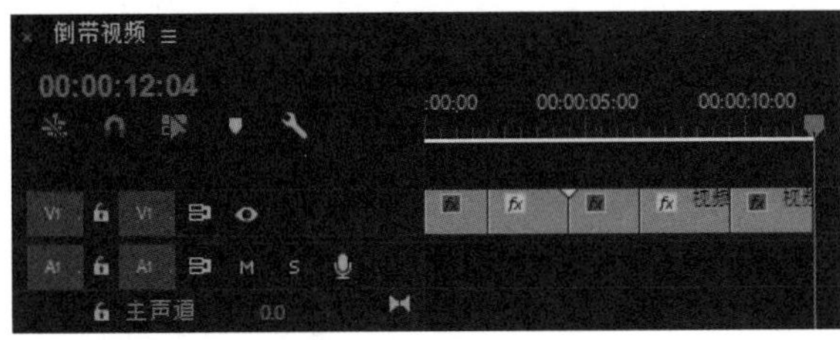

图 4-59

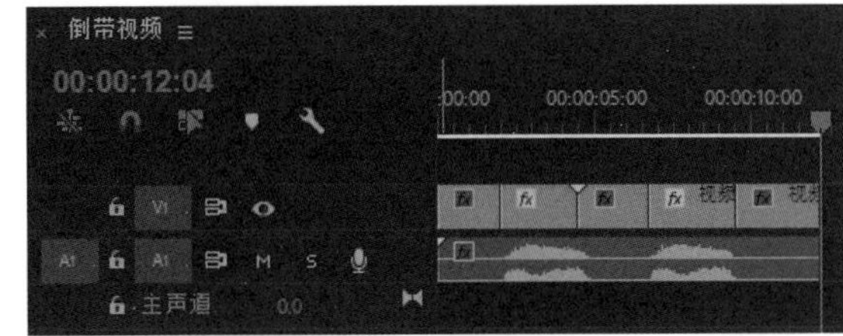

图 4-60

（5）查看最终效果

在【节目】监视器面板中查看最终动画效果，如图 4-61 所示。

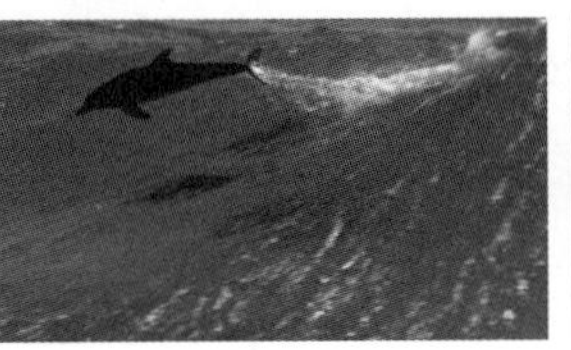

图 4-61

课后习题

一、选择题

1.（　　）用于调整【时间轴】面板中时间标尺的可见区域。

A. 当前时间指示器

B. 播放指示器

C. 缩放滚动条

D. 源轨道指示器

2. 默认情况下，每个序列的时间标尺都是从（　　）开始显示的。

A. -1

B. 0

C. 1

D. 100

3. 使用（　　）可以将完整的序列显示在【时间轴】面板中。

A.【-】键

B.【=】键

C.【/】键

D.【\】键

4. 将素材直接拖至【时间轴】面板的空白处，就可以直接（　　）。

A. 添加轨道

B. 删除轨道

C. 删除素材

D. 显示素材

5.（　　）渲染栏表示，无须进行渲染即可以全帧速率实时播放未渲染部分。

A. 绿色

B. 黄色

C. 红色

D. 蓝色

二、填空题

1. 嵌套序列将显示为单一的 ________ 链接的素材。

2. 解除音视频链接就是将带有音视频链接的素材文件，拆分成一个 ________ 文件和一个 ________ 文件，两个素材文件单独使用。

3. 链接在一起的音视频素材，在视频文件名称后面，会添加 ________ 符号。

4. ________ 会将编组在一起的素材文件分开，以方便对组内的素材文件单独进行操作。

5. ________ 命令可将画面大小不一的素材自动缩放以匹配序列尺寸，是在不发生扭曲的情况下重新缩放资源。

三、简答题

1. 写出 3 种水平查看【时间轴】面板中未显示素材序列的方式。

2. 写出 3 种根据指定素材创建新序列的方法。

3. 写出 4 种将素材添加到序列中的方法。

四、案例习题

习题要求：制作变速视频。

素材文件：素材文件 / 第 4 章 / 练习素材 01.mp4 和练习音乐.mp3。

效果文件：效果文件 / 第 4 章 / 案例习题.mp4，如图 4-62 所示。

习题要点：

1. 根据素材设置项目文件。

2. 根据练习音乐的节奏裁剪素材

3. 注意素材变速前后的时间比例。

4. 注意裁剪后素材的前后位置关系。

图 4-62

Chapter

5

第 5 章 修剪素材

修剪素材就是使用监视器和修剪工具修整裁剪素材。Premiere Pro 是一款以后期剪辑功能为主的软件，具有较强的监控素材和修剪素材功能。Premiere Pro 引入了线性编辑中监控素材的监视器，创建了多个监视器面板，用于查看和修整素材，配合工具面板中的修剪工具，可以更为有效地修剪素材。

PREMIERE PRO

学习目标

- 熟悉监视器面板中的各个时间控件
- 掌握各个时间控件的使用方法
- 掌握各个播放控件的使用方法
- 掌握监视器面板中的常用功能
- 掌握各个修剪工具的使用方法

技能目标

- 掌握跳转时间的方法
- 掌握使用【插入】和【覆盖】按钮的方法
- 掌握滚动修剪的方法

5.1 监视器的时间控件

5.1.1 时间标尺

时间标尺用来显示或查看监视器中素材或序列的时间信息，如图 5-1 所示。时间标尺还显示其与监视器对应的标记，以及入点和出点图标，用户可以通过拖动当前时间指示器、标记和入点及出点图标来调整时间。

提示

默认情况下，时间标尺上是不显示数字的，用户可以通过在监视器面板的设置菜单中选择【时间标尺数字】命令，来显示时间标尺数字，如图 5-2 所示。

图 5-1

图 5-2

5.1.2 当前时间指示器

当前时间指示器会在监视器的时间标尺中标记当前帧的位置，使监视器显示当前帧的图像信息，如图 5-3 所示。

图 5-3

提示

当前时间指示器又称“播放指示器”或“当前时间线指示器”等，各个版本翻译不同，老用户的习惯称呼也与此不同，所以在与他人沟通时要略加注意。

5.1.3 当前帧时间码

当前时间指示器会显示当前帧的时间码，如图 5-4 所示。

图 5-4

提示

要想查看不同时间的图像信息，可在当前时间指示器上单击并输入新的时间，或者将鼠标指针置于当前时间指示器的上方向左或右拖动鼠标。

提示

要在完整时间码和帧计数显示之间切换，可在按住【Ctrl】键的同时单击当前时间指示器，这样可以快速切换视频时间显示格式，如图 5-5 所示。

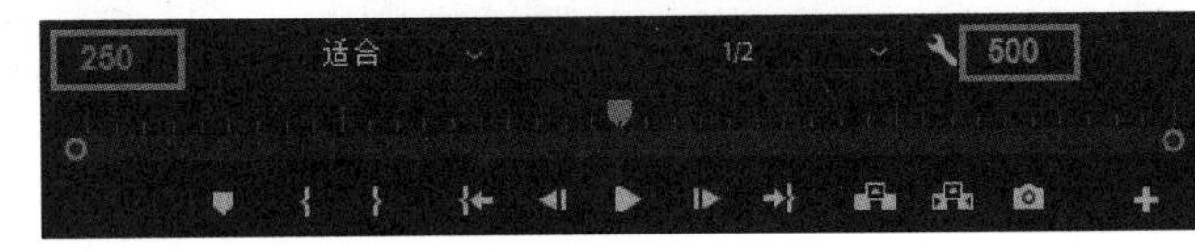

图 5-5

课堂案例 跳转时间

素材文件	素材文件 / 第 5 章 / 视频素材 01.mp4	扫码观看视频
案例文件	案例文件 / 第 5 章 / 跳转时间 .prproj	
教学视频	教学视频 / 第 5 章 / 跳转时间 .mp4	
案例要点	掌握跳转时间的方法	

Step 01 将视频素材在【源】监视器面板中打开，并将当前时间指示器移动到 00:00:04:00 位置，如图 5-6 所示。

Step 02 按住【Ctrl】键的同时单击当前时间指示器，快速将时间显示格式调整为帧计数模式，如图 5-7 所示。

图 5-6

图 5-7

Step 03 在当前时间指示器中，按数字键盘上的【+】键并输入数字 300，如图 5-8 所示。

Step 04 再按住【Ctrl】键的同时单击当前时间指示器，切换回完整的时间码模式，并在【源】监视器面板中查看效果，如图 5-9 所示。

图 5-8

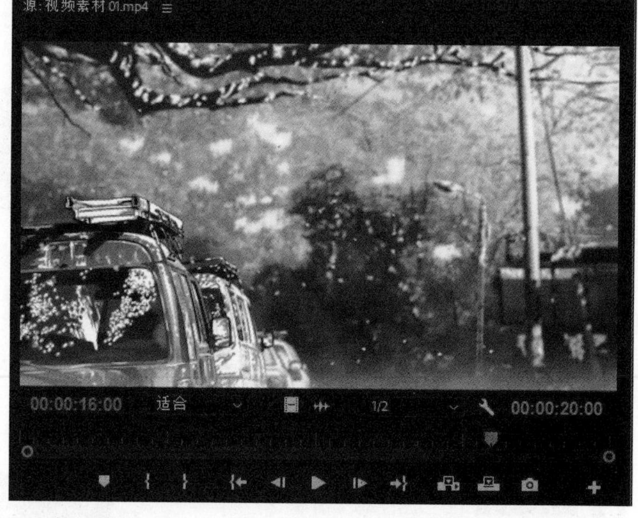

图 5-9

5.1.4 持续时间指示器

持续时间指示器用于显示已打开素材或序列的持续时间，如图 5-10 所示。“持续时间”是指素材或序列的入点和出点之间的时间差。

5.1.5 缩放滚动条

缩放滚动条与监视器中时间标尺的可见区域对应。

通过拖动手柄更改缩放滚动条的宽度，可影响时间标尺的显示刻度。将缩放滚动条扩展至最大宽度，将显示时间标尺的整个持续时间。将时间标尺进行放大，可以显示更加详细的标尺视图，如图 5-11 所示。扩展和收缩滚动条的操作均以当前时间指示器为中心。

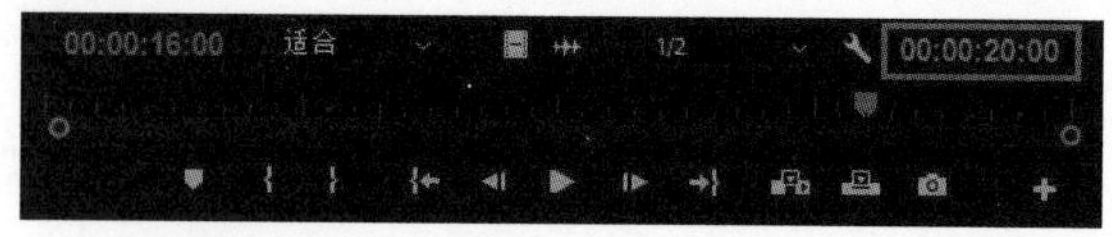

图 5-10

图 5-11

5.2 监视器的播放控件

监视器包含多种播放控件，它们类似于录像机的播放控制按钮，如图 5-12 所示。使用【按钮编辑器】可以自定义播放控件。大多数播放控件都有等效的键盘快捷键。

下面介绍常用的播放操作。

- 要进行播放，就单击【播放】按钮，或者按【L】键或空格键。要停止播放，就单击【停止】按钮，或者按【K】键或空格键。按空格键可在【播放】和【停止】之间进行切换。
- 要倒放，就按【J】键。
- 要从入点播放到出点，就单击【从入点播放到出点】按钮。
- 要反复播放整个素材或序列，可单击【循环】按钮，然后单击【播放】按钮。再次单击【循环】按钮，可取消选择并停止循环。
- 要反复从入点播放到出点，则单击【循环】按钮，然后单击【从入点播放到出点】按钮。再次单击【循环】按钮，可取消选择并停止循环。
- 要加速向前播放，就反复按【L】键。对于大多数媒体类型，使素材向前播放的速度可提高 1 ~ 4 倍。
- 要加速向后播放，就反复按 【J】键。对于大多数媒体类型，使素材向后播放的速度可增加 1 ~ 4 倍。
- 要前进一帧，就按【K+L】组合键。
- 要后退一帧，就按【K+J】组合键。
- 要慢动作向前播放，则按【Shift+L】组合键。
- 要慢动作向后播放，则按【Shift+J】组合键。
- 要围绕当前时间播放，即从播放指示器之前 2 秒播放到播放指示器之后 2 秒，则单击【播放邻近区域】按钮。
- 要前进一帧，请单击【前进】按钮，或按【K+L】组合键，或按【→】键。
- 要前进五帧，请按住【Shift】键单击【前进】按钮，或按【Shift+ →】组合键。
- 要后退一帧，请单击【后退】按钮，或按【K+J】组合键，或按【←】键。
- 要后退五帧，就按住【Shift】键并单击【后退】按钮，或按 【Shift+ ←】组合键。
- 要跳到下一个标记，则单击【源】监视器面板中的【转到下一个标记】按钮。
- 要跳到上一个标记，则单击【源】监视器面板中的【转到上一个标记】按钮。
- 要跳到剪辑的入点，则选择【源】监视器，然后单击【转到入点】按钮。
- 要跳到剪辑的出点，则选择【源】监视器，然后单击【转到出点】按钮。
- 将鼠标指针悬停在监视器上，转动鼠标滚轮可以逐帧向前或向后移动。
- 单击要定位的监视器的当前时间指示器，并输入新的时间。无须输入冒号或分号，小于100的数字将被解释为帧数。
- 要跳转至序列目标音频或视频轨道中的上一个编辑点，则单击【节目】监视器中的【转到上一个编辑点】按钮，或者在活动【时间轴】面板或【节目】监视器中按【↑】键。按【Shift+ ↑】组合键可跳到所有轨道的上一个编辑点。
- 要跳转至序列目标音频或视频轨道中的下一个编辑点，则单击【节目】监视器中的【转到下一个编辑点】按钮，或者在活动【时间轴】面板或【节目】监视器中按【↓】键。按【Shift+ ↓】组合键可跳到所有轨道的下一个编辑点。
- 要跳到序列的开头，先选择【节目】监视器或【时间轴】面板，并按 【Home】键，或者单击【节目】监视器中的【转到入点】按钮。
- 要跳到序列的结尾，就选择【节目】监视器或【时间轴】面板，并按【End】键，或者单击【节目】监视器中的【转到出点】按钮。

图 5-12

5.3 使用监视器修剪素材

1. 设置标记

单击【添加标记】按钮可以设置标记，便于快速查找特定位置，也方便其他素材的快速对齐，如图 5-13 所示。

添加多个标记后，便可使用【转到上一标记】按钮或【转到下一标记】按钮，即可将当前时间指示器快速移动到上一个标记或下一个标记处，如图 5-14 所示。

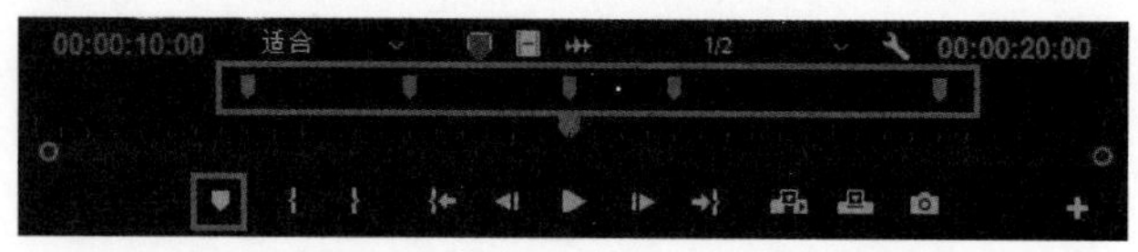

图 5-13

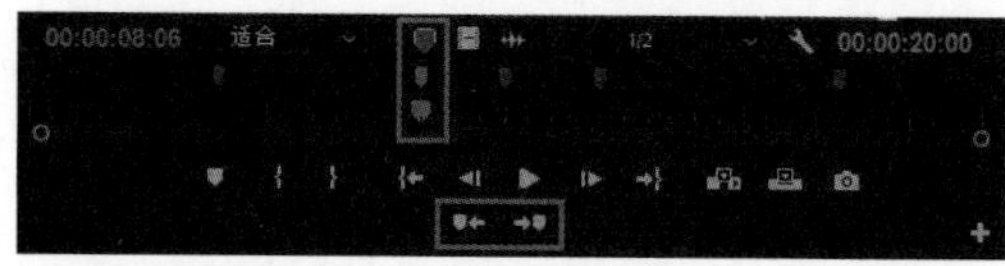

图 5-14

2. 设置入点和出点

设置入点和出点是指设置素材可用部分的起始位置和结束位置，即入点和出点之间的内容为可用素材，如图 5-15 所示。

一般人们会在【源】监视器中对多段素材设置入点和出点，来进行剪辑，再将剪辑好的素材添加到【时间轴】面板中进行编辑。

图 5-15

3. 拖动视频或音频

在【源】监视器面板中，对于带有音视频链接的素材，可以单独使用其音频或视频部分。单击【仅拖动视频】按钮或【仅拖动音频】按钮，并拖动到序列中即可，如图 5-16 所示。

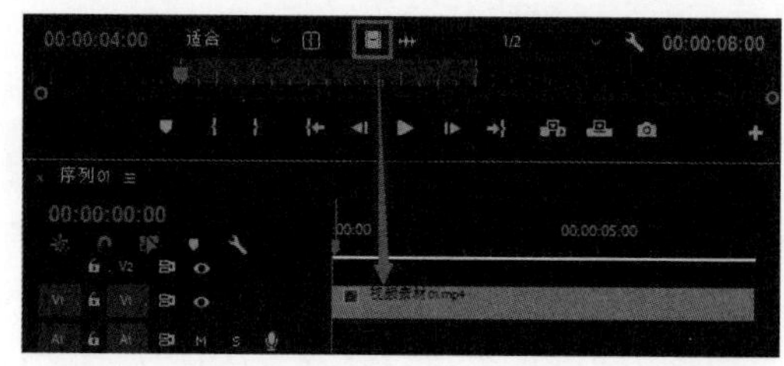

图 5-16

4. 插入和覆盖

在【源】监视器面板中，可以使用【插入】或【覆盖】按钮，将剪辑好的素材从【源】监视器面板中添加到【时间轴】面板上，如图 5-17 所示。

图 5-17

单击【插入】按钮，将在【时间轴】面板中把素材添加到当前时间指示器的右侧。【时间轴】面板中的原有素材将会在所在位置被分成两部分，右侧的素材被移动到插入的素材之后，如图 5-18 所示。【时间轴】面板上原有素材的时长和内容没有发生改变，只是位置变化了。

单击【覆盖】按钮，将在【时间轴】面板中把素材添加到当前时间指示器的右侧，并替换相同时间长度的原有素材，如图 5-19 所示。【时间轴】面板上原有素材的位置没有变化，只是时长和内容被裁剪了。

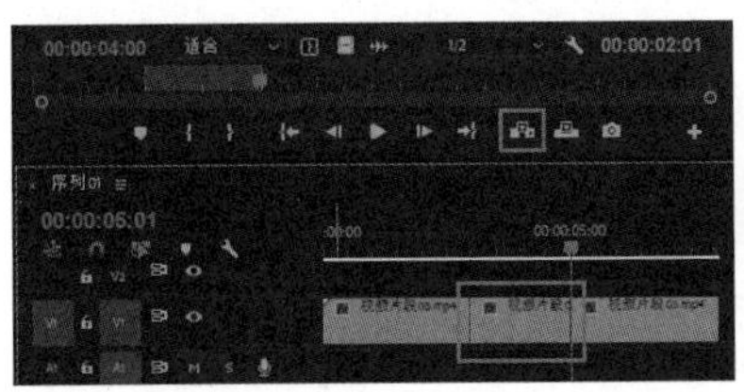

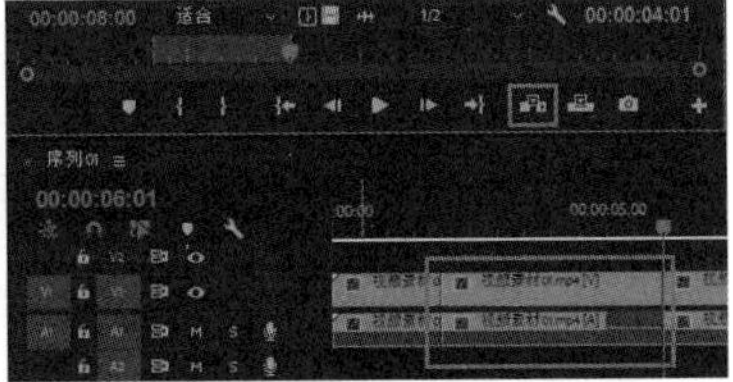

图 5-18

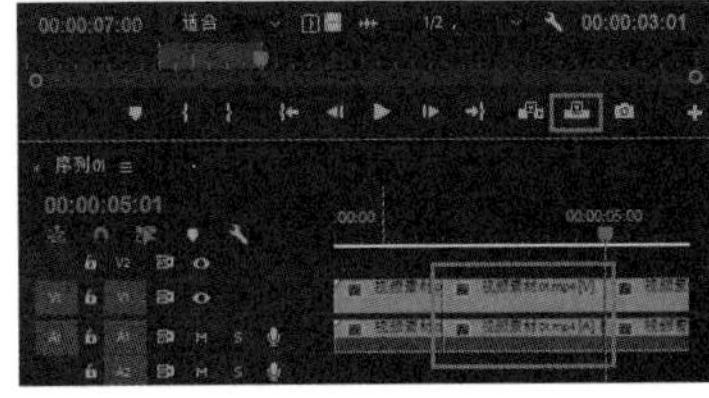

图 5-19

课堂案例 插入和覆盖

素材文件	素材文件 / 第 5 章 / 视频素材 03.mp4、视频素材 04.mp4	扫码观看视频
案例文件	案例文件 / 第 5 章 / 插入和覆盖 .prproj	
教学视频	教学视频 / 第 5 章 / 插入和覆盖 .mp4	
案例要点	掌握使用【插入】和【覆盖】按钮的方法	

Step 01 将【项目】面板中的【视频素材 03.mp4】素材拖到视频轨道【V1】上，并将当前时间指示器移动到 00:00:03:00 位置，如图 5-20 所示。

Step 02 在【源】监视器面板中打开【视频素材 04.mp4】素材，设置入点为 00:00:02:00、出点为 00:00:05:00，如图 5-21 所示。

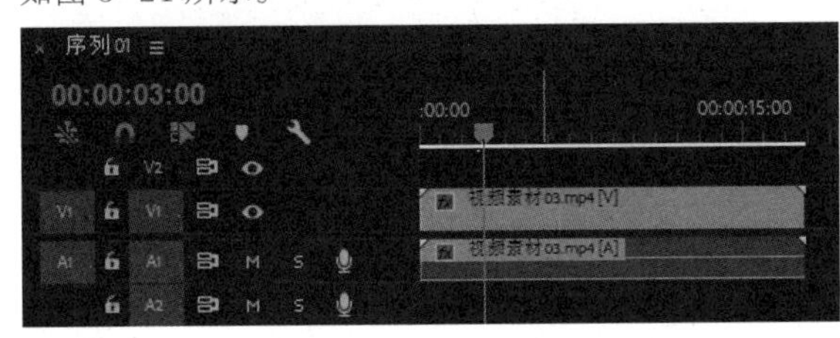

图 5-20

图 5-21

Step 03 插入素材。单击【插入】按钮，将素材添加到当前时间指示器的右侧，如图 5-22 所示。

Step 04 在【源】监视器面板中，设置【视频素材 04.mp4】素材的入点为 00:00:10:00，设置其出点为 00:00:16:00，如图 5-23 所示。

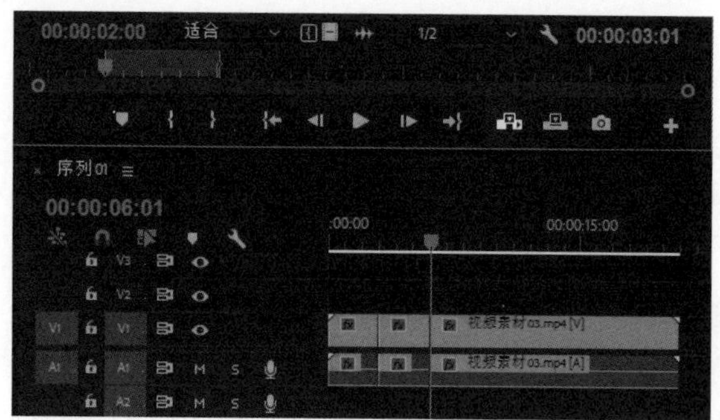

图 5-22

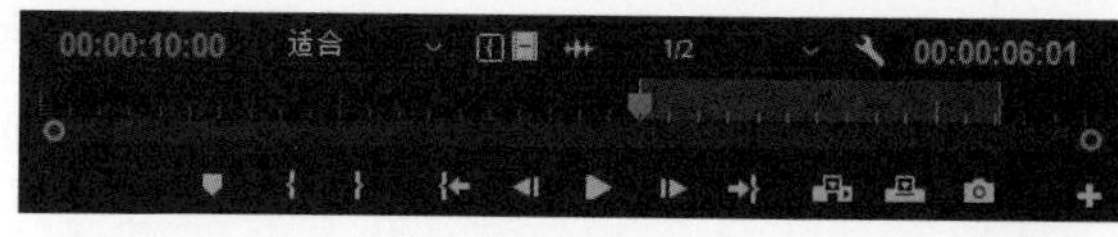

图 5-23

Step 05 覆盖素材。单击【覆盖】按钮，将素材添加到当前时间指示器的右侧，如图 5-24 所示。

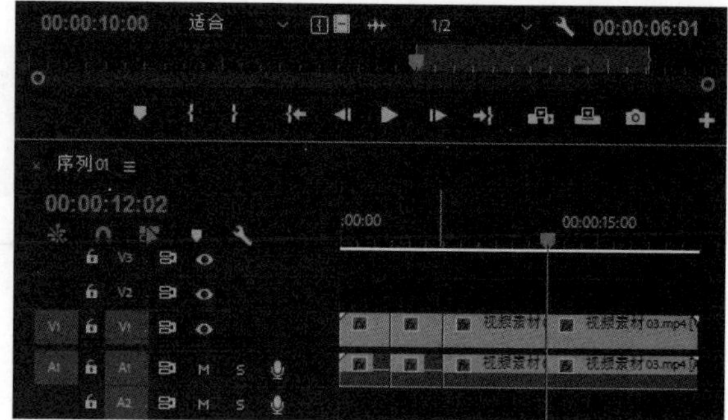

图 5-24

5. 提升和提取

使用【节目】监视器中的【提升】按钮和【提取】按钮，可以快速删除序列内的某段素材，如图 5-25 所示。

图 5-25

单击【提升】按钮，可以将在序列内选中的部分删除，被删除素材右侧的素材时间和位置不会发生改变，只是在序列中留出了删除素材的空隙，如图 5-26 所示。

单击【提取】按钮，可以将在序列内选中的部分删除，同时被删除素材右侧的素材会向左移动，移动到入点的位置，相当于素材被删除后又执行了波纹删除操作，如图 5-27 所示。

图 5-26

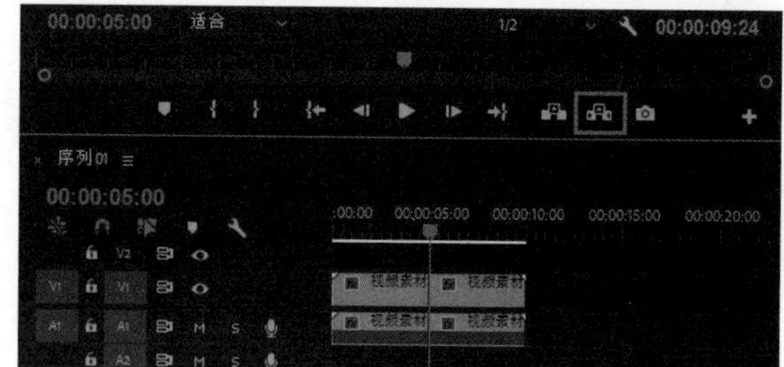

图 5-27

6. 导出单帧

单击【导出单帧】按钮，可以从监视器中将当前帧导出并创建静帧图像，如图 5-28 所示。

7. 修剪模式

双击序列素材间的编辑点，在【节目】监视器面板中会显示修剪操作界面，进入修剪模式，如图 5-29 所示。在修剪模式中，以双联显示编辑点左右的素材，用户可以细微地调整编辑点位置和过渡效果。

图 5-28

图 5-29

使用以下操作可对修剪进行微调。

- 使用【向前修剪】和【向后修剪】按钮，一次可修剪一帧，快捷键分别为【Ctrl+ →】和【Ctrl+ ←】。
- 使用【大幅向前修剪】按钮 -5 和【大幅向后修剪】按钮 +5，一次可修剪多帧，快捷键分别为【Ctrl+Shift+ →】和【Ctrl+Shift+ ←】。
- 使用数字小键盘上的【+】键或【-】键，可修剪指定数量的帧。
- 使用【应用默认过渡到选择项】按钮，可将默认音频和视频过渡效果添加到编辑点位置。
- 使用【编辑】>【撤销】或【重做】命令，可在播放期间更改修剪。

5.4 监视器中的常用功能

在监视器中有许多优秀的功能，可以帮助用户提高编辑效率。

1. 按钮编辑器

默认情况下，监视器底部会显示最常用的按钮，用户可以通过单击监视器右下方的【按钮编辑器】，添加更多按钮，如图 5-30 所示。

2. 设置显示品质

降低分辨率可加快播放速度，但会损失一定的图像品质。一般情况下，在处理高分辨率的素材时，可将播放分辨率设置为较低的值（例如 1/4），以便于流畅地播放。将暂停分辨率设置为“完整”，就可以在播放暂停期间检查焦点或边缘细节的质量，如图 5-31 所示。

图 5-30

图 5-31

3. 更改显示级别

利用监视器可以缩放视频素材以适应可用区域，也可以提高每个视图的放大率，以显示视频素材的更多细节，还可以降低放大率，以更多地显示图像周围的区域，如图 5-32 所示。

4. 安全边距

【安全边距】主要起辅助参考的作用，如图 5-33 所示。注意：安全边距辅助线并不会被导出。

图 5-32

图 5-33

很多时候，降低放大率，可以显示图像周围更多的区域，可以更方便地调整素材的动态效果。

5. 丢帧指示器

丢帧指示器主要用于指示在监视器中播放视频时是否丢帧。丢帧指示器起始为绿色，在发生丢帧时变为黄色，并在每次播放时重置，如图 5-34 所示。

6. 在【源】监视器中监控素材

要查看或编辑各个素材实例，需要在【源】监视器中打开素材。在【源】监视器的设置菜单中，列出了打开的素材，用户可以从中选择要监控的素材，如图 5-35 所示。

在【源】监视器中打开素材的方法有多种，可执行以下任一操作。

- 双击【项目】或【时间线】面板中的素材，或者将素材从【项目】面板中拖至【源】监视器中。
- 将多个素材或整个素材箱从【项目】面板中拖至【源】监视器中，或者在【项目】面板中选择多个素材并双击它们。
- 单击【源】监视器中的设置菜单按钮，从菜单中选择要查看的素材名称。

图 5-34

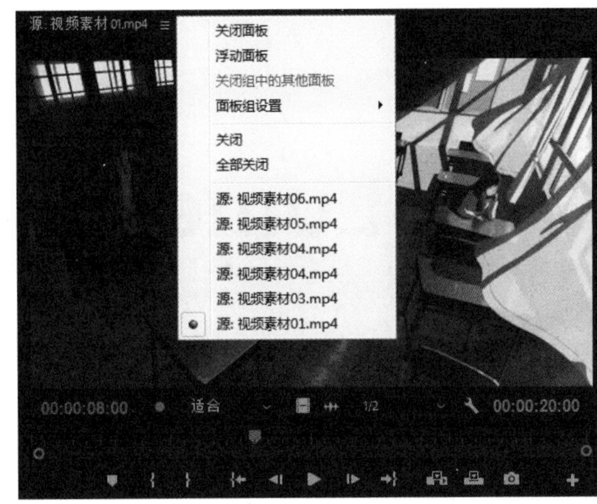

图 5-35

7. 显示或隐藏监视器中的项目

用户要想有更多的操作空间，可以调整监视器中显示或隐藏的项目。使用监视器设置菜单中的命令，可以选择【显示传送控件】、【显示音频时间单位】、【显示标记】和【显示丢帧指示器】等命令，如图 5-36 所示。

8. 选择显示模式

在监视器中可以显示普通视频、音频波形或视频的 Alpha 通道效果。在监视器中，单击设置菜单按钮，可以调整显示模式，如图 5-37 所示。

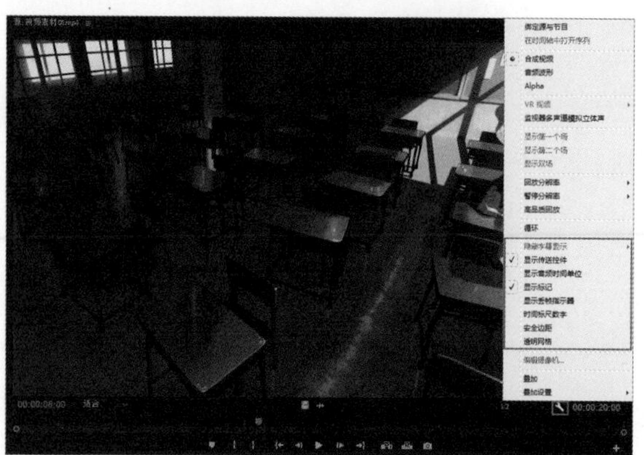
图 5-36

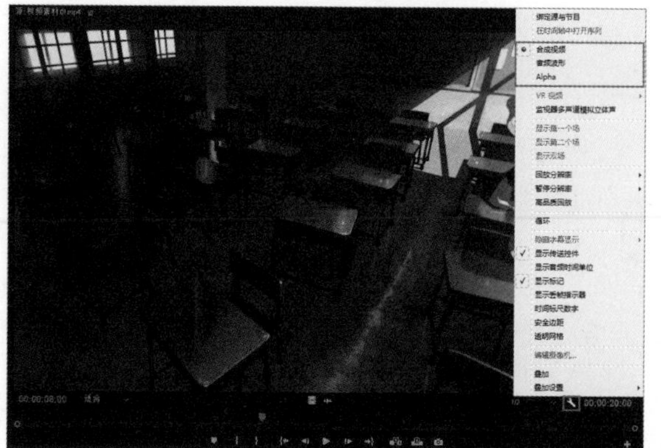
图 5-37

参数详解

【合成视频】：显示普通视频。

【音频波形】：显示音频波形。

【Alpha】：显示灰度图像。

Lumetri 范围

在【Lumetri 范围】面板中可以显示一组可调整内置视频的选项，包括矢量示波器、直方图、分量和波形等，如图 5-38 所示。用户通过这些选项可以准确地评估素材并进行颜色校正。

参数详解

【矢量示波器 HLS】：显示色相、饱和度、亮度和信号信息。

【矢量示波器 YUV】：一个圆形，用于显示视频的色度信息。

【直方图】：显示每个颜色强度级别上像素密度的统计分析。通过直方图可以准确地评估阴影、中间调和高光，以此为根据调整总体的图像色调等级。

【分量】：显示表示数字视频信号中明亮度和色差通道级别的波形。分量类型有 RGB、YUV、RGB（白色）和 YUV 白色等。

【波形】：显示不同模式的波形范围，可以选择显示的波形类型有 RGB 波形、亮度波形、YC 波形和 YC 无色度波形。

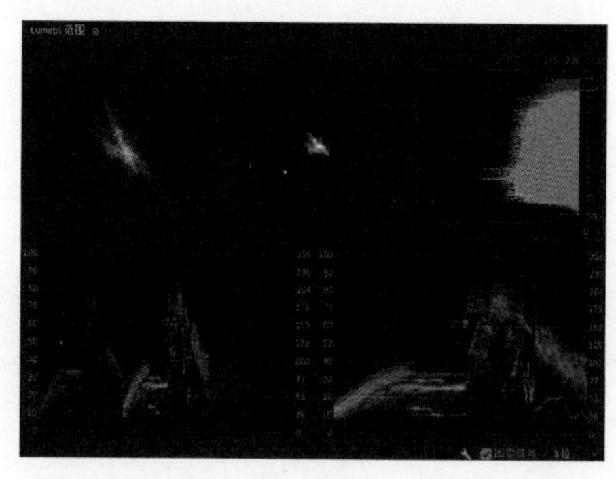
图 5-38

【参考】监视器

【参考】监视器类似于辅助节目监视器，主要用于并排比较序列的不同帧，或者使用不同查看模式查看序列的相同帧，如图 5-39 所示。

在【参考】监视器中，单击【绑定到节目监视器】按钮，可以将【参考】监视器和【节目】监视器绑定到一起。

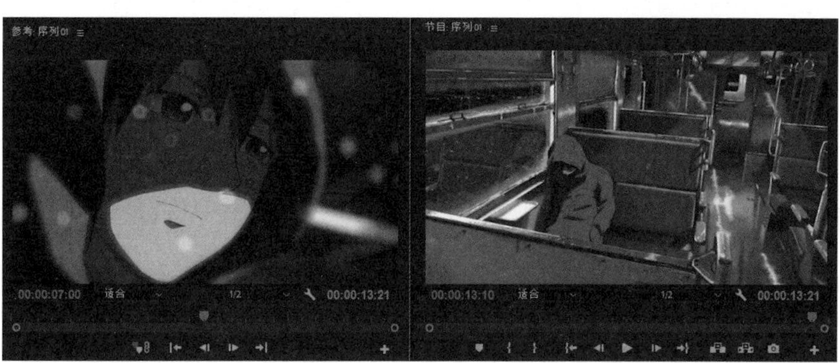

图 5-39

修剪工具

工具面板中的工具主要用于修剪序列中的素材，调整素材的编辑点。

5.7.1 工具详解

工具面板中包含 8 个编辑工具组，主要用于选择、编辑、调整和剪辑序列中的素材，如图 5-40 所示。将这些编辑组展开后还可以显示更多的编辑工具。

图 5-40

工具详解

选择工具：该工具用于对素材进行选择或移动，也可以用来选择和调节关键帧的位置，或者调整素材入点和出点位置。

向前选择轨道工具：该工具用于对序列中所选素材右侧的素材进行全部选择。

向后选择轨道工具：该工具用于对序列中所选素材左侧的素材进行全部选择。

波纹编辑工具：该工具用于编辑所选素材的出点或入点位置，从而改变素材的长度，但相邻素材不受影响，序列总长度会相应地改变。

滚动编辑工具：该工具用于编辑所选素材的出点或入点位置，从而改变素材的长度，同时相邻素材的出点或入点位置也会相应地变化，而序列总长度不变。

比率拉伸工具：该工具用于编辑素材的播放速率，从而改变素材的长度。

剃刀工具：该工具用于分割素材。

外滑工具：该工具用于改变素材的入点和出点，而序列总长度保持不变，并且相邻的素材不受影响。

内滑工具：该工具用于改变相邻素材的入点和出点，也改变自身在序列中的位置，而序列总长度保持不变。

钢笔工具：该工具用于设置素材的关键帧，也可创建或调整曲线。

矩形工具：该工具用于绘制直角矩形，配合键盘上的【Shift】键，可以绘制正方形。

椭圆工具：该工具用于绘制椭圆形。

手形工具：该工具用于平移【时间轴】面板中轨道的可视范围。

缩放工具：该工具用于调整【时间轴】面板中素材的显示比例。按住【Alt】键可以在放大或缩小模式间进行切换。

文字工具：该工具用于输入水平方向的文本。

垂直文字工具：该工具用于输入垂直方向的文本。

5.7.2 在【时间轴】面板中修剪素材

在【时间轴】面板中修剪编辑点，可以通过 3 种方式进行，分别是使用鼠标拖动、使用键盘快捷键和使用数字小键盘。

1. 使用鼠标拖动

选择一个或多个编辑点后，只需在【时间轴】面板中拖动编辑点，即可执行修剪操作。拖动鼠标时，会根据编辑点的不同，变换相应的修剪类型。

提示

选择【选择工具】后，按住【Ctrl】键，可切换编辑工具。

2. 使用键盘快捷键

用户可以使用键盘快捷键执行修剪操作，如图 5-41 所示。

【向前修剪】：将编辑点向右移动一帧，键盘快捷键为【Ctrl + →】。

【向后修剪】：将编辑点向左移动一帧，键盘快捷键为【Ctrl + ←】。

【大幅向前修剪】：将编辑点向右移动 5 帧，键盘快捷键为【Shift+ Ctrl + →】。

【大幅向后修剪】：将编辑点向左移动 5 帧，键盘快捷键为【Shift+ Ctrl + ←】。

【波纹修剪下一个编辑点到播放指示器】：对下一编辑点到当前时间指示器之间的素材进行波纹修剪，类似于【提取】命令。

【波纹修剪上一个编辑点到播放指示器】：对上一编辑点到当前时间指示器之间的素材进行波纹修剪，类似于【提取】命令。

命令	快捷键
应用程序	
编辑(E)	
首选项(N)	
修剪(R)...	
序列(S)	
修剪编辑(T)	Shift+T
修剪上一个编辑点到播放指示器	Ctrl+Alt+Q
修剪下一个编辑点到播放指示器	Ctrl+Alt+W
切换修剪类型	Ctrl+Shift+T
向前修剪	Ctrl+右侧
向后修剪	Ctrl+左侧
大幅向前修剪	Ctrl+Shift+右侧
大幅向后修剪	Ctrl+Shift+左侧
波纹修剪上一个编辑点到播放指示	Q
波纹修剪下一个编辑点到播放指示	W
选择最近编辑点为修剪入点	
选择最近编辑点为修剪出点	
面板	

图 5-41

图 5-42

提示

大幅修剪的偏移值可以通过执行【编辑】>【首选项】命令，在【首选项】对话框的【修剪】设置界面进行修改，如图 5-42 所示。

3. 使用数字小键盘

选择编辑点后，可以使用数字小键盘指定一个偏移值，偏移值会显示在播放指示器中，如图 5-43 所示。按【-】键可以向左修剪，按【+】键可向右修剪。向右修剪时，+ 号可省略，只需输入数字。

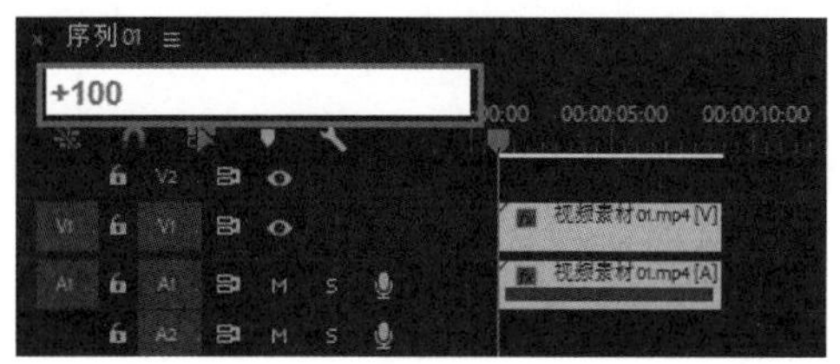

图 5-43

偏移值一般都是较小的数，因此 1 ~ 99 的任意数字都可以。如果要指定时间码，则可以使用【.】（小数点）键来分隔时间码中的分钟、秒、帧。输入偏移值后，按下数字小键盘中的【Enter】键，即可执行修剪操作。

5.7.3 修剪模式

在修剪素材间隙的编辑点时，一般可以使用 3 种修剪模式，分别是“常规修剪”“滚动修剪”“波纹修剪”。在编辑点处使用【Shift+ T】组合键可进入【节目】监视器中的修剪模式。

- 常规修剪：选择素材的编辑点修剪出入点。
- 滚动修剪：改变素材编辑点的位置，同时相邻素材编辑点的位置也会发生变化。
- 波纹修剪：改变素材编辑点的位置，同时相邻素材编辑点的出入点保持不变，只是素材在【时间轴】面板中的位置发生改变。

5.7.4 选择修剪

使用【选择工具】单击序列中素材的编辑点，可以修剪入点或出点，如图 5-44 所示。选择素材最左侧并拖动编辑点，即“修剪入点”；选择素材最右侧并拖动编辑点，即“修剪出点”。“修剪入点”和“修剪出点”称为“常规编辑”。按住【Ctrl】键的同时单击编辑点，则鼠标指针为【波纹编辑工具】或【滚动编辑工具】的样式。使用【Shift】键可以同时加选多条轨道中的多个编辑点。

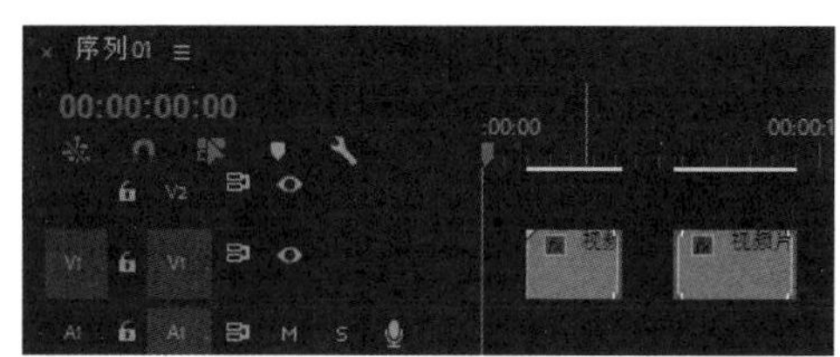

图 5-44

5.7.5 滚动修剪

滚动修剪可以同时编辑相邻素材出点和入点范围内相同数量的帧，有效地移动素材之间的编辑点，同时保留其他素材所在的时间点，并保持序列的总持续时间不变，执行波纹修剪可使用【滚动编辑工具】。

在进行滚动编辑时，编辑点的时间可以被前移，从而缩短前一个素材的时间长度，延长下一个素材的时间长度，并保持序列的持续时间不变。

在进行滚动编辑时，按【Alt】键的同时拖动鼠标，将只影响链接素材的视频或音频部分，如图 5-45 所示。

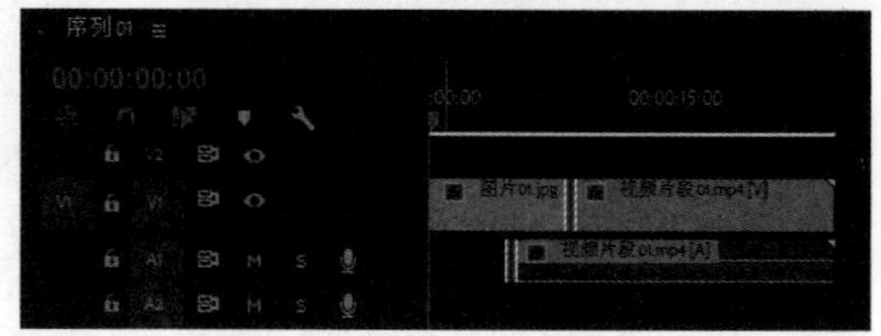

图 5-45

课堂案例 滚动修剪

素材文件	素材文件 / 第 5 章 / 图片 01.jpg、图片 01.jpg	扫码观看视频
案例文件	案例文件 / 第 5 章 / 滚动修剪.prproj	
教学视频	教学视频 / 第 5 章 / 滚动修剪.mp4	
案例要点	掌握滚动修剪的方法	

Step 01 将【项目】面板中的【图片 01.jpg】和【图片 02.jpg】素材文件拖至视频轨道【V1】上，如图 5-46 所示。

Step 02 选择工具面板中的【滚动编辑工具】，并单击素材之间的编辑点，如图 5-47 所示。

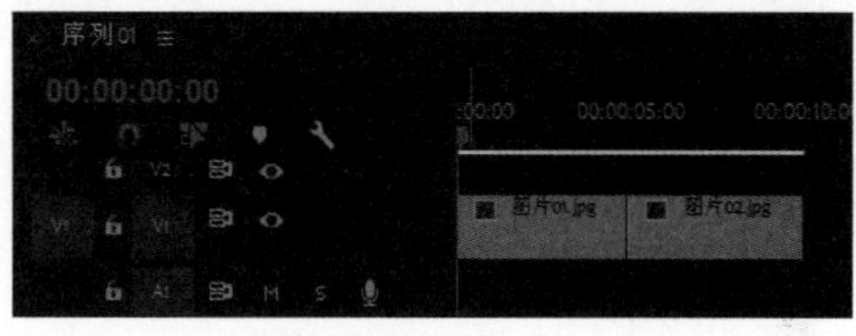

图 5-46

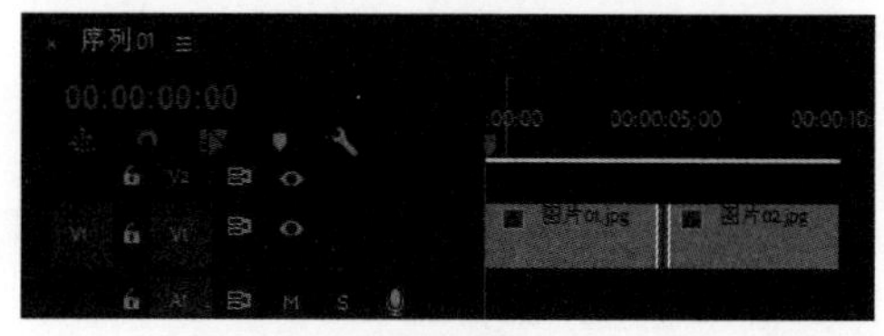

图 5-47

Step 03 将当前时间指示器移动到 00:00:04:00 位置，并执行【序列】>【将所选择编辑点扩展到播放指示器】命令，即完成滚动修剪，如图 5-48 所示。

图 5-48

5.7.6 波纹修剪

波纹修剪可修剪素材并按修剪量来移动轨道中修剪位置右侧的素材。执行波纹修剪操作可使用【波纹编辑工具】。

通过波纹修剪缩短某个素材的时长，会使编辑点右侧所有的素材在【时间轴】面板中的位置向左移动；反之，通过波纹修剪延长某个素材的时长，会使编辑点右侧所有的素材在【时间轴】面板中的位置向右移动。被波纹编辑的素材时长会发生改变，但相邻素材的时长不变，所在序列时长会发生变化。

执行波纹编辑时，按住【Alt】键的同时拖动鼠标，将忽略素材的音视频链接，如图 5-49 所示。

图 5-49

5.7.7 修剪模式

在对编辑点进行修剪编辑时，【节目】监视器处于修剪模式。

使用修剪工具选择编辑点后，执行【序列】>【修剪编辑】命令，或者双击编辑点，即可进入修剪模式，如图 5-50 所示。

图 5-50

5.7.8 外滑编辑

外滑编辑可以通过同时操作素材的入点和出点，向前或向后移动相同数量的帧。使用【外滑工具】可对所选素材进行外滑编辑，但不影响相邻素材。

当选中要进行外滑编辑的素材后，可以使用键盘快捷键进行外滑编辑。

- 要将素材向左外滑 5 帧，就按【Shift+ Ctrl + Alt + ←】组合键。
- 要将素材向左外滑 1 帧，就按【Ctrl + Alt + ←】组合键。
- 要将素材向右外滑 5 帧，就按【Shift+ Ctrl + Alt + →】组合键。
- 要将素材向右外滑 1 帧，就按【Ctrl + Alt + →】组合键。

5.7.9 内滑编辑

内滑编辑可以通过同时操作素材的入点和出点，向前或向后移动相同数量的帧。当使用【内滑工具】向左或向右拖动素材时，前一个素材的出点和后一个素材的入点将按照该素材移动的帧数进行修剪，被操作素材保持不变。

当选中要进行内滑编辑的素材后，可以使用键盘快捷键进行内滑编辑。

- 要将素材向左内滑 5 帧，就按【Shift+ Alt + ，】组合键。
- 要将素材向左内滑 1 帧，就按【Alt + ，】组合键。
- 要将素材向右内滑 5 帧，就按【Shift+ Alt + .】组合键。
- 要将素材向右内滑 1 帧，就按【Alt + .】组合键。

5.7.10 比率拉伸

使用【比率拉伸工具】■，可以在【时间轴】面板中快速更改素材的持续时间，同时更改素材的播放速度以适应持续时间。使用【比率拉伸工具】■，并拖动素材任意一边的边缘即可。素材被编辑后会在名称后面显示编辑后的速率，如图 5-51 所示。

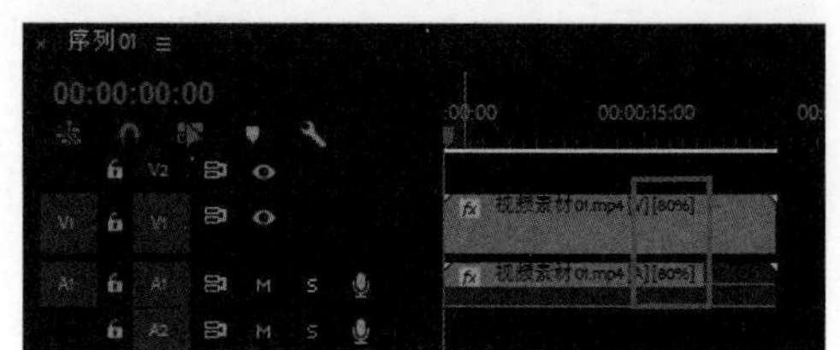

图 5-51

5.8 视频剪辑

课堂练习 视频剪辑练习

素材文件	素材文件 / 第 5 章 / 视频素材 01.mp4 ~视频素材 06.mp4 和背景音乐.mp3	扫码观看视频 
案例文件	案例文件 / 第 5 章 / 视频剪辑.prproj	
教学视频	教学视频 / 第 5 章 / 视频剪辑.mp4	
练习要点	本练习是为了加深读者对【标记入点】、【标记出点】、【覆盖】、【提取】和【仅拖动视频】命令，以及【源】监视器和【节目】监视器中功能的理解。	

1. 练习思路

① 根据视频素材设置序列。

② 利用【标记入点】和【标记出点】功能剪辑素材。

③ 在【源】监视器和【节目】监视器中裁剪素材。

④ 利用【覆盖】、【仅拖动视频】和【提取】命令编辑素材。

⑤ 利用【滚动编辑工具】、【选择工具】和【剃刀工具】等工具修剪素材。

2. 制作步骤

（1）设置项目

Step 01 创建项目，设置项目名称为“视频剪辑”。

Step 02 新建序列。在【新建序列】对话框中，设置序列格式为【HDV】>【HDV 720p25】，在【序列名称】文本框中输入“视频剪辑”，如图 5-52 所示。

Step 03 导入素材。将【视频素材 01.mp4】~【视频素材 06.mp4】和【背景音乐.mp3】素材导入到项目中，如图 5-53 所示。

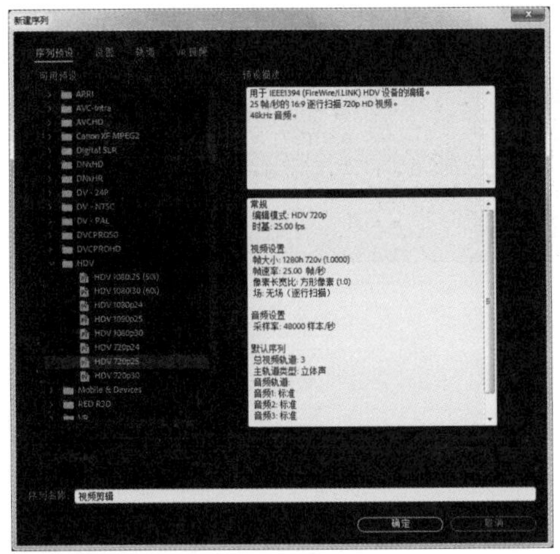

图 5-52

图 5-53

（2）剪辑素材一

Step 01 将【项目】面板中的【视频素材 01.mp4】和【视频素材 02.mp4】素材拖到序列中，如图 5-54 所示。

Step 02 在【节目】监视器面板中，设置入点为 00:00:09:00、出点为 00:00:25:00，单击【提取】按钮，如图 5-55 所示。

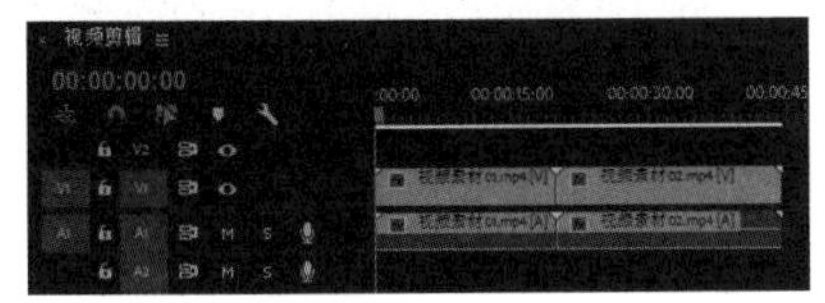

图 5-54

图 5-55

Step 03 在【源】监视器面板中显示【视频素材 03.mp4】素材，设置入点为 00:00:05:00、出点为 00:00:12:24，利用【插入】按钮，将剪辑插入到序列的 00:00:09:00 位置，如图 5-56 所示。

Step 04 将当前时间指示器移动到 00:00:29:00 位置，选择序列的出点，执行【序列】>【将所选择编辑点扩展到播放指示器】命令，如图 5-57 所示。

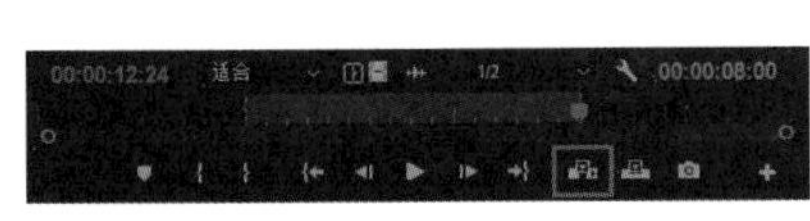

图 5-56

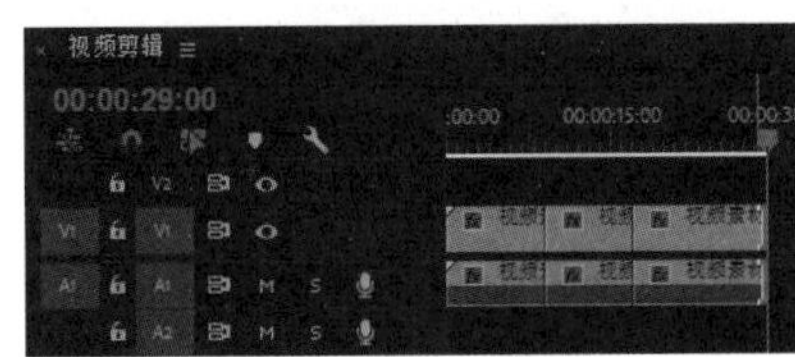

图 5-57

（3）剪辑素材二

Step 01 在【源】监视器面板中显示【视频素材 04.mp4】素材，设置入点为 00:00:03:00、出点为 00:00:13:24。单击【仅拖动视频】按钮，将剪辑素材拖到序列当前时间指示器的位置，如图 5-58 所示。

Step 02 使用【滚动编辑工具】，双击 00:00:29:00 位置的编辑点，如图 5-59 所示。

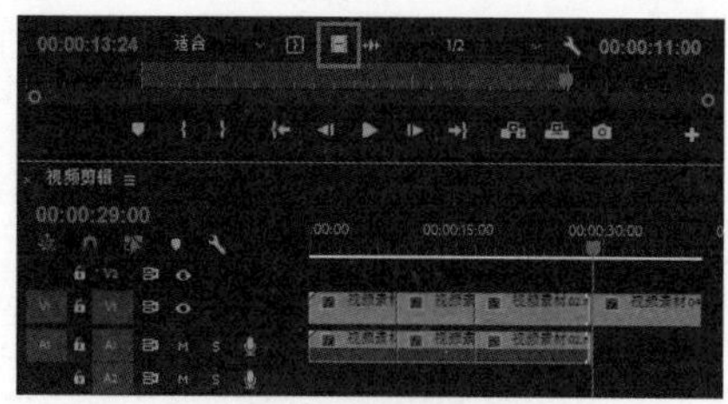
图 5-58

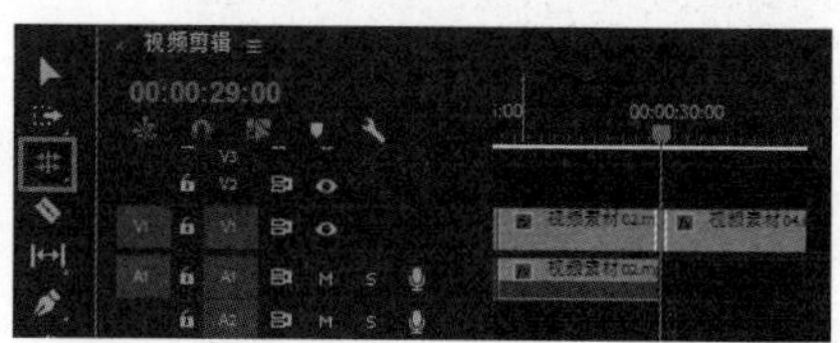
图 5-59

Step 03 在【节目】监视器面板的修剪模式中，单击【大幅向前修剪】按钮，如图 5-60 所示。

Step 04 将【项目】面板中的【视频素材 05.mp4】和【视频素材 06.mp4】素材拖到序列的出点位置，如图 5-61 所示。

图 5-60

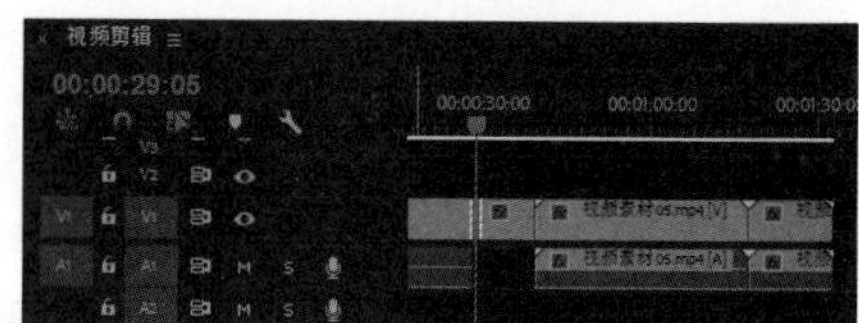
图 5-61

Step 05 使用【剃刀工具】，分别在 00:01:09:00 和 00:01:25:00 位置裁剪素材，如图 5-62 所示。

Step 06 使用【选择工具】，选择 00:01:09:00 到 00:01:25:00 之间的素材，并单击鼠标右键，选择【波纹删除】命令，如图 5-63 所示。

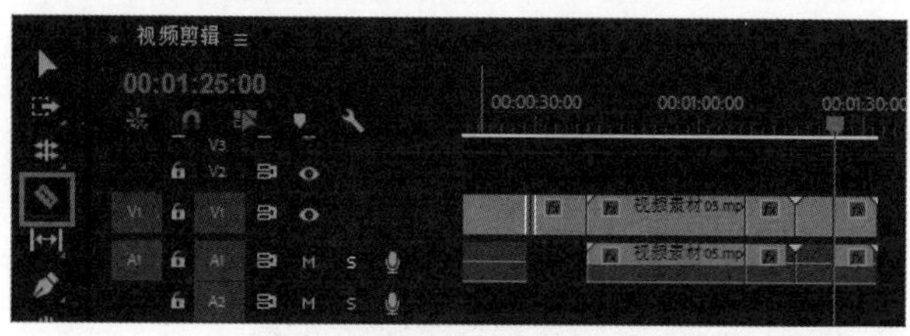
图 5-62

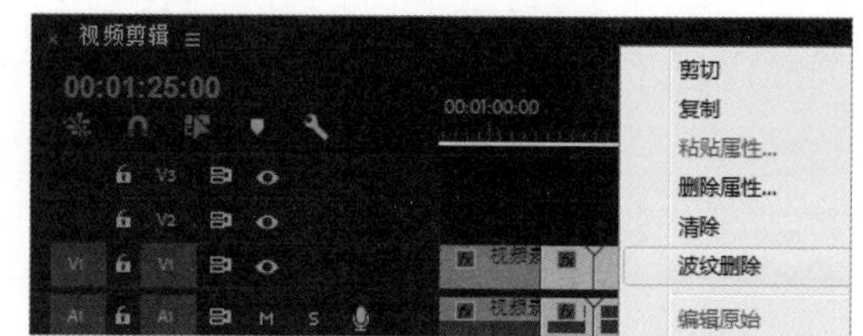

图 5-63

Step 07 删除音频素材。按住【Alt】键，选择音频轨道【A1】上的全部素材，然后按键盘上的【Delete】键，如图 5-64 所示。

Step 08 将【项目】面板中的【背景音乐.mp3】素材拖到音频轨道【A1】上，如图 5-65 所示。

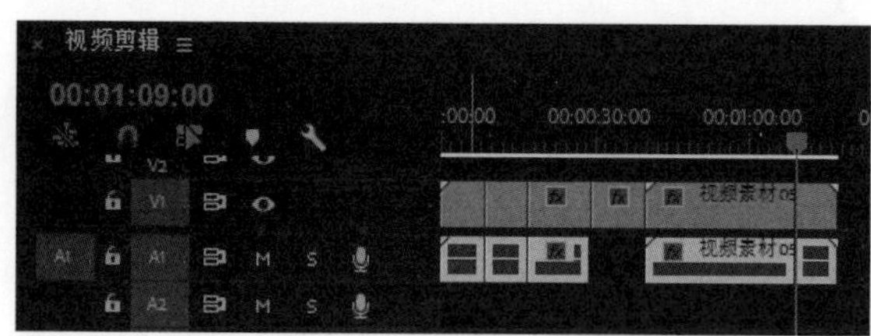
图 5-64

图 5-65

Step 09 将序列视频轨道的出点拖到与音频轨道出点相同的位置，与音视频轨道中序列的出点位置对齐，如图 5-66 所示。

Step 10 分别在音视频轨道的出点位置单击鼠标右键，选择【应用默认过渡】命令，如图 5-67 所示。

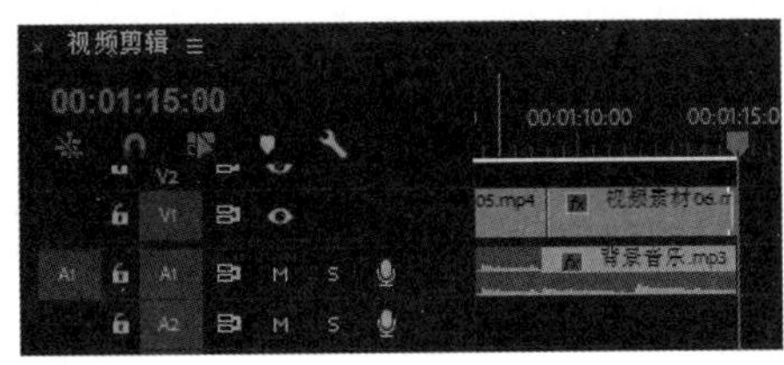

图 5-66

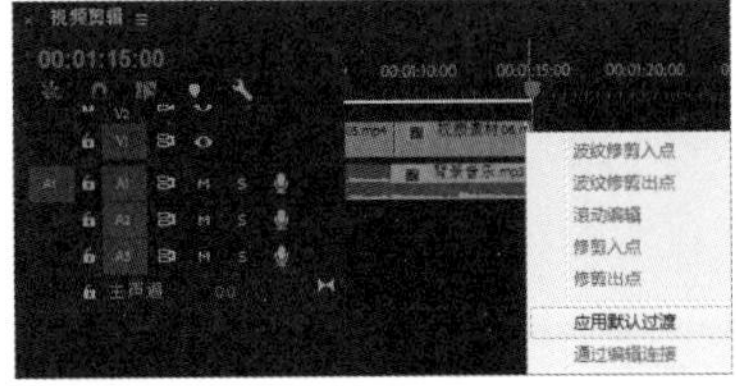

图 5-67

Step 11 在【节目】监视器面板中查看最终动画效果，如图 5-68 所示。

图 5-68

课后习题

一、选择题

1. 要加速向前播放，就反复按（　　　）。对于大多数媒体类型，可以将素材播放速度提高 1 ~ 4 倍。

A.【L】键

B.【J】键

C.【K】键

D.【H】键

2. 在出现丢帧的问题时，丢帧指示器变为（　　　）。

A. 绿色

B. 黄色

C. 红色

D. 蓝色

3. 要慢动作向前播放，就按（　　　）。

A.【Ctrl + L】组合键

B.【Ctrl + J】组合键

C.【Shift + L】组合键

D.【Shift + J】组合键

4.（　　　）用于编辑素材的播放速率，从而改变素材的时长。

A.【外滑工具】

B.【内滑工具】

C.【波纹编辑工具】

D.【比率拉伸工具】

5. 要将素材向左内滑一帧，可以使用（　　　）。

A.【Alt + .】组合键

B.【Alt + ，】组合键

C.【Shift + Alt + .】组合键

D.【Shift + Alt + ，】组合键

二、填空题

1. ________用来显示或查看监视器中素材或序列的时间信息。

2. ________用于在监视器的时间标尺中显示当前帧的位置，使监视器显示当前帧的图像信息。

3. ________用于显示当前帧的时间码。

4. ________用于显示已打开素材或序列的持续时间。

5. 单击________按钮可以设置标记点，便于用户快速查找特定位置，也方便其他素材的快速对齐。

三、简答题

1. 简述【插入】和【覆盖】命令的区别。

2. 简述【提升】命令和【提取】命令的区别。

3. 简述【外滑工具】和【内滑工具】的区别。

四、案例习题

习题要求：剪辑熊主题视频。

素材文件：练习文件 / 第 5 章 / 练习素材 01.mp4 ~练习素材 06.mp4 和练习音乐 .mp3。

效果文件：效果文件 / 第 5 章 / 案例习题.mp4，如图 5-69 所示。

习题要点：

1. 根据素材设置项目文件。

2. 根据音乐的节奏剪辑素材。

3. 在【源】监视器和【节目】监视器面板中初步裁剪素材。

4. 使用【比率拉伸工具】调整部分镜头的播放速度。

5. 使用【滚动编辑工具】、【选择工具】和【剃刀工具】等工具精细修剪素材。

图 5-69

Chapter 6

第6章
属性动画

为了使素材产生更加丰富的变化，可以为其添加各种动画效果。在Premiere中，可以制作关键帧动画，以使素材效果更加丰富多彩。更改素材的效果属性也可以使素材产生变化，但是要想让变化平稳，就需要在指定的时间点更改参数设置。

PREMIERE PRO

学习目标

- 了解【效果控件】面板中各参数的功能
- 掌握编辑视频效果的方法

技能目标

- 掌握编辑关键帧的方法
- 掌握修改素材属性的方法
- 掌握修改素材混合模式的方法

6.1 动画化效果

动画化表示素材会随着时间的变化而改变。一般情况下，素材属性发生改变，素材就会产生变化。在不同的时间点设置不同的属性，素材就会随着时间点的变化而逐渐过渡到下一个属性的设置效果，这样的变化就叫动画化。

制作关键帧动画需要在关键帧上设置属性变化。要想生成关键帧动画，就必须满足两个条件。一是至少要有两个关键帧，二是关键帧的属性要有变化。只有同时满足这两个条件才会产生动画效果。在关键帧之间的其他帧，其属性值会按照一定的规律逐渐变化，从而保证了画面效果的流畅性，这之间的变化称为补间动画。

6.2 创建关键帧

在【效果控件】或【时间轴】面板中，可以创建关键帧。单击【效果控件】面板中的【切换动画】按钮可以激活关键帧动画的制作。

在【效果控件】面板中，有些属性的【切换动画】按钮默认为开启状态。激活【切换动画】按钮，会显示关键帧动画。当【切换动画】按钮为开启状态时，属性值发生改变则会产生自动关键帧。一般添加关键帧的方法有 3 种。

- 在【效果控件】面板中添加自动关键帧，激活【切换动画】按钮，修改属性值即可。
- 在【效果控件】面板中手动添加关键帧，激活【切换动画】按钮，单击【添加/移除关键帧】按钮即可，如图 6-1 所示。
- 在【时间轴】面板中添加关键帧，设置轨道为【显示视频关键帧】或【显示音频关键帧】，即可使用【钢笔工具】在素材上添加透明关键帧，如图 6-2 所示。

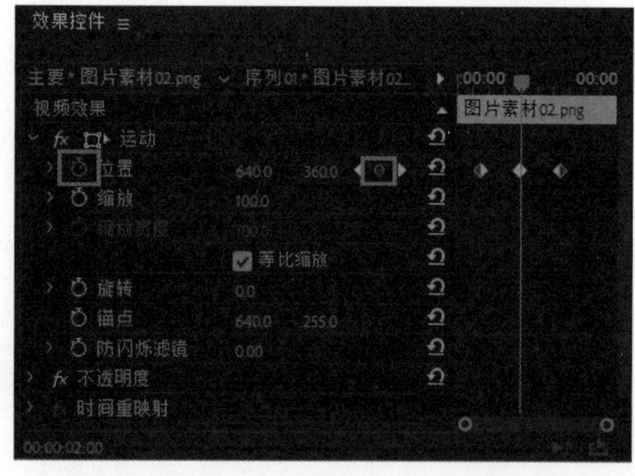

图 6-1

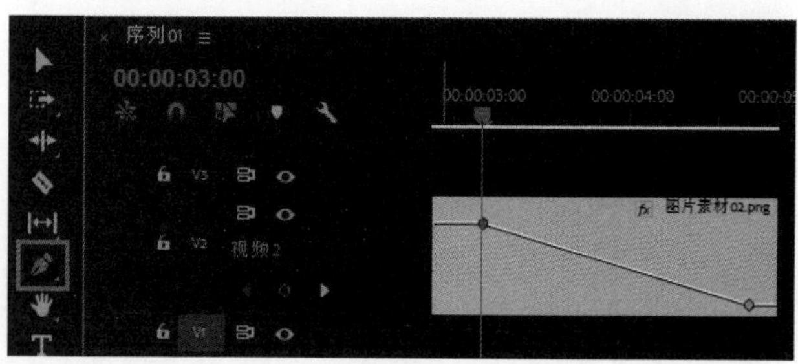

图 6-2

6.3 查看关键帧

6.3.1 在【效果控件】面板中查看关键帧

创建关键帧之后，可以在【效果控件】面板中查看关键帧，如图 6-3 所示。

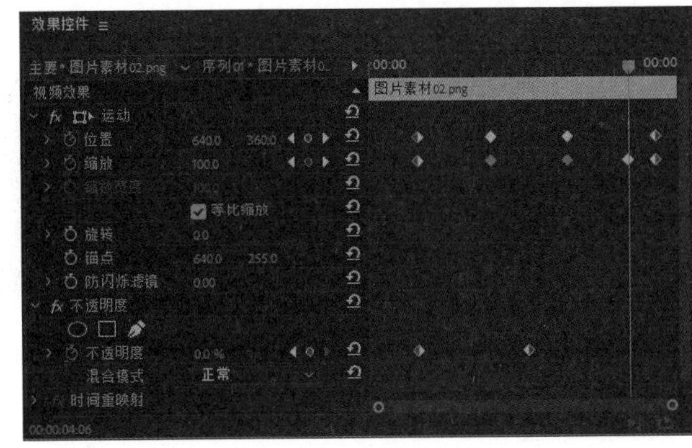

图 6-3

- 转到上一关键帧：单击此按钮可以直接转到左一个关键帧的时间点。
- 转到下一关键帧：单击此按钮可以直接转到右一个关键帧的时间点。
- 添加/移除关键帧：单击此按钮可以添加或删除关键帧。
- ：表示当前时间指示器上有关键帧。
- ：表示当前时间指示器上没有关键帧。
- ：表示当前时间指示器前后都有关键帧。
- ：表示当前时间指示器前有关键帧。
- ：表示当前时间指示器后有关键帧。

包含关键帧的属性，在折叠时都会显示为【摘要关键帧】，并且仅可以作为参考显示，不可以操控。

在【效果控件】面板中，单击【显示/隐藏时间线视图】按钮，可以显示或隐藏关键帧时间线视图，如图 6-4 所示。

图 6-4

6.3.2 在【时间轴】面板中查看关键帧

如果【时间轴】面板中的素材有关键帧，则可以查看关键帧及其属性。【时间轴】面板中的关键帧连接起来会形成一个图表，以显示关键帧的变化。调整关键帧会使图表发生变化，如图 6-5 所示。

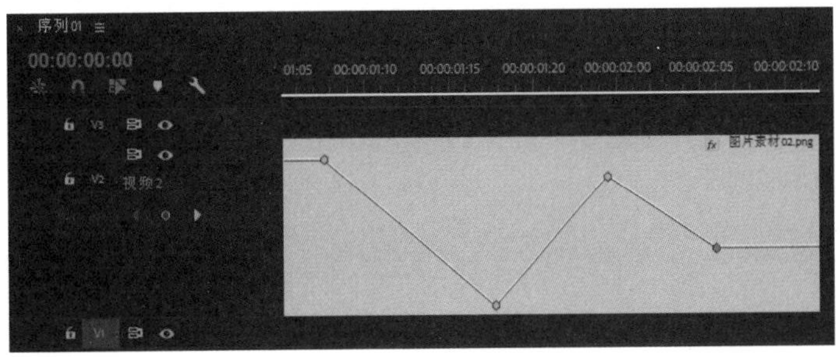

图 6-5

编辑关键帧

为素材添加关键帧后，就可以对素材进行编辑调整了。常用的编辑操作有选择、移动、复制、粘贴和删除等。

1. 选择关键帧

使用【选择工具】■可以框选或点选关键帧。按住【Shift】键可以加选关键帧。

在 Premiere Pro CC 中，关键帧被选中后呈深蓝色，而未被选择的关键帧呈灰色，如图 6-6 所示。

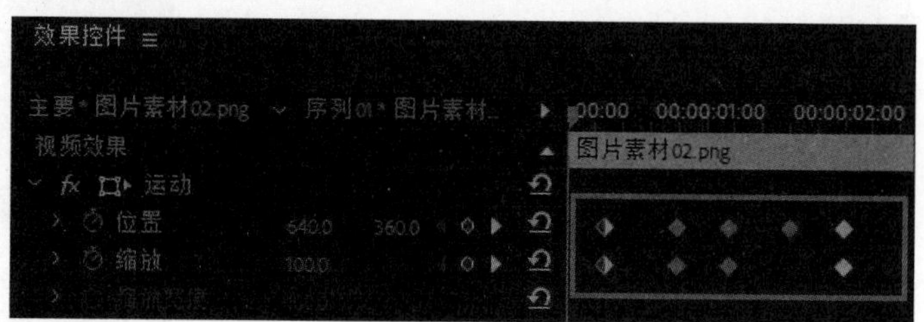

图 6-6

2. 移动关键帧

使用【选择工具】■选择并拖动关键帧，可以改变所选关键帧的位置。

3. 复制、粘贴关键帧

与大多数软件中的复制、粘贴功能一样。要对关键帧进行复制，先选择关键帧，然后执行【复制】命令即可。要粘贴关键帧，先将当前时间指示器移动到目标位置，然后执行【粘贴】命令即可。也可使用键盘快捷键【Ctrl + C】和【Ctrl + V】分别进行复制、粘贴操作。

选择要复制的关键帧，然后按住【Alt】键，并按住鼠标左键拖动关键帧到目标位置，也可完成复制关键帧的操作。

4. 删除关键帧

如果不需要某个或某几个关键帧，则可以在选择这些关键帧后直接删除。

选择要删除的关键帧，然后按键盘上的【Delete】键，或者在右键快捷菜单中选择【清除】命令，即可完成删除关键帧的操作。

将当前时间指示器移动到关键帧上，然后单击【添加/移除关键帧】按钮■，也可完成删除关键帧的操作。

6.5 关键帧插值

利用【关键帧插值】功能可以调整关键帧之间的补间数值，使这些关键帧之间的图像产生匀速或变速变化。

最常见的两种插值类型是线性插值和曲线插值。线性插值是创建从一个关键帧到另一个关键帧的匀速变化，每个中间帧获得等量的变化值，每一对关键帧之间的动画都是匀速变化的。曲线插值是贝塞尔曲线状的加快或减慢变化。例如，第一个关键帧之后缓慢加速变化，然后缓慢地减速变化到第二个关键帧。

6.5.1 空间插值

空间插值用于在【节目】监视器面板里调整素材运动路径。

课堂案例 空间插值

素材文件	素材文件 / 第 6 章 / 图片素材 01.jpg 和图片素材 02. png	扫码观看视频 
案例文件	案例文件 / 第 6 章 / 空间插值 .prproj	
教学视频	教学视频 / 第 6 章 / 空间插值 .mp4	
案例要点	掌握使用空间插值的方法	

Step 01 将【项目】面板中的【图片素材 01.jpg】和【图片素材 02.png】文件分别拖至视频轨道【V1】和【V2】上，如图 6-7 所示。

Step 02 选择【时间轴】面板中的【图片素材 02.png】文件。在【效果控件】面板中，激活【位置】和【缩放】属性的【切换动画】按钮，将当前时间指示器移动到 00:00:00:05 位置，设置【位置】为（100.0,100.0）、【缩放】值为 20.0，如图 6-8 所示。

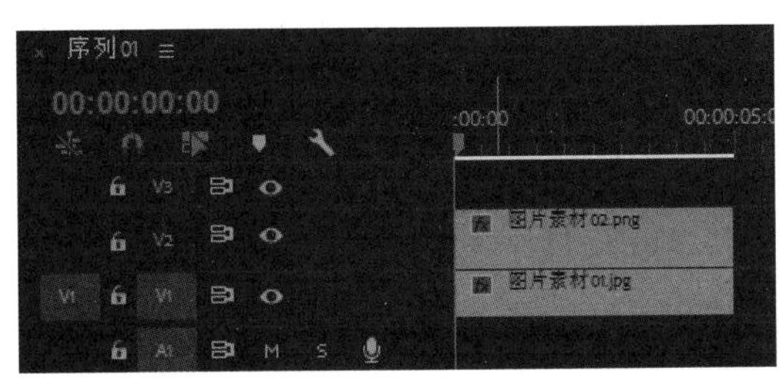

图 6-7

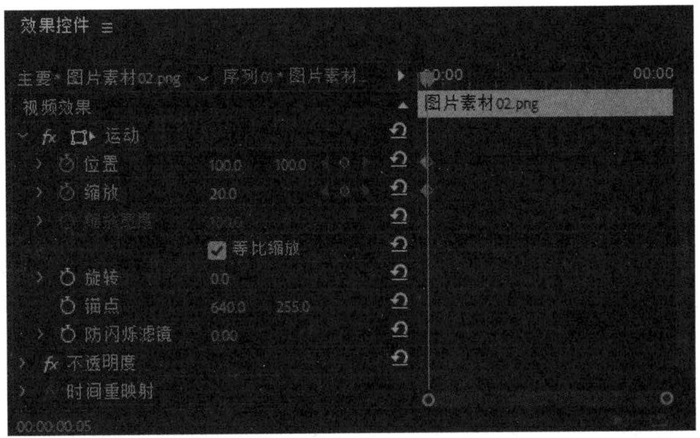

图 6-8

Step 03 将当前时间指示器移动到 00:00:04:20 位置，设置【位置】为（1000.0,500.0）、【缩放】值为 50.0，如图 6-9 所示。

Step 04 激活【效果控件】面板中的运动属性图标 运动。在【节目】监视器面板中，调整关键帧曲线的方向手柄，改变运动路径，如图 6-10 所示。

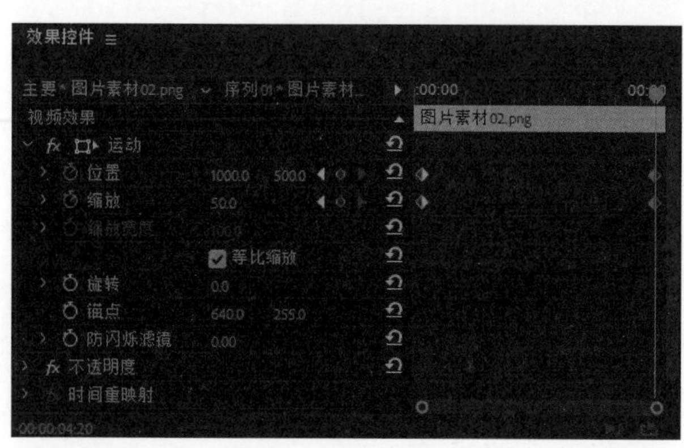

图 6-9

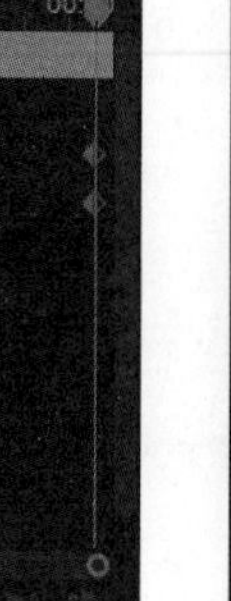

图 6-10

6.5.2 临时插值

通过更改关键帧之间的插值方式，可以更精确地控制动画的变化速率和效果。在关键帧上单击鼠标右键，选择【临时插值】命令，会显示【线性】、【贝塞尔曲线】、【自动贝塞尔曲线】、【连续贝塞尔曲线】、【定格】、【缓入】和【缓出】等 7 个命令。

- 【线性】：关键帧之间的变化是直线匀速平均过渡的，关键帧显示为◆。
- 【贝塞尔曲线】：关键帧之间的变化是可调节的以平滑曲线过渡的，关键帧显示为⧗。可以在关键帧的任一侧手动调整图表的形状，以及变化速率。
- 【自动贝塞尔曲线】：关键帧之间的变化是自动以平滑曲线过渡的，关键帧显示为●。当更改关键帧的值时，曲线方向手柄会产生变化，用于维持关键帧之间的平滑过渡。
- 【连续贝塞尔曲线】：关键帧之间的变化是连续平滑的曲线过渡，关键帧显示为⧗。当在关键帧的一侧更改图表的形状时，关键帧另一侧的形状也会相应的发生变化，以维持平滑过渡。
- 【定格】：关键帧之间的变化是阶梯形的，会保持关键帧状态，没有过渡，直接跳转到下一关键帧状态，关键帧显示为◀。
- 【缓入】：关键帧之间的变化为缓慢渐入的过渡，关键帧显示为⧗。
- 【缓出】：关键帧之间的变化为缓慢渐出的过渡，关键帧显示为⧗。

6.5.3 运动效果

在【节目】监视器面板中可以直接操控素材的运动效果。选中素材后，单击【效果控件】面板中的运动属性图标 运动，此时【节目】监视器面板中会显示手柄和锚点。

- 当将鼠标指针置于素材上方时，鼠标指针为选择指针，此时可以移动素材。
- 当将鼠标指针置于素材锚点外侧时，鼠标指针为旋转指针，此时可以调整素材的旋转角度。
- 当将鼠标指针置于素材锚点时，鼠标指针为缩放指针，此时可以调整素材的缩放比例。使用【Shift】键，可以等比例缩放。

运动特效属性

添加到【时间轴】面板中的素材，在【效果控件】面板中会显示预先应用或内置的固定效果。在【效果控件】面板中可以显示和调整素材的固定效果。

【效果控件】面板中的【运动】属性是视频素材的固定效果属性，用户可对素材的位置、大小和旋转角度进行简单的调整。【运动】属性包含【位置】、【缩放】、【旋转】、【锚点】和【防闪烁滤镜】等，如图 6-11 所示。

1. 位置

【位置】属性指的是素材在屏幕中的空间位置，其值为素材中心点的坐标，如图 6-12 所示。

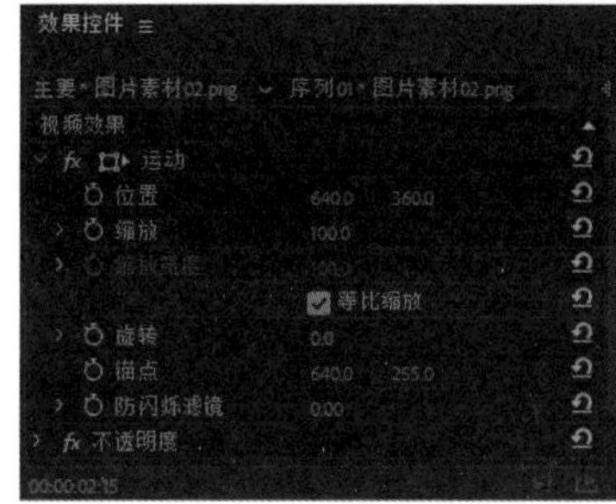

图 6-11

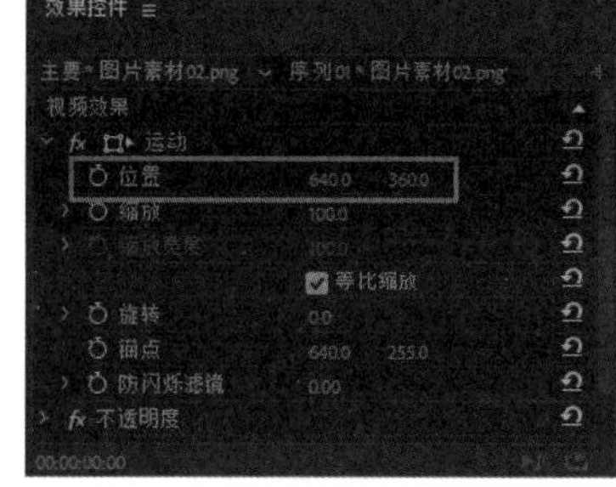

图 6-12

2. 缩放

【缩放】属性用于设置素材在屏幕中的画面大小。默认为等比缩放，素材会等比变化。当取消选择【等比缩放】复选框后，就会开启【缩放高度】和【缩放宽度】属性，可分别调节素材的高度和宽度，如图 6-13 所示。

3. 旋转

【旋转】属性用于设置素材以锚点为中心旋转的角度，顺时针旋转的值为正数，逆时针旋转的值为负数，如图 6-14 所示。用户可直接修改其值或者直接在【节目】监视器面板中旋转素材。

4. 锚点

【锚点】属性用于设置素材变化的中心点，其值发生变化，会影响素材缩放和旋转的中心点。

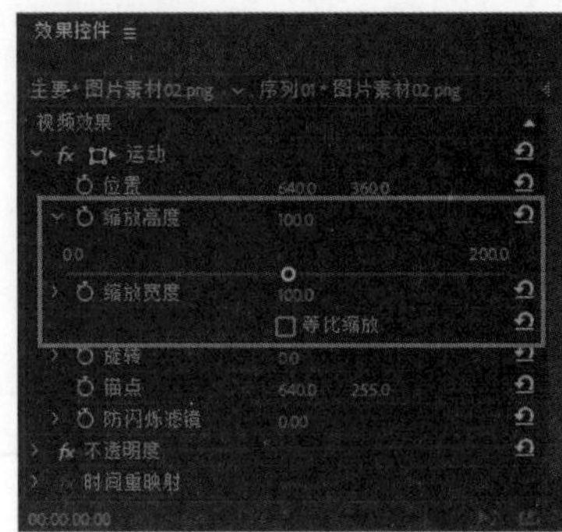

图 6-13

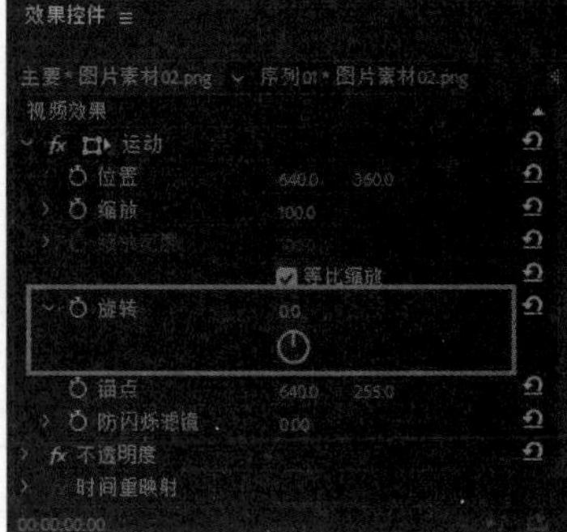

图 6-14

5. 防闪烁滤镜

【防闪烁滤镜】属性用于消除视频中的闪烁现象。当图像在隔行扫描显示器上显示时，图像中的细线和锐利边缘有时会有闪烁现象，使用此功能可以减少甚至消除这种闪烁。

6.7 不透明度与混合模式

在【效果控件】面板中，【不透明度】属性包括【不透明度】和【混合模式】两个选项，如图 6-15 所示。

6.7.1 不透明度

【不透明度】属性用于设置素材的不透明度，即素材显示的多少，其值越小，素材就越透明，如图 6-16 所示。

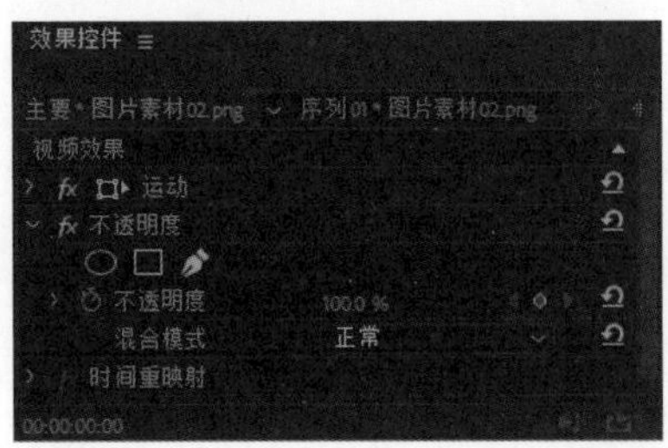

图 6-15

图 6-16

6.7.2 混合模式

【混合模式】用于设置所选素材与其他素材的混合方式，就是将当前素材与其他素材相互混合、叠加或交互，通过各素材之间的相互影响，使当前的画面产生变化。这里的混合模式分为普通模式组、变暗模式组、变亮模式组、对比模式组、比较模式组和颜色模式组，共27个模式，如图6-17所示。

效果控件 ≡
主要＊图片素材02.png ∨ 序列01＊图片素材02.png
视频效果
fx 运动
fx 不透明度
不透明度 100.0 %
混合模式 正常
时间重映射

正常
溶解
变暗
相乘
颜色加深
线性加深
深色
变亮
滤色
颜色减淡
线性减淡（添加）
浅色
叠加
柔光
强光
亮光
线性光
点光
强混合
差值
排除
相减
相除
色相
饱和度
颜色
发光度

图6-17

1. 普通模式组

普通模式组的混合模式利用当前图层的素材与下层图层素材的不透明度变化生成一定的效果。普通模式组包括【正常】和【溶解】两种模式。

（1）正常

此混合模式为软件默认模式，根据Alpha通道调整素材的不透明度，当素材的【不透明度】值为100%时，则会完全遮挡下层素材，如图6-18所示。

图6-18

（2）溶解

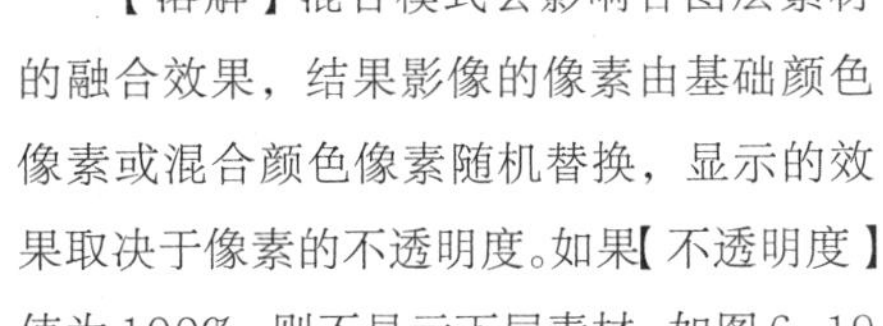

【溶解】混合模式会影响各图层素材的融合效果，结果影像的像素由基础颜色像素或混合颜色像素随机替换，显示的效果取决于像素的不透明度。如果【不透明度】值为100%，则不显示下层素材，如图6-19所示。

图6-19

2. 变暗模式组

变暗模式组中混合模式的主要作用就是使当前图层中的素材颜色整体加深变暗，包括【变暗】、【相乘】、【颜色加深】、【线性加深】和【深色】5种模式。

（1）变暗

当两个图层的素材混合时，查看并比较每个通道的颜色信息，选择基础颜色和混合颜色中偏暗的颜色作为结果颜色，暗色替代亮色。【变暗】模式的效果如图 6-20 所示。

（2）相乘

【相乘】是一种减色模式，将基础颜色通道与混合颜色通道数值相乘，再除以位深度像素的最大值，具体结果取决于图层素材的颜色深度，颜色相乘后会得到一种更暗的效果。【相乘】模式的效果如图 6-21 所示。

图 6-20

图 6-21

（3）颜色加深

【颜色加深】模式用于查看并比较每个通道中的颜色信息，提高对比度使基础颜色变暗，结果颜色是混合颜色变暗形成的，混合影像中的白色部分不发生变化。【颜色加深】模式的效果如图 6-22 所示。

（4）线性加深

【线性加深】模式用于查看并比较每个通道中的颜色信息，通过降低亮度使基础颜色变暗，并反映混合颜色，混合影像中的白色部分不发生变化。【线性加深】模式比【相乘】模式产生的效果更暗，效果如图 6-23 所示。

图 6-22

图 6-23

（5）深色

【深色】模式与【变暗】模式相似，但【深色】模式不会比较素材间的生成颜色，只对素材进行比较，选取数值最小的颜色作为结果颜色。【深色】模式的效果如图 6-24 所示。

图 6-24

3. 变亮模式组

使用变亮模式组中的混合模式可以使素材颜色整体变亮，包括【变亮】、【滤色】、【颜色减淡】、【线性减淡（添加）】和【浅色】5 种模式。

（1）变亮

当两个图层的素材混合时，查看并比较每个通道的颜色信息，选择基础颜色和混合颜色中较为明亮的颜色作为结果颜色，亮色替代暗色。【变亮】模式的效果如图 6-25 所示。

（2）滤色

【滤色】模式用于查看每个通道中的颜色信息，并将混合之后的颜色与基础颜色进行正片叠底。此效果类似于多个摄影幻灯片在彼此之上投影。【滤色】模式的效果如图 6-26 所示。

图 6-25

图 6-26

（3）颜色减淡

【颜色减淡】模式用于查看并比较每个通道中的颜色信息，通过降低二者的对比度使基础颜色变亮以反映出混合颜色，混合影像中的黑色部分不发生变化。【颜色减淡】模式的效果如图 6-27 所示。

（4）线性减淡（添加）

【线性减淡（添加）】模式用于查看并比较每个通道中的颜色信息，通过提高亮度使基础颜色变亮以反映出混合颜色，混合影像中的黑色部分不发生变化。【线性减淡（添加）】模式效果如图 6-28 所示。

图 6-27

图 6-28

（5）浅色

与【变亮】模式相似，但【浅色】模式不会比较各图层素材的生成颜色，只对素材进行比较，选取数值最大的颜色作为结果颜色。【浅色】模式的效果如图 6-29 所示。

图 6-29

4. 对比模式组

对比模式组中混合模式的混合效果相当于将当前图层素材与下层图层素材的颜色亮度进行比较，查看灰度后，选择合适的叠加效果，包括【叠加】、【柔光】、【强光】、【亮光】、【线性光】、【点光】和【强混合】7 种模式。

（1）叠加

【叠加】模式会对当前图层中素材的基础颜色进行正片叠底或滤色叠加，保留前图层素材的明暗对比。【叠加】模式的效果如图 6-30 所示。

（2）柔光

【柔光】模式会使结果颜色变暗或变亮，具体取决于混合颜色，与聚光灯照在图像上的效果相似。如果混合颜色比 50% 灰色亮，则结果颜色变亮；反之，则变暗。混合影像中的纯黑色或纯白色可以产生明显的变暗或变亮效果，但不能产生纯黑色或纯白色效果。【柔光】模式的效果如图 6-31 所示。

图 6-30

图 6-31

（3）强光

【强光】模式可以模拟强烈的光线照在物体上的效果。该模式对颜色进行正片叠底或过滤，结果取决于混合颜色。如果混合颜色比 50% 灰色亮，则结果颜色变亮；反之，则变暗。【强光】模式多用于添加高光或阴影效果。混合影像中的纯黑色或纯白色，在素材混合后仍会产生纯黑色或纯白色效果。【强光】模式的效果如图 6-32 所示。

（4）亮光

【亮光】模式通过提高或降低对比度来加深或减淡颜色，结果取决于混合颜色。如果混合颜色比 50% 灰色亮，则通过降低对比度使图像变亮；反之，则通过提高对比度使图像变暗。【亮光】模式的效果如图 6-33 所示。

图 6-32

图 6-33

（5）线性光

【线性光】模式通过降低或提高亮度来加深或减淡颜色，结果取决于混合颜色。如果混合颜色比 50% 灰色亮，则通过提高亮度使图像变亮；反之，则通过降低亮度使图像变暗。【线性光】模式的效果如图 6-34 所示。

（6）点光

【点光】模式会根据混合颜色替换颜色。如果混合颜色比 50% 灰色亮，则替换比混合颜色暗的像素，而不改变比混合颜色亮的像素；如果混合颜色比 50% 灰色暗，则替换比混合颜色亮的像素，而比混合颜色暗的像素保持不变。这对于为图像添加特殊效果非常有用。【点光】模式的效果如图 6-35 所示。

图 6-34

图 6-35

（7）强混合

【强混合】模式会将混合颜色的红色、绿色和蓝色通道值添加到基础颜色的 RGB 值中，计算结果会将所有像素更改为主要的纯色。【强混合】模式的效果如图 6-36 所示。

图 6-36

5. 比较模式组

比较模式组中的混合模式通过比较当前图层素材与下层图层素材的颜色来产生差异效果，包括【差值】、【排除】、【相减】和【相除】4 种模式。

（1）差值

【差值】模式通过查看每个通道中的颜色信息，从基础颜色中减去混合颜色，或者从混合颜色中减去基础颜色，结果取决于哪个颜色的亮度值更高。与白色混合将反转基础颜色值；与黑色混合则不产生变化。【差值】模式的效果如图 6-37 所示。

（2）排除

【排除】模式与【差值】模式非常类似，只是对比度较低。与白色混合将反转基础颜色值；与黑色混合则不产生变化。【排除】模式的效果如图 6-38 所示。

图 6-37

图 6-38

（3）相减

【相减】模式通过查看每个通道中的颜色信息，从基础颜色中减去混合颜色。【相减】模式的效果如图 6-39 所示。

（4）相除

【相除】模式会将基础颜色与混合颜色相除，结果颜色会产生一种明亮的效果。任何颜色与黑色相除都会产生黑色，与白色相除都会产生白色。【相除】模式的效果如图 6-40 所示。

图 6-39

图 6-40

6. 颜色模式组

颜色模式组中混合模式的混合效果是通过改变下层素材的色彩属性来产生不同的叠加效果的，包括【色相】、【饱和度】、【颜色】和【发光度】4 种模式。

（1）色相

通过基础颜色的明亮度和饱和度，以及混合颜色的色相生成结果颜色，如图 6-41 所示。

（2）饱和度

通过基础颜色的明亮度和色相，以及混合颜色的饱和度生成结果颜色，如图 6-42 所示。

图 6-41

图 6-42

(3)颜色

【颜色】模式通过基础颜色的明亮度，以及混合颜色的色相和饱和度生成结果颜色，如图 6-43 所示。

(4)发光度

【发光度】模式通过基础颜色的色相和饱和度，以及混合颜色的明亮度生成结果颜色，如图 6-44 所示。

图 6-43

图 6-44

6.8 时间重映射

利用【时间重映射】属性可以设置素材的播放时间，可以重置时间，调整播放的快慢，也可使素材播放出现静止或倒退效果，如图 6-45 所示。

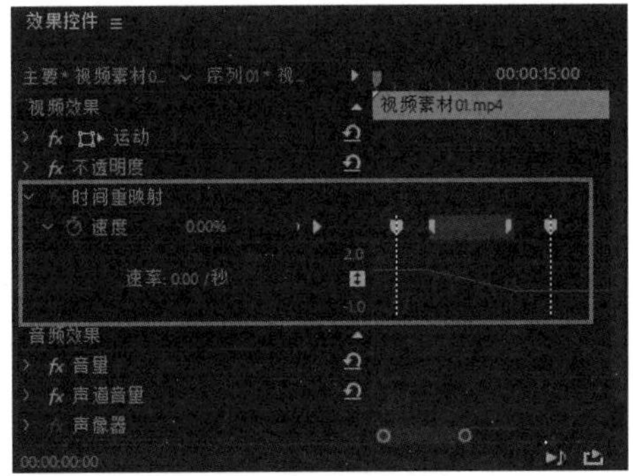

图 6-45

课堂练习 属性动画

素材文件	素材文件 / 第 6 章 / 背景图片.jpg、气球图片.png、帆船图片.png 和太阳图片.png	扫码观看视频 
案例文件	案例文件 / 第 6 章 / 属性动画.prproj	
教学视频	教学视频 / 第 6 章 / 属性动画.mp4	
练习要点	本练习是为了让读者掌握设置动画关键帧的方法。本练习需要依据图像的特点，分别为其设置位移动画、缩放动画、渐变动画等	

1. 练习思路

① 利用【缩放】和【位置】等属性调整素材的大小和位置。

② 制作素材的属性关键帧动画，使其产生动画效果。

③ 利用【不透明度】属性制作倒影效果。

2. 制作步骤

（1）设置项目

Step 01 创建项目，设置项目名称为“属性动画”。

Step 02 创建序列。在【新建序列】对话框中，设置序列格式为【HDV】>【HDV 720p25】，在【序列名称】文本框中输入“属性动画”。

Step 03 导入素材。将【背景图片.jpg】、【气球图片.png】、【帆船图片.png】和【太阳图片.png】素材导入到项目中，如图 6-46 所示。

图 6-46

（2）设置素材轨道

Step 01 分别将【项目】面板中的【背景图片.jpg】、【太阳图片.png】、【气球图片.png】和【帆船图片.png】素材文件依次拖至视频轨道【V1】~【V4】中，如图 6-47 所示。

Step 02 选择序列中的所有素材，单击鼠标右键，选择【速度/持续时间】命令，设置【持续时间】为 00:00:08:00，如图 6-48 所示。

Step 03 激活【背景图片.jpg】素材的【效果控件】面板，设置【缩放】值为 80.0，如图 6-49 所示。

提示

执行【速度 / 持续时间】命令的键盘快捷键是【Ctrl+R】。

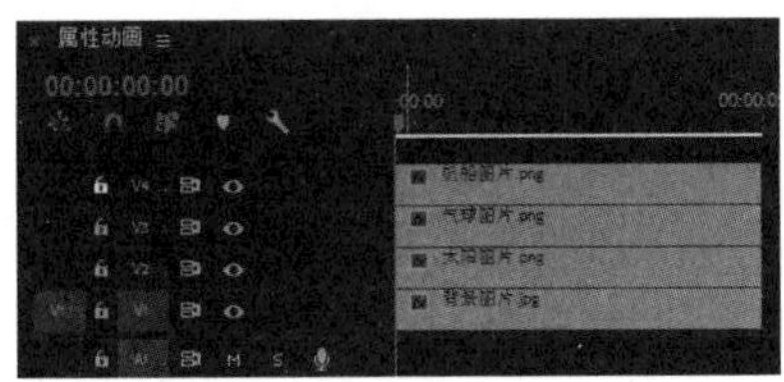
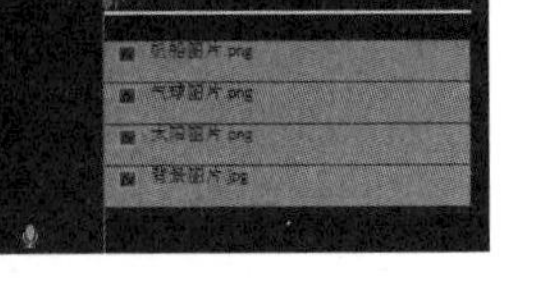

图 6-47

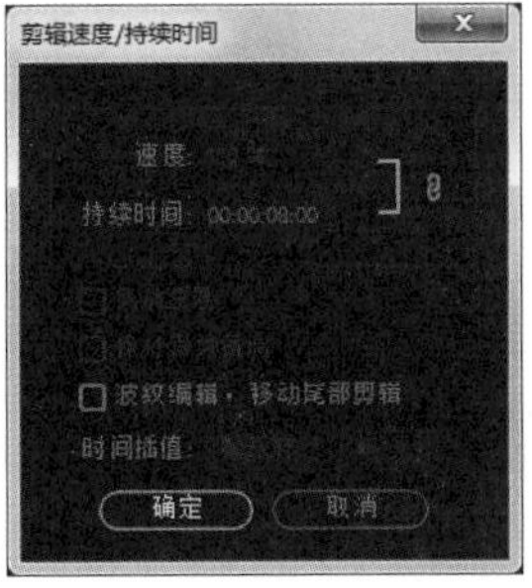
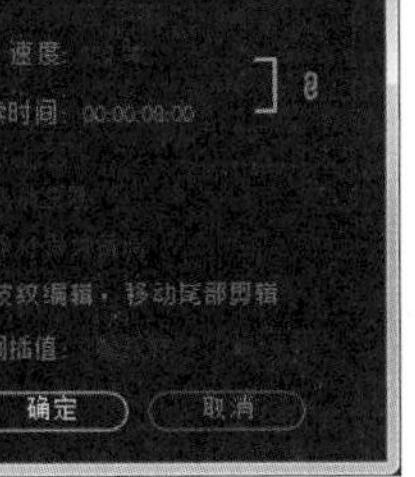

图 6-48

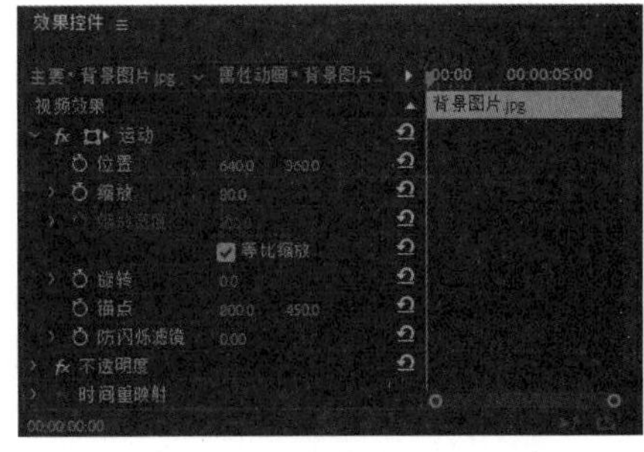

图 6-49

（3）设置太阳旋转动画

Step 01 激活【太阳.png】素材的【效果控件】面板，设置【位置】为（1100.0,150.0）、【缩放】值为 70.0。

Step 02 将当前时间指示器移动到 00:00:00:00 位置，激活【旋转】属性的【切换动画】按钮，设置【旋转】值为 0.0° ；将当前时间指示器移动到 00:00:08:00 位置，设置【旋转】值为 1x0.0° ，如图 6-50 所示。

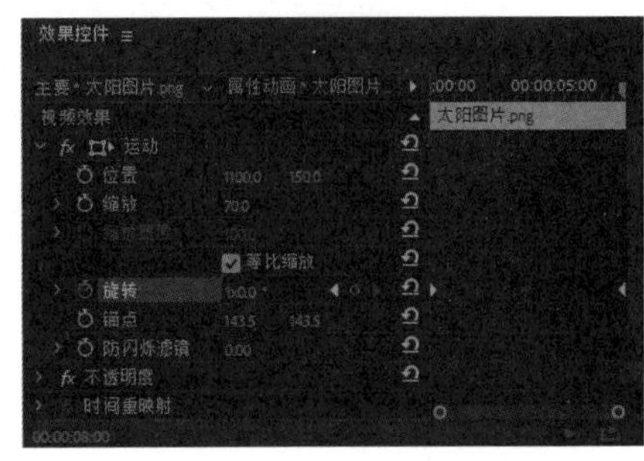

图 6-50

（4）设置气球飘远动画

Step 01 选择序列中的【气球图片.png】素材，双击【效果】面板中的【视频效果】>【模糊与锐化】>【高斯模糊】效果。在【效果控件】面板中查看相关参数，如图 6-51 所示。

Step 02 将当前时间指示器移动到 00:00:00:00 位置，激活【位置】、【缩放】、【不透明度】和【模糊度】属性的【切换动画】按钮，设置【位置】为（1200.0,350.0）、【缩放】值为 80.0、【旋转】值为 -5.0° 、【不透明度】值为 100.0%、【模糊度】为值 5.0，如图 6-52 所示；将当前时间指示器移动到 00:00:08:00 位置，设置【位置】为（200.0,150.0）、【缩放】值为 50.0、【不透明度】属性为 90.0%、【模糊度】值为 30.0。

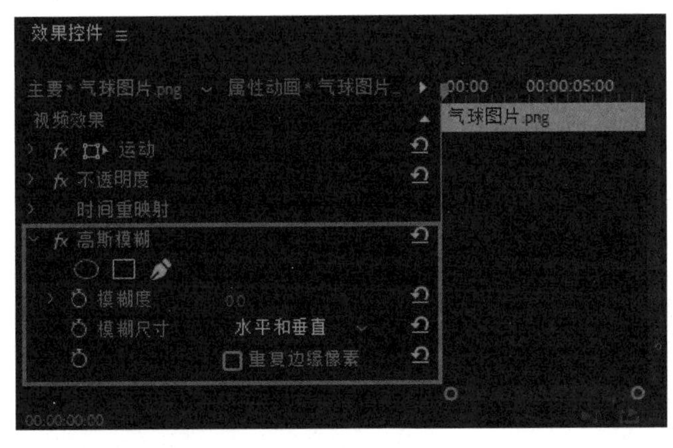

图 6-51

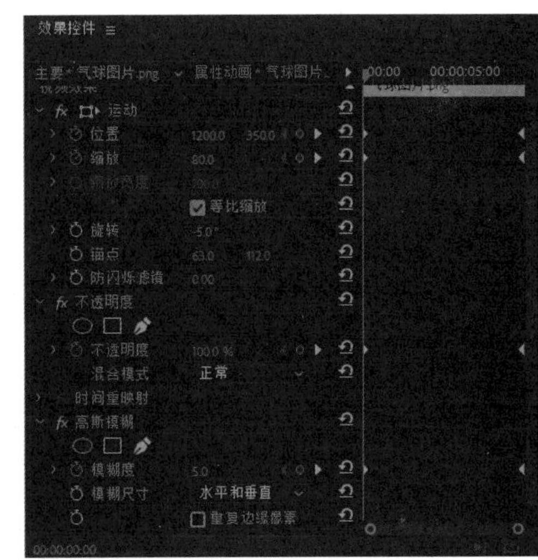

图 6-52

Step 03 单击【效果控件】面板中的【运动】属性，如图 6-53 所示。

Step 04 在【节目】监视器面板中，通过控制柄调整位移路径，如图 6-54 所示。

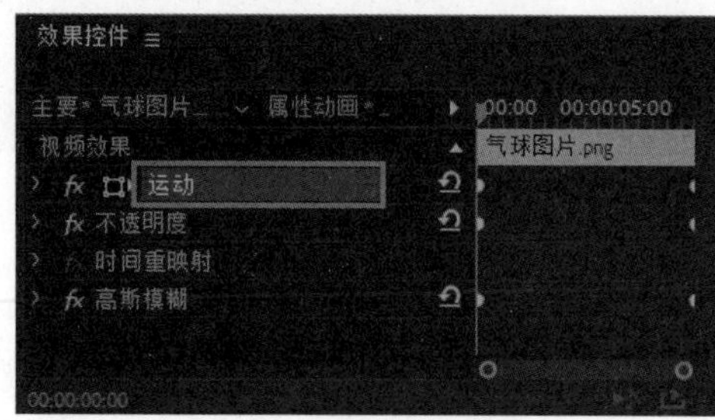

图 6-53

图 6-54

（5）设置帆船行驶动画

Step 01 激活视频轨道【V4】中【帆船图片.png】素材的【效果控件】面板。

将当前时间指示器移动到 00:00:00:00 位置，激活【位置】属性的【切换动画】按钮，设置【位置】为（1100.0,450.0）、【缩放】值为 50.0，如图 6-55 所示；

将当前时间指示器移动到 00:00:08:00 位置，设置【位置】为（400.0,450.0）。

Step 02 复制素材。按住【Alt】键将视频轨道【V4】中的素材拖到视频轨道【V5】中，如图 6-56 所示。

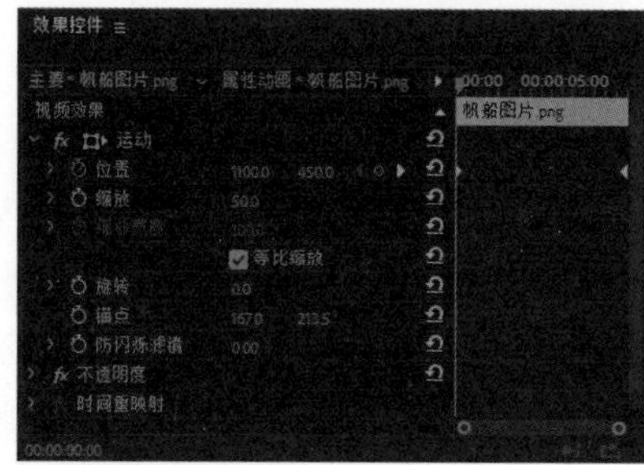

图 6-55

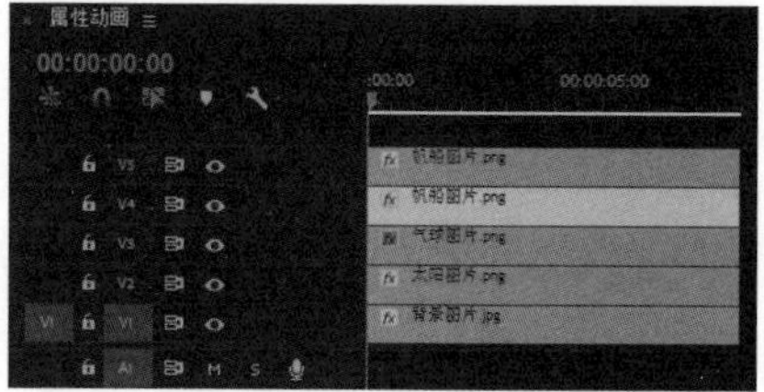

图 6-56

Step 03 选择视频轨道【V4】中的【帆船图片.png】素材，然后双击【效果】面板中的【视频效果】>【变换】>【垂直翻转】视频效果，如图 6-57 所示。

Step 04 激活视频轨道【V4】中【帆船图片.png】素材的【效果控件】面板。

将当前时间指示器移动到 00:00:00:00 位置，设置【位置】为（1100.0,660.0）、【混合模式】为【颜色加深】；将当前时间指示器移动到 00:00:08:00 位置，设置【位置】为（400.0,660.0），如图 6-58 所示。

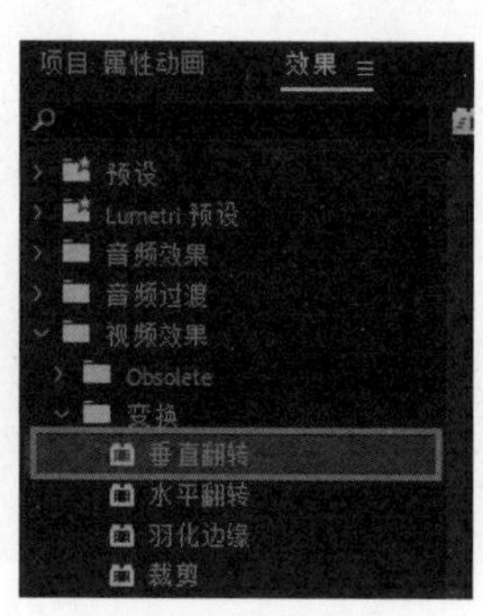

图 6-57

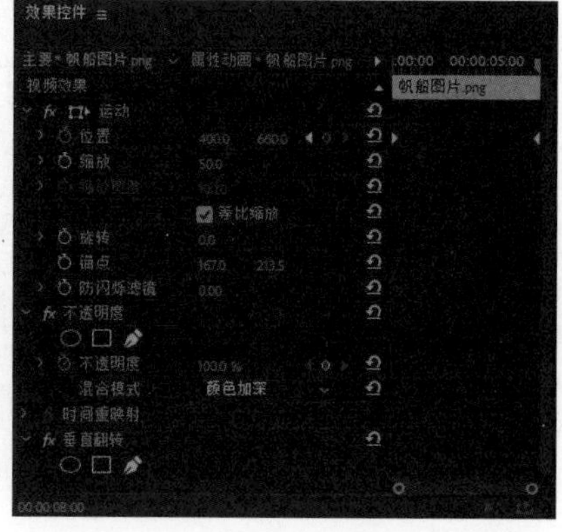

图 6-58

（6）查看最终效果

在【节目】监视器面板中，查看最终画面效果，如图 6-59 所示。

图 6-59

课后习题

一、选择题

1. 要想生成关键帧动画，至少要有（　　　）个关键帧。

A. 1

B. 2

C. 3

D. 4

2. （　　　）属性用于设置素材在屏幕中的位置，其属性值表示素材中心点的坐标。

A. 位置

B. 缩放

C. 旋转

D. 锚点

3. 变暗模式组包括【变暗】、【深色】、【颜色加深】、【线性加深】和（　　　）5 种混合模式。

A. 相加

B. 相减

C. 相乘

D. 相除

4. （　　　）混合模式用于查看每个通道中的颜色信息，并将混合之后的颜色与基础颜色进行正片叠底。

A. 变亮

B. 滤色

C. 浅色

D. 颜色减淡

5. （　　　）混合模式通过基础颜色的明亮度和色相，以及混合颜色的饱和度生成结果颜色。

A. 色相

B. 饱和度

C. 颜色

D. 明亮度

二、填空题

1.【临时插值】包括 7 个类型，分别是 ________、【贝塞尔曲线】、【自动贝塞尔曲线】、【连续贝塞尔曲线】、【定格】、________ 和【缓出】。

2.【效果控件】面板中的【运动】属性包括 5 个效果属性，分别是 ________、________、________、【锚点】和【防闪烁滤镜】。

3. 关闭【缩放】属性的 ________ 选项后，就会开启【缩放高度】和【缩放宽度】属性。

4. ________ 属性用于设置素材的不透明度，属性值越小，素材就越透明。

5.【混合模式】属性中的普通模式组包括 ________ 和 ________ 两种混合模式。

三、简答题

1. 写出 3 种删除关键帧的方法。

2. 对比模式组中包括哪些混合模式？各自混合的原理是什么？

四、案例习题

习题要求：制作光盘滚入光盘盒的动画。

素材文件：练习文件 / 第 6 章 / 练习图片 01.png ~ 练习图片 04.png。

效果文件：效果文件 / 第 6 章 / 案例习题.mp4，如图 6-60 所示。

习题要点：

1. 使用【混合模式】为光盘添加盘贴。

2. 使用【位置】和【旋转】属性为素材制作关键帧动画，呈现光盘滚动到光盘盒中的效果。

3. 使用【位置】和【缩放比例】属性为素材制作关键帧动画，将光盘盒放大居中。

4. 使用【不透明度】属性、【混合模式】属性和【垂直翻转】特效制作光盘盒倒影效果。

5. 设置【不透明度】属性动画，显示标题。

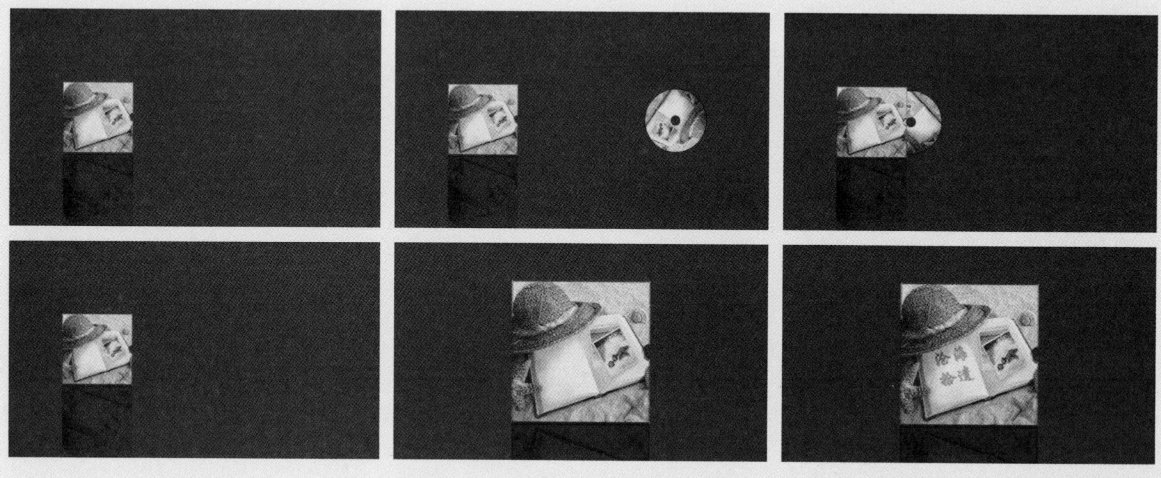

图 6-60

第 7 章 视频效果

视频效果是对视频素材的再次处理，使画面达到制作要求。在 Premiere Pro 中，将一些常用的视频效果单独放在了预设文件夹中，以方便用户使用。掌握各种视频效果的应用，可以方便、快捷地制作出各种特殊的画面效果。

PREMIERE PRO

学习目标

- 了解什么是视频效果
- 了解如何编辑视频效果
- 熟悉各种视频效果

技能目标

- 掌握编辑视频效果的方法
- 掌握应用各种视频效果的方法

视频效果概述

Premiere Pro CC 提供了大量的视频效果，这些效果的使用方法和 Photoshop CC 中的效果类似。Premiere Pro CC 与 Photoshop CC 都是 Adobe 公司旗下的主流软件，所以功能及操作很相似，但不同的是，Photoshop CC 用于对图像进行处理，而 Premiere Pro CC 主要用于对动态影像进行处理，一个素材是静态的，另一个素材是动态的。

Premiere Pro CC 中提供的视频效果和视频过渡效果在应用方式上也有所不同。视频效果用于单个素材，而视频过渡效果用于两个素材之间的过渡。

Premiere Pro CC 提供了几十种视频效果，并且根据它们的特点分别将其放置在【效果】面板的【视频效果】、【预设】和【Lumetri 预设】3 个大类型文件夹中。其中，【视频效果】文件夹中包含主要的视频效果，拥有 19 个子类型文件夹。这 19 个子类型文件夹分别是【Obsolete】、【变换】、【图像控制】、【实用程序】、【扭曲】、【时间】、【杂色与颗粒】、【模糊与锐化】、【沉浸式视频】、【生成】、【视频】、【调整】、【过时】、【过渡】、【透视】、【通道】、【键控】、【颜色校正】和【风格化】，如图 7-1 所示。为视频添加这些效果可使视频画面产生特殊的效果，以达到制作需求。

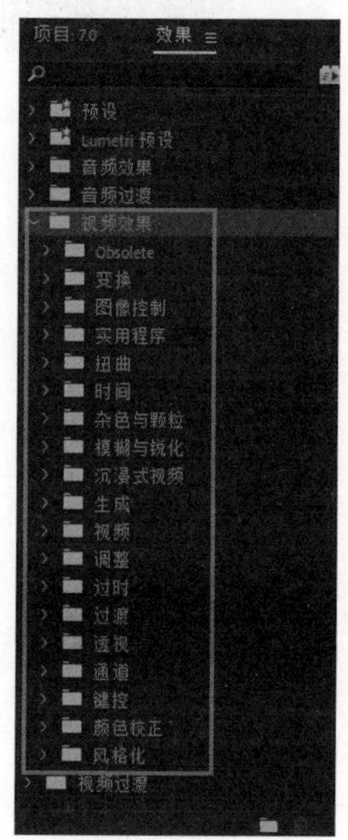

图 7-1

编辑视频效果

在【效果控件】面板中显示了可以为素材添加的效果，并且【效果控件】面板也是对特效进行编辑和操作的主要区域。在【效果控件】面板中，可以添加效果、查看效果、编辑效果和移除效果。

7.2.1 添加视频效果

添加视频效果后，就可以对素材进行特殊化处理。常用的添加视频效果的方法有 3 种。

- 将选中的视频效果拖到序列中的素材上。
- 将选中的视频效果拖到素材的【效果控件】面板中。
- 选中素材后，双击需要添加的视频效果。

课堂案例 添加视频效果

素材文件	素材文件 / 第 7 章 / 图片 01.jpg	扫码观看视频
案例文件	案例文件 / 第 7 章 / 添加特效效果.prproj	
教学视频	教学视频 / 第 7 章 / 添加特效效果.mp4	
案例要点	掌握添加视频效果的 3 种方法	

Step 01 将【项目】面板中的【图片 01.jpg】素材文件拖到视频轨道【V1】上，将【效果】面板中的【垂直翻转】效果拖到【时间轴】面板中的【图片 01.jpg】素材文件上，如图 7-2 所示。

Step 02 将【水平翻转】效果拖到【效果控件】面板中，如图 7-3 所示。

Step 03 激活序列中的【图片 01.jpg】素材后，双击【羽化边缘】效果，在【效果控件】面板中查看相关参数，如图 7-4 所示。

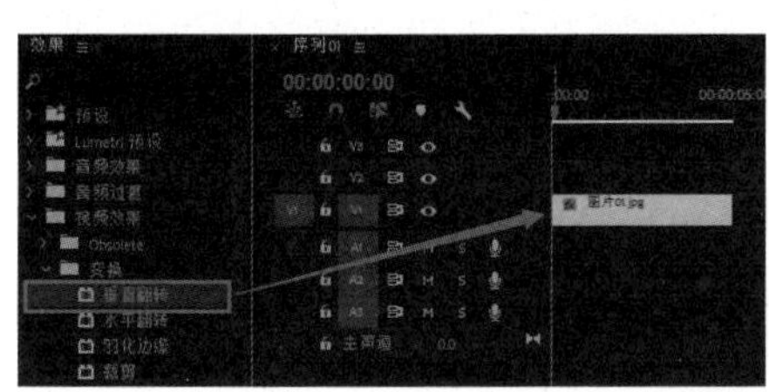

图 7-2

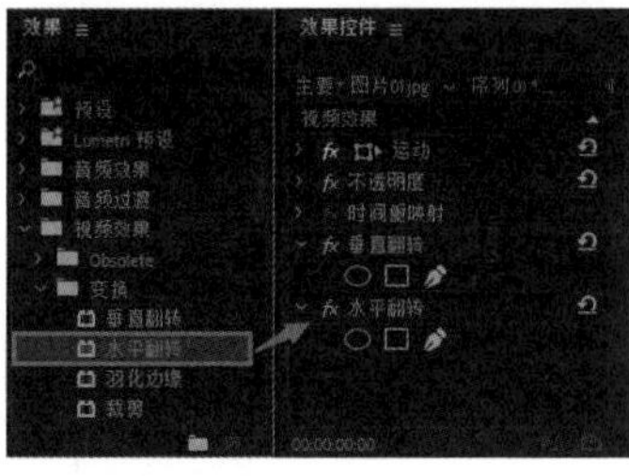

图 7-3

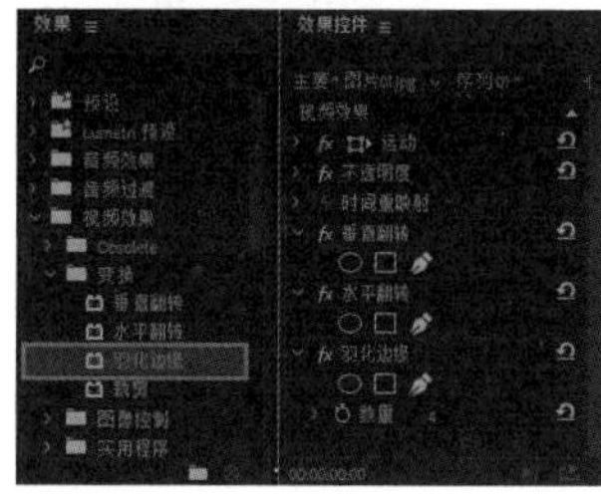

图 7-4

7.2.2 修改视频效果

添加视频效果后，可以更改相关参数，以达到需要的效果。调整效果的方法有很多。

- 直接输入数值。单击效果的某属性，输入新的数值，然后按【Enter】键即可。
- 滑动修改。将鼠标指针悬停于数值上方，然后左右拖动即可。
- 使用滑块。展开属性，然后拖动滑块或角度控件即可。
- 使用吸管工具。有些属性可以使用【吸管工具】设置颜色值。【吸管工具】将会采集一个 5×5 像素区域的颜色值。
- 使用拾色器。有些属性可以使用 Adobe 拾色器设置颜色。
- 恢复默认设置。单击属性旁的【重置】按钮，则会将效果的属性重置为默认值。

课堂案例 修改视频效果

素材文件	素材文件 / 第 7 章 / 图片 02.jpg	扫码观看视频
案例文件	案例文件 / 第 7 章 / 修改视频效果.prproj	
教学视频	教学视频 / 第 7 章 / 修改视频效果.mp4	
案例要点	掌握修改视频效果的操作方法	

Step 01 将【项目】面板中的【图片 02.jpg】素材拖到视频轨道【V1】上，并添加【颜色替换】视频效果，如图 7-5 所示。

Step 02 使用【目标颜色】右侧的【吸管工具】吸取背景颜色，单击【替换颜色】右侧的色块，在拾色器中更改颜色为蓝色，如图 7-6 所示。

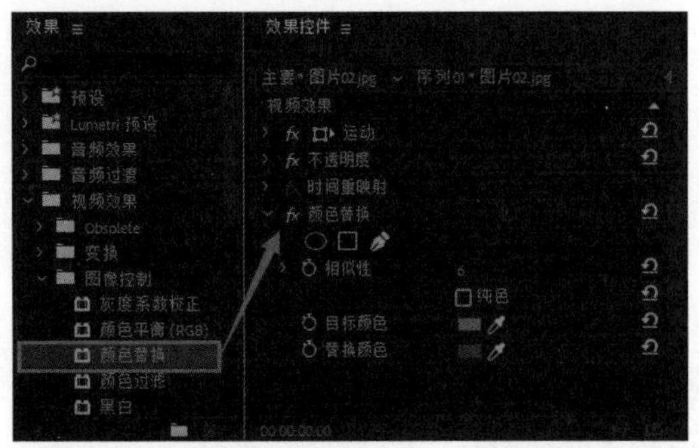

图 7-5

图 7-6

Step 03 将鼠标指针悬停在【相似性】值上方，向右拖动鼠标，将数值更改为 45，效果如图 7-7 所示。

图 7-7

1. 效果属性动画

效果的属性值发生变化就可以产生动画效果。用户可以通过修改属性值制作关键帧动画，使素材产生更加丰富的变化。

2. 复制视频效果

用户可以将为一个素材添加的视频效果复制到另一个素材上，保持参数不变；也可以将视频效果继续复制到已添加该效果的素材上，添加多个相同的视频效果进行累加。

3. 移除视频效果

用户可以将不需要的视频效果移除。在【效果控件】面板中，选择一个或多个效果，单击鼠标右键，选择【清除】命令，或者直接按【Delete】键即可。

4. 切换效果开关

使用【切换效果开关】按钮fx，可以很方便地比较使用视频效果前后的效果。【切换效果开关】按钮在视频效果名称的左侧，如图 7-8 所示。

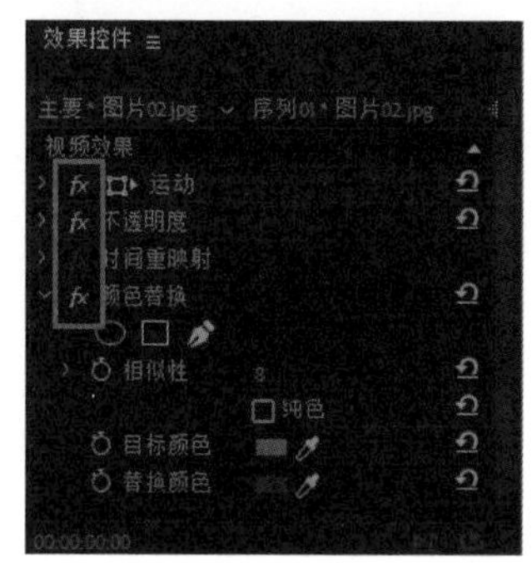

图 7-8

7.3 Obsolete类视频效果

【Obsolete】视频效果文件夹中只有【快速模糊】效果，如图 7-9 所示。【快速模糊】效果可以快速使素材产生定向模糊的效果，如图 7-10 所示。

图 7-9

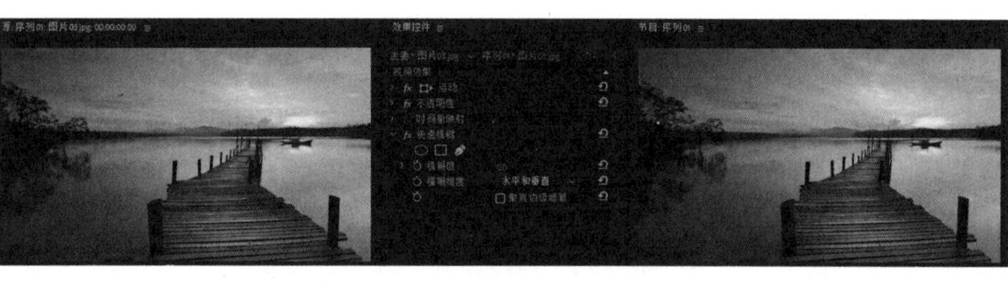
图 7-10

7.4 变换类视频效果

变换类视频效果可以使图像在虚拟的三维空间中产生空间变化，可以使视频素材产生翻转、裁剪和滚动等效果。【变换】文件夹中包含 4 种视频效果，分别是【垂直翻转】、【水平翻转】、【羽化边缘】和【裁剪】，如图 7-11 所示。

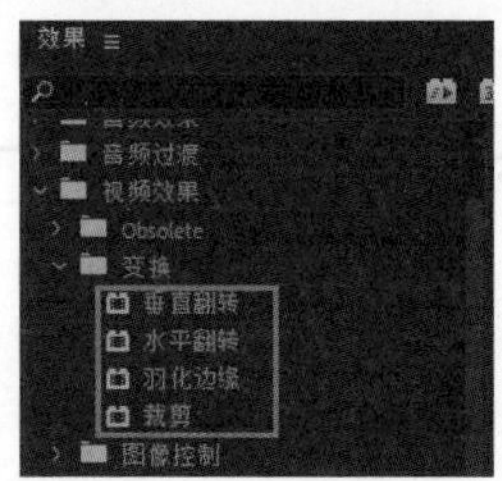

图 7-11

1. 垂直翻转

为素材添加【垂直翻转】效果，素材会以中心为轴，在垂直方向上下颠倒，进行 180° 翻转，如图 7-12 所示。

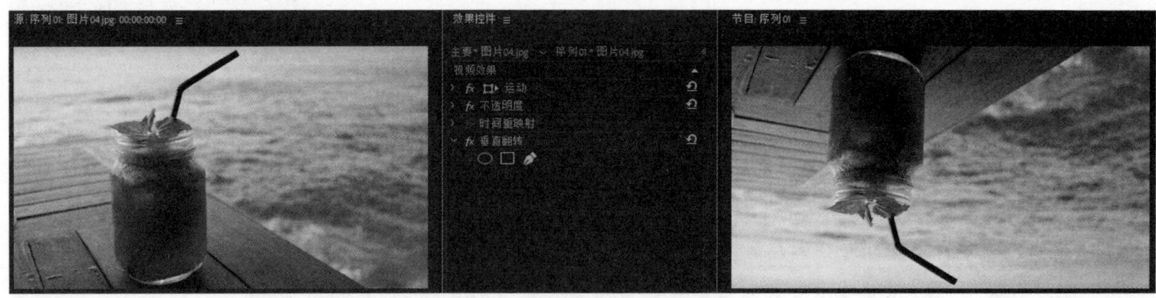

图 7-12

2. 水平翻转

为素材添加【水平翻转】效果，素材会以中心为轴，在水平方向左右颠倒，进行 180° 翻转，如图 7-13 所示。

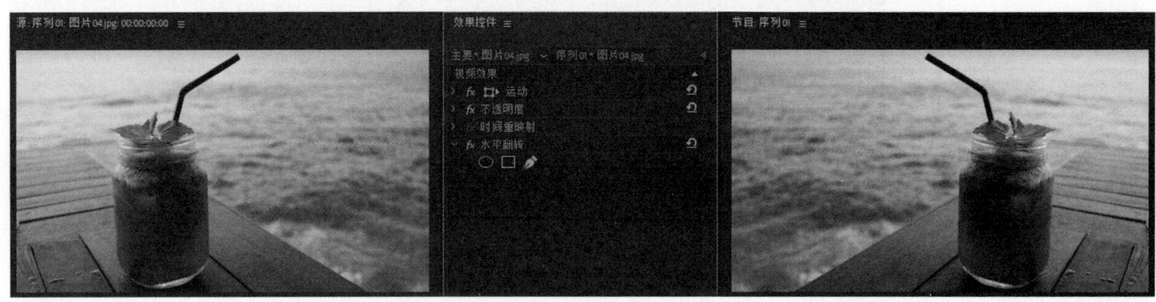

图 7-13

3. 羽化边缘

为素材添加【羽化边缘】效果，可以使素材的边缘产生柔化的效果，如图 7-14 所示。

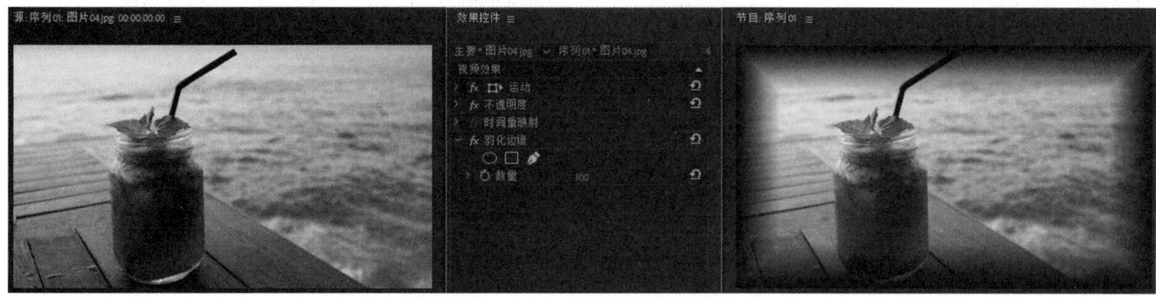

图 7-14

4. 裁剪

为素材添加【裁剪】效果，可以重新调整素材尺寸大小，裁剪其边缘，如图 7-15 所示。在【效果控件】面板中，可以设置该效果的属性参数，裁剪边缘大小，被裁掉的位置将会显示下层轨道上的素材或背景色。

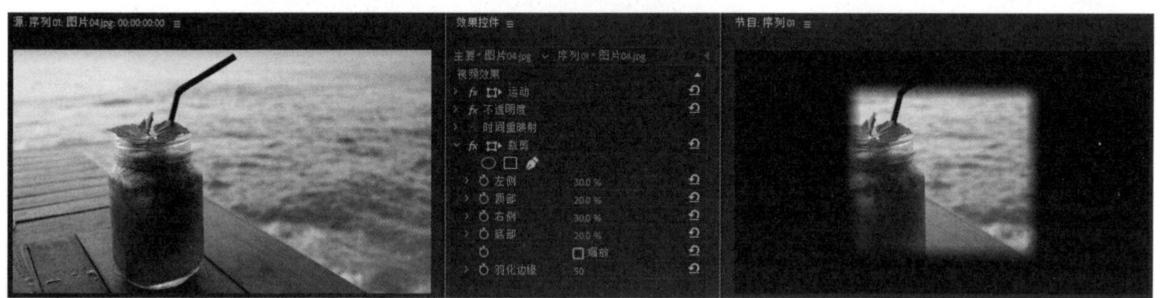

图 7-15

图像控制类视频效果

图像控制类视频效果主要针对素材的颜色进行调整。【图像控制】文件夹中包含 5 个视频效果，分别是【灰度系数校正】、【颜色平衡（RGB）】、【颜色替换】、【颜色过滤】和【黑白】，如图 7-16 所示。

1. 灰度系数校正

【灰度系数校正】效果会在不改变素材高亮和低亮色彩区域的基础上，对素材中间亮度的灰色区域进行调整，使画面偏亮或偏暗，如图 7-17 所示。

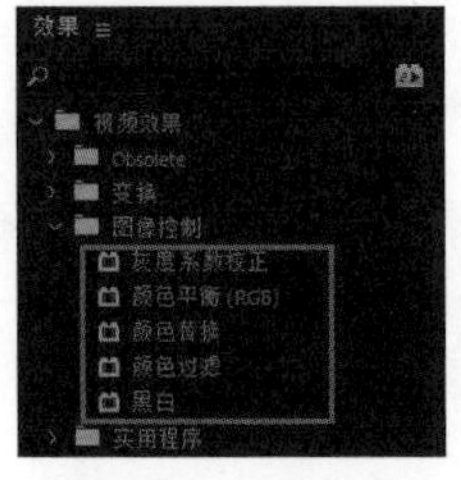

图 7-16

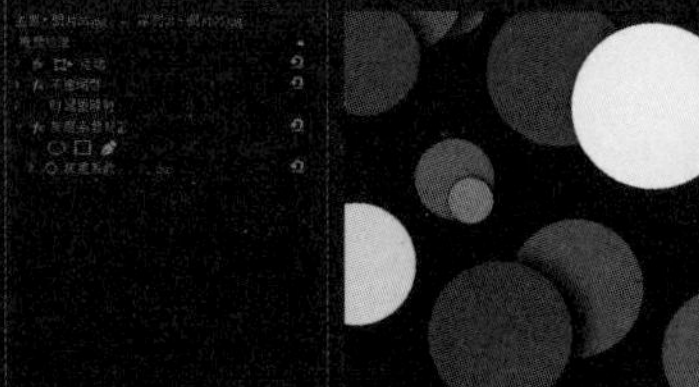

图 7-17

2. 颜色平衡（RGB）

【颜色平衡（RGB）】效果会根据 RGB 色彩原理，调整或改变素材色彩效果，如图 7-18 所示。

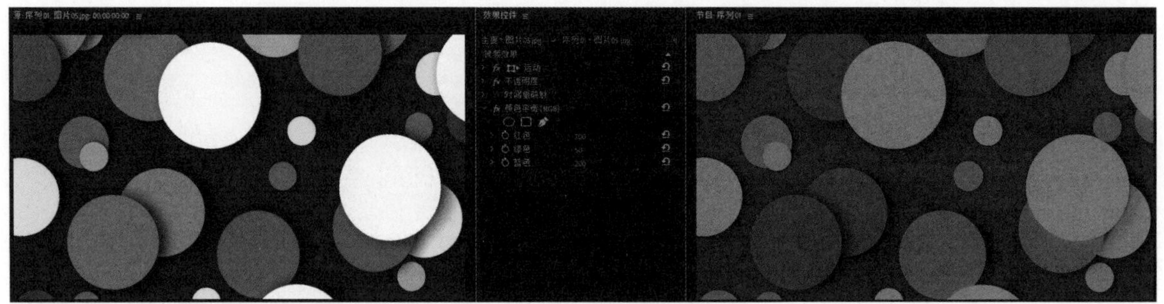

图 7-18

3. 颜色替换

【颜色替换】效果会在不改变素材明度的情况下，将一种色彩或一定区域内的颜色替换为其他颜色，如图 7-19 所示。

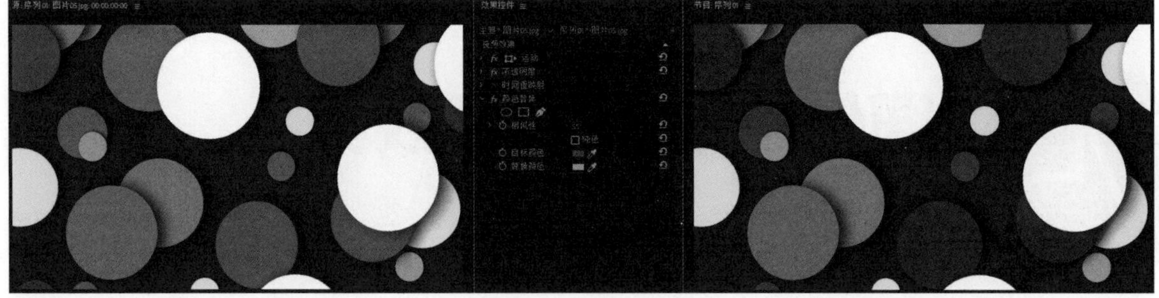

图 7-19

4. 颜色过滤

【颜色过滤】效果会将素材中没被选中的颜色区域逐渐调整为灰度模式，去掉其色相和纯度，如图 7-20 所示。

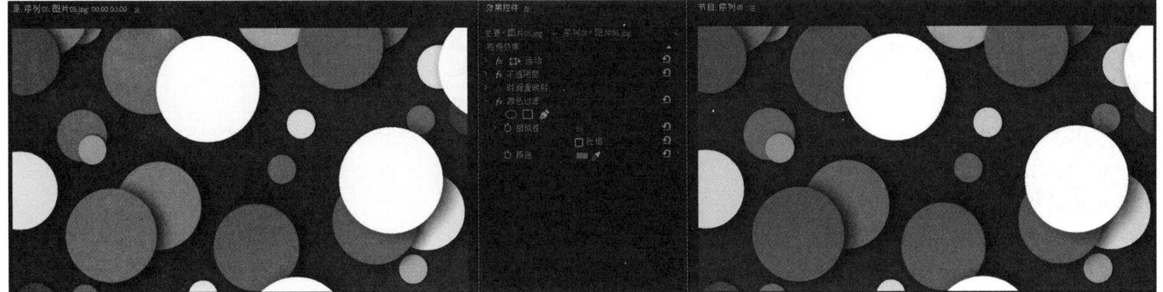

图 7-20

5. 黑白

使用【黑白】效果会将素材转换为没有色彩的灰度模式，如图 7-21 所示。

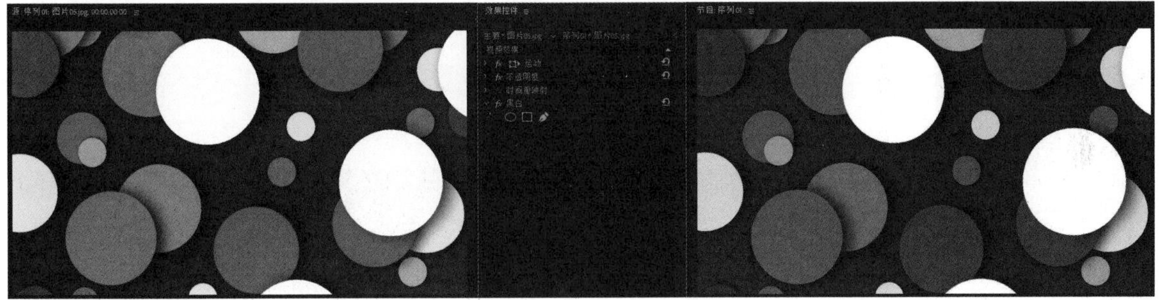

图 7-21

7.6 实用程序类视频效果

【实用程序】视频效果文件夹中只有【Cineon 转换器】效果，如图 7-22 所示。该效果用于对 Cineon 文件中的颜色进行调整，如图 7-23 所示。

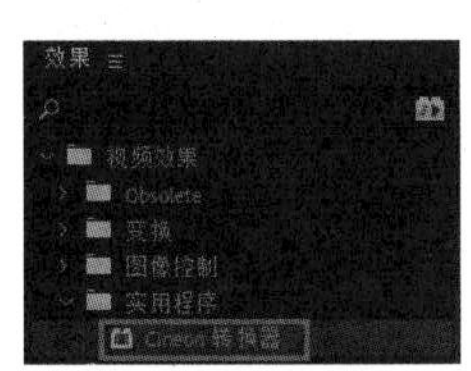

图 7-22

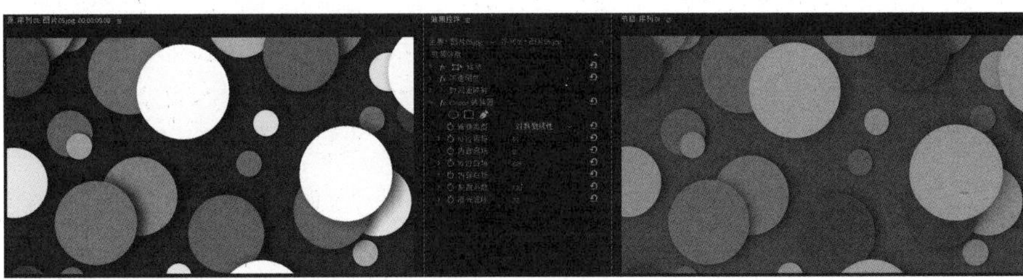

图 7-23

7.7 扭曲类视频效果

扭曲类视频效果主要针对素材进行几何变形处理。【扭曲】文件夹中包含 12 种视频效果，分别是【位移】、【变形稳定器 VFX】、【变换】、【放大】、【旋转】、【果冻效应修复】、【波形变形】、【球面化】、【紊乱置换】、【边角定位】、【镜像】和【镜头扭曲】，如图 7-24 所示。

1. 位移

使用【位移】效果可以使素材在垂直和水平方向上偏移，而移出的图像会从另一侧显示出来，如图 7-25 所示。

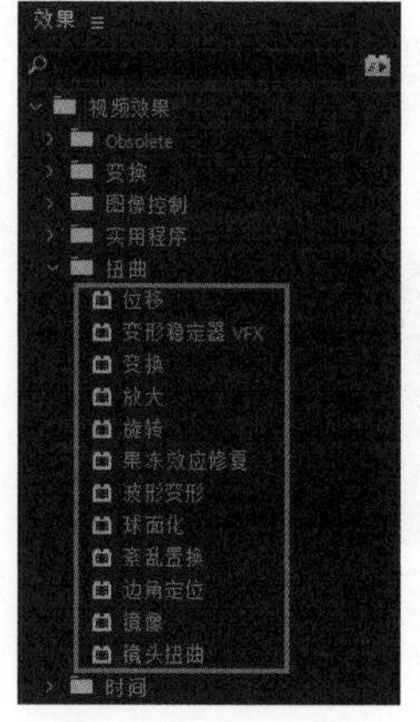

图 7-24

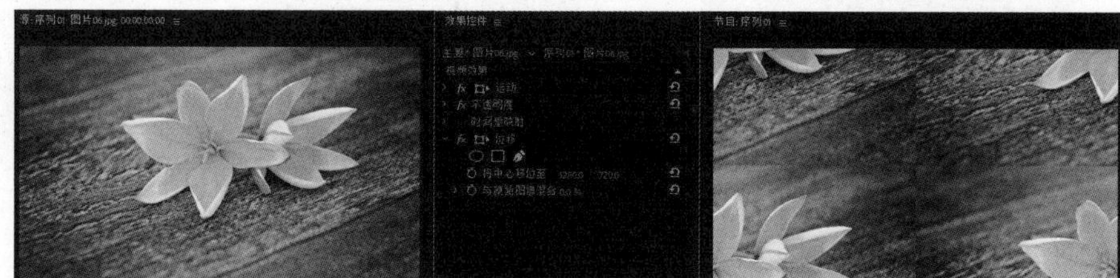

图 7-25

2. 变形稳定器 VFX

为素材添加【变形稳定器 VFX】效果可消除因摄像机移动造成的抖动，从而使抖动的画面具有稳定、流畅的效果，如图 7-26 所示。

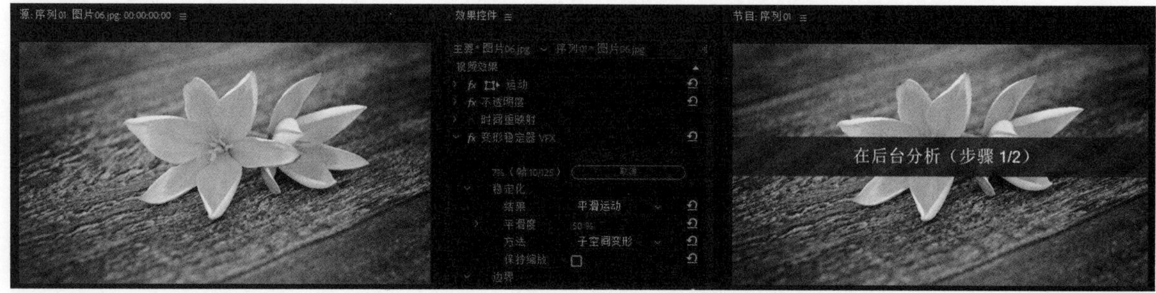

图 7-26

3. 变换

【变换】效果会对素材的基本属性进行调整，包括【位置】、【等比缩放】等属性，如图 7-27 所示。

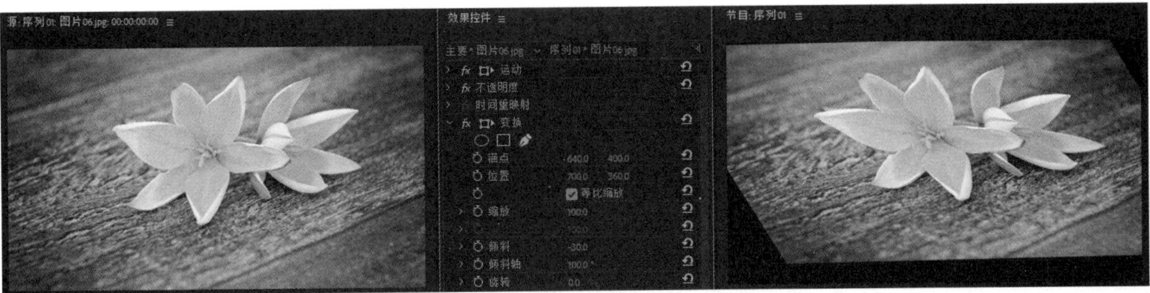

图 7-27

4. 放大

【放大】效果可以将素材的整体或指定区域放大，如图 7-28 所示。

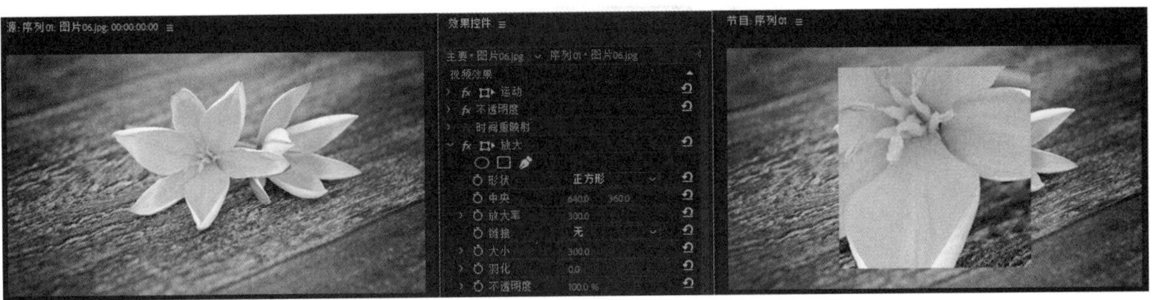

图 7-28

5. 旋转

【旋转】效果可以使素材产生扭曲旋转的效果，如图 7-29 所示。利用【角度】属性可以调整旋转的角度。

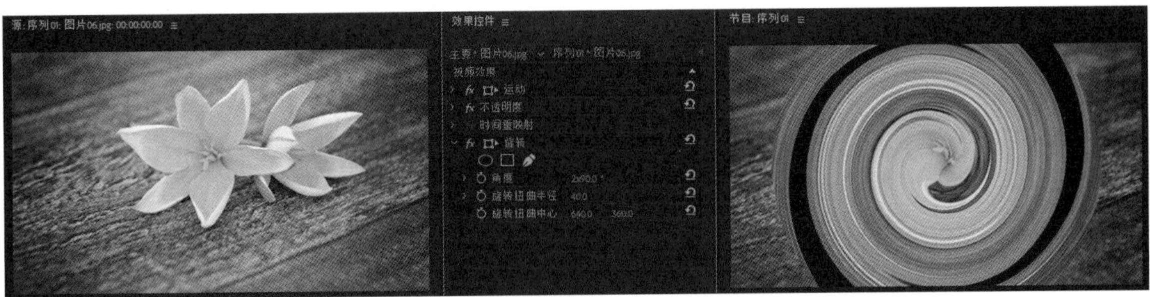

图 7-29

6. 果冻效应修复

【果冻效应修复】效果用于设置素材的场序类型，从而得到需要的匹配效果，或者削弱各种扫描视频素材的画面闪烁，如图 7-30 所示。

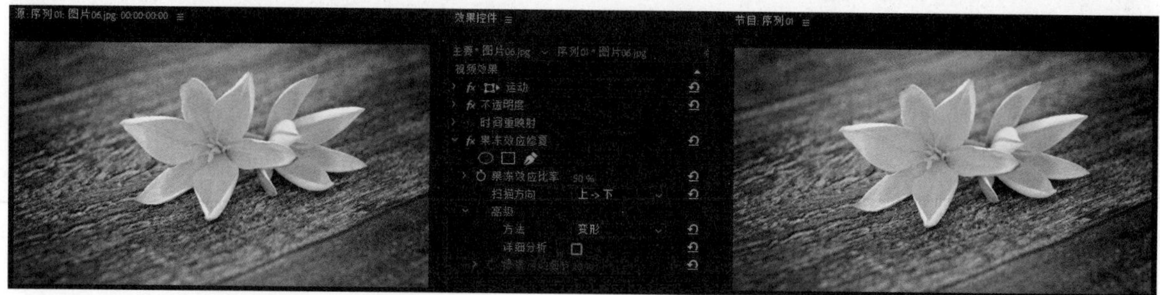

图 7-30

7. 波形变形

使用【波形变形】效果可以使素材产生波浪般的效果，如图 7-31 所示。

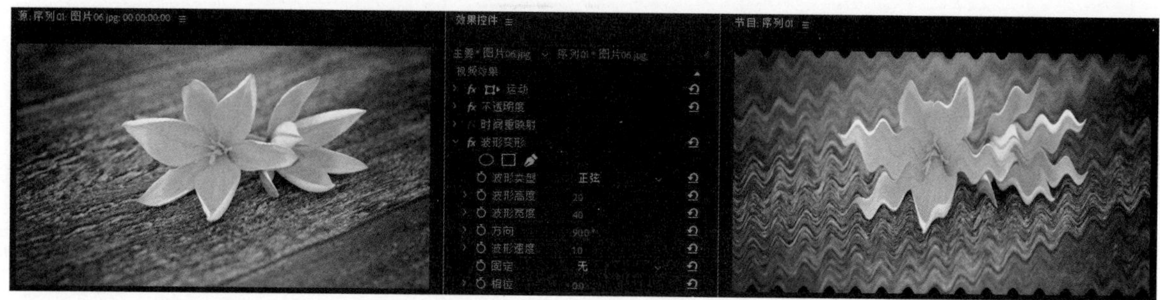

图 7-31

8. 球面化

使用【球面化】效果可以使素材产生球面变形效果，如图 7-32 所示。

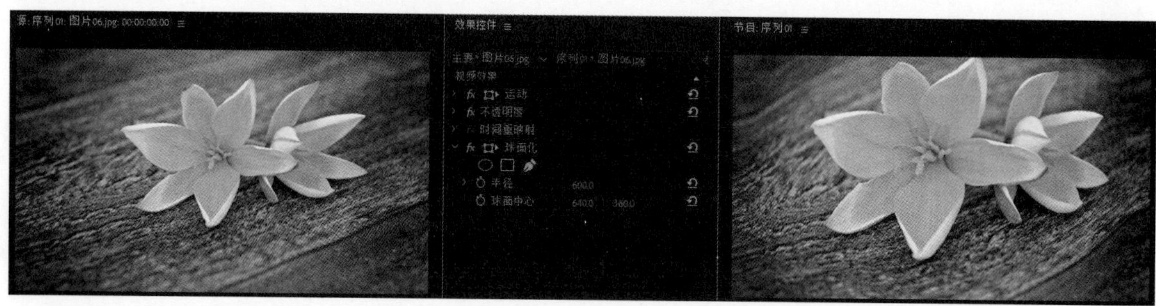

图 7-32

9. 紊乱置换

使用【紊乱置换】效果可以使素材产生不规则的噪波扭曲变形效果，如图 7-33 所示。

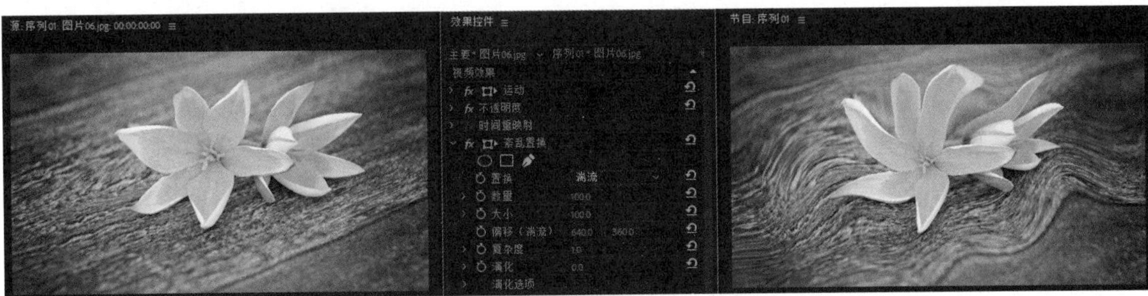

图 7-33

10. 边角定位

使用【边角定位】效果可以通过设置素材“左上”“左下”“右上”“右下”4 个顶角坐标，使素材产生变形效果，如图 7-34 所示。

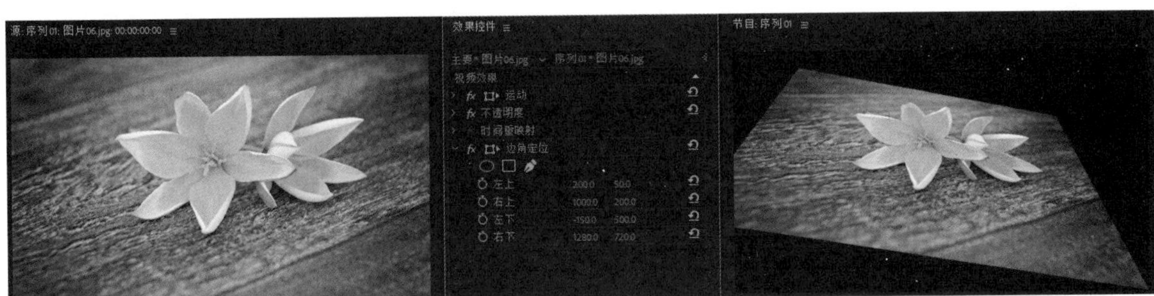

图 7-34

课堂案例 边角定位

素材文件	素材文件 / 第 7 章 / 手机背景.jpg 和手机壁纸.jpg
案例文件	案例文件 / 第 7 章 / 边角定位.prproj
教学视频	教学视频 / 第 7 章 / 边角定位.mp4
案例要点	掌握使用【边角定位】效果的方法

扫码观看视频

Step 01 将【项目】面板中的【手机背景.jpg】和【手机壁纸.jpg】素材文件分别拖到视频轨道【V1】和【V2】上，如图 7-35 所示。

Step 02 激活【时间轴】面板中的【手机壁纸 .jpg】素材文件，然后依次双击【效果】面板中的【视频效果】>【扭曲】>【边角定位】效果，如图 7-36 所示。

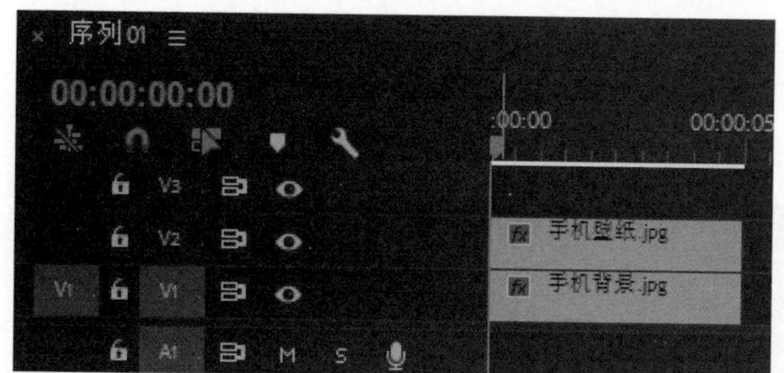
图 7-35

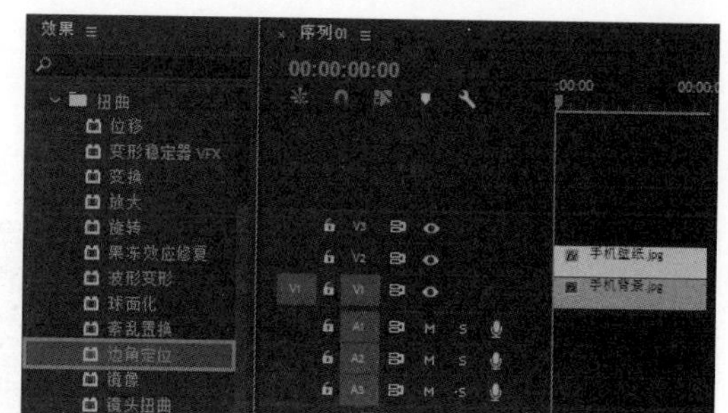
图 7-36

Step 03 激活【手机壁纸.jpg】素材的【效果控件】面板，设置【边角定位】效果的【左上】为（-109.0,497.0）、【右上】为（280.0,373.0）、【左下】为（433.0,855.0）、【右下】为（855.0,665.0），如图 7-37 所示。

Step 04 在【手机壁纸.jpg】素材的【效果控件】面板中，设置【混合模式】为【滤色】，如图 7-38 所示。

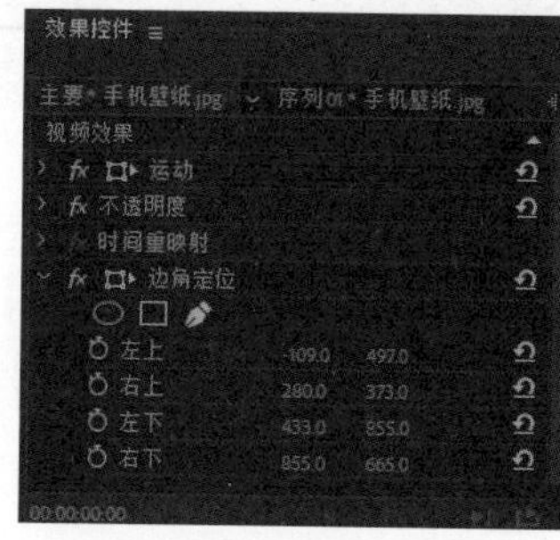
图 7-37

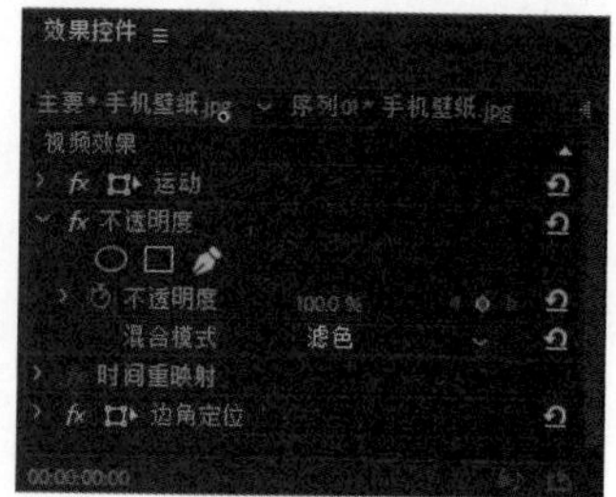
图 7-38

Step 05 在【源】监视器和【节目】监视器面板中，查看添加【边角定位】效果前后的对比效果，如图 7-39 所示。

图 7-39

11. 镜像

使用【镜像】效果可以使素材沿指定坐标产生镜面反射效果，如图 7-40 所示。

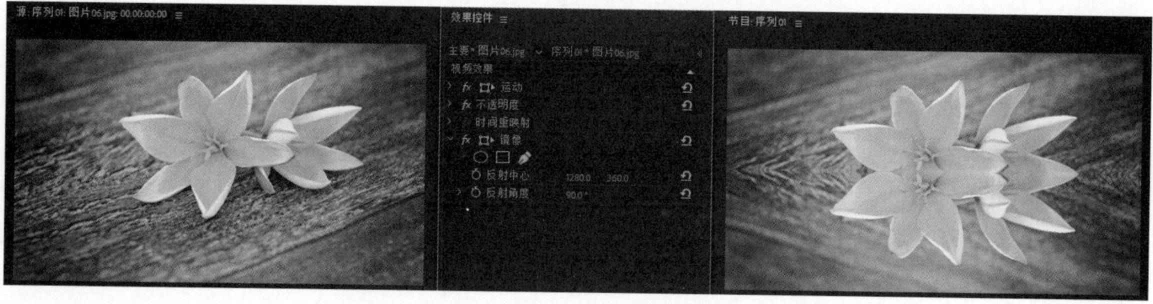
图 7-40

12. 镜头扭曲

使用【镜头扭曲】效果可以模拟镜头失真效果，使素材画面产生凹凸变形的扭曲效果，如图 7-41 所示。

参数详解

【曲率】：设置素材扭曲的程度。

【垂直偏移】：设置素材垂直方向上的偏移程度。

【水平偏移】：设置素材水平方向上的偏移程度。

【垂直棱镜效果】：设置素材垂直方向上的扭曲程度。

【水平棱镜效果】：设置素材水平方向上的扭曲程度。

【填充颜色】：设置素材背景填充颜色。

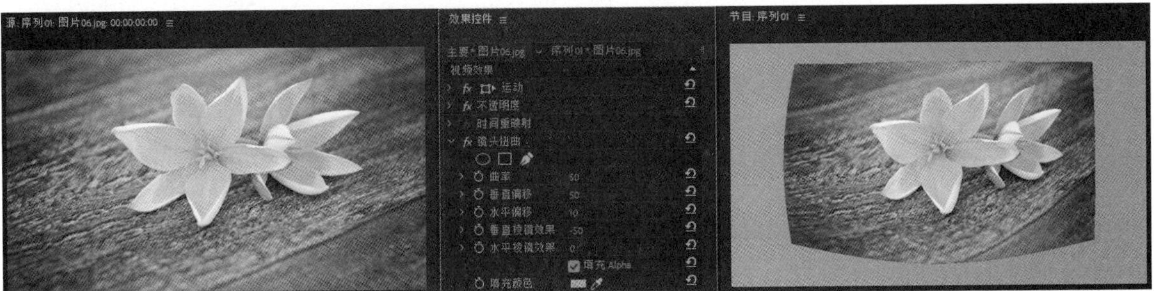

图 7-41

7.8 时间类视频效果

时间类视频效果主要针对素材的时间帧进行处理。【时间】文件夹中包含 4 种视频效果，分别是【像素运动模糊】、【抽帧时间】、【时间扭曲】和【残影】，如图 7-42 所示。

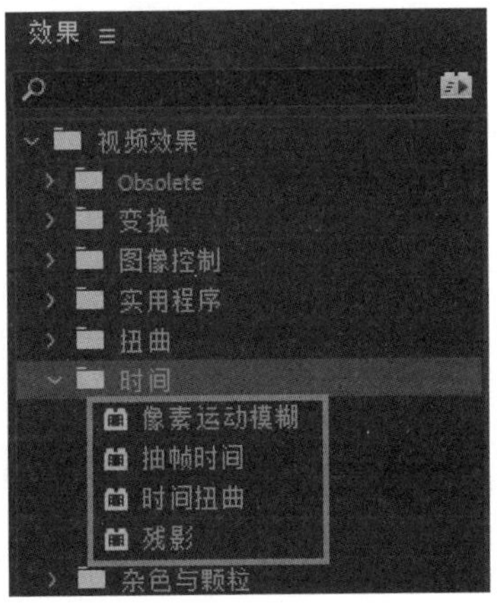

图 7-42

1. 像素运动模糊

使用【像素运动模糊】效果会自动跟踪序列中的每个像素，并且可以根据计算出的动作来模糊场景，如图 7-43 所示。

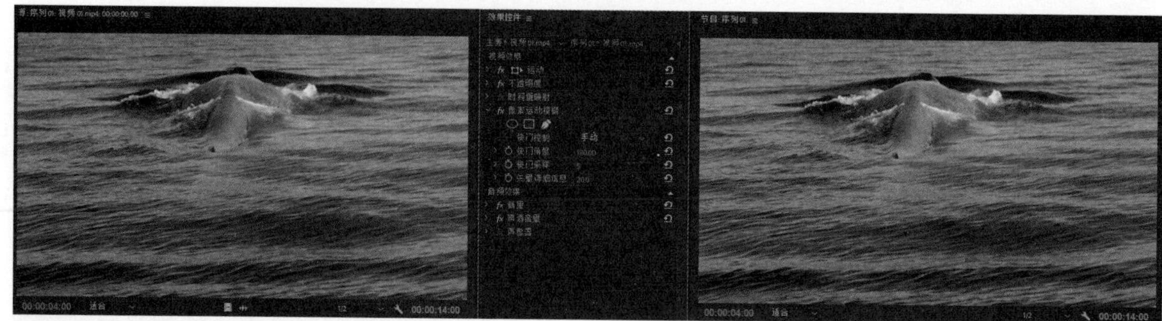

图 7-43

2. 抽帧时间

使用【抽帧时间】效果可以通过设置素材的帧速率，使视频产生跳帧播放的效果，如图 7-44 所示。

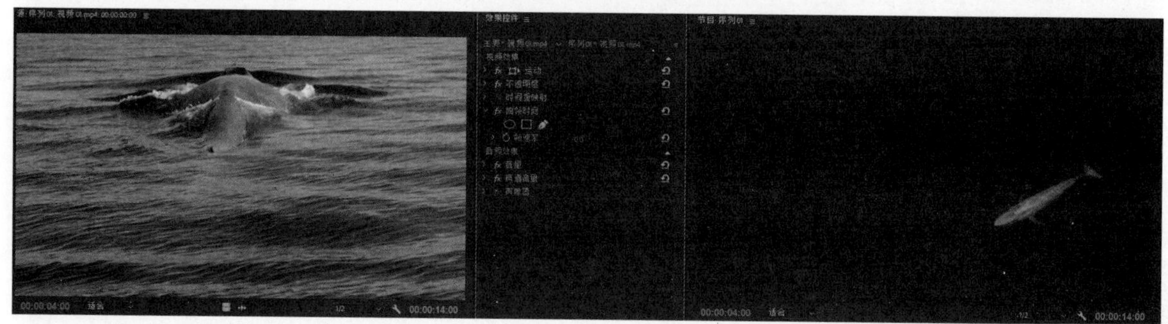

图 7-44

3. 时间扭曲

使用【时间扭曲】效果可以使素材的当前画面产生时间偏移特效，如图 7-45 所示。

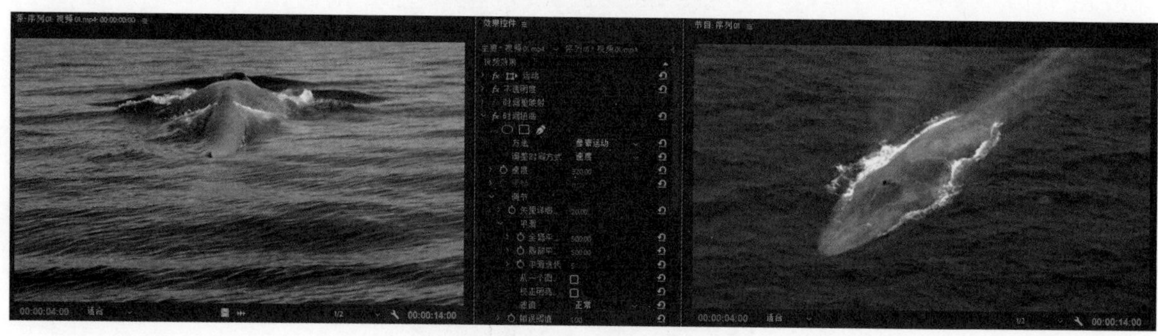

图 7-45

4. 残影

使用【残影】效果可以使素材的帧重复多次，产生快速运动的效果，如图 7-46 所示。

参数详解

【残影时间（秒）】：设置素材出现重影图像的时间间隔。

【残影数量】：设置素材出现重影图像的数量。

【起始强度】：设置素材图像第一帧的重影强度。

【衰减】：设置素材重影图像消散的程度。

【残影运算符】：设置素材重影图像消散的运算模式。

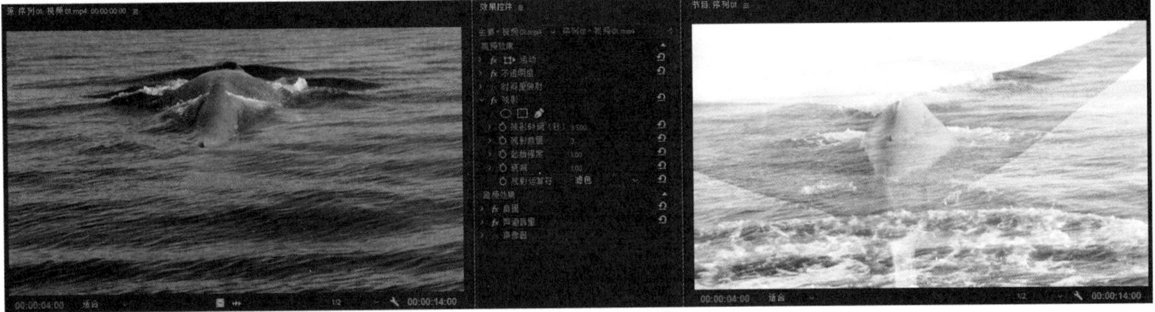

图 7-46

7.9 杂色与颗粒类视频效果

杂色与颗粒类视频效果主要针对素材的杂波或噪点进行处理。【杂色与颗粒】文件夹中包含 6 种视频效果，分别是【中间值】、【杂色】、【杂色 Alpha】、【杂色 HLS】、【杂色 HLS 自动】和【蒙尘与划痕】，如图 7-47 所示。

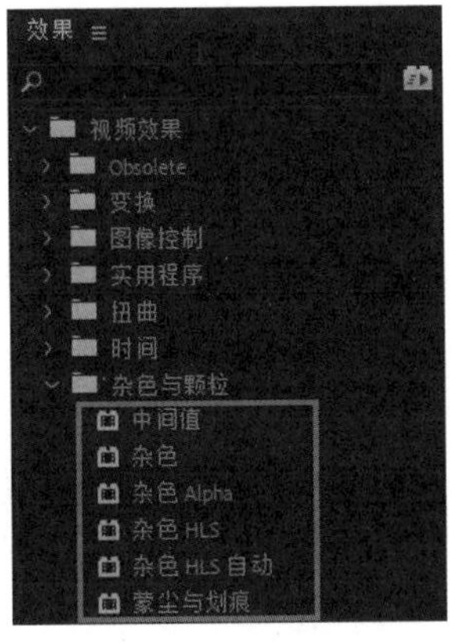

图 7-47

1. 中间值

使用【中间值】效果可以对素材中像素的 RGB 数值进行重新调整，取其周围颜色的平均值。这样可以去除素材中的杂色和噪点，使画面更柔和，如图 7-48 所示。

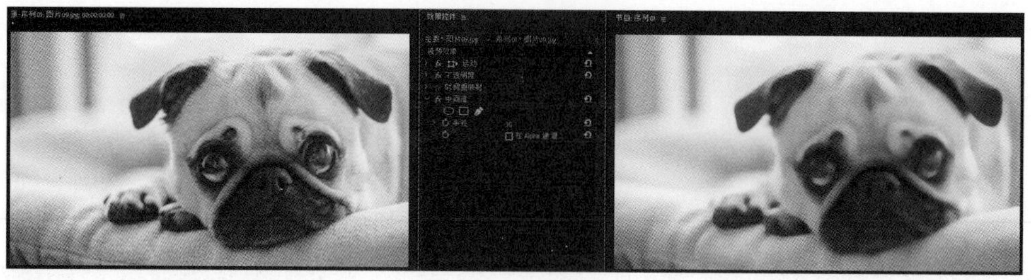

图 7-48

2. 杂色

使用【杂色】效果可以在素材中添加杂色颗粒，如图 7-49 所示。

参数详解

【杂色数量】：设置素材杂波的数量。

【杂色类型】：用于为素材添加彩色颗粒杂波。

【剪切】：设置素材杂波的上限。

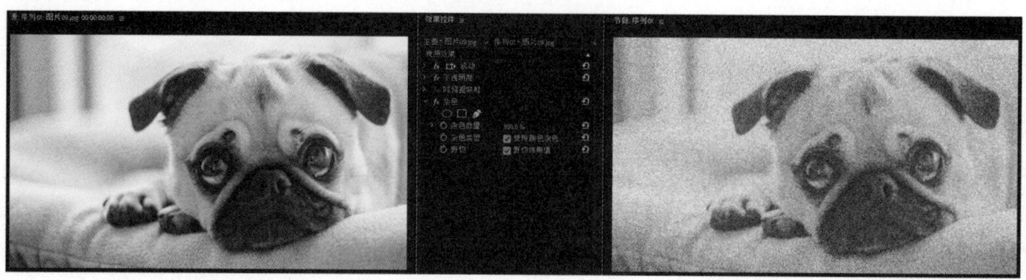

图 7-49

3. 杂色 Alpha

使用【杂色 Alpha】效果会对素材的 Alpha 通道产生影响，为画面添加杂色，如图 7-50 所示。

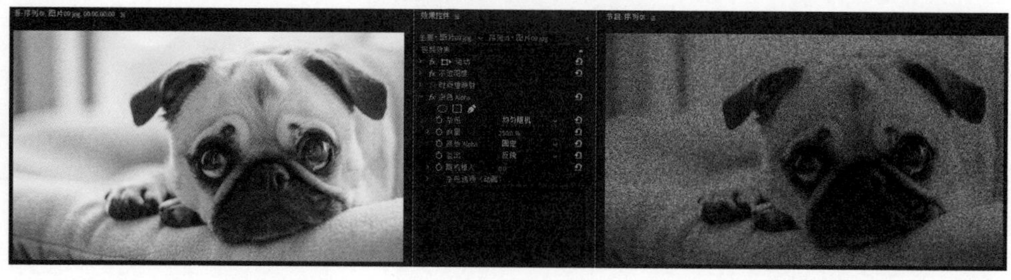

图 7-50

4. 杂色 HLS

使用【杂色 HLS】效果会对素材杂色的色相、亮度和饱和度产生影响，如图 7-51 所示。

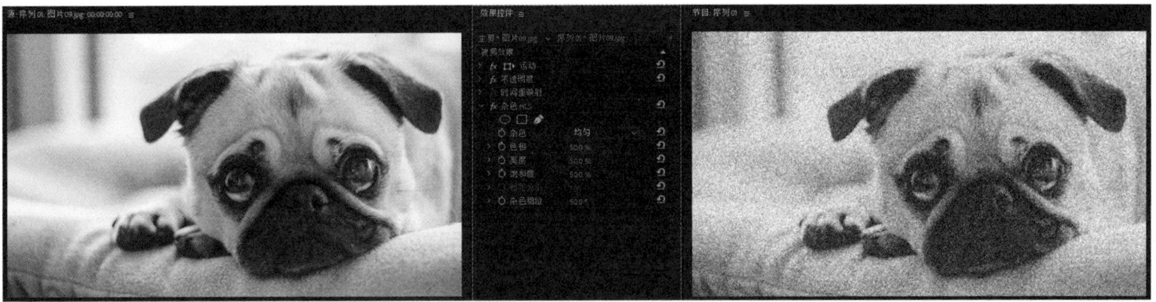

图 7-51

5. 杂色 HLS 自动

使用【杂色 HLS 自动】效果会对素材杂色的色相、亮度和饱和度产生影响，还可以控制杂色的运动速度，如图 7-52 所示。

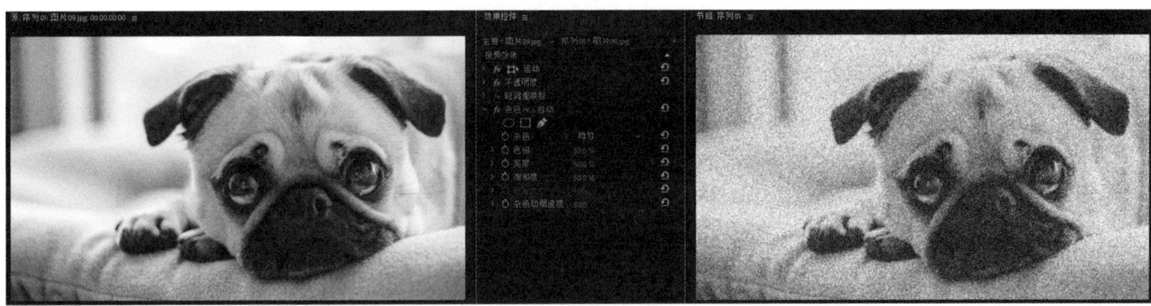

图 7-52

6. 蒙尘与划痕

使用【蒙尘与划痕】效果可以使素材产生类似灰尘或划痕的效果，如图 7-53 所示。

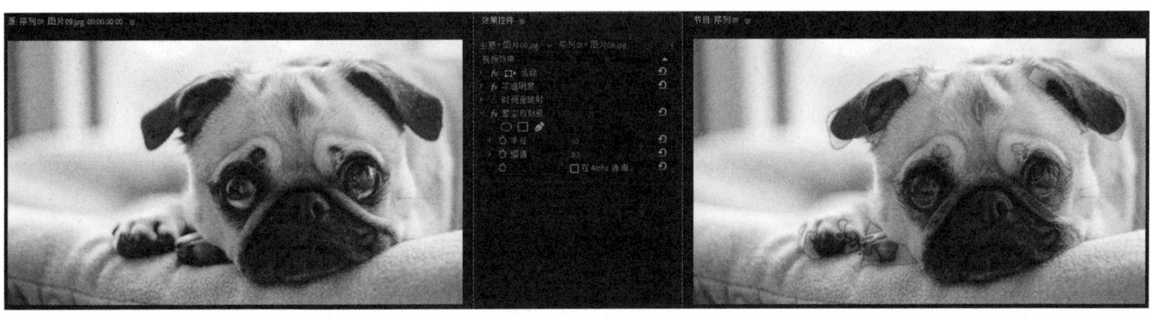

图 7-53

参数详解

【半径】：设置素材中灰尘与划痕杂波颗粒的半径。

【阈值】：设置素材中灰尘与划痕杂波颗粒的色调容差值。

【在 Alpha 通道上操作】：将效果作用于 Alpha 通道。

7.10 模糊与锐化类视频效果

模糊与锐化类视频效果主要针对素材进行画面模糊处理，或者对画面柔和的素材进行锐化。【模糊与锐化】文件夹中包含 7 种视频效果，分别是【复合模糊】、【方向模糊】、【相机模糊】、【通道模糊】、【钝化蒙版】、【锐化】和【高斯模糊】，如图 7-54 所示。

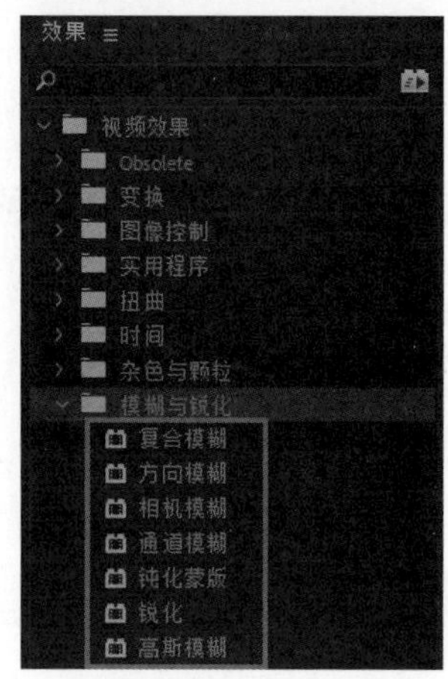

图 7-54

1. 复合模糊

使用【复合模糊】效果可以使素材产生柔和的模糊效果，如图 7-55 所示。

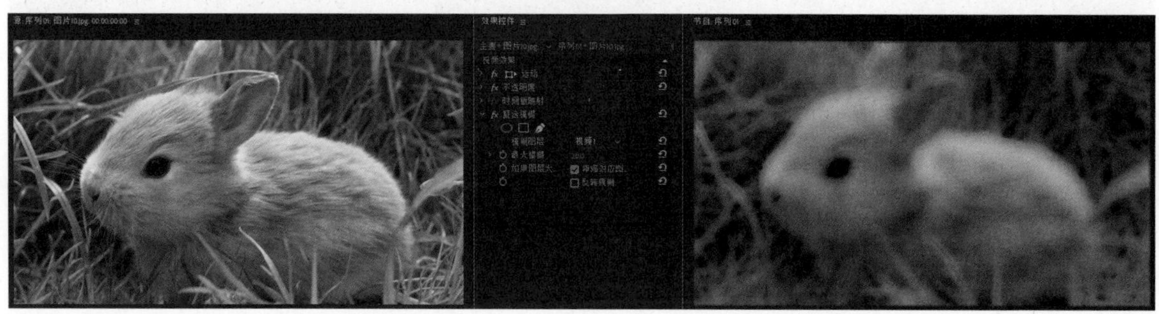

图 7-55

2. 方向模糊

使用【方向模糊】效果可以使素材沿指定方向产生模糊效果，多用于模拟快速运动的效果，如图 7-56 所示。

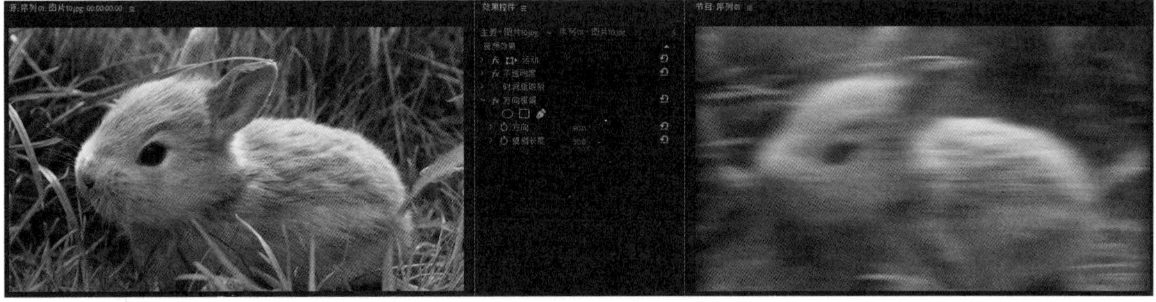

图 7-56

3. 相机模糊

使用【相机模糊】效果可以模拟在拍摄时虚焦的画面效果，如图 7-57 所示。

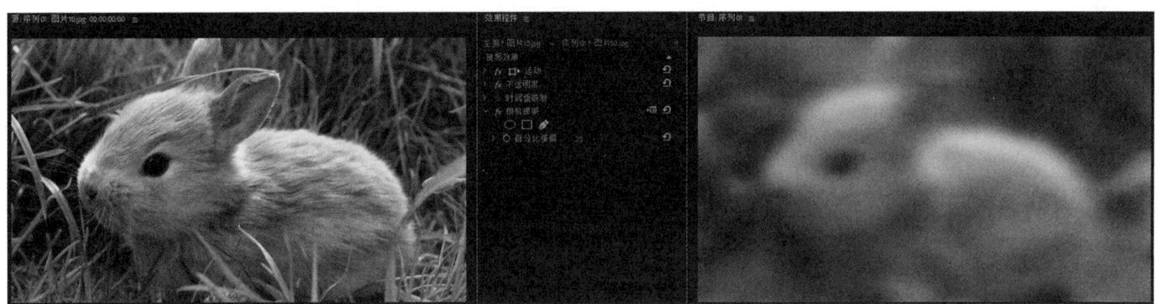

图 7-57

4. 通道模糊

使用【通道模糊】效果可以对素材的红色、绿色、蓝色或 Alpha 通道单独进行处理，产生特殊模糊效果，如图 7-58 所示。

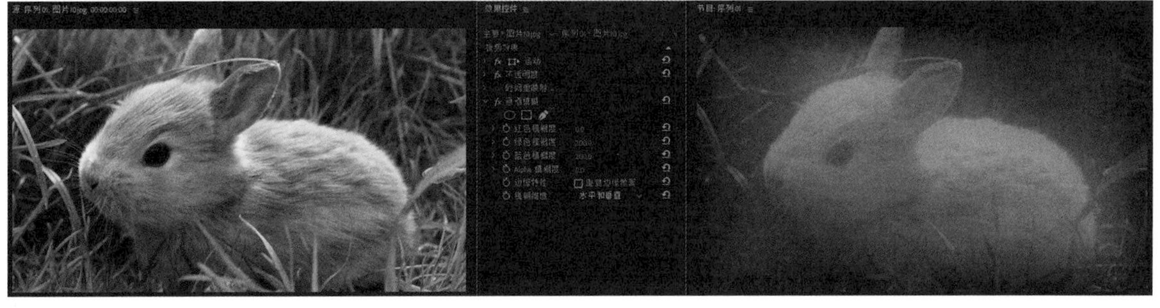

图 7-58

5. 钝化蒙版

使用【钝化蒙版】效果可以通过调整素材色彩的强度，使画面细节更明显，如图 7-59 所示。

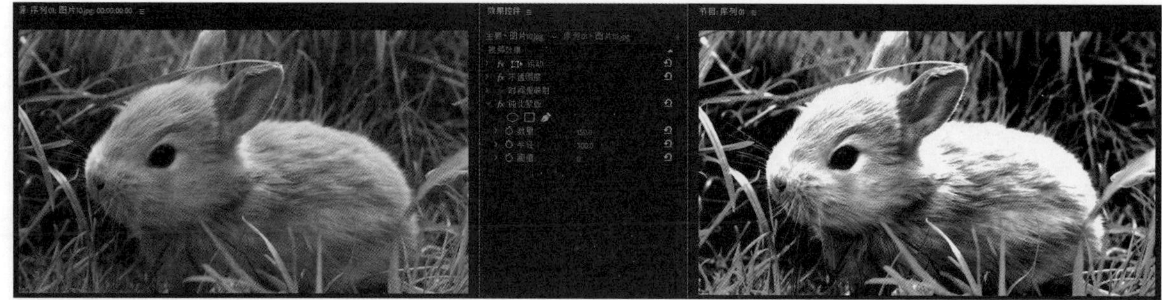

图 7-59

6. 锐化

使用【锐化】效果可以加强素材相邻像素的对比度，使素材变得更清晰，如图 7-60 所示。

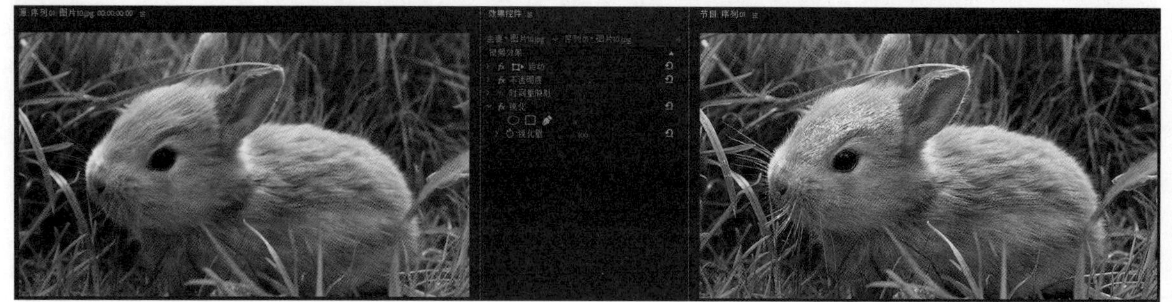

图 7-60

7. 高斯模糊

使用【高斯模糊】效果，可以通过高斯曲线使素材产生不同程度的虚化效果，如图 7-61 所示。

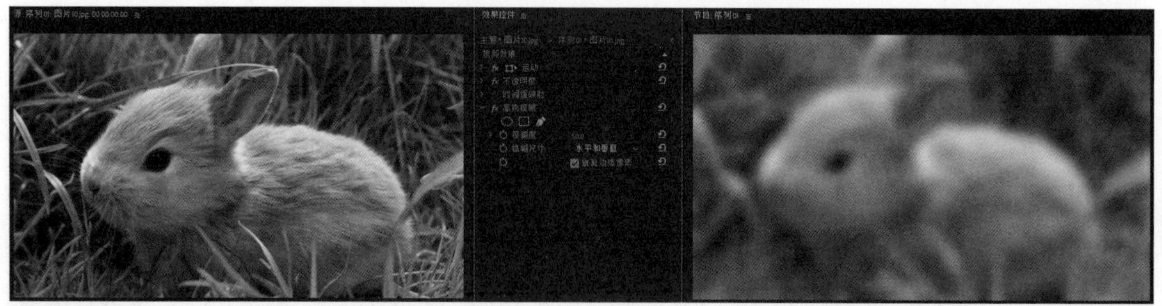

图 7-61

7.11 沉浸式视频类视频效果

沉浸式视频类视频效果主要针对沉浸式视频添加特效。【沉浸式视频】文件夹中包含11种视频效果，分别是【VR分形杂色】、【VR发光】、【VR平面到球面】、【VR投影】、【VR数字故障】、【VR旋转球面】、【VR模糊】、【VR色差】、【VR锐化】、【VR降噪】和【VR颜色渐变】，如图7-62所示。

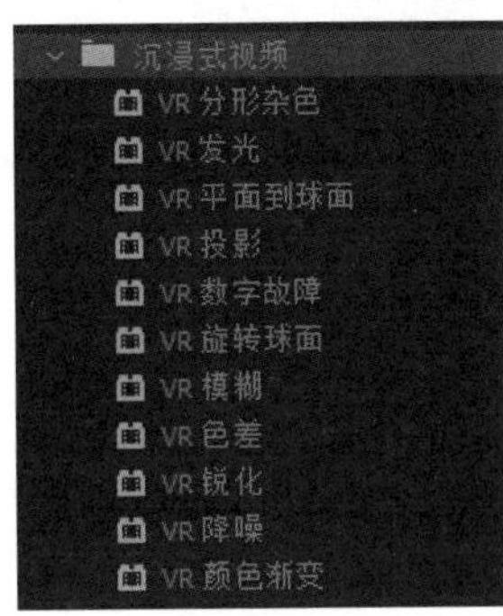

图7-62

7.12 生成类视频效果

生成类视频效果主要用于为素材添加各种特殊图形效果。【生成】文件夹中包含12种视频效果，分别是【书写】、【单元格图案】、【吸管填充】、【四色渐变】、【圆形】、【棋盘】、【椭圆】、【油漆桶】、【渐变】、【网格】、【镜头光晕】和【闪电】，如图7-63所示。

生成
书写
单元格图案
吸管填充
四色渐变
圆形
棋盘
椭圆
油漆桶
渐变
网格
镜头光晕
闪电

图7-63

1. 书写

使用【书写】效果，可以在素材上制作模拟画笔书写的彩色笔触动画效果，如图 7-64 所示。

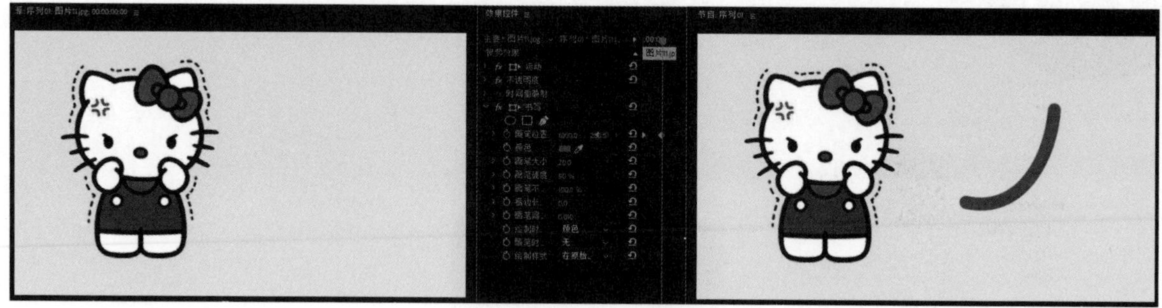

图 7-64

2. 单元格图案

使用【单元格图案】效果，可以为素材单元格添加不规则的蜂巢状图案，多用于制作背景纹理，如图 7-65 所示。

参数详解

【单元格图案】：设置特效单元格的蜂巢状图案样式。

【反转】：对蜂巢图案颜色进行反转。

【对比度】：设置特效锐化的对比度。

【溢出】：设置蜂巢图案溢出的方式。

【分散】：设置蜂巢图案的分散程度。

【大小】：设置蜂巢图案的大小。

【偏移】：设置蜂巢图案的坐标。

【平铺选项】：设置蜂巢图案水平与垂直单元格的数量。

【演化】：设置蜂巢图案的运动角度。

【演化选项】：设置蜂巢图案的运动参数。

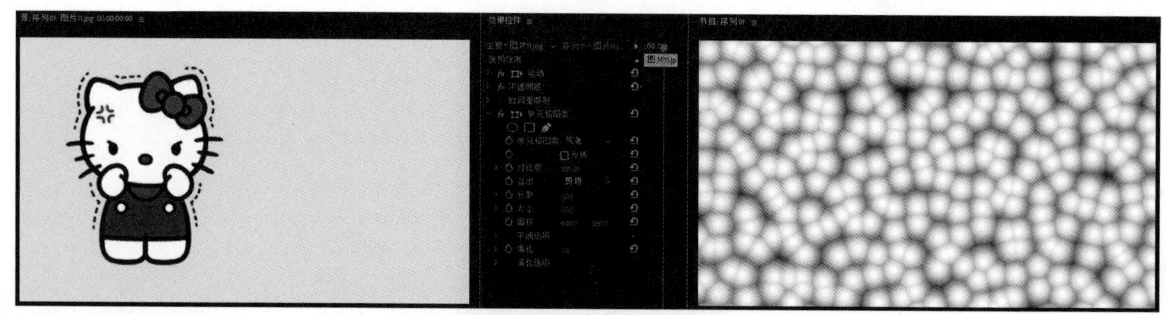

图 7-65

3. 吸管填充

【吸管填充】效果会通过提取素材中目标处的颜色，调整相关参数，以影响素材的画面效果，如图 7-66 所示。

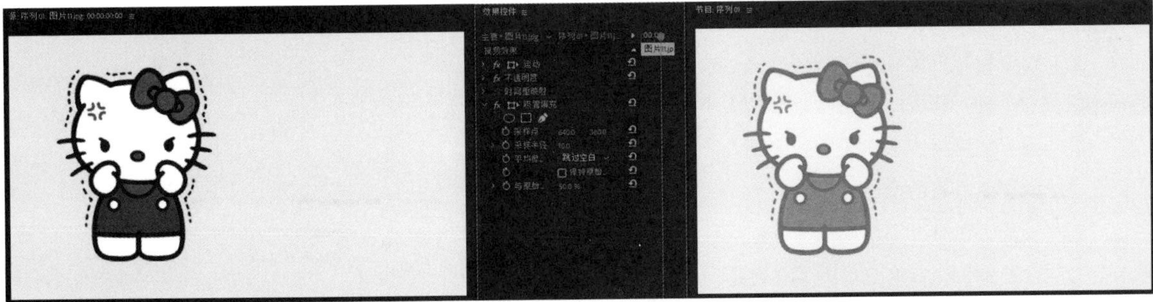

图 7-66

4. 四色渐变

【四色渐变】效果会通过设置 4 种颜色的渐变，叠加于素材画面，制作出所需的效果，如图 7-67 所示。

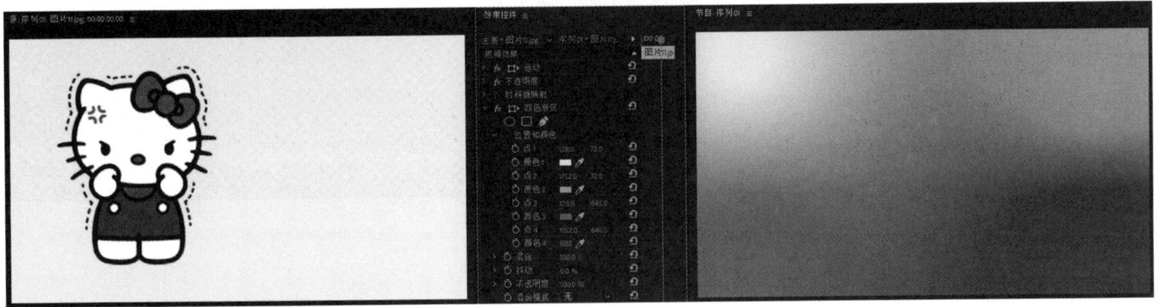

图 7-67

5. 圆形

使用【圆形】效果会在素材上添加圆形或圆环形，如图 7-68 所示。

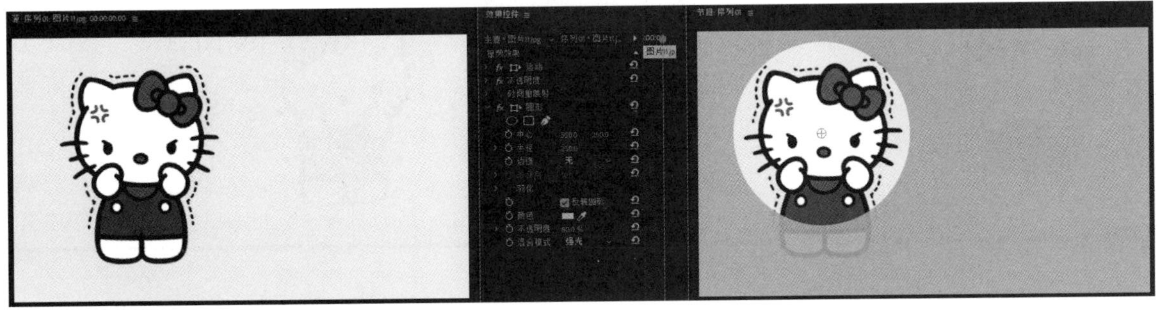

图 7-68

6. 棋盘

使用【棋盘】效果会在素材上添加矩形棋盘格效果，如图 7-69 所示。

参数详解

【锚点】：设置特效的位置。

【大小依据】：设置构成棋盘格的矩形的大小，包括【边角点】、【宽度滑块】和【宽度和高度滑块】3 个选项。

【边角】：设置棋盘格的边角位置和大小。

【宽度】：设置棋盘格的宽度。

【高度】：设置棋盘格的高度。

【羽化】：设置单位棋盘格之间的柔化程度。

【颜色】：设置棋盘格的颜色。

【不透明度】：设置特效图层的不透明度。

【混合模式】：设置特效图层与素材的混合方式。

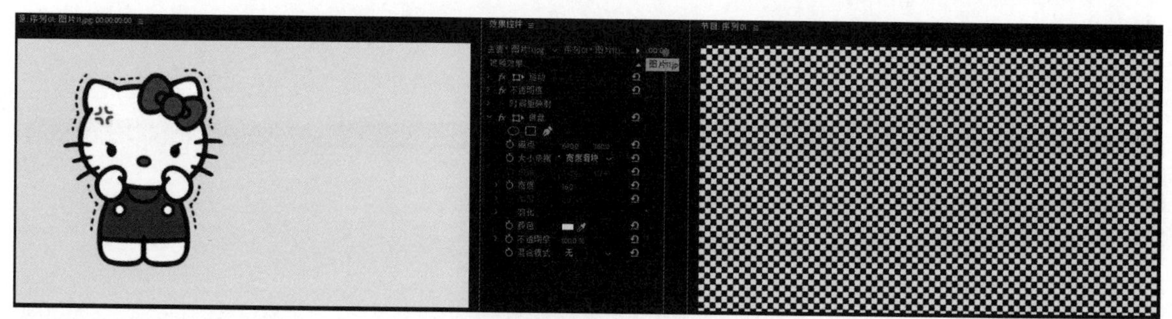

图 7-69

7. 椭圆

使用【椭圆】效果可以在素材上添加圆形、圆环形、椭圆形或椭圆环形，该效果比【圆形】效果功能更全面一些，如图 7-70 所示。

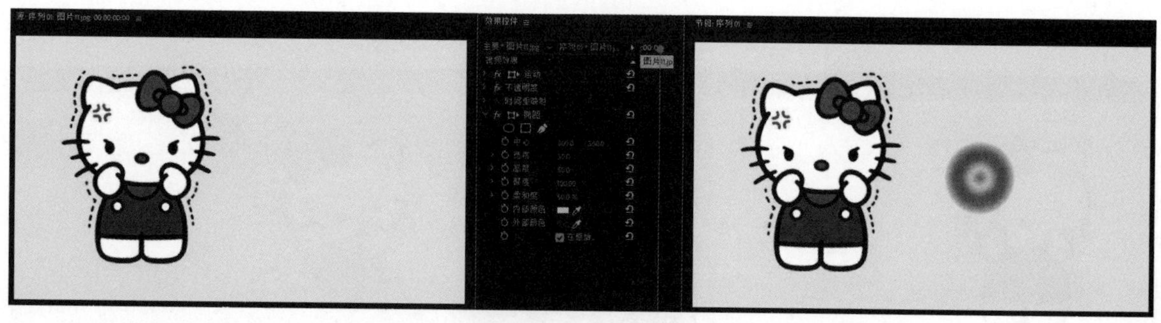

图 7-70

8. 油漆桶

使用【油漆桶】效果可以为素材中的指定区域添加颜色，如图 7-71 所示。

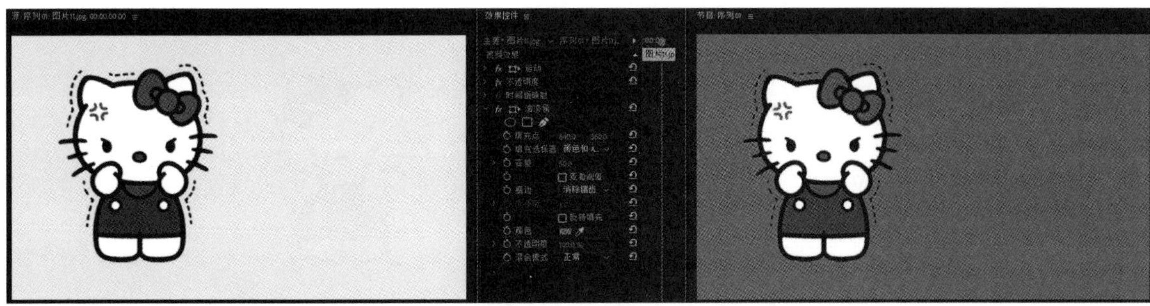

图 7-71

9. 渐变

使用【渐变】效果可以为素材添加线性渐变或放射状渐变填充效果，如图 7-72 所示。

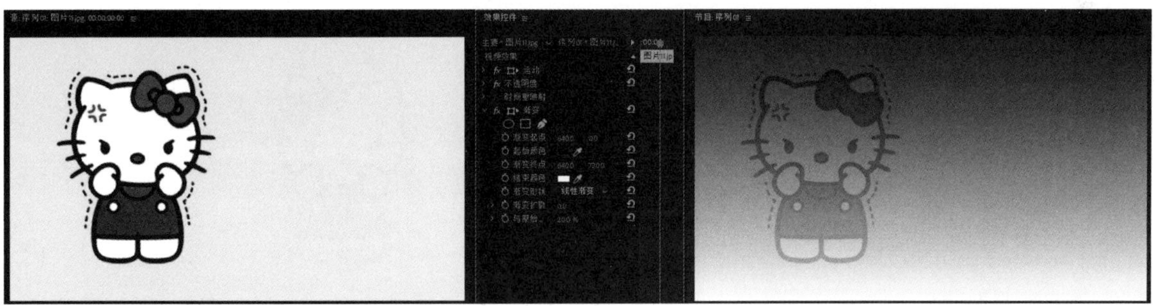

图 7-72

10. 网格

使用【网格】效果可以为素材添加网格图形效果，如图 7-73 所示。

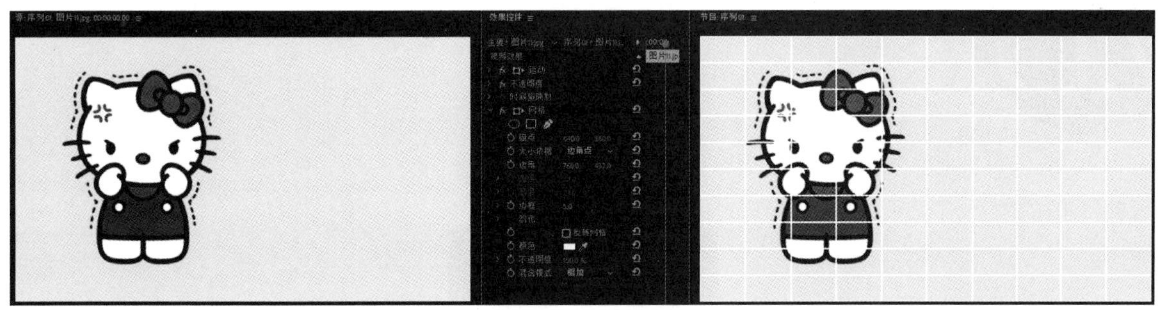

图 7-73

11. 镜头光晕

使用【镜头光晕】效果可以模拟强光投射到镜头上产生的光晕效果，如图 7-74 所示。

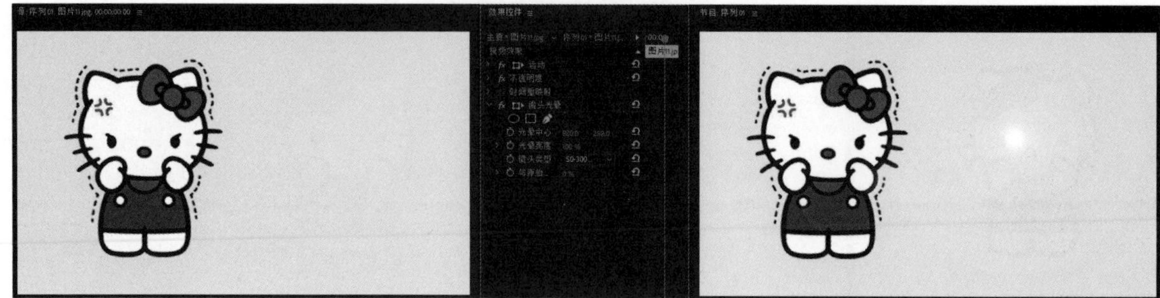

图 7-74

12. 闪电

使用【闪电】效果可以模拟闪电效果，如图 7-75 所示。

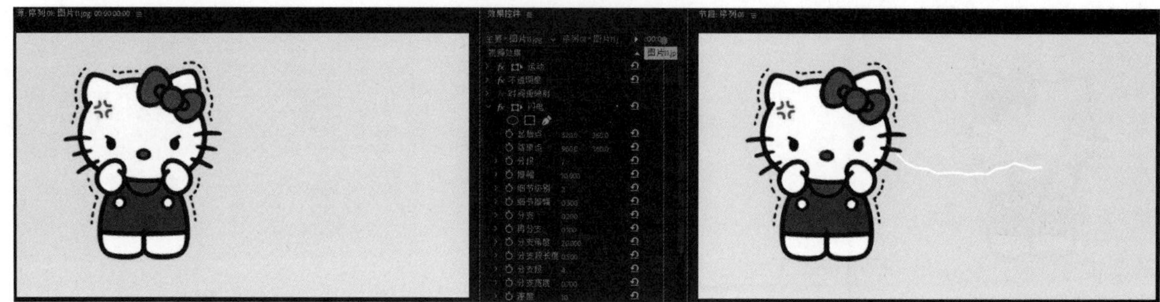

图 7-75

视频类视频效果

视频类视频效果主要用于模拟视频信号的电子变动，显示视频素材的部分属性。【视频】文件夹中包含 4 种视频效果，分别是【SDR 遵从情况】、【剪辑名称】、【时间码】和【简单文本】，如图 7-76 所示。

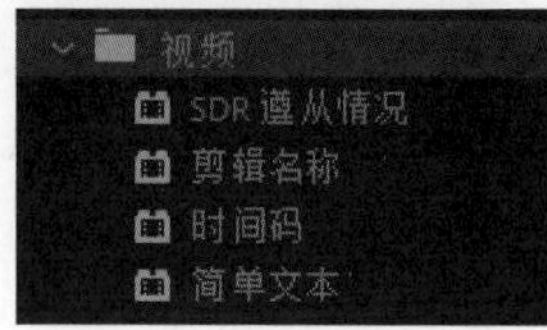

图 7-76

1. SDR 遵从情况

使用【SDR 遵从情况】效果可以将 HDR 素材转换成 SDR 素材，如图 7-77 所示。

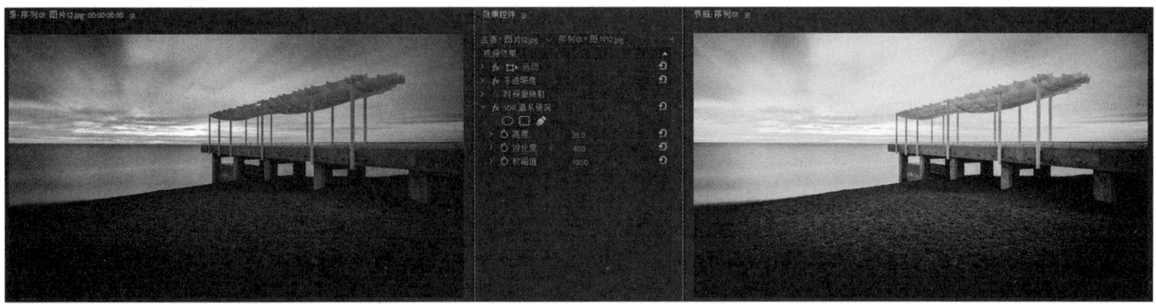

图 7-77

2. 剪辑名称

使用【剪辑名称】效果可以在【节目】监视器面板中显示素材剪辑名称，如图 7-78 所示。

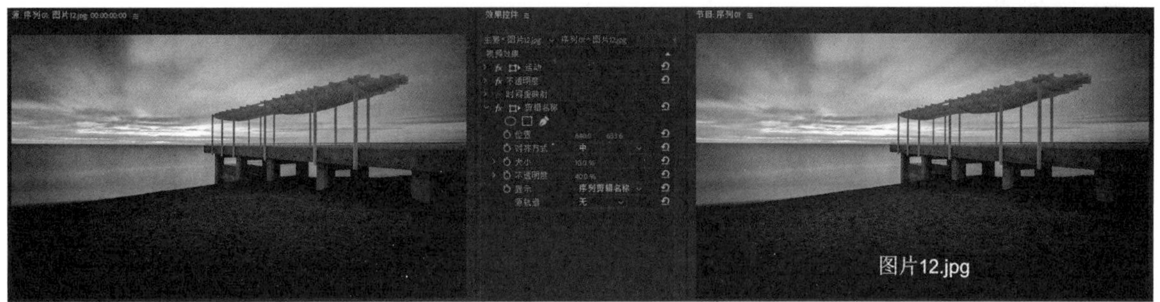

图 7-78

3. 时间码

使用【时间码】效果可以在【节目】监视器面板中显示时间码，如图 7-79 所示。

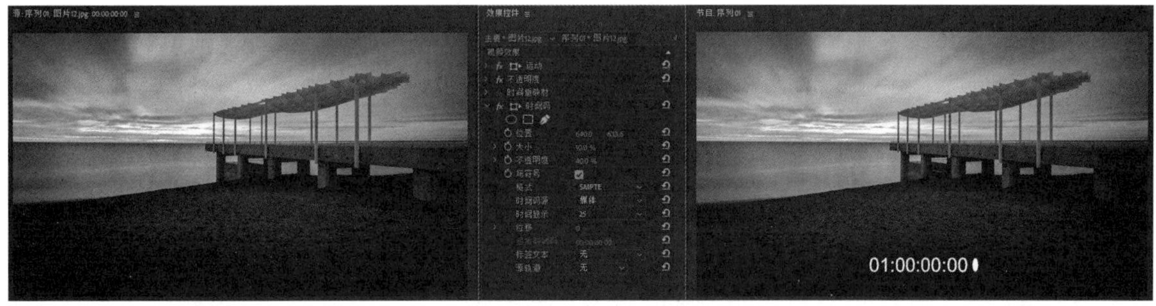

图 7-79

4. 简单文本

使用【简单文本】效果可以在【节目】监视器面板中显示简单的文本注释，如图 7-80 所示。

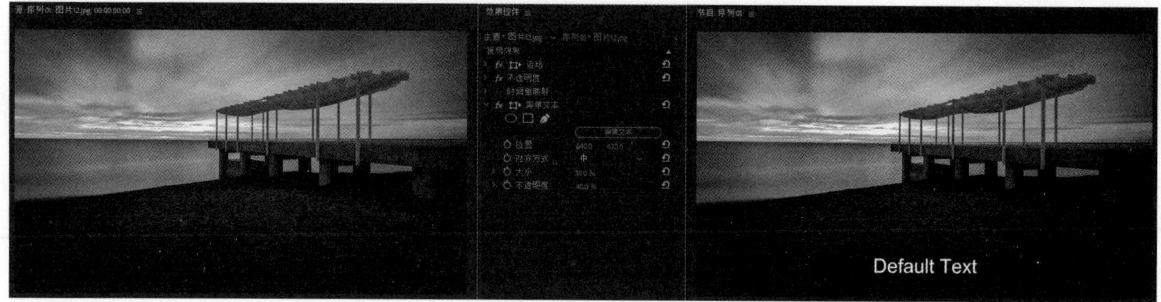

图 7-80

调整类视频效果

调整类视频效果主要用于对素材的画面进行调整。【调整】文件夹中包含 5 种视频效果，分别是【ProcAmp】、【光照效果】、【卷积内核】、【提取】和【色阶】，如图 7-81 所示。

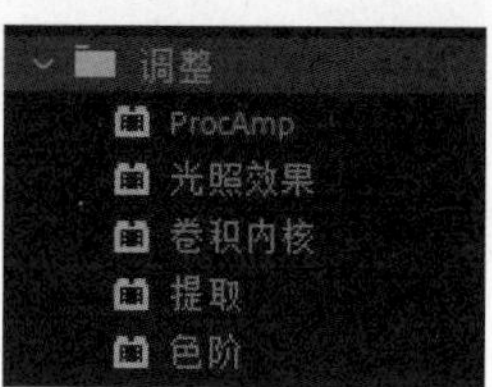

图 7-81

1. ProcAmp

使用【ProcAmp】（调色）效果可以调整素材的颜色属性，如图 7-82 所示。

图 7-82

2. 光照效果

使用【光照效果】效果可以为素材添加光照效果，如图 7-83 所示。

图 7-83

课堂案例 光照效果

素材文件	素材文件 / 第 7 章 / 静物画框.jpg 和静物画.jpg
案例文件	案例文件 / 第 7 章 / 光照效果.prproj
教学视频	教学视频 / 第 7 章 / 光照效果.mp4
案例要点	掌握使用【光照效果】的方法

扫码观看视频

Step 01 将【项目】面板中的【静物画框.jpg】和【静物画.jpg】素材文件分别拖到视频轨道【V1】和【V2】中，如图 7-84 所示。

Step 02 激活视频轨道【V2】中的【静物画.jpg】素材，然后依次双击【效果】面板中的【视频效果】>【调整】>【光照效果】效果，如图 7-85 所示。

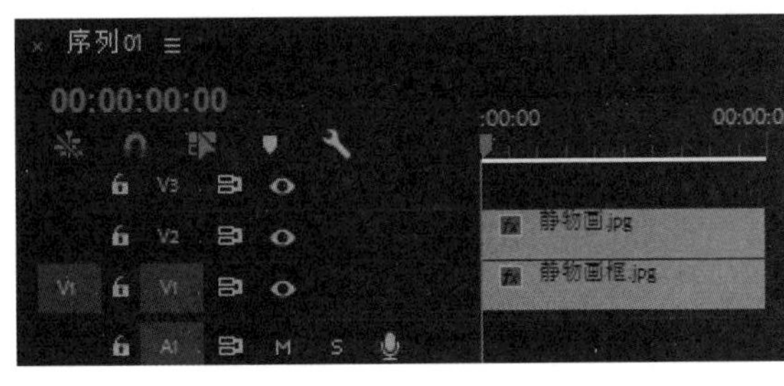

图 7-84

图 7-85

Step 03 激活【静物画.jpg】素材的【效果控件】面板，在【效果控件】面板中单击【光照效果】，在【节目】监视器面板中调整缩放级别，然后手动调整照明角度和范围，如图 7-86 所示。

Step 04 设置【效果照明】效果的【环境光照颜色】为（R:255，G:100，B:0）、【环境光照强度】值为 50.0、【表面光泽】值为 100.0、【凹凸层】为【视频 2】、【凹凸高度】值为 50.0，勾选【白色部分凸起】复选框，如图 7-87 所示。

图 7-86

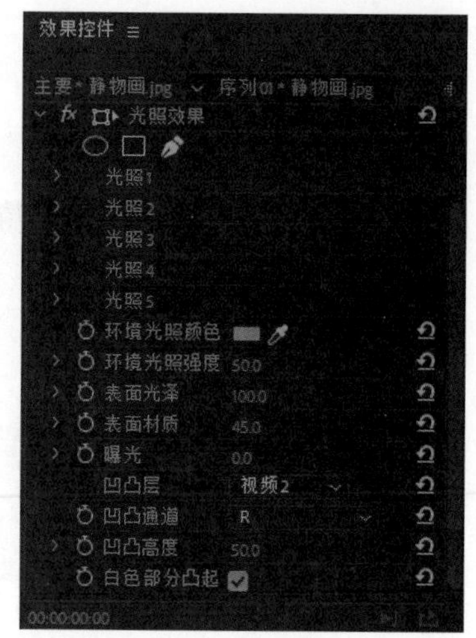

图 7-87

图 7-88

Step 05 激活【静物画.jpg】素材的【效果控件】面板，设置【缩放】值为 62.0，如图 7-88 所示。

Step 06 在【节目】监视器面板中，查看最终画面效果，如图 7-89 所示。

图 7-89

3. 卷积内核

【卷积内核】效果主要利用数学回转改变素材的亮度，可提高素材边缘的对比度，如图 7-90 所示。

图 7-90

4. 提取

使用【提取】效果可以去除素材颜色，将其转换成黑白效果，如图 7-91 所示。

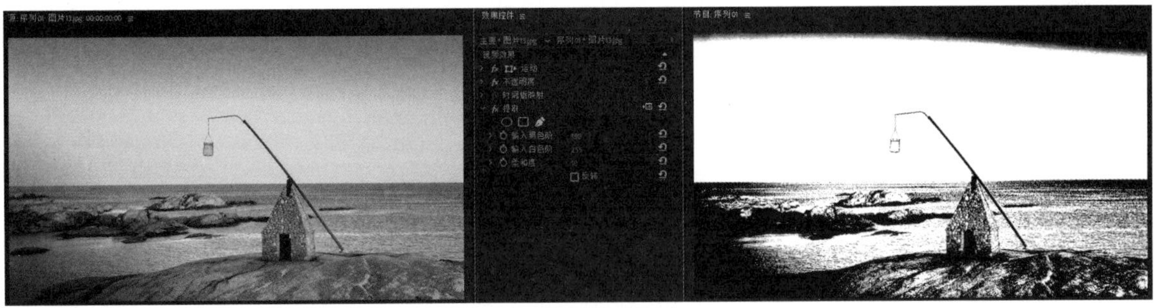

图 7-91

5. 色阶

使用【色阶】效果可以调整素材色阶的明亮程度，如图 7-92 所示。

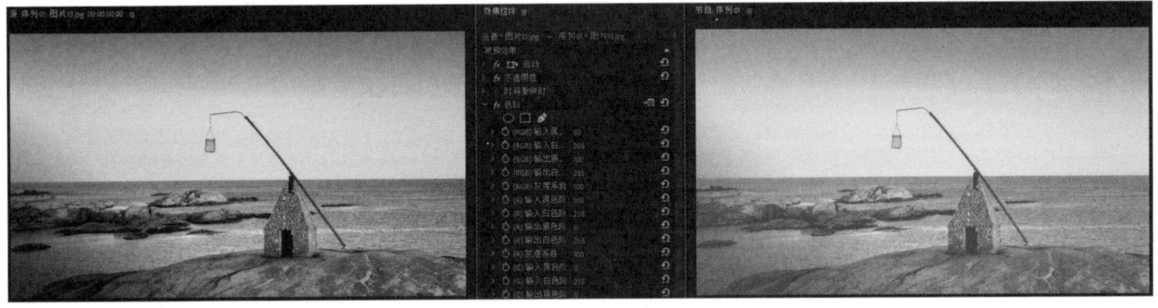

图 7-92

过时类视频效果

过时类视频效果主要针对素材的颜色属性进行调整。【调整】文件夹中包含10种视频效果，分别是【RGB曲线】、【RGB颜色校正器】、【三向颜色校正器】、【亮度曲线】、【亮度校正器】、【快速颜色校正器】、【自动对比度】、【自动色阶】、【自动颜色】和【阴影/高光】，如图7-93所示。

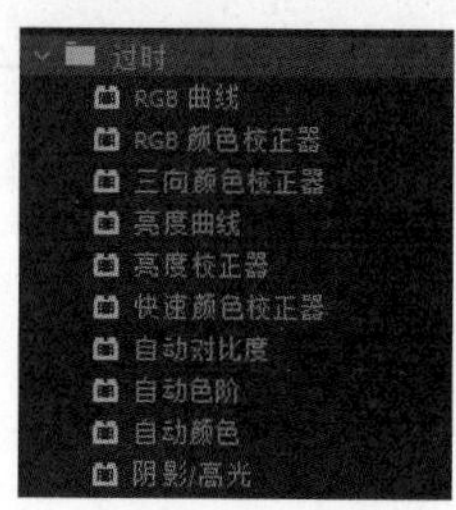

图7-93

1. RGB曲线

【RGB曲线】效果是通过调整素材的红色、绿色、蓝色通道和主通道的数值曲线来调整RGB色彩的，从而使画面达到某种效果，如图7-94所示。

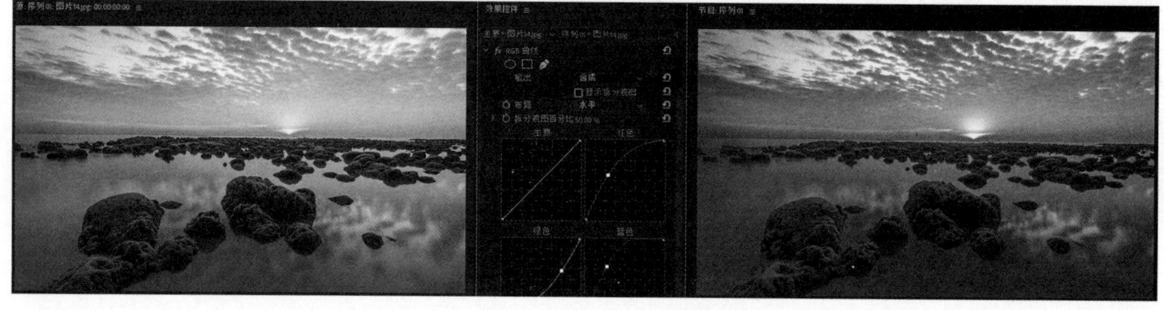

图7-94

2. RGB颜色校正器

【RGB颜色校正器】效果是通过调整素材的RGB参数来调整画面的颜色和亮度的，如图7-95所示。

参数详解

【输出】：设置素材输出的方式，包括【复合】、【亮度】和【色调范围】3种方式。

【显示拆分视图】：设置视图中的素材被分割校正前后的两种显示效果。

【布局】：设置分割视图的方式。

【拆分视图百分比】：调整显示视图的百分比。

【色调范围】：设置素材色调的范围，包括【主】、【高光】、【中间调】和【阴影】4 种方式。

【灰度系数】：设置素材中间色调的倍增值。

【基值】：设置素材暗部色调的倍增值。

【增益】：设置素材亮部色调的倍增值。

【RGB】：设置素材红色、绿色和蓝色通道的属性，从而进行色调调整。

【辅助颜色校正】：调整辅助颜色的属性值。

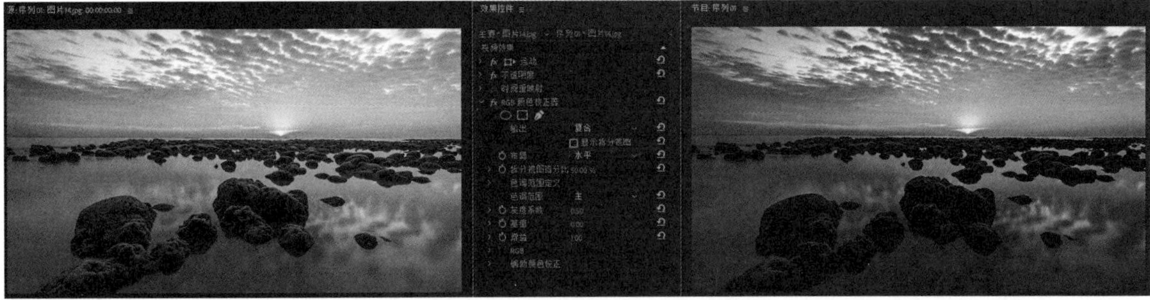

图 7-95

3. 三向颜色校正器

【三向颜色校正器】效果是通过调整素材的“阴影”、“中间调”和“高光”参数来调整画面颜色的，如图 7-96 所示。

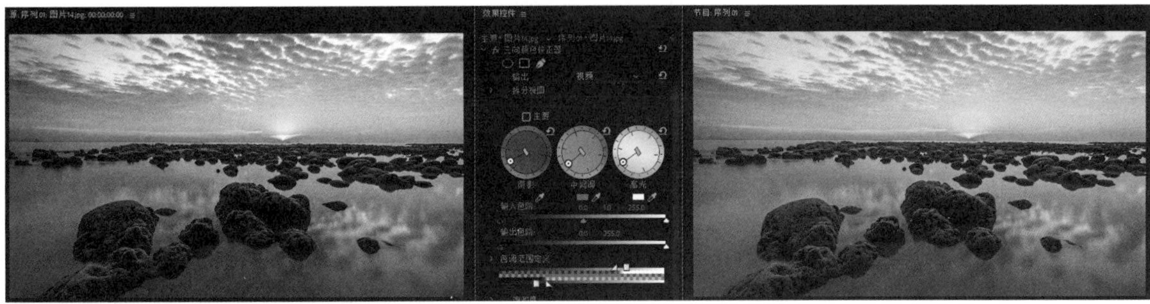

图 7-96

4. 亮度曲线

【亮度曲线】效果是通过亮度波形曲线来调整素材亮度的，如图 7-97 所示。

图 7-97

5. 亮度校正器

使用【亮度校正器】效果可以调整素材的亮度，如图 7-98 所示。

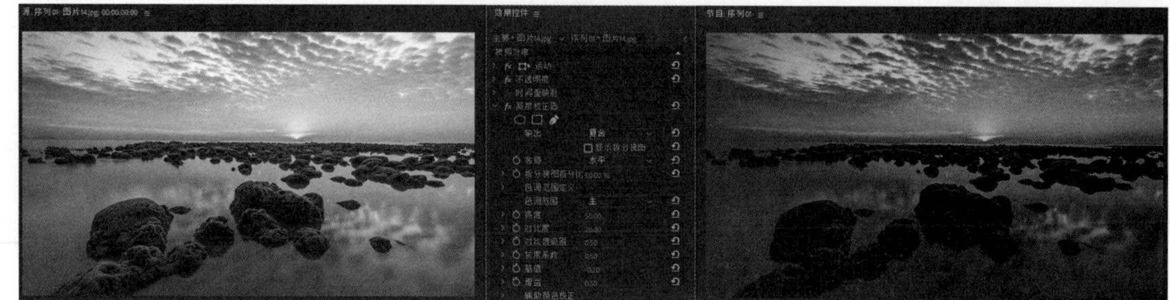

图 7-98

6. 快速颜色校正器

使用【快速颜色校正器】效果可以快速校正素材的颜色，如图 7-99 所示。

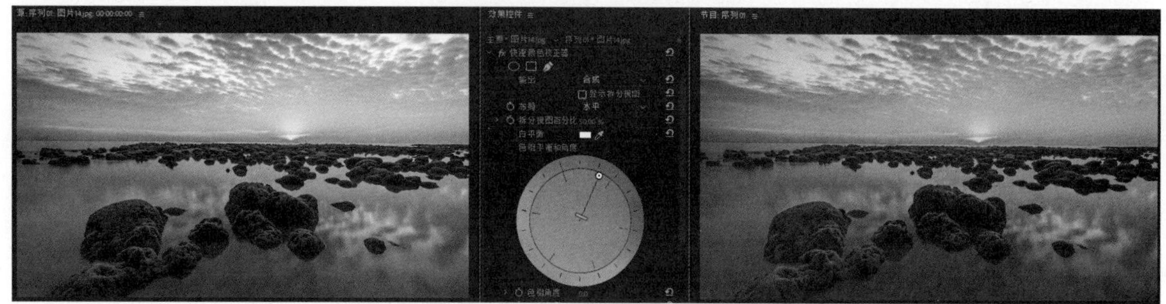

图 7-99

7. 自动对比度

使用【自动对比度】效果可以自动快速地校正素材颜色的对比度，如图 7-100 所示。

参数详解

【瞬时平滑（秒）】：设置素材的平滑时间。

【场景检测】：检测每个场景，并对其对比度进行调整。

【减少黑色像素】：设置素材暗部的明亮程度。

【减少白色像素】：设置素材亮部的明亮程度。

【与原始图像混合】：设置素材间的混合程度。

图 7-100

8. 自动色阶

使用【自动色阶】效果可以自动快速地校正素材的色阶，如图 7-101 所示。

图 7-101

9. 自动颜色

使用【自动颜色】效果可以自动快速地校正素材的颜色，如图 7-102 所示。

图 7-102

10. 阴影 / 高光

为素材添加【阴影/高光】效果，可以使素材的阴影部分变亮、高光部分变暗，调整素材的逆光问题，如图 7-103 所示。

图 7-103

过渡类视频效果

过渡类视频效果主要针对素材的出现方式进行动态调整，与【视频过渡】文件夹中的效果类似。但不同的是，【视频效果】文件夹里的效果对单个素材进行处理，而【过渡】文件夹中的效果对两个素材之间的过渡进行处理。

从作用效果上说，【视频效果】文件夹里的效果是同一时间、区域、素材的变化，而【过渡】文件夹中的效果是相邻区域不同素材间的变化。

【过渡】文件夹中包含 5 种视频效果，分别是【块溶解】、【径向擦除】、【渐变擦除】、【百叶窗】和【线性擦除】，如图 7-104 所示。

图 7-104

1. 块溶解

为素材添加【块溶解】效果，可以使素材逐渐消失在随机像素块中，如图 7-105 所示。

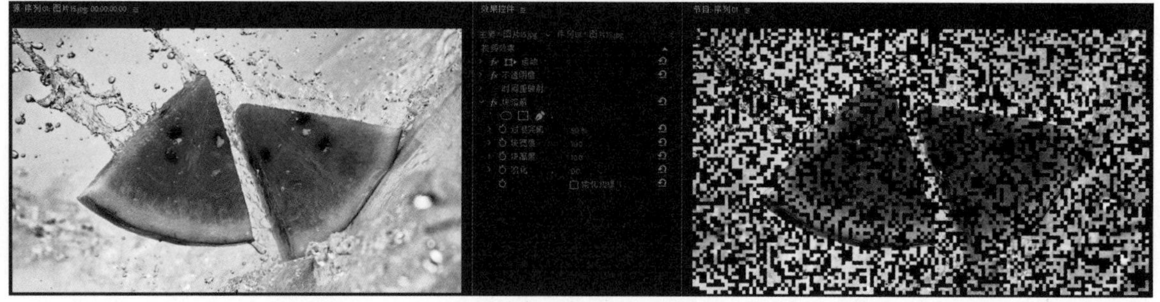

图 7-105

2. 径向擦除

为素材添加【径向擦除】效果，可以使素材以指定坐标为中心，以圆形表盘指针旋转的方式逐渐将图像擦除，如图 7-106 所示。

参数详解

【过渡完成】：设置素材过渡擦除的百分比。

【起始角度】：设置素材过渡擦除的起始角度。

【擦除中心】：设置素材过渡擦除的中心点坐标。

【擦除】：设置素材过渡擦除的方向，包括【顺时针】、【逆时针】和【两者兼有】3 个选项。

【羽化】：设置素材过渡擦除的柔化程度。

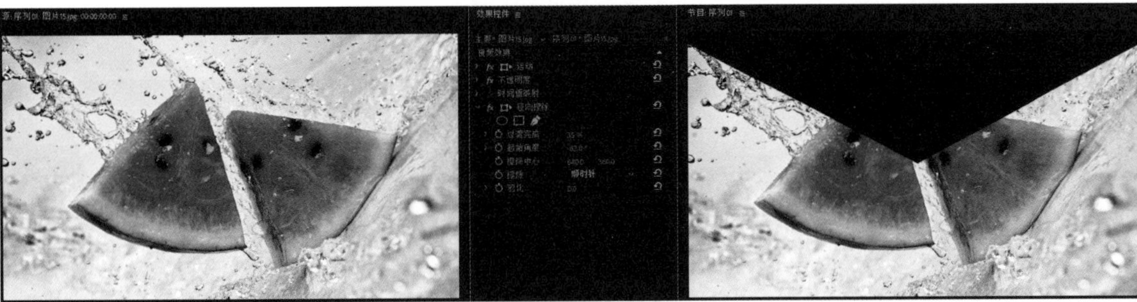

图 7-106

3. 渐变擦除

为素材添加【渐变擦除】效果，可以使素材间的亮度逐渐过渡，从而使素材产生变化，如图 7-107 所示。

图 7-107

4. 百叶窗

【百叶窗】效果可以模拟百叶窗的条纹形状，在上层素材建立蒙版，逐渐显示下层素材影像，如图 7-108 所示。

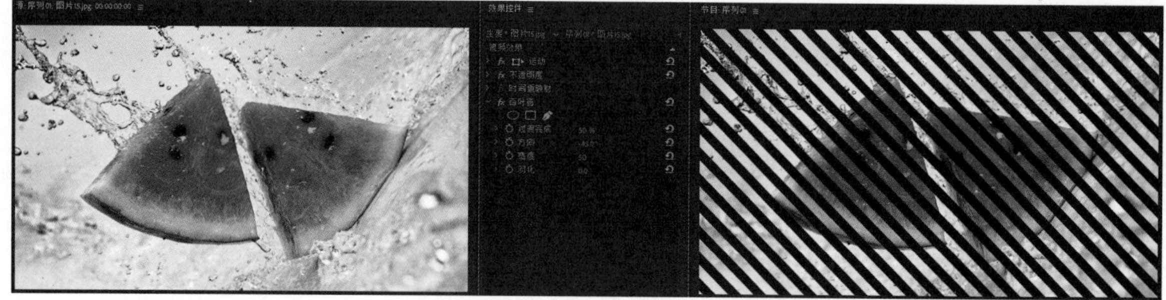

图 7-108

5. 线性擦除

使用【线性擦除】效果可以通过线条滑动的方式擦除原始素材，逐渐显示下层素材影像，如图 7-109 所示。

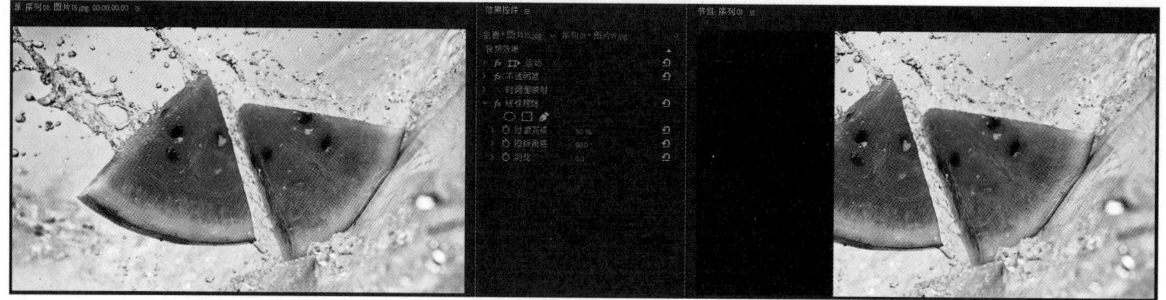

图 7-109

7.17 透视类视频效果

透视类视频效果主要针对素材添加各种立体透视效果。【透视】文件夹中包含 5 种视频效果，分别是【基本 3D】、【投影】、【放射阴影】、【斜角边】和【斜面 Alpha】，如图 7-110 所示。

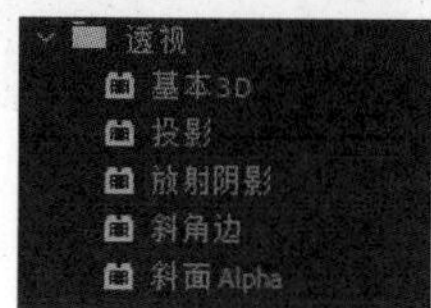

图 7-110

1. 基本 3D

【基本 3D】效果可以模拟素材在三维空间中旋转和倾斜的效果，如图 7-111 所示。

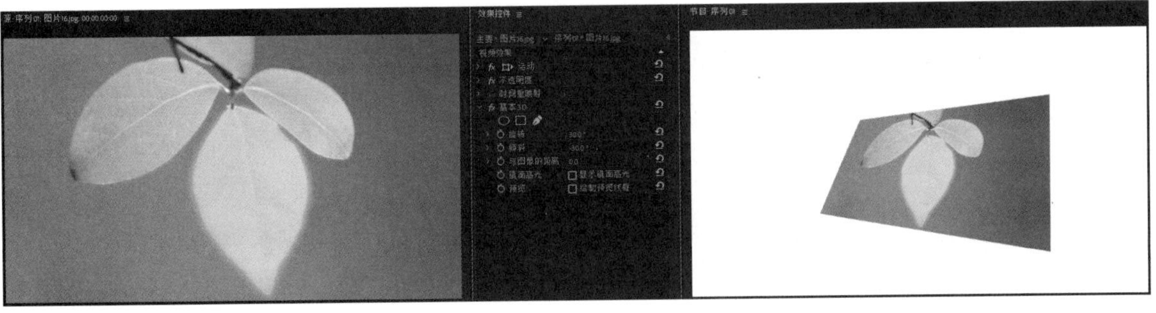

图 7-111

2. 投影

使用【投影】效果可以为素材添加投影效果，如图 7-112 所示。

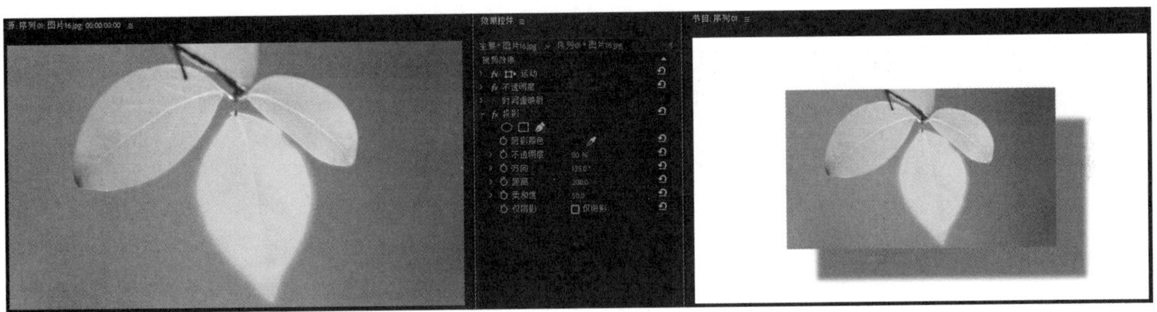

图 7-112

3. 放射阴影

使用【放射阴影】效果可以为素材添加光源照明，使阴影投在下层素材上，如图 7-113 所示。

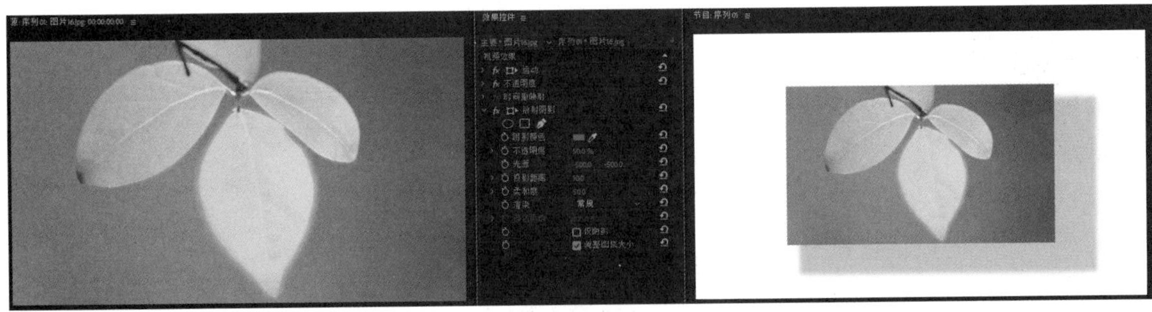

图 7-113

4. 斜角边

使用【斜角边】效果可以使素材产生三维立体倾斜的效果，如图 7-114 所示。

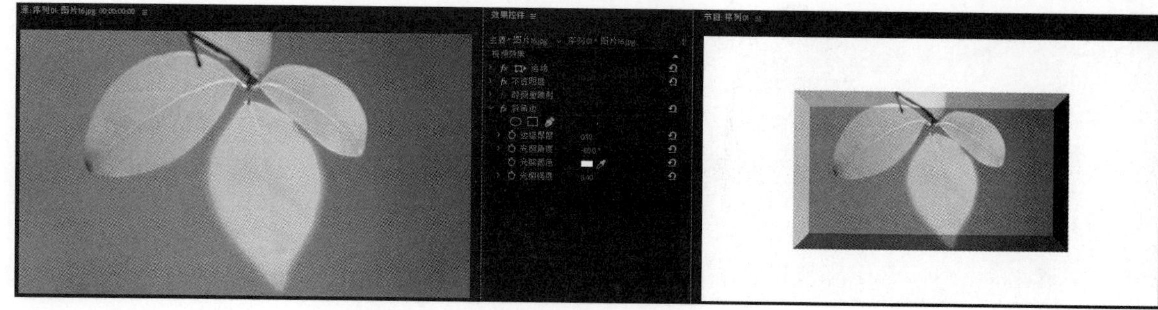

图 7-114

5. 斜面 Alpha

使用【斜面 Alpha】效果可以为素材的 Alpha 通道添加倾斜效果，使二维图像更具有三维立体效果，如图 7-115 所示。

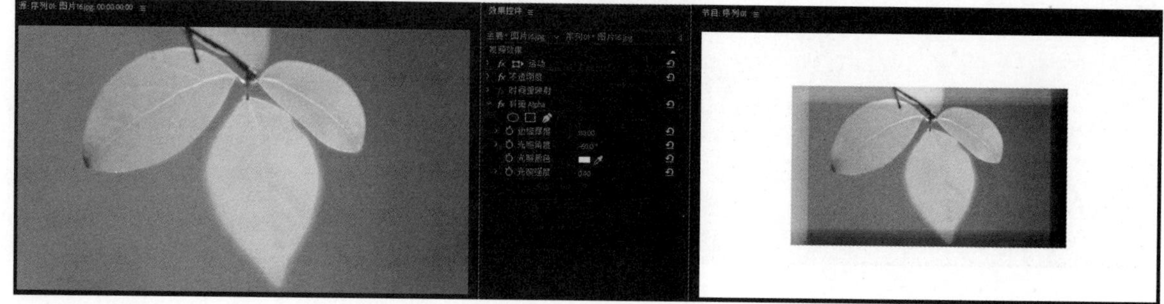

图 7-115

7.18 通道类视频效果

通道类视频效果主要针对素材的通道进行处理，从而调整素材颜色。【通道】文件夹中包含 7 种视频效果，分别是【反转】、【复合运算】、【混合】、【算术】、【纯色合成】、【计算】和【设置遮罩】，如图 7-116 所示。

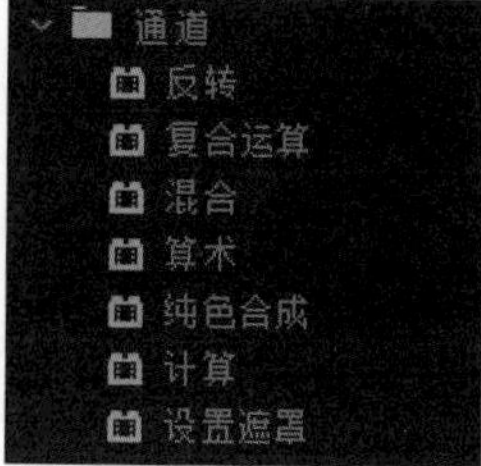

图 7-116

1. 反转

使用【反转】效果可以翻转素材的颜色，使素材中的颜色以各自补色的形式显示，如图 7-117 所示。

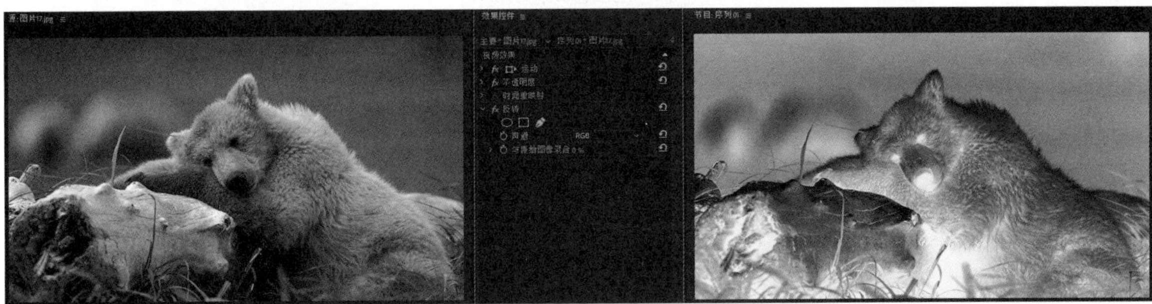

图 7-117

2. 复合运算

使用【复合运算】效果可以通过数学计算的方式为素材添加组合效果，如图 7-118 所示。

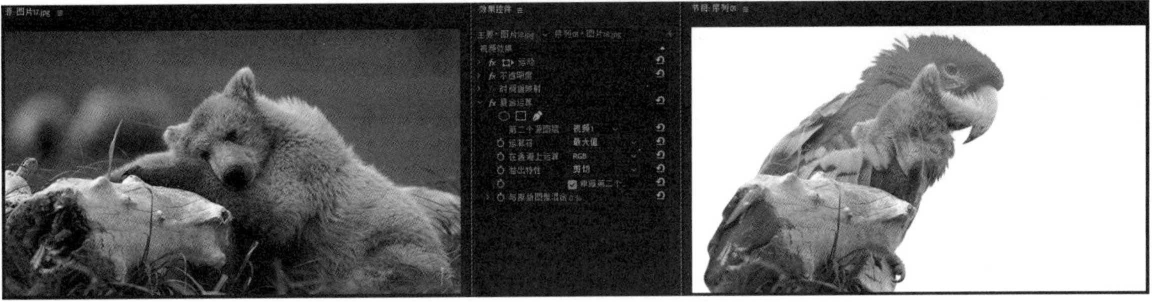

图 7-118

3. 混合

【混合】效果用于指定各轨道素材间的混合效果，如图 7-119 所示。

参数详解

【与图层混合】：设置要混合的第二个素材。

【模式】：设置计算素材间混合的方式，包括【交叉淡化】、【仅颜色】、【仅色彩】、【仅变暗】和【仅变亮】5 种方式。

【与原始图像混合】：设置与原始图层素材混合的不透明度。

【如果图层大小不同】：设置不同大小素材间的混合方式，包括【居中】和【伸展以适合】两种方式。

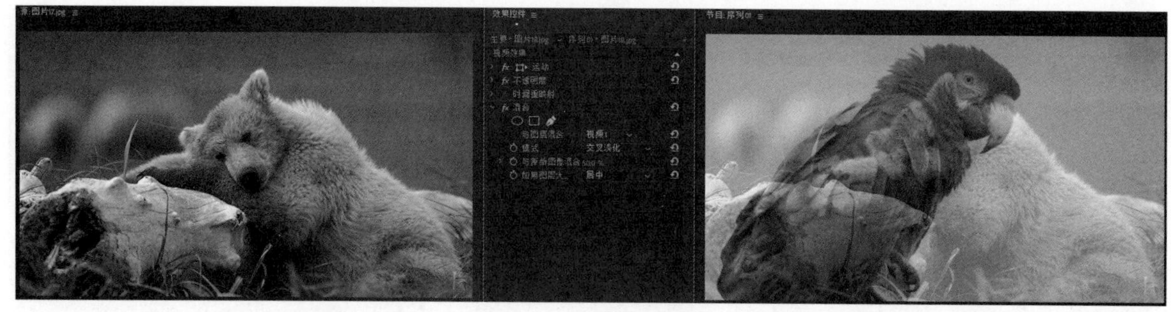

图 7-119

4. 算术

【算术】效果用于对素材色彩通道进行数学计算来得到某种效果，如图 7-120 所示。

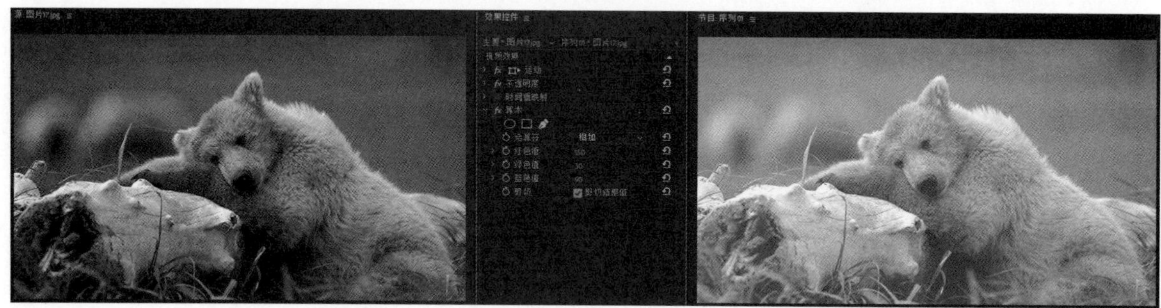

图 7-120

5. 纯色合成

使用【纯色合成】效果可以使一种颜色以不同的混合模式覆盖到素材上，如图 7-121 所示。

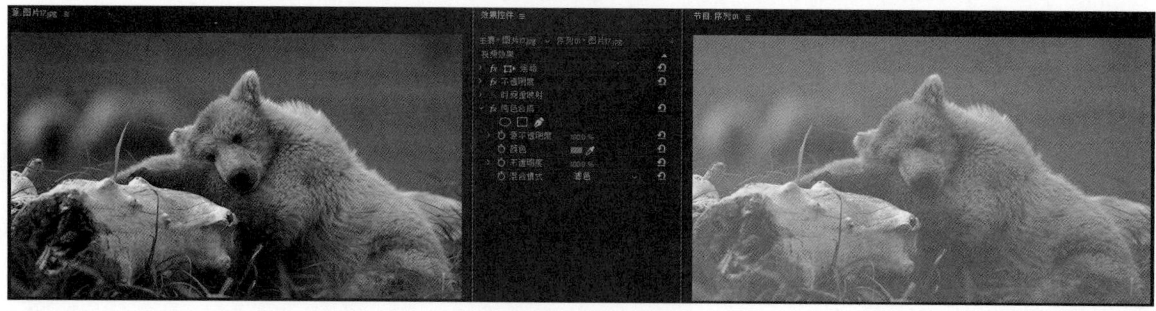

图 7-121

6. 计算

使用【计算】效果可以设置不同轨道上素材的混合模式，如图 7-122 所示。

图 7-122

7. 设置遮罩

使用【设置遮罩】效果可以组合两个素材，并添加移动蒙版效果，如图 7-123 所示。

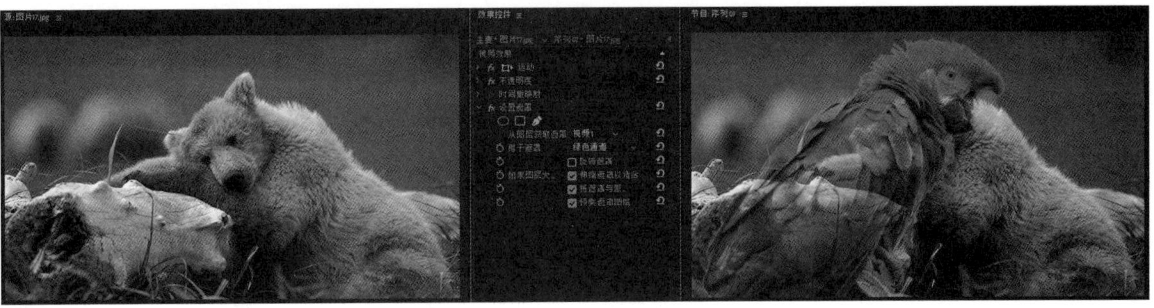

图 7-123

7.19 键控类视频效果

键控类视频效果主要针对素材进行抠像处理。【键控】文件夹中包含 9 种视频效果，分别是【Alpha 调整】、【亮度键】、【图像遮罩键】、【差值遮罩】、【移除遮罩】、【超级键】、【轨道遮罩键】、【非红色键】和【颜色键】，如图 7-124 所示。

图 7-124

1. Alpha 调整

【Alpha 调整】效果主要是利用素材的 Alpha 通道进行抠像的，如图 7-125 所示。

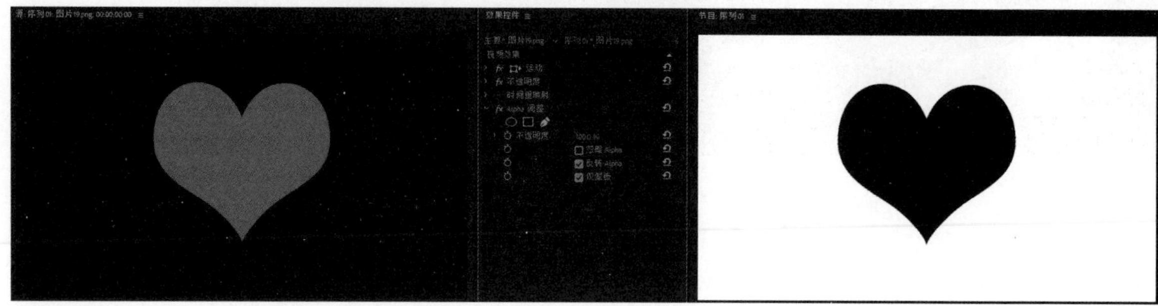

图 7-125

2. 亮度键

使用【亮度键】效果可以抠取素材中明度较暗的区域，如图 7-126 所示。

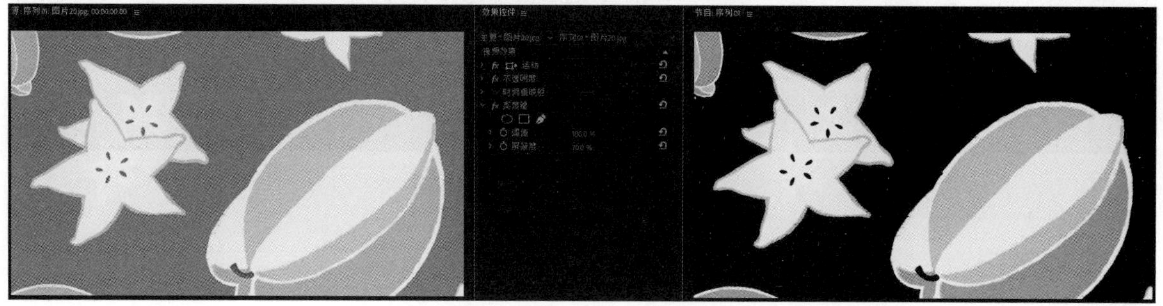

图 7-126

3. 图像遮罩键

使用【图像遮罩键】效果可以设置素材为蒙版，控制图像叠加的透明效果，如图 7-127 所示。

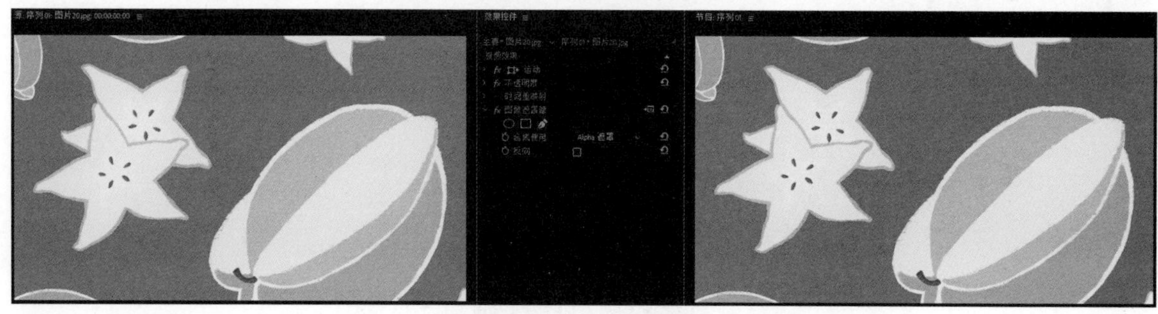

图 7-127

4. 差值遮罩

使用【差值遮罩】效果可以去除两个素材中相匹配的区域，如图 7-128 所示。

参数详解

【视图】：设置视图预览方式，包括【最终输出】、【仅限源】和【仅限遮罩】3 种方式。

【差值图层】：设置与当前素材产生差值的轨道图层。

【如果图层大小不同】：设置不同大小素材间的混合方式。

【匹配容差】：设置素材间差值的容差百分比。

【匹配柔和度】：设置素材间差值的柔和程度。

【差值前模糊】：设置素材间差值的模糊程度。

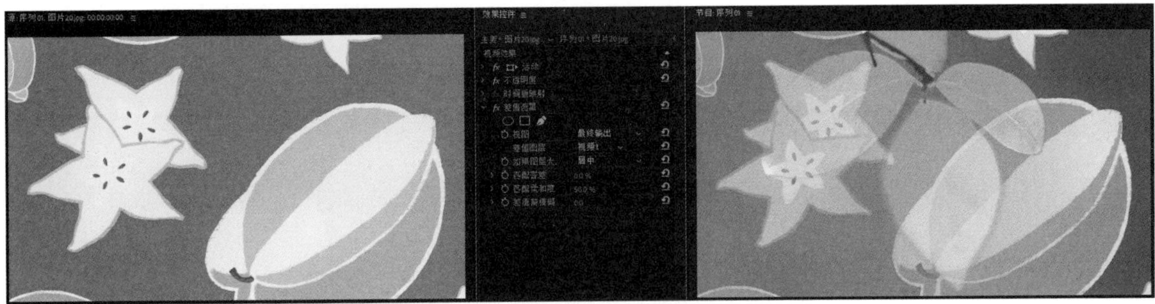

图 7-128

5. 移除遮罩

【移除遮罩】效果主要是利用素材的红色、绿色、蓝色或 Alpha 通道进行抠像的，如图 7-129 所示。该效果对于抠取素材白色或黑色部分效果明显。

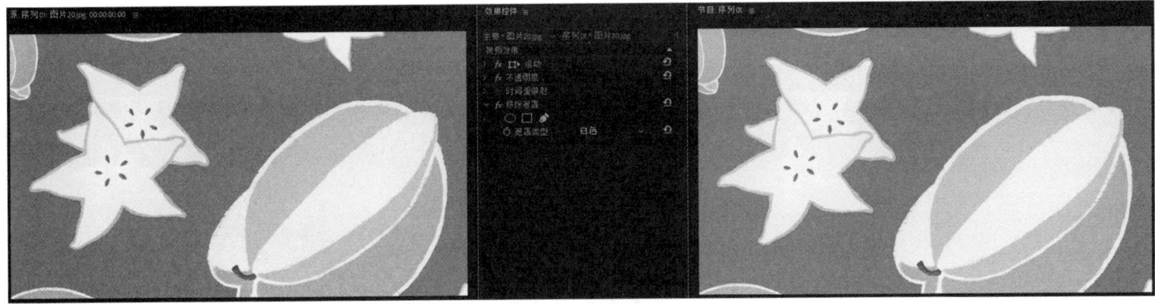

图 7-129

6. 超级键

使用【超级键】效果可以抠取素材中的某种颜色或颜色相似的区域，如图 7-130 所示。

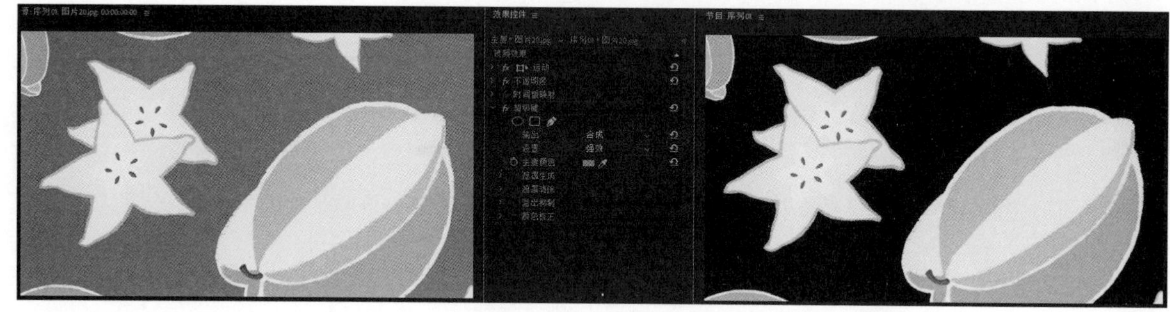

图 7-130

7. 轨道遮罩键

使用【轨道遮罩键】效果可以设置某个轨道素材为蒙版，一般多用于动态抠取素材，如图 7-131 所示。

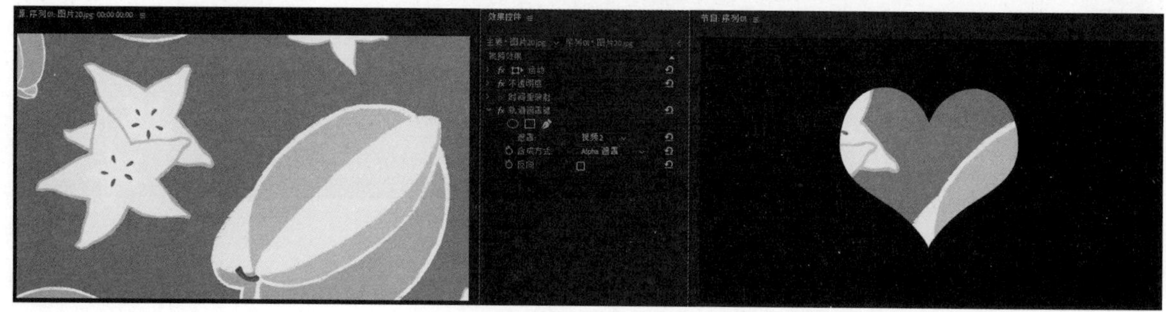

图 7-131

8. 非红色键

使用【非红色键】效果可以同时去除素材中的蓝色和绿色背景，如图 7-132 所示。

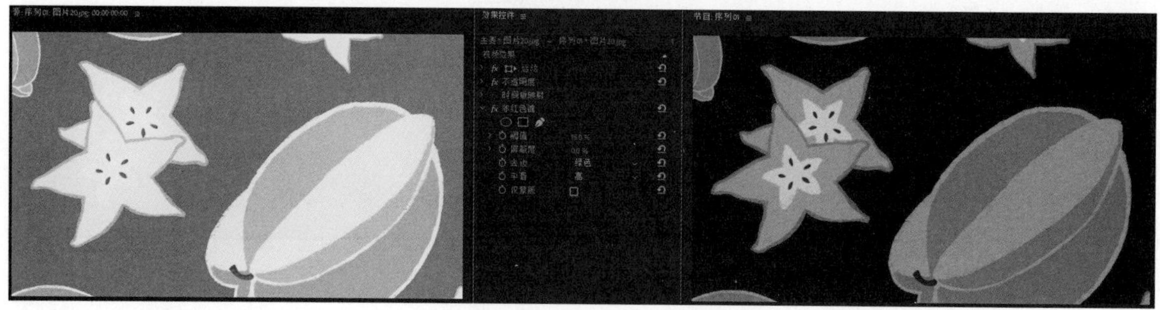

图 7-132

9. 颜色键

使用【颜色键】效果可以抠取素材中某种特定的颜色或某区域，与【色度键】效果类似，如图 7-133 所示。

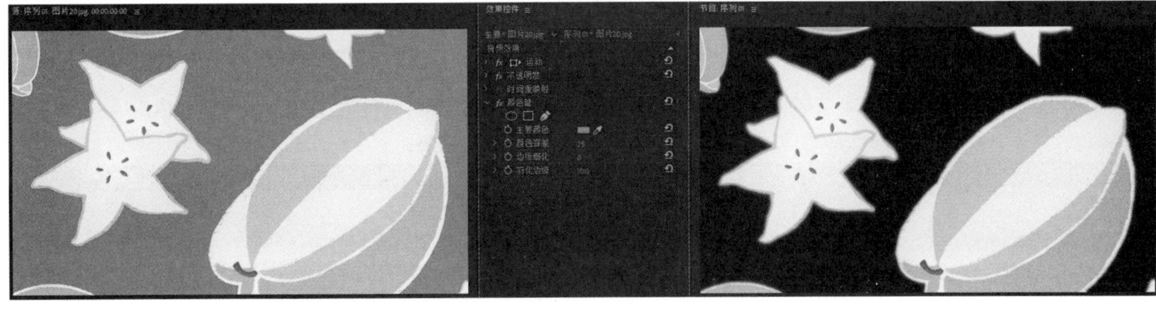

图 7-133

颜色校正类视频效果

颜色校正类视频效果主要用于素材颜色的校正调节。【颜色校正】文件夹中包含 12 种视频效果，分别是【ASC CDL】、【Lumetri 颜色】、【亮度与对比度】、【分色】、【均衡】、【更改为颜色】、【更改颜色】、【色彩】、【视频限幅器】、【通道混合器】、【颜色平衡】和【颜色平衡（HLS）】，如图 7-134 所示。

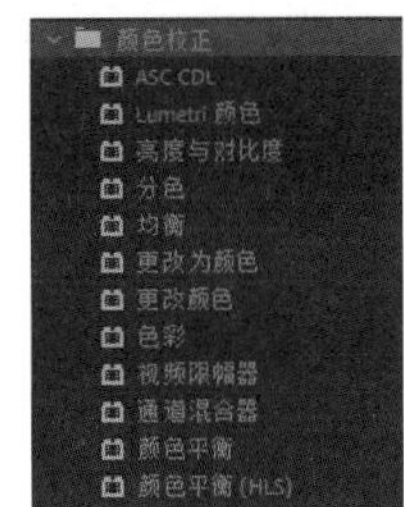

图 7-134

1. ASC CDL

【ASC CDL】效果用于将素材颜色决定列表（CDL）与兼容的 CDL 主应用程序共享，并使色彩制作符合行业标准，如图 7-135 所示。

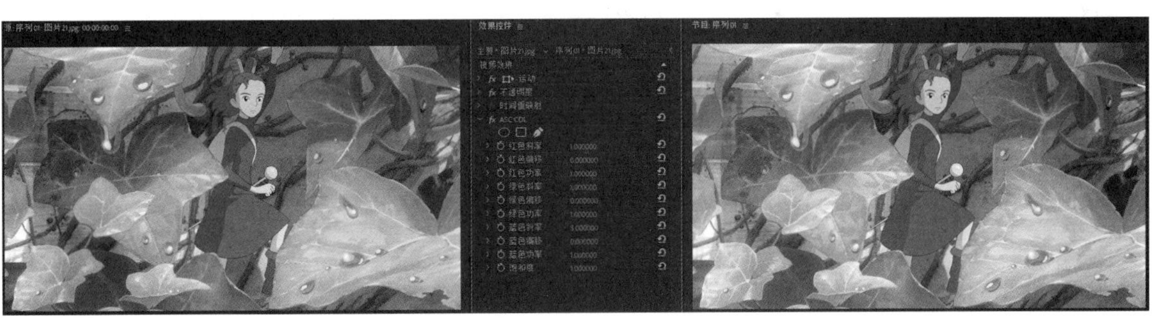

图 7-135

2. Lumetri 颜色

使用【 Lumetri 颜色 】效果可以链接外部Lumetri Looks颜色分级引擎，对图像颜色进行校正，如图7-136所示。

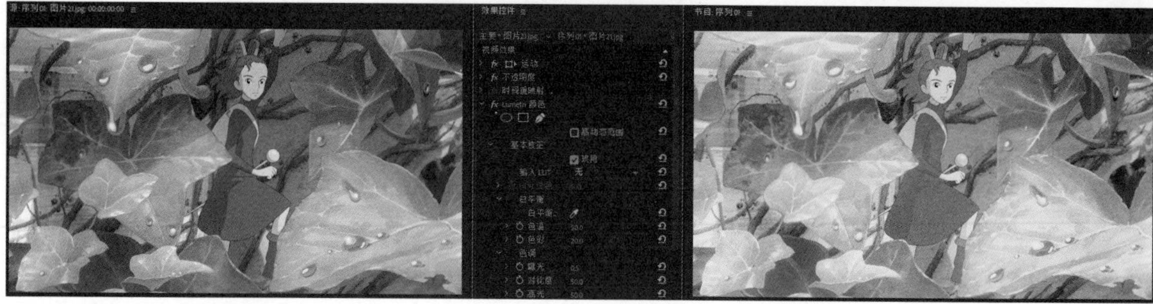

图 7-136

3. 亮度与对比度

【亮度与对比度】效果用于调整素材的亮度和对比度，如图 7-137 所示。

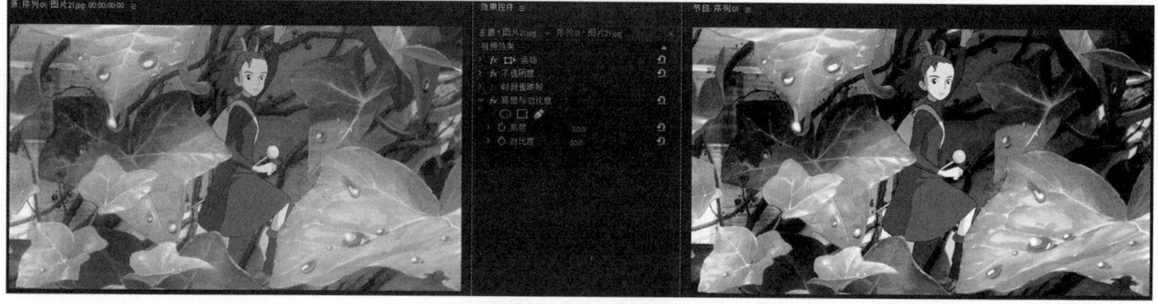

图 7-137

4. 分色

使用【分色】效果可以保留一种指定的颜色，并将其他颜色转化为灰度色，如图 7-138 所示。

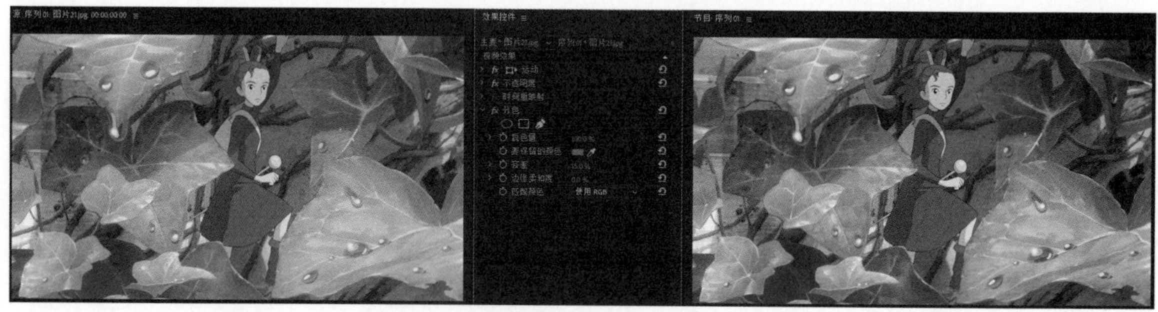

图 7-138

5. 均衡

使用【均衡】效果可以对素材的颜色属性进行均衡化处理，如图 7-139 所示。

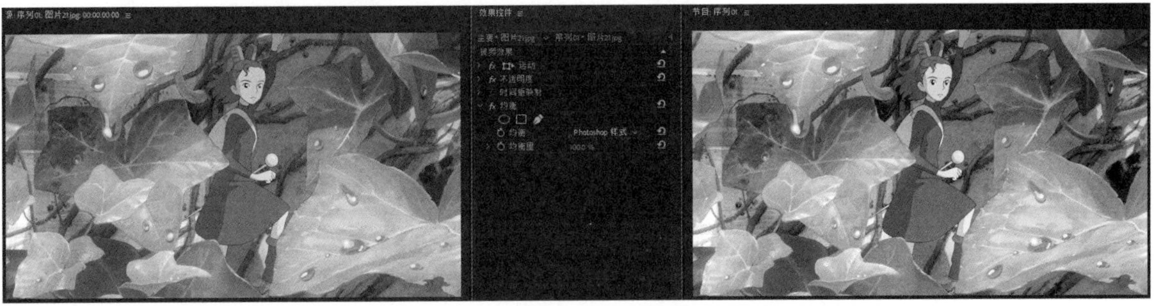

图 7-139

6. 更改为颜色

使用【更改为颜色】效果可以将素材中的一种颜色替换为另一种颜色，如图 7-140 所示。

参数详解

【自】：设置素材中需要更改的颜色。

【到】：设置更改后的目标颜色。

【更改】：设置素材中需要更改的颜色属性，包括【色相】、【色相和亮度】、【色相和饱和度】和【色相、亮度和饱和度】4 种方式。

【更改方式】：设置替换素材颜色的方式，包括【设置为颜色】和【变换为颜色】两种方式。

【容差】：设置颜色的容差。

【柔和度】：设置替换颜色后的柔和程度。

【查看校正遮罩】：查看替换颜色的蒙版信息。

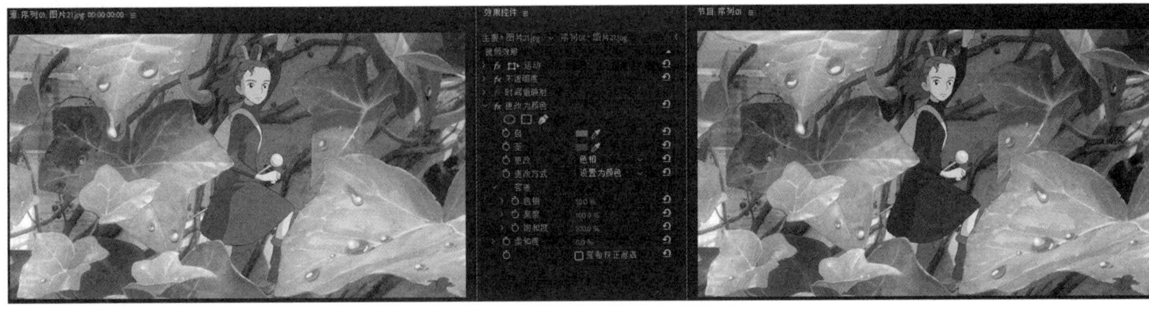

图 7-140

7. 更改颜色

使用【更改颜色】效果可以更改素材中选定颜色的色相、饱和度、亮度等常规颜色属性，如图 7-141 所示。

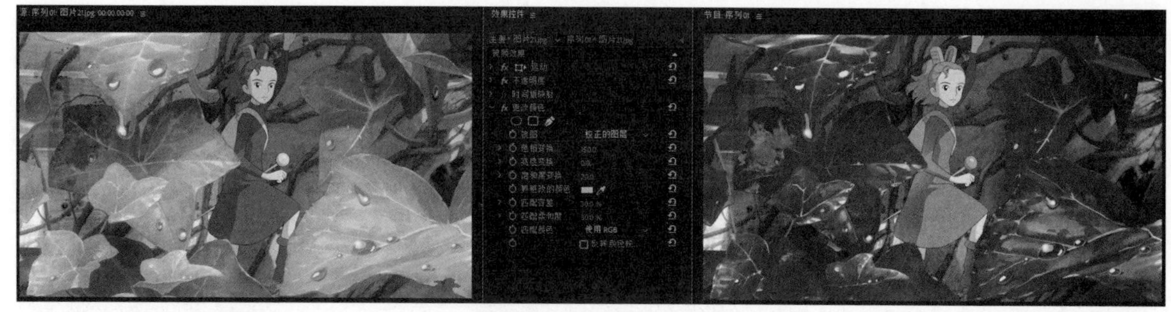

图 7-141

8. 色彩

使用【色彩】效果可以将素材中的黑白色映射为其他颜色，如图 7-142 所示。

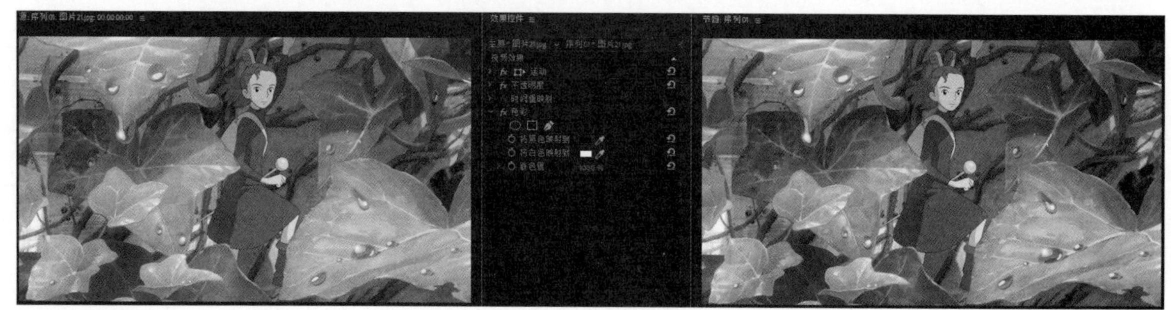

图 7-142

9. 视频限幅器

使用【视频限幅器】效果可以为素材的颜色限定范围，防止色彩溢出，如图 7-143 所示。

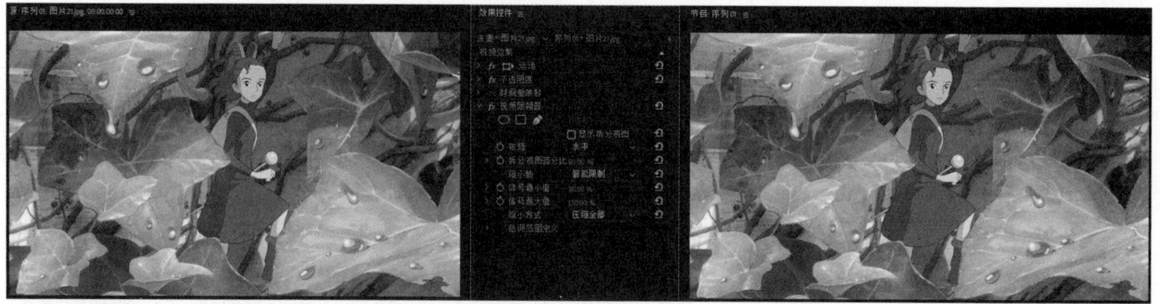

图 7-143

10. 通道混合器

使用【通道混合器】效果可以通过调整素材的通道参数来调整素材颜色，如图 7-144 所示。

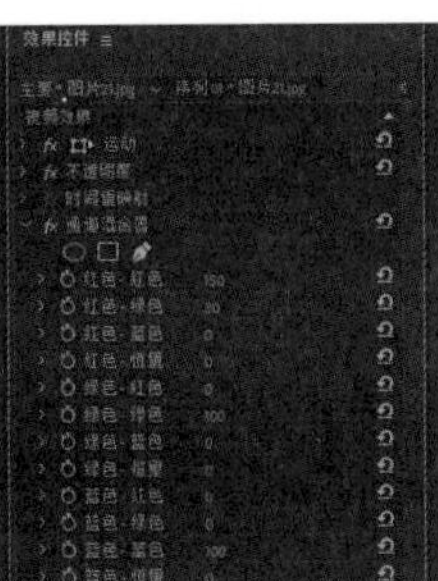
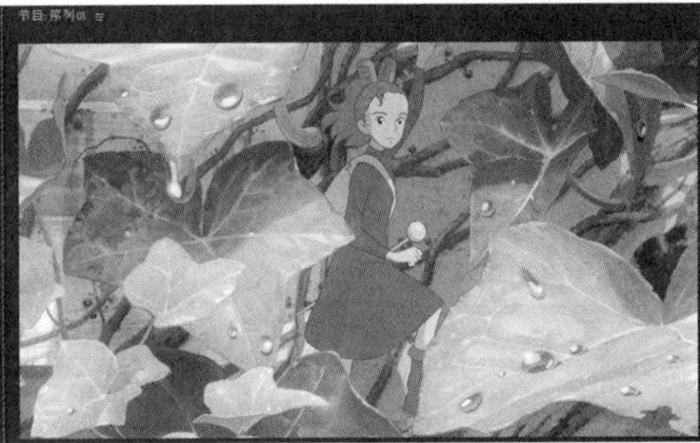

图 7-144

11. 颜色平衡

使用【颜色平衡】效果可以通过调整素材的阴影、中间调和高光等属性，使素材颜色达到平衡，如图 7-145 所示。

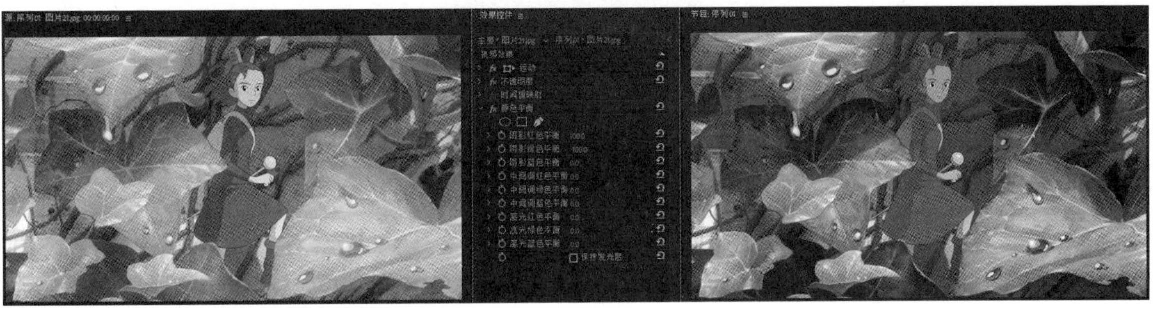

图 7-145

12. 颜色平衡（HLS）

使用【颜色平衡（HLS）】效果可以通过调整素材的色相、亮度、饱和度等属性，使素材的颜色达到平衡，如图 7-146 所示。

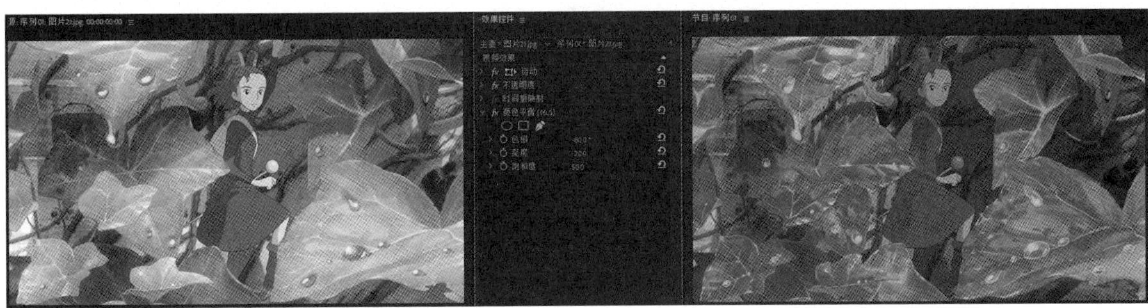

图 7-146

风格化视频效果

风格化视频效果主要针对素材进行艺术化处理。【风格化】文件夹中包含13种视频效果，分别是【Alpha发光】、【复制】、【彩色浮雕】、【抽帧】、【曝光过度】、【查找边缘】、【浮雕】、【画笔描边】、【粗糙边缘】、【纹理化】、【闪光灯】、【阈值】和【马赛克】，如图7-147所示。

图7-147

1. Alpha发光

为素材添加【Alpha发光】效果，可以利用素材的Alpha通道使素材边缘产生发光效果，如图7-148所示。

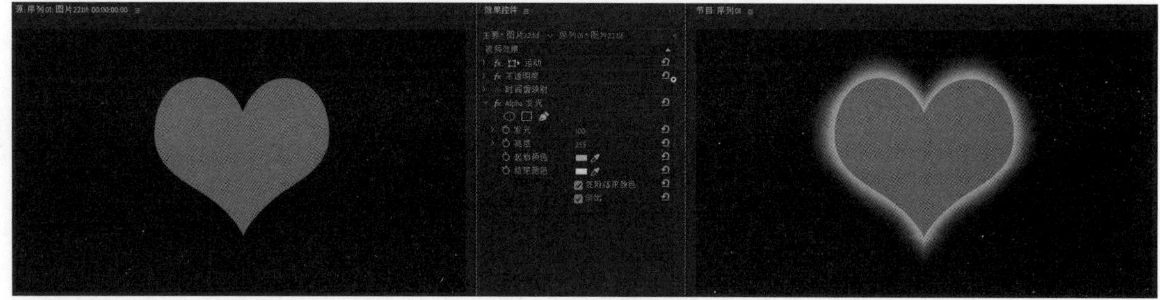

图7-148

2. 复制

使用【复制】效果可以在画面中创建多个图像副本，如图 7-149 所示。

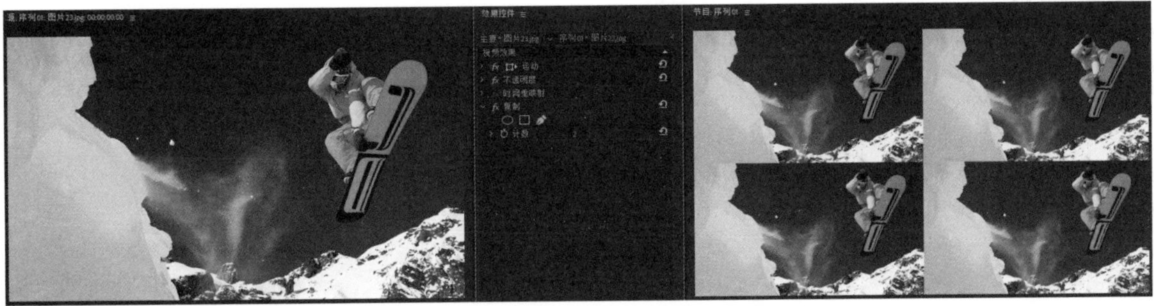

图 7-149

3. 彩色浮雕

使用【彩色浮雕】效果可以使素材在不去除颜色的基础上产生立体浮雕效果，如图 7-150 所示。

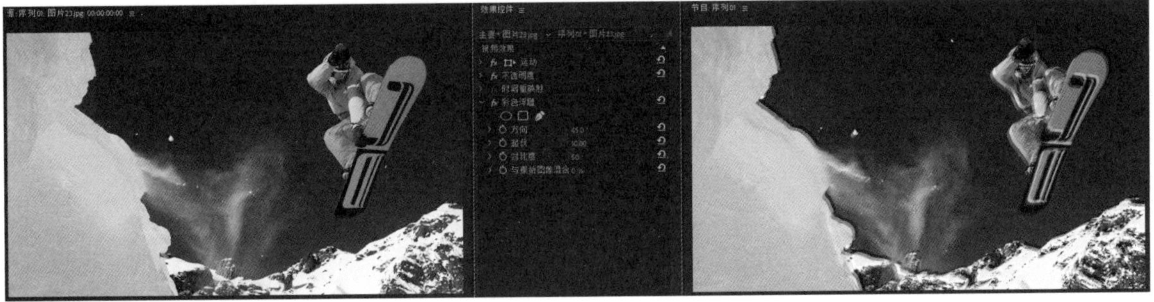

图 7-150

4. 抽帧

使用【抽帧】效果可以通过改变素材的颜色层次来调整素材的颜色，如图 7-151 所示。

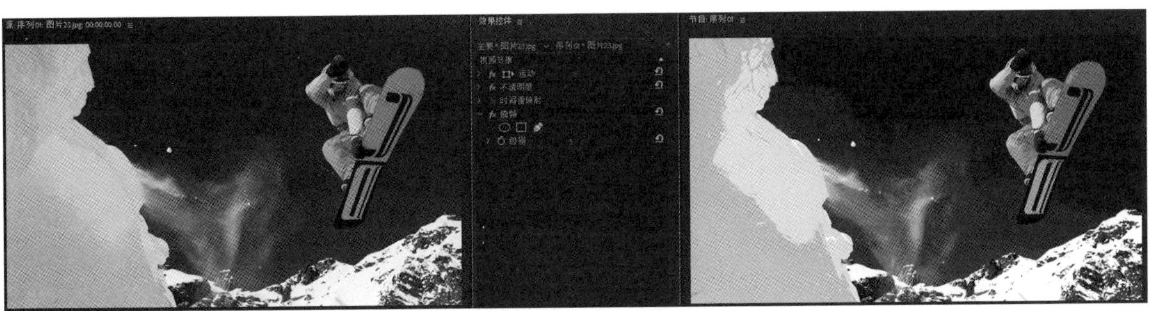

图 7-151

5. 曝光过度

【曝光过度】效果可以模拟相机曝光过度的效果，如图 7-152 所示。

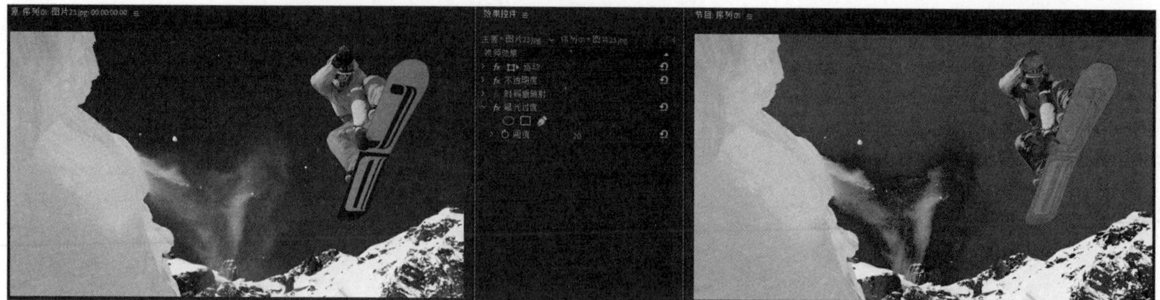

图 7-152

6. 查找边缘

使用【查找边缘】效果可以利用线条将素材对比度高的区域勾勒出来，如图 7-153 所示。

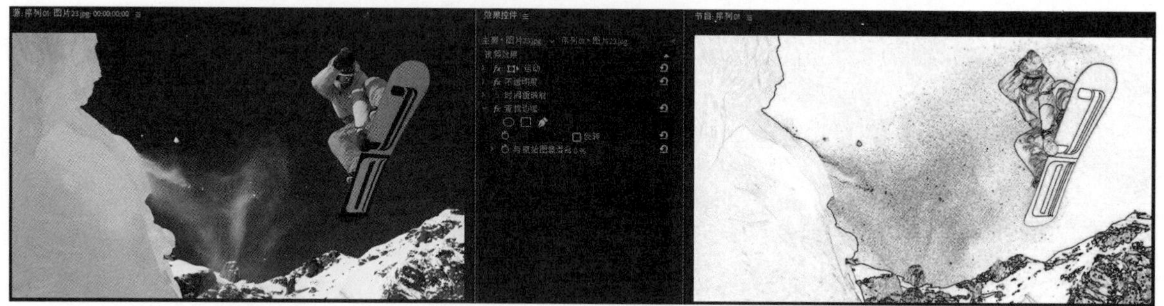

图 7-153

7. 浮雕

使用【浮雕】效果可以使素材产生立体浮雕效果，如图 7-154 所示。

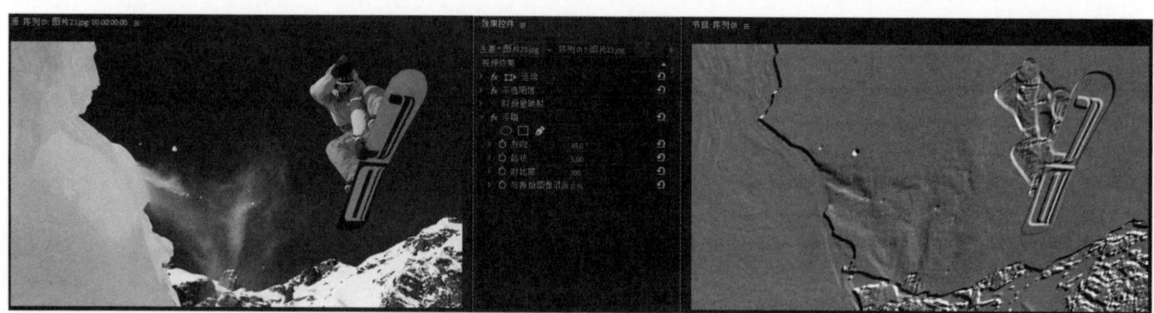

图 7-154

8. 画笔描边

使用【画笔描边】效果可以模拟绘画的笔触效果，如图 7-155 所示。

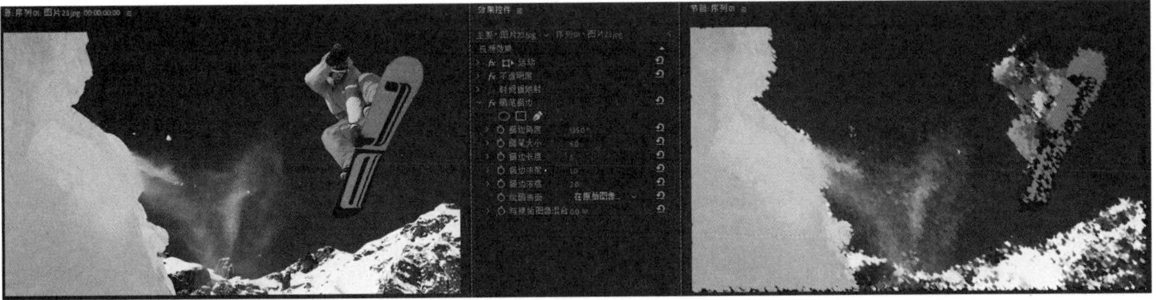

图 7-155

9. 粗糙边缘

使用【粗糙边缘】效果可以使素材边缘变得粗糙，如图 7-156 所示。

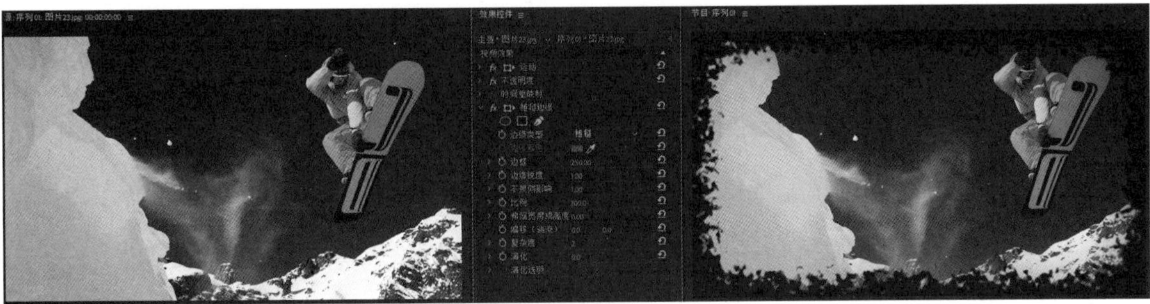

图 7-156

10. 纹理化

使用【纹理化】效果可以在当前图层创建指定图层的浮雕纹理，如图 7-157 所示。

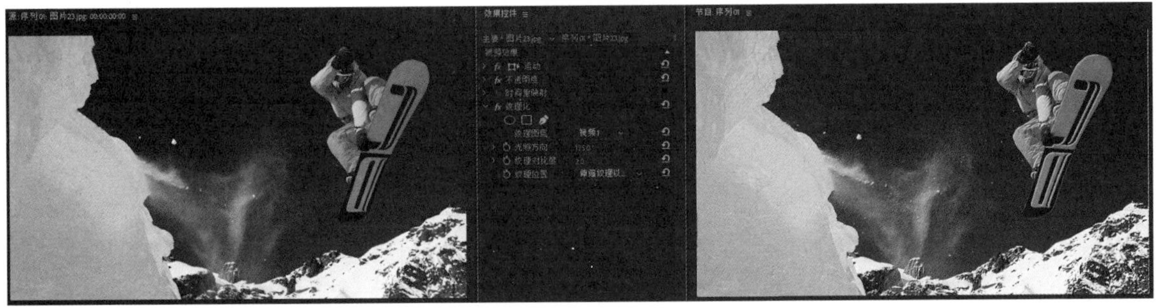

图 7-157

11. 闪光灯

为素材添加【闪光灯】效果可以在素材中创建时间间隔有规律的闪光灯效果，如图 7-158 所示。

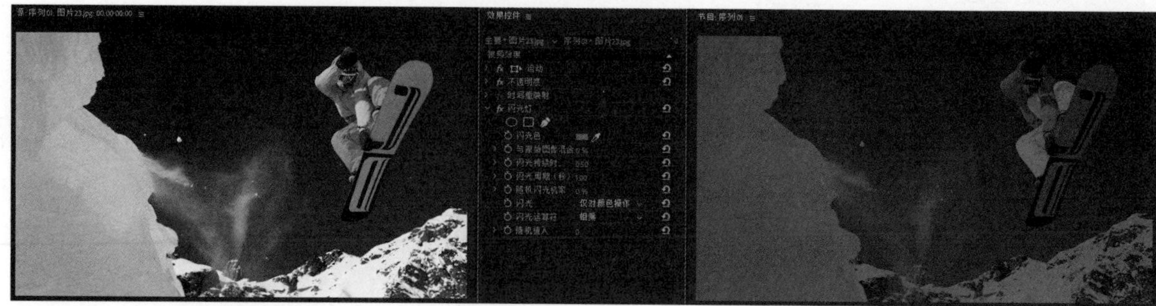

图 7-158

12. 阈值

为素材添加【阈值】效果可以将彩色素材调整为黑白效果，如图 7-159 所示。

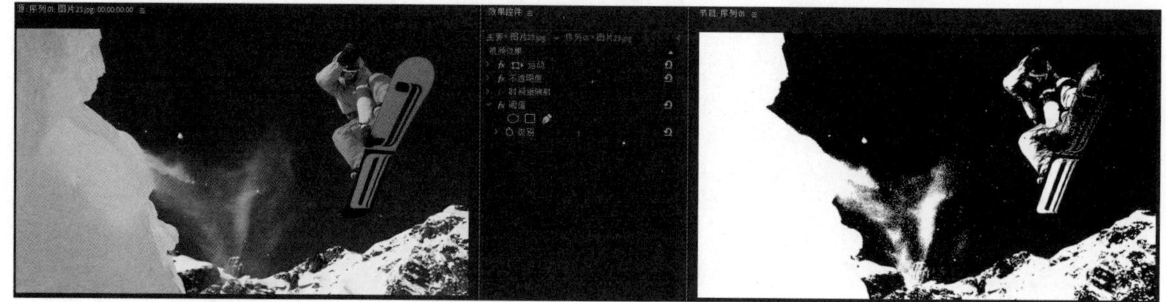

图 7-159

13. 马赛克

为素材添加【马赛克】效果可以将素材调整为马赛克效果，如图 7-160 所示。

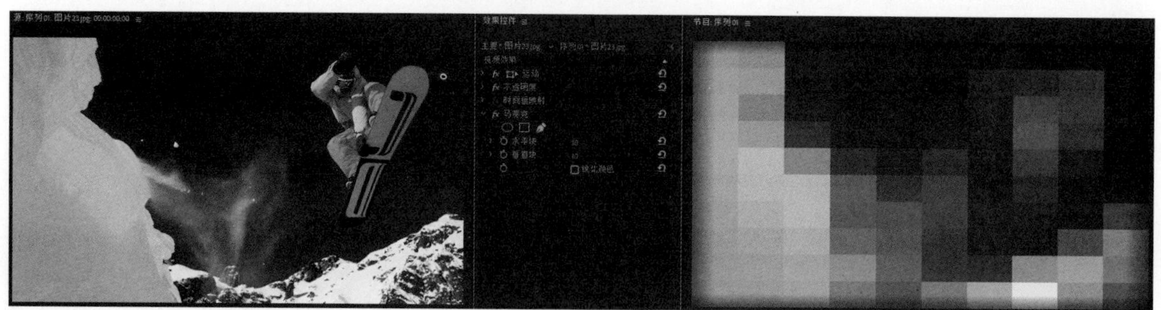

图 7-160

7.22【预设】文件夹

【预设】文件夹中是一些常用的设置好的视频效果，方便用户查找使用。【预设】文件夹中的视频效果自带动画效果，这样可以提高工作效率。按照视频效果的用途和风格等方式，【预设】文件夹中细分出 8 个文件夹，分别是【卷积内核】、【去除镜头扭曲】、【扭曲】、【斜角边】、【模糊】、【画中画】、【过度曝光】和【马赛克】文件夹，如图 7-161 所示。

1.【卷积内核】文件夹

【卷积内核】文件夹里的视频效果是利用数学回转改变素材亮度的，可提高素材边缘的对比度。【卷积内核】文件夹里包括 10 种视频效果，如图 7-162 所示。【卷积内核】文件夹中的【卷积内核浮雕】效果如图 7-163 所示。

图 7-161

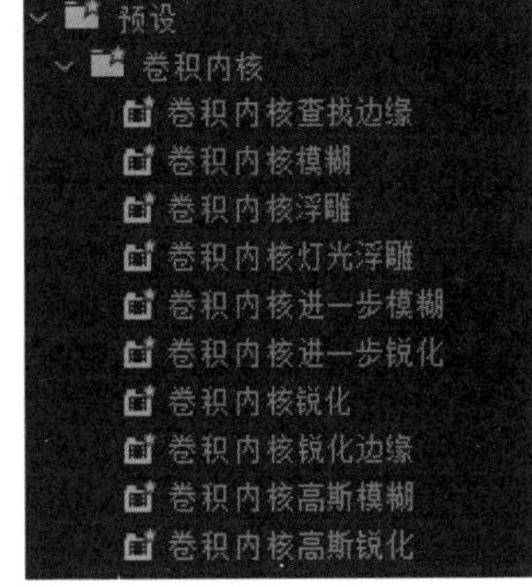

图 7-162

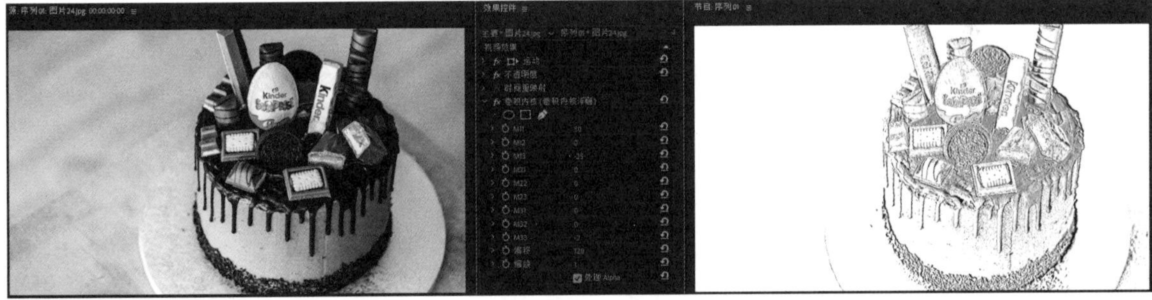

图 7-163

2.【去除镜头扭曲】文件夹

【去除镜头扭曲】文件夹里的效果可以模拟镜头失真效果，使素材画面产生凹凸变形的扭曲效果。【去除镜头扭曲】文件夹里包括两个子文件夹，提供了多种不同的样式，如图 7-164 所示。【去除镜头扭曲】文件夹中的【镜头扭曲（1080）】效果如图 7-165 所示。

图 7-164

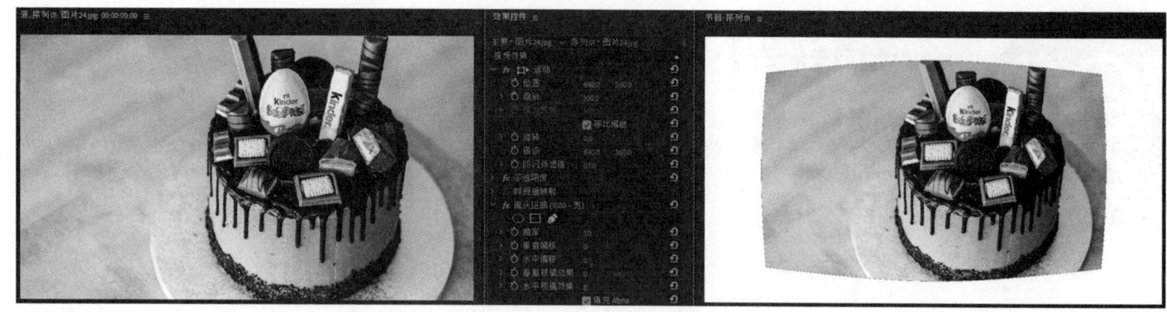

图 7-165

3.【扭曲】文件夹

【扭曲】文件夹里的效果主要是针对素材的出入点进行几何变形处理的。【扭曲】文件夹里包括【扭曲入点】和【扭曲出点】两种视频效果，并已设置好动画参数，如图 7-166 所示。【扭曲】文件夹中的【扭曲入点】效果如图 7-167 所示。

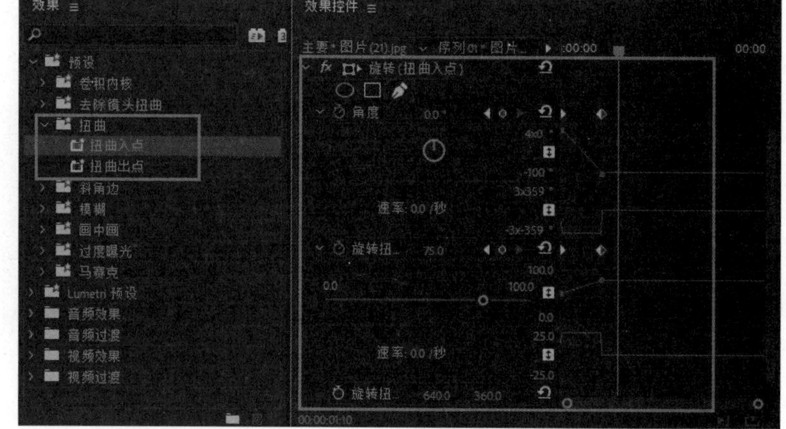

图 7-166

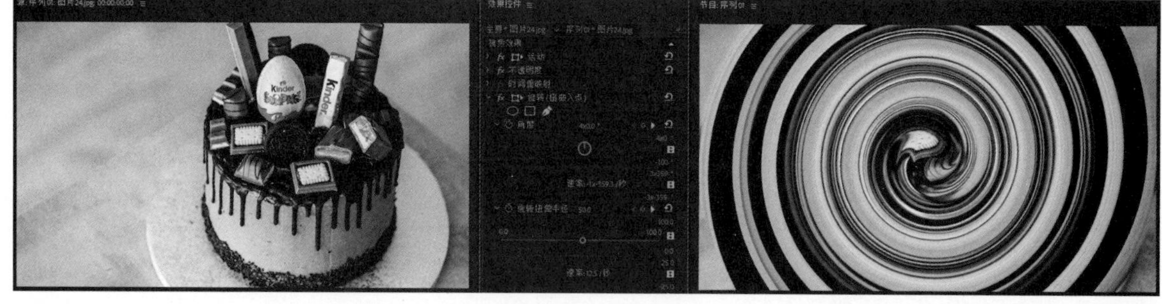

图 7-167

4.【斜角边】文件夹

为素材添加【斜角边】文件夹里的效果，可以使素材产生三维立体倾斜效果。【斜角边】文件夹里包括【厚斜角边】和【薄斜角边】两种视频效果，如图 7-168 所示。【斜角边】文件夹中的【厚斜角边】效果如图 7-169 所示。

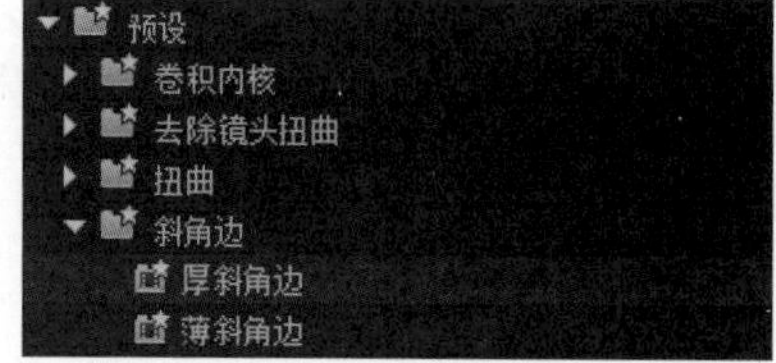

图 7-168

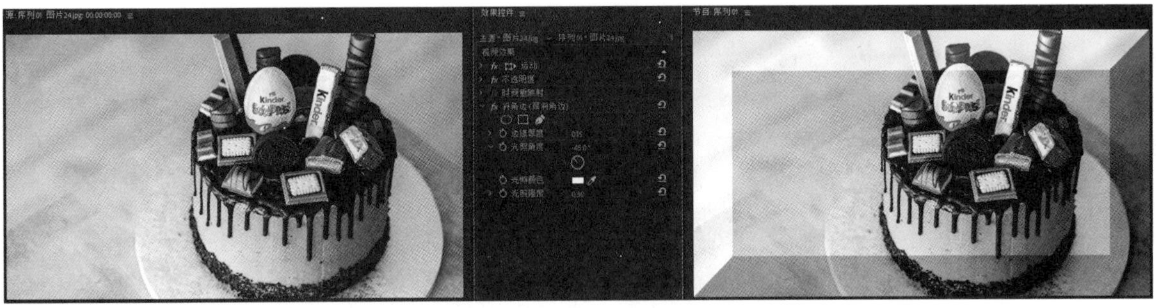

图 7-169

5.【模糊】文件夹

使用【模糊】文件夹里的效果可以快速使素材的出入点产生定向模糊效果。【模糊】文件夹里包括【快速模糊入点】和【快速模糊出点】两种视频效果，并已设置好动画参数，如图 7-170 所示。【模糊】文件夹中的【快速模糊入点】效果如图 7-171 所示。

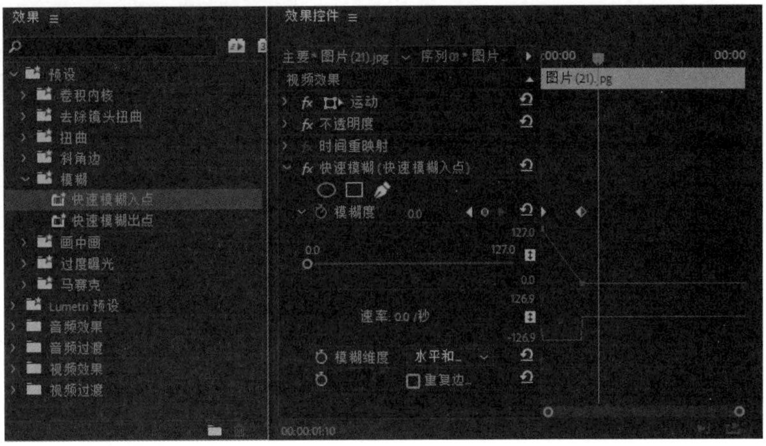

图 7-170

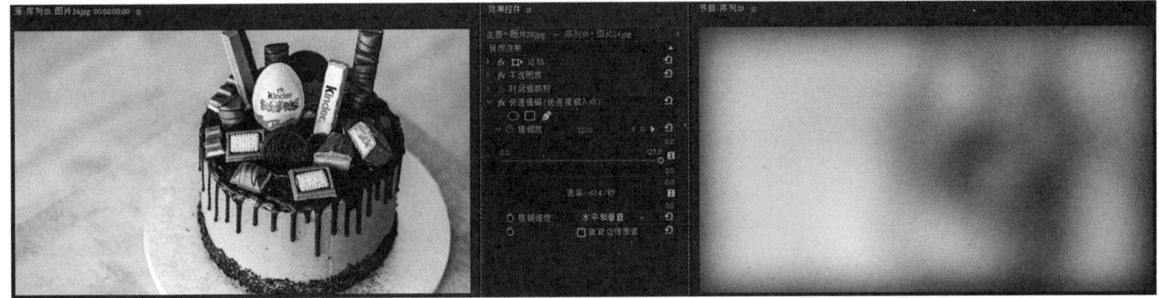

图 7-171

6.【画中画】文件夹

使用【画中画】文件夹里的效果会将素材以多种不同的方式缩放到画面中，制作出画中画效果。【画中画】文件夹里包括【25% LL】、【25% LR】、【25% UL】、【25% UR】和【25% 运动】5 个子文件夹，提供了多种不同的样式，多种视频效果的动画参数均已设置好，如图 7-172 所示。【画中画】文件夹中的【画中画 25% UR 旋转入点】效果如图 7-173 所示。

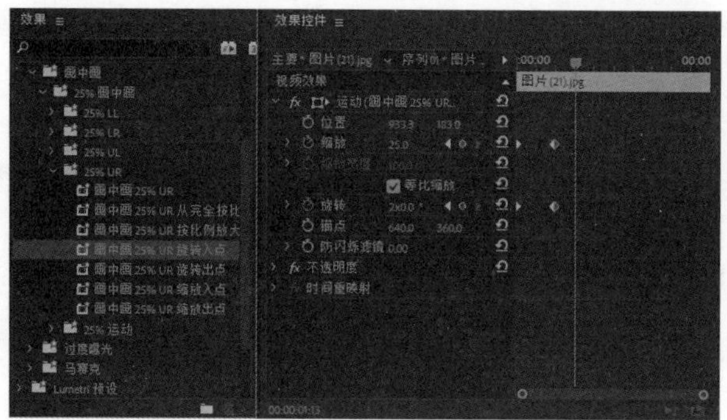

图 7-172

图 7-173

7.【过度曝光】文件夹

使用【过度曝光】文件夹里的效果可以在素材的出入点模拟相机曝光过度的效果。【过度曝光】文件夹里包括【过度曝光入点】和【过度曝光出点】两种视频效果，并且动画参数已设置好，如图 7-174 所示。【过度曝光】文件夹中的【过度曝光入点】效果如图 7-175 所示。

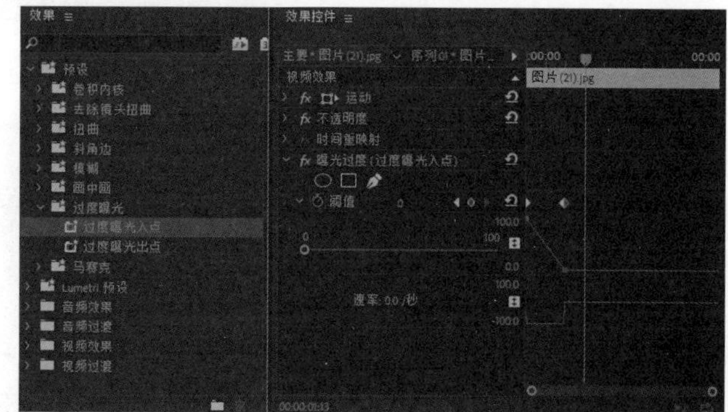

图 7-174

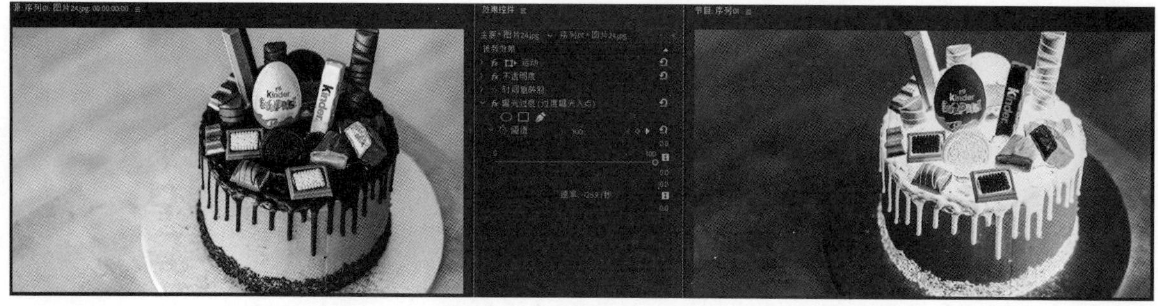

图 7-175

8.【马赛克】文件夹

【马赛克】文件夹里的效果可以将素材的出入点调整为马赛克效果。【马赛克】文件夹里包括【马赛克入点】和【马赛克出点】两种视频效果，并且动画参数已设置好，如图 7-176 所示。【马赛克】文件夹中的【马赛克入点】效果如图 7-177 所示。

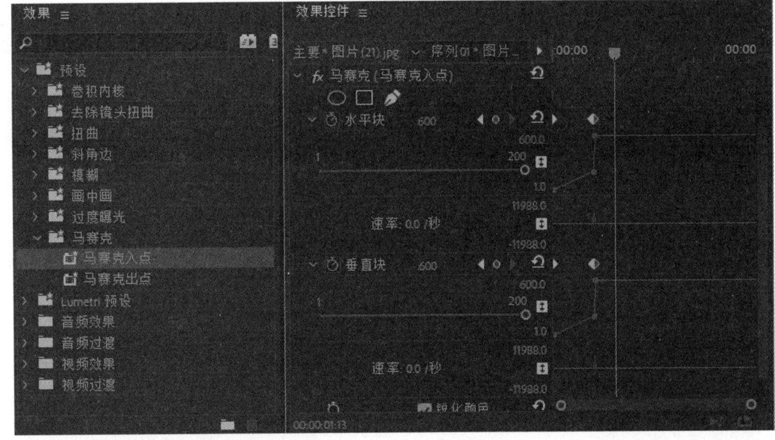

图 7-176

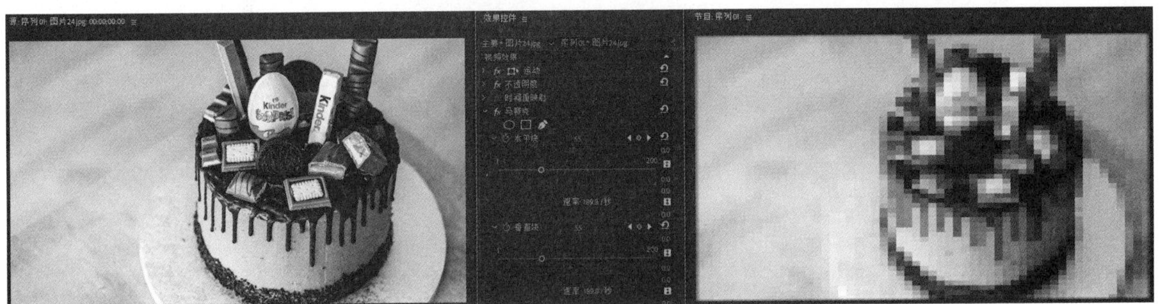

图 7-177

7.23 【Lumetri预设】文件夹

【Lumetri 预设】文件夹中的效果是 Premiere Pro CC 中新增加的视频效果，用户可应用预设的颜色分级效果。按照视频效果的颜色、色温、用途和风格等，【Lumetri 预设】文件夹中又细分出 5 个文件夹，分别是【Filmstocks】、【SpeedLooks】、【单色】、【影片】和【技术】，如图 7-178 所示。

图 7-178

1.【Filmstocks】文件夹

使用【Filmstocks】文件夹里的视频效果可使素材画面具有电影胶片式的色温。【Filmstocks】文件夹里包括5种不同的颜色效果，并且可以在效果面板右侧查看效果图，如图7-179所示。【Filmstocks】文件夹中的【Fuji F125 Kodak 2393】效果如图7-180所示。

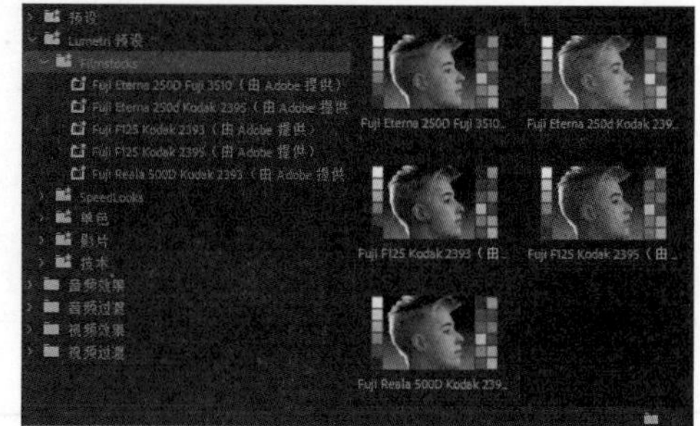

图7-179

图7-180

2.【SpeedLooks】文件夹

使用【SpeedLooks】文件夹里的视频效果可以调节素材的颜色风格。【SpeedLooks】文件夹里包括【Universal】和【摄像机】两个子文件夹，提供了多种不同的颜色风格，并且可以在效果面板右侧查看效果图，如图7-181所示。【SpeedLooks】文件夹中的【SL蓝色Day4Nite（Universal）】效果如图7-182所示。

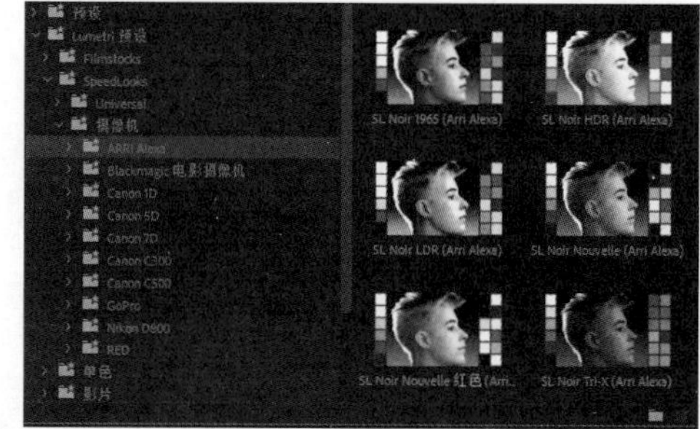

图7-181

图7-182

3.【单色】文件夹

使用【单色】文件夹里的视频效果可以调节素材颜色黑白化的强弱。【单色】文件夹里包括 7 种不同的效果，并且在效果面板右侧可以查看效果图，如图 7-183 所示。【单色】文件夹中的【黑白打孔】效果如图 7-184 所示。

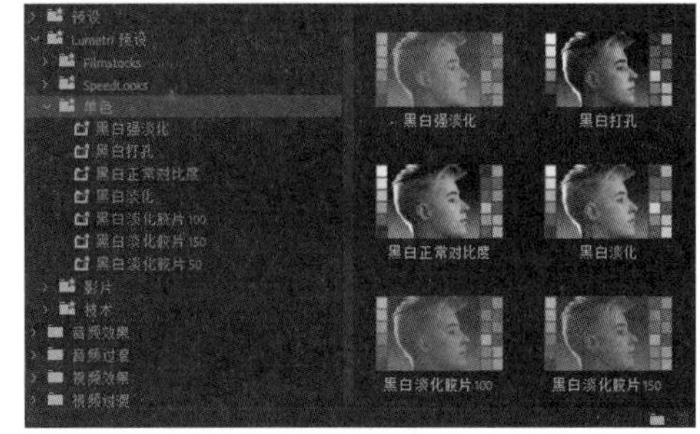

图 7-183

图 7-184

4.【影片】文件夹

使用【影片】文件夹里的视频效果可以调节素材颜色的饱和度。【影片】文件夹里包括 7 种不同的效果，并且在效果面板右侧可以查看效果图，如图 7-185 所示。【影片】文件夹中的【Cinespace 100】效果如图 7-186 所示。

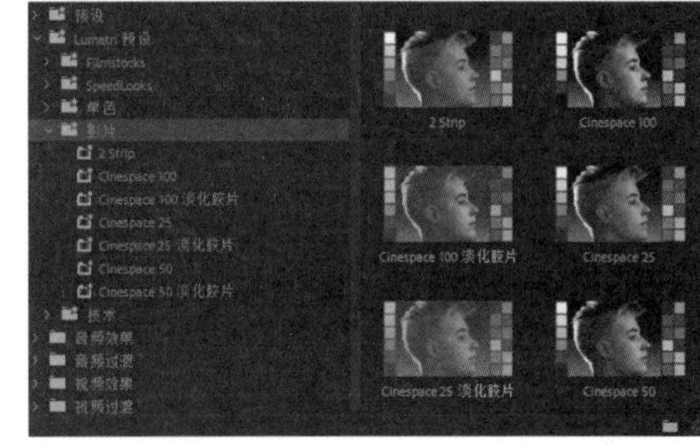

图 7-185

图 7-186

5.【技术】文件夹

使用【技术】文件夹里的视频效果可以合理地转换素材的Lumetri颜色。【技术】文件夹里包括6种不同的效果，并且在效果面板右侧可以查看效果图，如图7-187所示。【技术】文件夹中的【合法范围转换为完整范围（12位）】效果如图7-188所示。

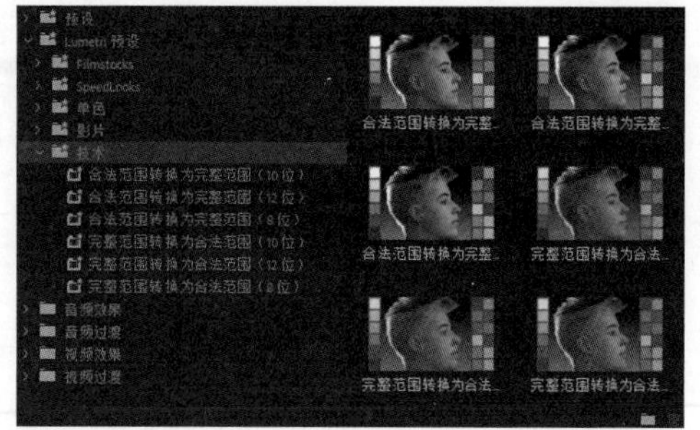

图7-187

图7-188

课堂练习 安全出行

素材文件	素材文件/第7章/汽车图片01.jpg、汽车图片02.jpg、汽车图片03.png、汽车字幕.png和背景音乐.mp3	扫码观看视频
案例文件	案例文件/第7章/视频剪辑.prproj	
教学视频	教学视频/第7章/视频剪辑.mp4	
练习要点	本练习是为了让读者加深理解【视频效果】文件夹中【渐变】、【粗糙边缘】、【高斯模糊】、【颜色平衡】、【圆形】、【轨道遮罩键】、【径向擦除】、【百叶窗】、【裁剪】、【斜面Alpha】和【投影】等效果的应用	

1. 练习思路

① 利用【渐变】效果和【黑场视频】制作背景。

② 利用【粗糙边缘】效果制作边框。

③ 利用【高斯模糊】和【颜色平衡】效果调整素材颜色。

④ 利用【圆形】和【轨道遮罩键】效果制作过渡效果。

⑤ 利用【径向擦除】、【百叶窗】和【裁剪】效果制作过渡效果。

⑥ 利用【斜面 Alpha】和【投影】效果制作立体字和阴影效果。

2. 制作步骤

（1）设置项目

Step 01 创建项目，设置项目名称为“安全出行”。

Step 02 创建序列。在【新建序列】对话框中，设置序列格式为【HDV】>【HDV 720p25】，在【序列名称】文本框中输入“安全出行”。

Step 03 导入素材。将【汽车图片 01.jpg】、【汽车图片 02.jpg】、【汽车图片 03.png】、【汽车字幕.png】和【背景音乐.mp3】素材导入到项目中，如图 7-189 所示。

图 7-189

（2）设置背景

Step 01 在【项目】面板的空白处，单击鼠标右键，选择【新建项目】>【黑场视频】命令，如图 7-190 所示。

Step 02 在弹出的【新建黑场视频】对话框中，单击【确定】按钮，如图 7-191 所示。

Step 03 将【项目】面板中的【黑场视频】文件拖至视频轨道【V1】上，如图 7-192 所示。

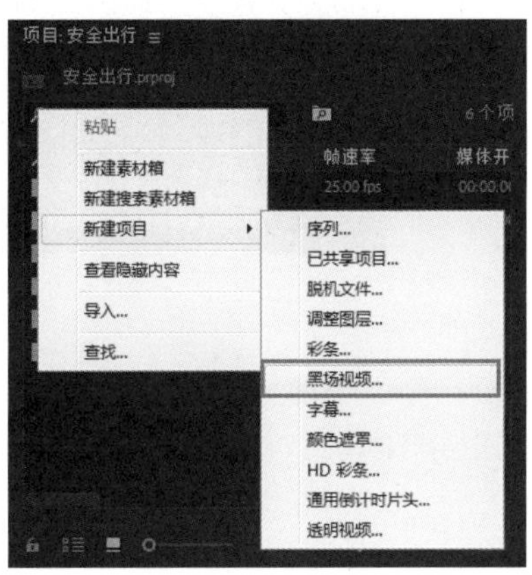

图 7-190

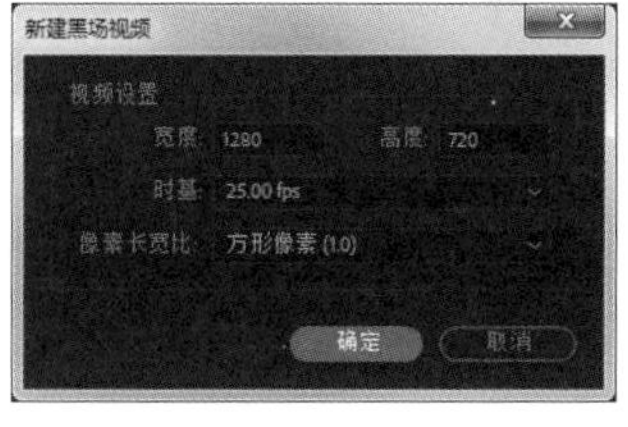

图 7-191

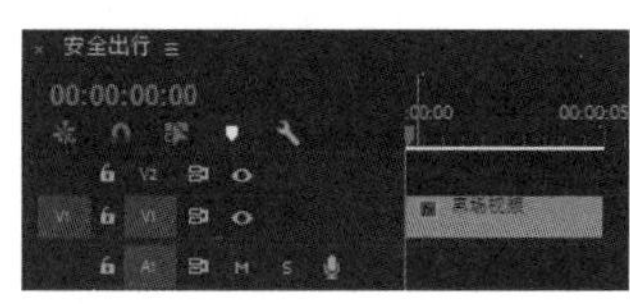

图 7-192

Step 04 为【黑场视频】添加效果。选中视频轨道【V1】上的【黑场视频】，双击【效果】面板中的【视频效果】>【生成】>【渐变】效果，如图 7-193 所示。

Step 05 激活视频轨道【V1】上【黑场视频】的【效果控件】面板，设置【渐变】效果的【渐变起点】为（1280.0,0.0）、【起始颜色】为（R:70,G:170,B:150）、【渐变终点】为（0.0,720.0）、【结束颜色】为（R:230,G:255,B:150）、【渐变形状】为【线性渐变】，如图 7-194 所示。

图 7-193

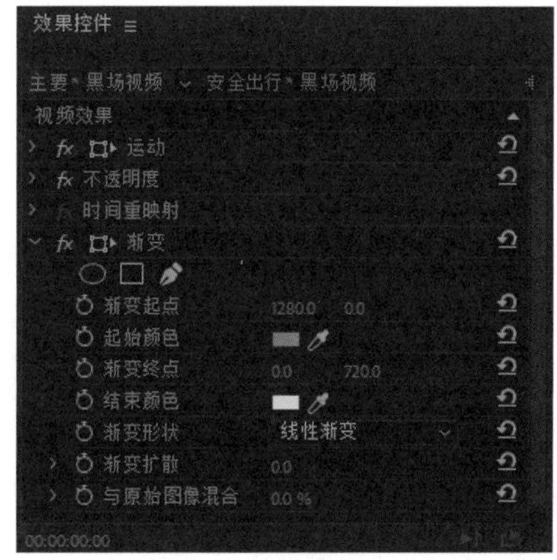

图 7-194

（3）设置片段一

Step 01 将【项目】面板中的【汽车图片 01.jpg】素材文件拖至视频轨道【V2】上，如图 7-195 所示。

Step 02 选中视频轨道【V2】上的【汽车图片 01.jpg】素材文件，双击【效果】面板中的【视频效果】>【风格化】>【粗糙边缘】效果、【模糊和锐化】>【高斯模糊】效果、【颜色校正】>【颜色平衡（HLS）】效果和【过渡】>【径向擦除】效果，如图 7-196 所示。

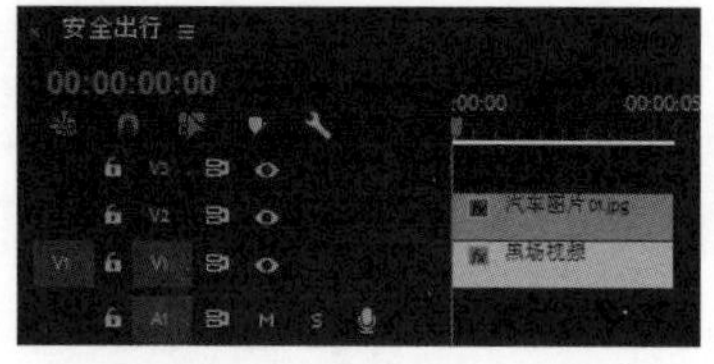

图 7-195

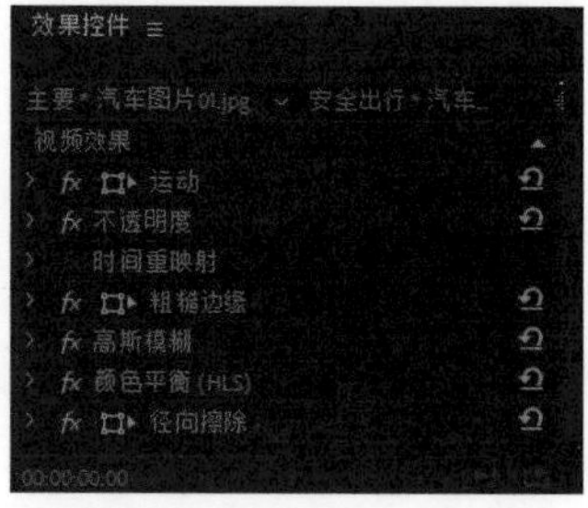

图 7-196

Step 03 激活视频轨道【V2】上【汽车图片 01.jpg】素材文件的【效果控件】面板，设置【缩放】值为 45.0，如图 7-197 所示。

Step 04 设置【粗糙边缘】效果的【边缘类型】为【粗糙色】、【边缘颜色】为（R:30，G:70，B:60）、【边框】值为 200.00、【边缘锐度】值为 5.00、【不规则影响】值为 0.00、【比例】值为 50.0，如图 7-198 所示。

图 7-197

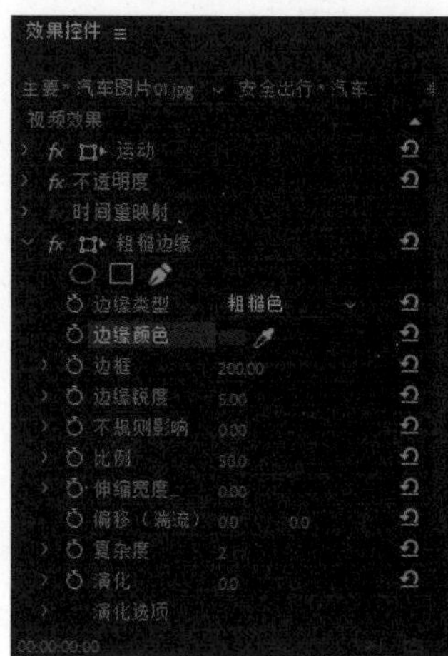

图 7-198

Step 05 将当前时间指示器移动到 00:00:01:15 位置，单击【高斯模糊】效果下【模糊度】的【切换动画】按钮，设置【模糊度】值为 0.0；将当前时间指示器移动到 00:00:02:06 位置，设置【模糊度】值为 100.0，如图 7-199 所示。

Step 06 将当前时间指示器移动到 00:00:01:15 位置，单击【颜色平衡（HLS）】效果下【亮度】和【饱和度】的【切换动画】按钮，设置【颜色平衡（HLS）】效果的【亮度】值为 0.0、【饱和度】值为 0.0；将当前时间指示器移动到 00:00:02:06 位置，设置【亮度】值为 -50.0、【饱和度】值为 -100.0，如图 7-200 所示。

Step 07 将当前时间指示器移动到 00:00:01:15 位置，单击【径向擦除】效果下【过渡完成】的【切换动画】按钮，设置【过渡完成】值为 0；将当前时间指示器移动到 00:00:02:06 位置，设置【过渡完成】值为 100%，如图 7-201 所示。

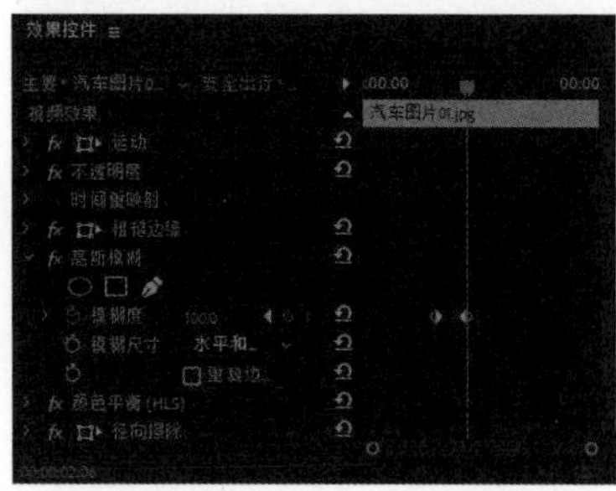

图 7-199

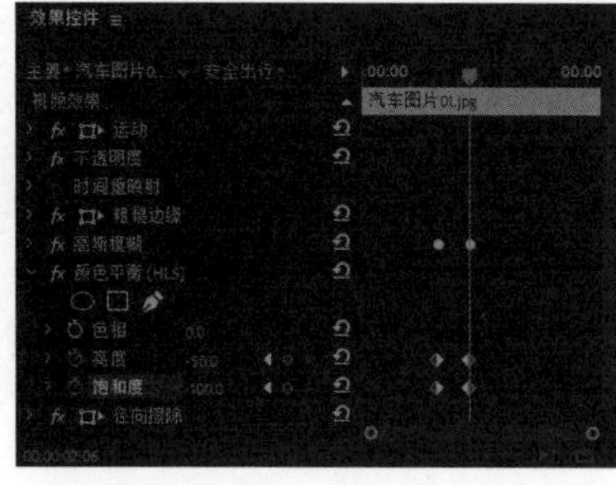

图 7-200

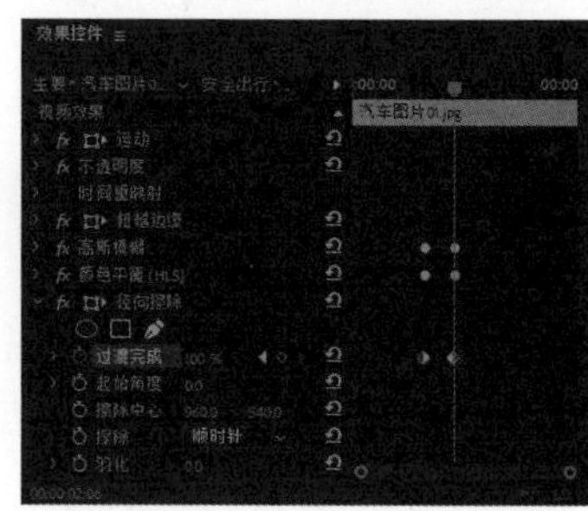

图 7-201

（4）设置片段二

Step 01 分别将【项目】面板中的【汽车图片 02.jpg】和【黑场视频】拖至视频轨道【V3】和【V4】上的 00:00:02:00 位置，如图 7-202 所示。

Step 02 选中视频轨道【V3】上的【汽车图片 02.jpg】素材文件，双击【效果】面板中的【视频效果】>【键控】>【轨道遮罩键】效果和【过渡】>【百叶窗】效果，如图 7-203 所示。

Step 03 激活【汽车图片 02.jpg】素材文件的【效果控件】面板，设置【轨道遮罩键】效果的【遮罩】为【视频 4】，如图 7-204 所示。

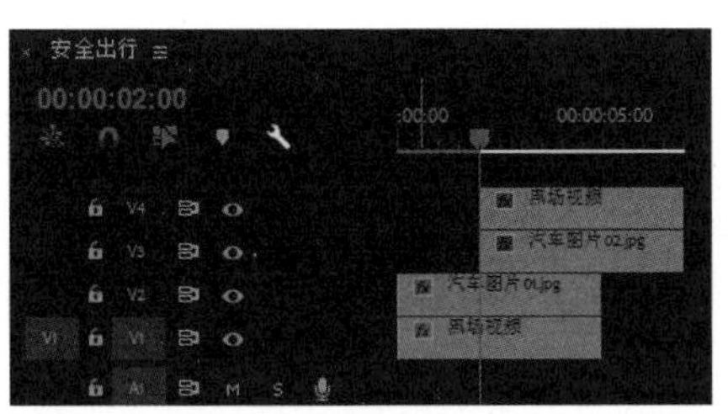

图 7-202

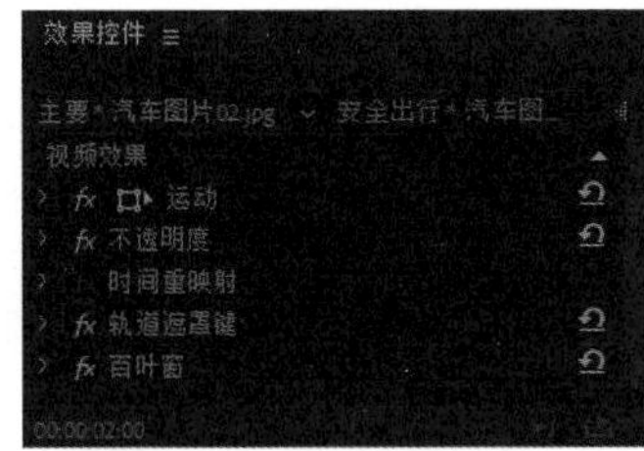

图 7-203

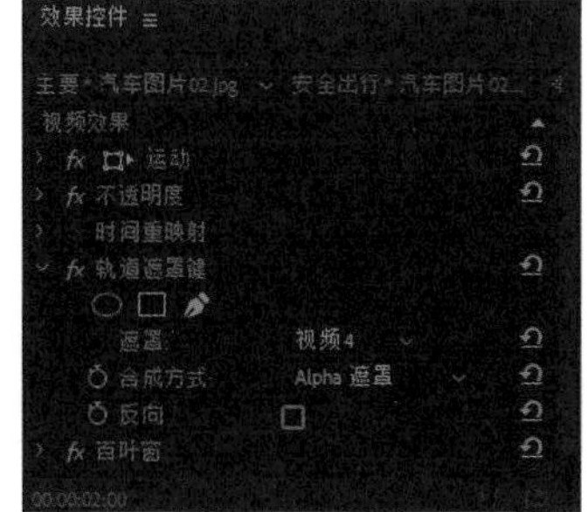

图 7-204

Step 04 将当前时间指示器移动到 00:00:04:00 位置，单击【百叶窗】效果下【过渡完成】的【切换动画】按钮，设置【百叶窗】效果的【过渡完成】值为 0、【方向】为 45.0°、【宽度】值为 30；将当前时间指示器移动到 00:00:04:13 位置，设置【过渡完成】值为 100%，如图 7-205 所示。

Step 05 选中视频轨道【V4】上的【黑场视频】，双击【效果】面板中的【视频效果】>【生成】>【圆形】效果。

Step 06 激活【黑场视频】的【效果控件】面板。将当前时间指示器移动到 00:00:02:00 位置，单击【圆形】效果下【半径】的【切换动画】按钮，设置【圆形】效果的【中心】为（815.0，270.0）、【半径】值为 0.0；将当前时间指示器移动到 00:00:02:15 位置，设置【半径】值为 940.0，如图 7-206 所示。

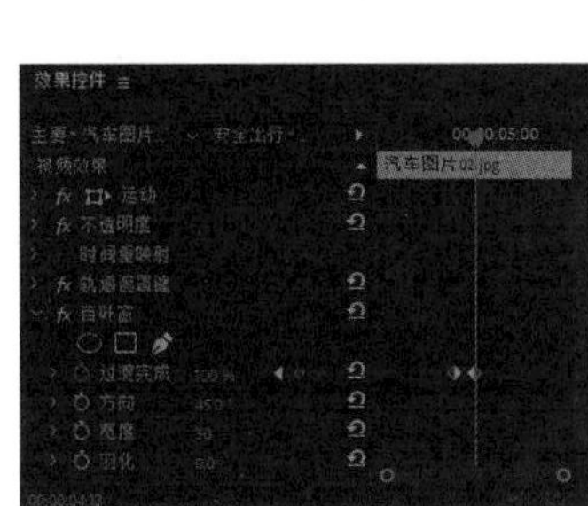

图 7-205

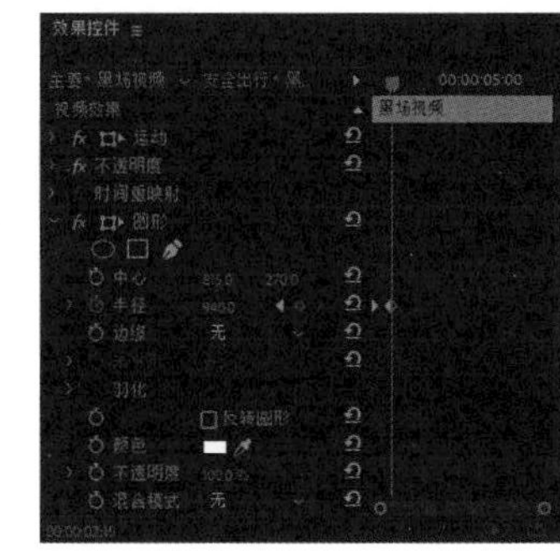

图 7-206

（5）设置片段三

Step 01 分别将【项目】面板中的【汽车图片 03.png】和【汽车字幕.png】素材文件拖至视频轨道【V2】和【V5】上的 00:00:04:00 位置，如图 7-207 所示。

Step 02 选中视频轨道【V2】上的【汽车图片 03.png】素材文件，双击【效果】面板中的【视频效果】>【透视】>【投影】效果。

Step 03 激活【汽车图片 03.png】素材文件的【效果控件】面板。将当前时间指示器移动到 00:00:04:00 位置，单击【位置】属性的【切换动画】按钮，设置【位置】为（-300.0，360.0）、【缩放】值为 60.0；将当前时间指示器移动到 00:00:04:20 位置，设置【位置】为（850.0，360.0），如图 7-208 所示。

Step 04 设置【投影】效果的【方向】为 220.0°、【距离】值为 50.0、【柔和度】值为 50.0，如图 7-209 所示。

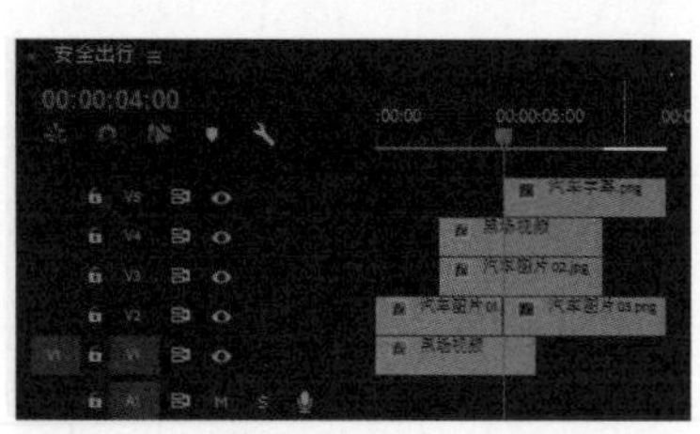

图 7-207

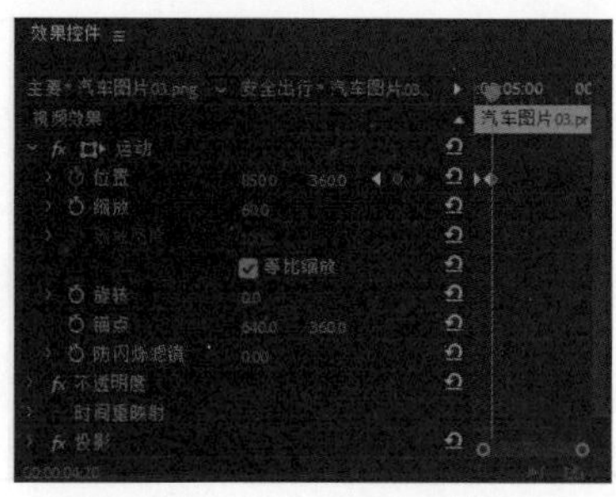

图 7-208

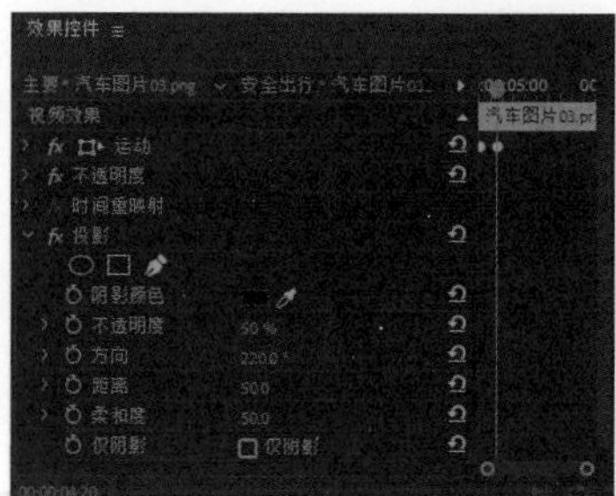

图 7-209

Step 05 选中视频轨道【V5】上的【汽车字幕.png】素材文件，双击【效果】面板中的【视频效果】>【透视】>【斜面 Alpha】效果和【变换】>【裁剪】效果，如图 7-210 所示。

Step 06 设置【斜面 Alpha】效果的【边缘厚度】值为 5.00、【光照颜色】为（R:230，G:255，B:150）、【光照强度】值为 1.00，如图 7-211 所示。

Step 07 将当前时间指示器移动到 00:00:04:10 位置，单击【裁剪】效果下【右侧】的【切换动画】按钮，设置【右侧】为 100.0%；将当前时间指示器移动到 00:00:05:00 位置，设置【右侧】值为 50.0%，如图 7-212 所示。

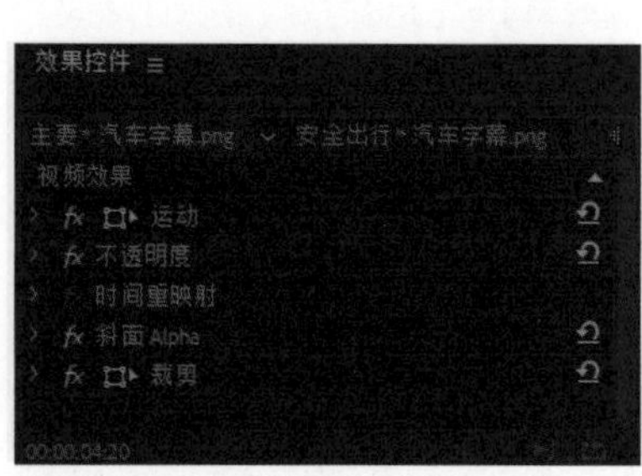

图 7-210

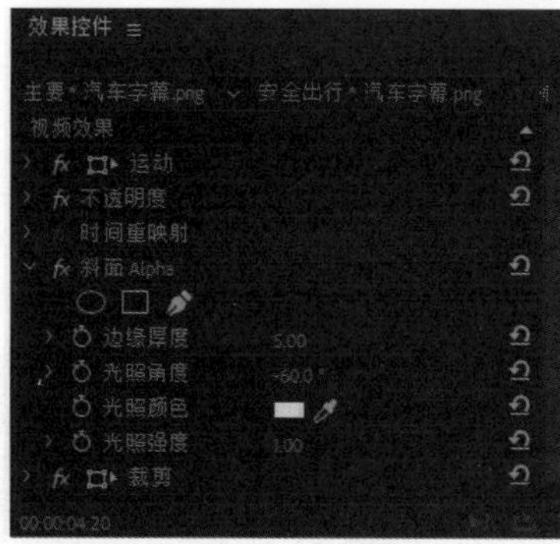

图 7-211

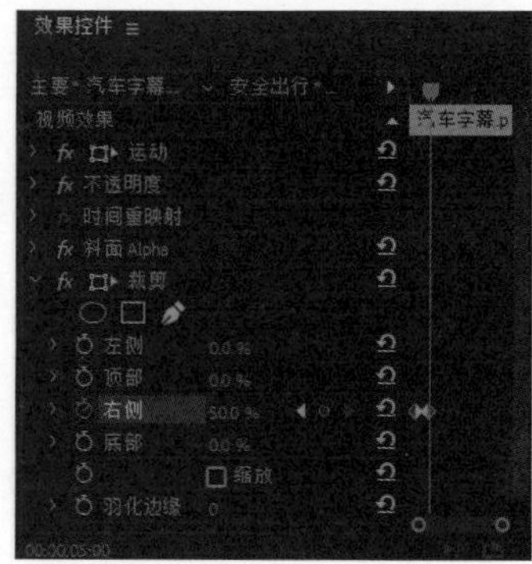

图 7-212

（6）调整项目

Step 01 将【项目】面板中的【背景音乐.mp3】素材文件拖到音频轨道【A1】上的 00:00:00:00 位置，并将视频轨道上所有素材的出点位置与音频轨道的出点位置对齐，如图 7-213 所示。

Step 02 在【节目】监视器面板上查看最终动画效果，如图 7-214 所示。

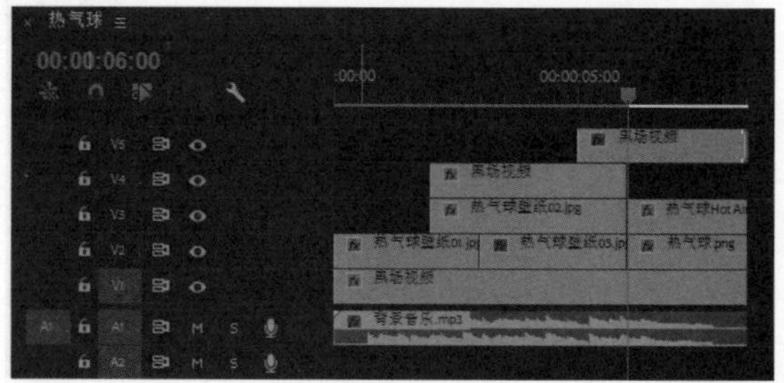

图 8-213

图 7-214

课后习题

一、选择题

1. 素材的所有特效都会在（　　　）中显示，并且该面板也是编辑素材特效的主要操作区域。

A.【效果】面板

B.【时间轴】面板

C.【效果控件】面板

D.【节目】监视器

2.【Obsolete】视频效果文件夹中只有（　　　）。

A.【模糊】效果

B.【快速模糊】效果

C.【方向模糊】效果

D.【高斯模糊】效果

3.（　　　）视频效果主要是对素材进行几何变形处理。

A. 扭曲类

B. 调整类

C. 变换类

D. 透视类

4.【颜色替换】效果在（　　　）类视频效果文件夹中。

A.【过时】

B.【调整】

C.【图像控制】

D.【颜色校正】

5.【亮度与对比度】效果在（　　　）类视频效果文件夹中。

A.【过时】

B.【键控】

C.【调整】

D.【颜色校正】

二、填空题

1. Premiere Pro CC 中提供的大量视频效果被存放在 ________ 面板中。
2.【变换】文件夹中包含 4 种视频效果，分别是 ________、________、【羽化边缘】和【裁剪】。
3. ________ 效果可以使素材以中心为轴，在水平方向上左右颠倒，进行 180° 翻转。
4. ________ 效果可以利用高斯曲线使素材产生不同程度的虚化效果。
5. ________ 类视频效果主要针对素材的出现方式进行动态调整。

三、简答题

1. Premiere Pro CC 软件与 Photoshop CC 软件中的视频效果有什么不同？
2. 常用的添加视频效果的方法有哪 3 种？

四、案例习题

习题要求：使用特效制作小型动态广告。

素材文件：素材文件 / 第 7 章 / 练习图片 01 ~练习图片 04 和练习音乐.mp3。

效果文件：效果文件 / 第 7 章 / 第 7 章 / 案例习题.mp4，如图 7-215 所示。

习题要点：

1. 根据素材设置序列。
2. 在【项目】面板中创建【黑场】和【彩色蒙版】。
3. 添加音频素材，根据音乐节奏制作画面。
4. 使用【渐变】、【棋盘】、【块溶解】、【投影】和【线性擦除】等视频效果制作背景。
5. 使用【闪光灯】、【垂直翻转】、【亮度与对比度】、【高斯模糊】和【圆形】等视频效果制作闪光主图。
6. 创建字幕，使用【线性擦除】和【镜头光晕】效果制作扫光效果。

图 7-215

Chapter 8

第 8 章 视频过渡效果

视频过渡又称视频切换，指镜头与镜头之间的过渡衔接。具体来说，就是前一个素材逐渐消失，后一个素材逐渐显现的过程。使用过渡效果可以使镜头衔接得更完美或更具独特的风格。Premiere Pro 中提供了大量的视频过渡效果供用户使用。

PREMIERE PRO

学习目标

- 了解视频过渡效果
- 熟悉编辑视频过渡效果的方法
- 熟悉不同的视频过渡效果

技能目标

- 掌握添加和删除视频过渡效果的方法
- 掌握替换视频过渡效果的方法
- 掌握修改视频过渡效果持续时间的方法
- 掌握修改默认视频过渡效果参数的方法

8.1 视频过渡效果概述

视频过渡效果用于两个素材之间的衔接处理，也可以用于单个素材的入点或出点位置。Premiere Pro CC 中的【效果】面板中提供了大量的视频过渡效果，并根据它们类型和特点的不同，分别放置在 8 个文件夹中。这 8 个文件夹分别是【3D 运动】、【划像】、【擦除】、【沉浸式视频】、【溶解】、【滑动】、【缩放】和【页面剥落】，如图 8-1 所示。这些效果可使视频素材之间产生特殊的过渡效果，以达到制作需求。

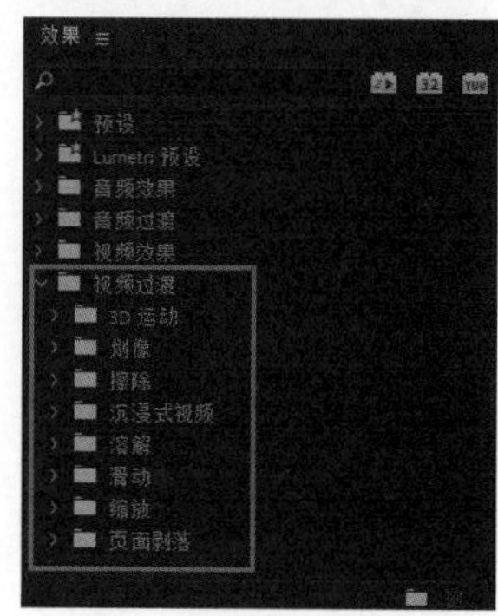

图 8-1

8.2 编辑视频过渡效果

Premiere Pro CC 中的视频效果与视频过渡效果是有区别的，虽然有些效果表现相同，但在制作技巧上略有不同。

8.2.1 添加视频过渡效果

要添加视频过渡效果，只需将视频过渡效果拖到相邻两个素材之间的位置即可，如图 8-2 所示。

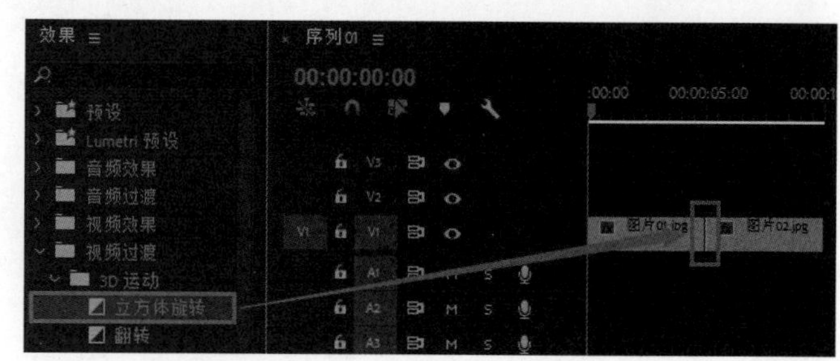

图 8-2

8.2.2 替换视频过渡效果

要替换视频过渡效果，只需将新的视频过渡效果覆盖在原有的视频过渡效果之上即可，不必清除先前的视频过渡效果，如图 8-3 所示。

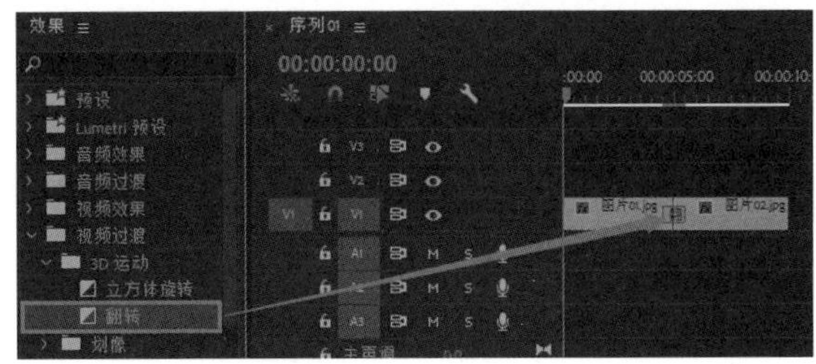

图 8-3

课堂案例 替换视频过渡效果

素材文件	素材文件 / 第 8 章 / 图片 01.jpg 和图片 02.jpg	扫码观看视频
案例文件	案例文件 / 第 8 章 / 替换视频过渡效果 .prproj	
教学视频	教学视频 / 第 8 章 / 替换视频过渡效果 .mp4	
案例要点	掌握替换视频过渡效果的方法	

Step 01 将【项目】面板中的【图片 01.jpg】和【图片 02.jpg】素材拖至视频轨道【V1】上，并添加【效果】面板中的【视频过渡】>【划像】>【圆划像】效果，如图 8-4 所示。

Step 02 将【视频过渡】>【划像】>【菱形划像】效果拖到刚刚添加【圆划像】效果的位置，替换原视频过渡效果，如图 8-5 所示。

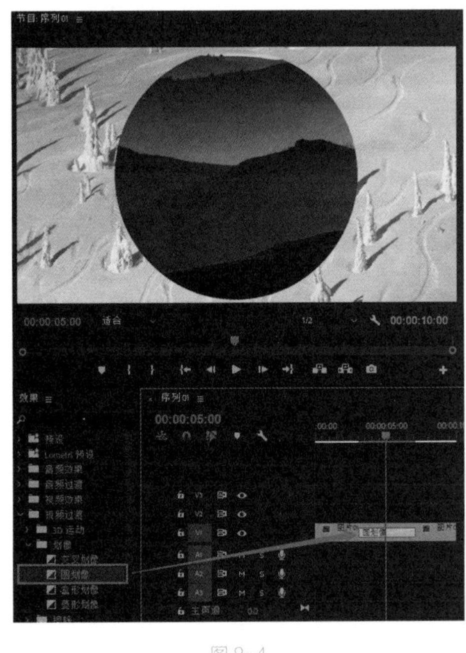

图 8-4

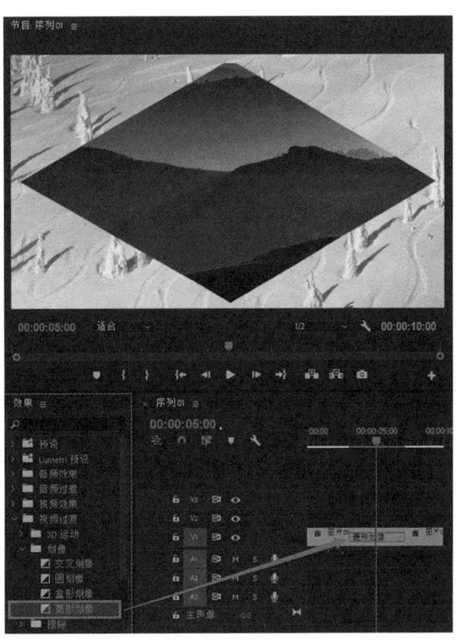

图 8-5

8.2.3 查看或修改视频过渡效果

在【效果控件】面板中，可以查看或修改视频过渡效果，以达到制作需要，如图 8-6 所示。

参数详解

【播放】按钮：单击【播放】按钮可预览视频过渡效果。

【持续时间】：设置视频过渡效果持续时间。

【开始】和【结束】：设置开始和结束的百分比。

【显示实际源】：显示视频过渡的图片。

【反向】：选择此复选框，视频过渡效果将反向运行。

【对齐】：用于设置视频过渡效果的对齐方式。视频过渡效果的作用区域是可以自由调整的，可以使过渡效果偏向于某个素材方向，包括【中心切入】、【起点切入】、【终点切入】和【自定义起点】4 个选项，如图 8-7 所示。

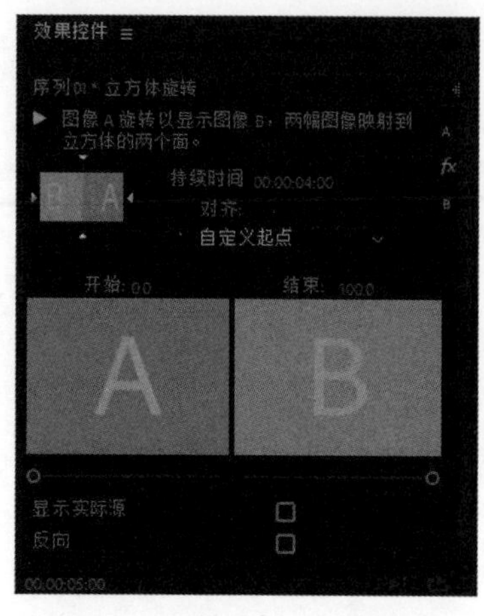

图 8-6

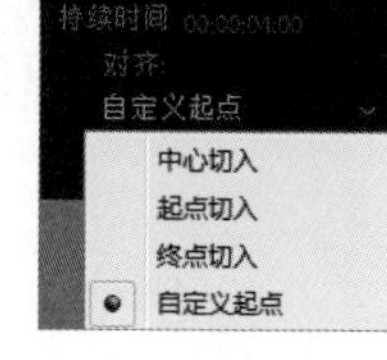

图 8-7

- 【中心切入】：添加过渡效果到两个素材的中间位置，此为默认对齐方式。
- 【起点切入】：添加视频过渡效果到第二个开始位置。
- 【终点切入】：添加视频过渡效果到第一个结束位置。
- 【自定义起点】：通过拖动鼠标，自定义过渡效果开始和结束的位置。

课堂案例 修改视频过渡效果

素材文件	素材文件 / 第 8 章 / 图片 01.jpg 和图片 02.jpg	扫码观看视频 
案例文件	案例文件 / 第 8 章 / 修改视频过渡效果.prproj	
教学视频	教学视频 / 第 8 章 / 修改视频过渡效果.mp4	
案例要点	掌握修改视频过渡效果的方法	

Step 01 将【项目】面板中的【图片 01.jpg】和【图片 02.jpg】素材文件拖至视频轨道【V1】上，并添加【效果】面板中的【视频过渡】>【滑动】>【带状滑动】过渡效果，如图 8-8 所示。单击素材之间的【带状滑动】过渡效果，激活【效果控件】面板，查看效果参数。

Step 02 在【效果控件】面板中，设置【边缘选择器】为【自西北向东南】、【开始】值为 20.0、【结束】值为 80.0，选择【显示实际源】复选框，设置【边框宽度】值为 10.0、【边框颜色】为（R:255，G:255，B:0），选择【反向】复选框，如图 8-9 所示。

Step 03 单击【自定义】按钮，在【带状滑动设置】对话框中，设置【带数量】值为 12，如图 8-10 所示。

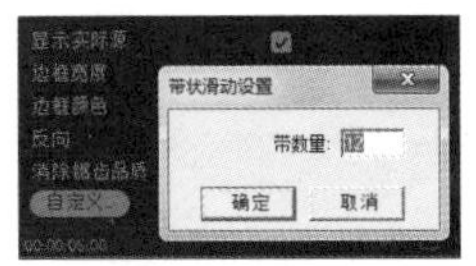

图 8-8　　图 8-9　　图 8-10

Step 04 在【节目】监视器面板中查看效果，如图 8-11 所示。

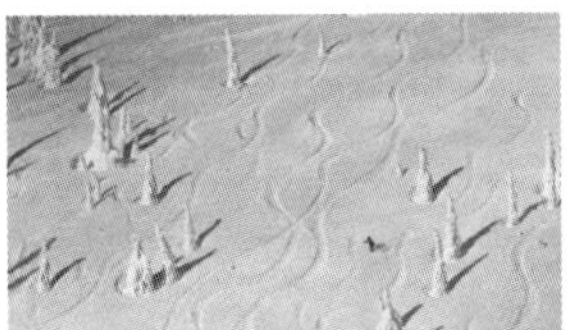

图 8-11

8.2.4 修改持续时间

视频过渡效果的持续时间是可以自由调整的，常用的方法有 5 种。

- 在【效果控件】面板中，可以直接输入数值，或者用鼠标拖动来改变数值，如图 8-12 所示。
- 对【效果控件】面板中的视频过渡效果进行拖动，可以改变过渡效果的持续时间，如图 8-13 所示。
- 在【时间轴】面板中的视频过渡效果边缘拖动，可以加长或缩短过渡效果的持续时间，如图 8-14 所示。
- 在【时间轴】面板中的视频过渡效果上单击鼠标右键，选择【设置过渡持续时间】命令。
- 双击【时间轴】面板中的视频过渡效果，在弹出的【设置过渡持续时间】对话框中，修改持续时间。

图 8-12

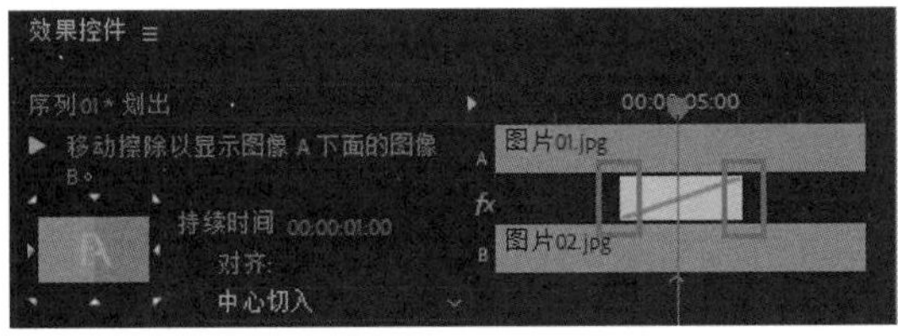
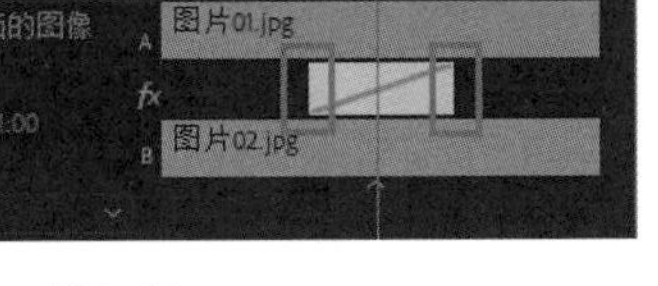

图 8-13　　图 8-14

8.2.5 删除视频过渡效果

要删除视频过渡效果，只需在视频过渡效果上单击鼠标右键，选择【清除】命令即可；或者选中序列中的视频过渡效果，按键盘上的【Delete】键。

8.3 3D运动类视频过渡效果

3D 运动类视频过渡效果主要模拟素材在三维空间中的效果。【3D 运动】文件夹中包含两种视频过渡效果，分别是【立方体旋转】和【翻转】，如图 8-15 所示。

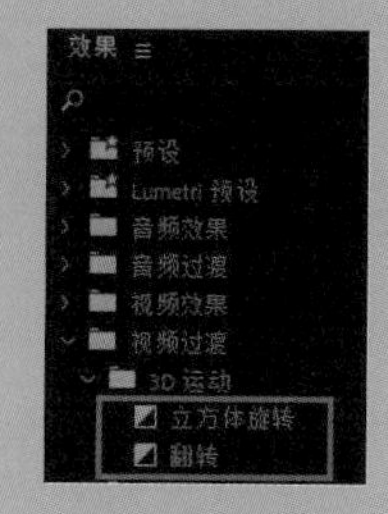

图 8-15

1. 立方体旋转

【立方体旋转】视频过渡效果可以模拟立方体相邻的两个面，使素材以立方体的形式转动，从而产生素材切换的过渡效果，如图 8-16 所示。

图 8-16

2. 翻转

【翻转】视频过渡效果可以模拟面片的两面在水平或垂直方向上翻转，从而产生素材切换的过渡效果，如图 8-17 所示。

图 8-17

参数详解

单击【自定义】按钮，会弹出【翻转设置】对话框，如图 8-18 所示。

【带】：设置翻转条数量。

【填充颜色】：设置翻转时背景的颜色。

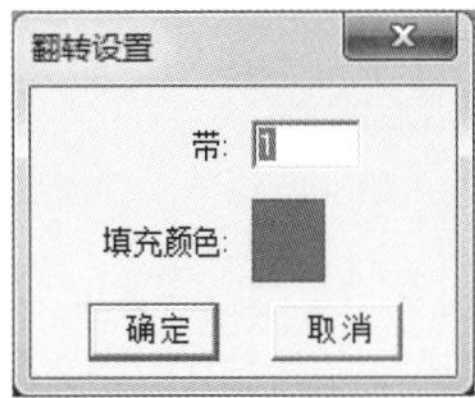

图 8-18

划像类视频过渡效果

在两个素材之间添加划像类视频过渡效果后，第一个素材以某种形状划像而出，然后逐渐显示第二个素材。【划像】文件夹中包含 4 种视频过渡效果，分别是【交叉划像】、【圆划像】、【盒形划像】和【菱形划像】，如图 8-19 所示。

在【效果控件】面板中，通过预览划像类视频过渡效果，可以调整预览中【过渡中心】（光圈）的位置，更改划像切换点的位置，如图 8-20 所示。

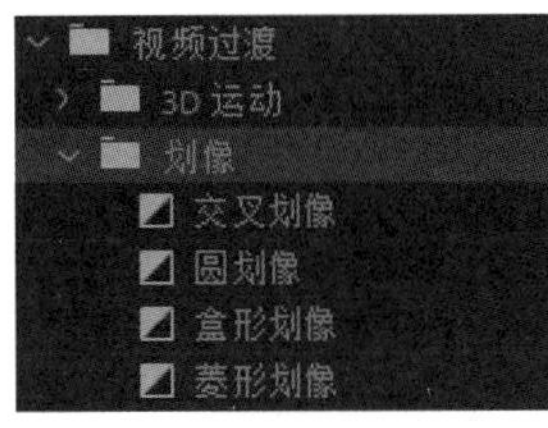

图 8-19

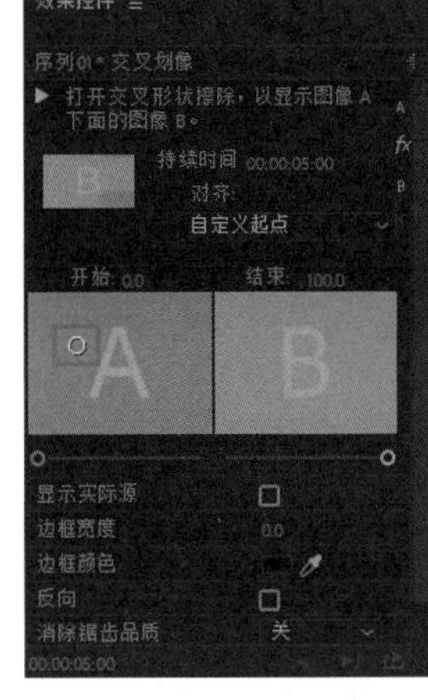

图 8-20

1. 交叉划像

在两个素材之间添加【交叉划像】视频过渡效果后，第二个素材以十字的形状从画面中心由小到大逐渐覆盖第一个素材，如图 8-21 所示。

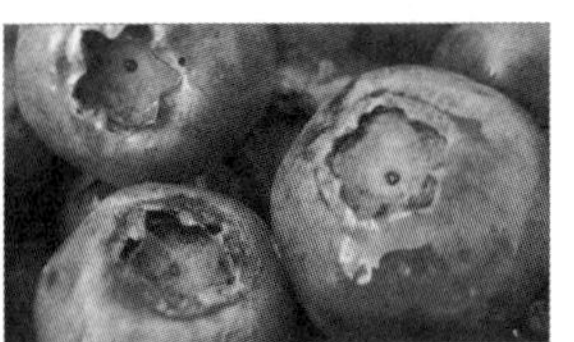

图 8-21

2. 圆划像

在两个素材之间添加【圆划像】视频过渡效果后，第二个素材以圆形的形式从画面中心由小到大逐渐覆盖第一个素材，如图 8-22 所示。

图 8-22

课堂案例 圆划像

素材文件	素材文件 / 第 8 章 / 圆划像图片 01.jpg 和圆划像图片 02.jpg	扫码观看视频 
案例文件	案例文件 / 第 8 章 / 圆划像 .prproj	
教学视频	教学视频 / 第 8 章 / 圆划像 .mp4	
案例要点	掌握应用【圆划像】视频过渡效果的方法。在应用视频过渡效果时，要根据图片内容的形状来选择	

Step 01 将【项目】面板中的【圆划像图片 01.jpg】和【圆划像图片 02.jpg】素材文件拖至视频轨道【V1】上，如图 8-23 所示。

Step 02 将【效果】面板中的【视频过渡】>【划像】>【圆划像】过渡效果添加到两素材之间的位置，如图 8-24 所示。

Step 03 激活【圆划像】视频过渡效果的【效果控件】面板，选择【显示实际源】复选框，将【过渡中心】调整到图片盾牌的中心位置，如图 8-25 所示。

图 8-23

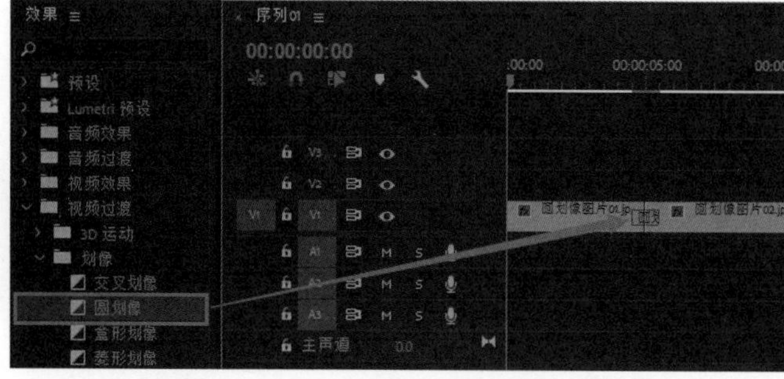

图 8-24

图 8-25

Step 04 在【节目】监视器面板中查看效果，如图 8-26 所示。

图 8-26

3. 盒形划像

在两个素材之间添加【盒形划像】视频过渡效果后，第二个素材以矩形的形式从画面中心由小到大逐渐覆盖第一个素材，如图 8-27 所示。

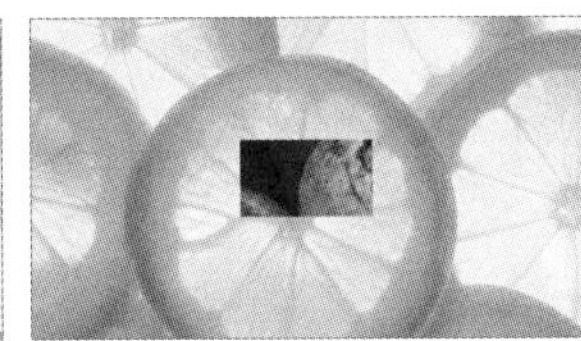

图 8-27

4. 菱形划像

在两个素材之间添加【菱形划像】视频过渡效果后，第二个素材以菱形的形式从画面中心由小到大逐渐覆盖第一个素材，如图 8-28 所示。

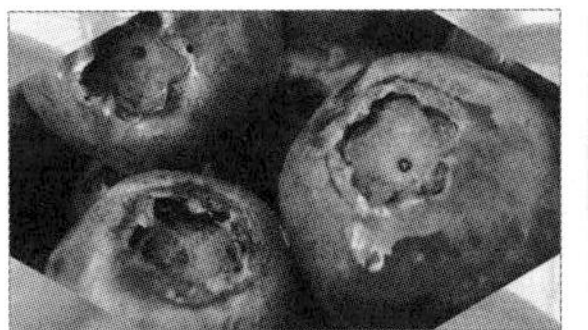
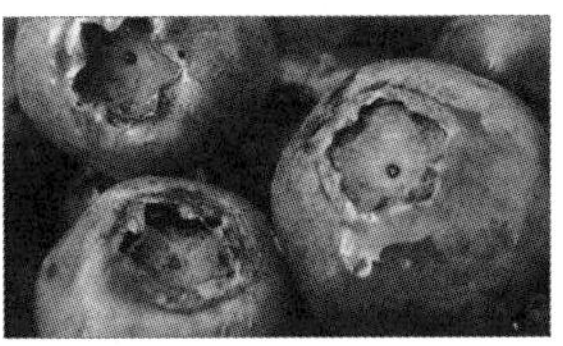

图 8-28

8.5 擦除类视频过渡效果

在两个素材之间添加擦除类视频过渡效果后，第一个素材会以多种不同的形式逐渐被擦除，并且逐渐显示第二个素材。【擦除】文件夹中包含 17 种视频过渡效果，分别是【划出】、【双侧平推门】、【带状擦除】、【径向擦除】、【插入】、【时钟式擦除】、【棋盘】、【棋盘擦除】、【楔形擦除】、【水波块】、【油漆飞溅】、【渐变擦除】、【百叶窗】、【螺旋框】、【随机块】、【随机擦除】和【风车】，如图 8-29 所示。

图 8-29

1. 划出

在两个素材之间添加【划出】视频过渡效果后，第二个素材从画面一侧向另一侧划出，直到覆盖住第一个素材，占满整个屏幕，如图 8-30 所示。

图 8-30

2. 双侧平推门

【双侧平推门】过渡效果可以模拟自动门关门的效果，第二个素材从画面两侧向中心划出，直到覆盖住第一个素材，占满整个屏幕，如图 8-31 所示。

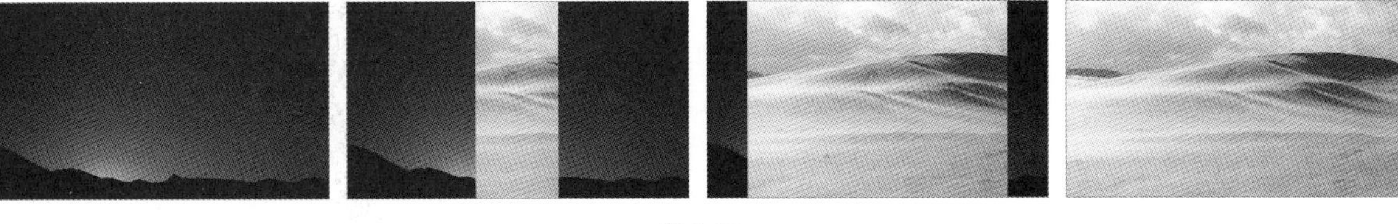

图 8-31

3. 带状擦除

在两个素材之间添加【带状擦除】视频过渡效果后，第二个素材以矩形条带的形式从画面左右两侧划出，逐渐覆盖第一个素材，占满整个屏幕，如图 8-32 所示。

图 8-32

4. 径向擦除

在两个素材之间添加【径向擦除】视频过渡效果后，第二个素材以屏幕某一角为圆心，逐渐擦除第一个素材，直至完全显示第二个素材，如图 8-33 所示。

图 8-33

5. 插入

在两个素材之间添加【插入】视频过渡效果后，第二个素材从屏幕某一角插入，并且第二个素材以矩形的形式逐渐放大，直到覆盖第一个素材，占满整个屏幕，如图 8-34 所示。

图 8-34

6. 时钟式擦除

在两个素材之间添加【时钟式擦除】视频过渡效果后，第二个素材以屏幕中心为圆心，以顺时针旋转的方式逐渐擦除第一个素材，并且逐渐显示第二个素材，如图 8-35 所示。

图 8-35

7. 棋盘

【棋盘】视频过渡效果可以将屏幕分成若干个小矩形，应用此效果的第二个素材以小矩形的形式逐渐覆盖第一个素材，直到占满整个屏幕，如图 8-36 所示。

图 8-36

8. 棋盘擦除

【棋盘擦除】视频过渡效果也是将屏幕分成若干个小矩形，应用此效果的第二个素材以小矩形的形式逐渐擦除第一个素材，直到占满整个屏幕，如图 8-37 所示。

图 8-37

9. 楔形擦除

在两个素材之间添加【楔形擦除】视频过渡效果后，第二个素材在屏幕中心，以扇形展开的方式逐渐覆盖第一个素材，直到占满整个屏幕，如图 8-38 所示。

图 8-38

10. 水波块

在两个素材之间添加【水波块】视频过渡效果后，第二个素材以水波条带的形式，从屏幕左上方以“Z”字形逐行擦到屏幕右下方，直到占满整个屏幕，如图 8-39 所示。

图 8-39

11. 油漆飞溅

在两个素材之间添加【油漆飞溅】过渡效果后，第二个素材以油漆染料泼洒飞溅而出的形式，逐渐覆盖第一个素材，最后占满整个屏幕，如图 8-40 所示。

 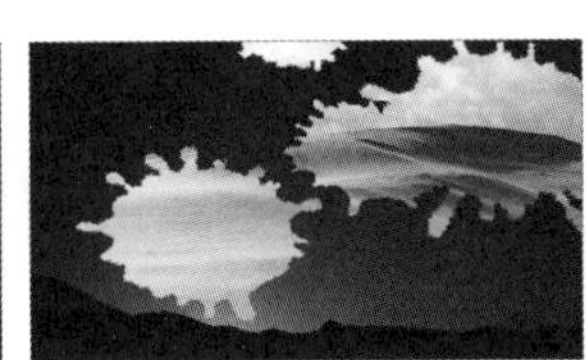  

图 8-40

12. 渐变擦除

在两个素材之间添加【渐变擦除】视频过渡效果后，在擦除第一个素材的同时，第二个素材使用所选灰度图像的亮度值确定替换第一个素材图像区域，如图 8-41 所示。

图 8-41

参数详解

单击【自定义】按钮可弹出【渐变擦除设置】对话框，如图 8-42 所示。

【选择图像】：设置一张图片作为渐变擦除的条件。

【柔和度】：设置视频过渡效果的粗糙程度。

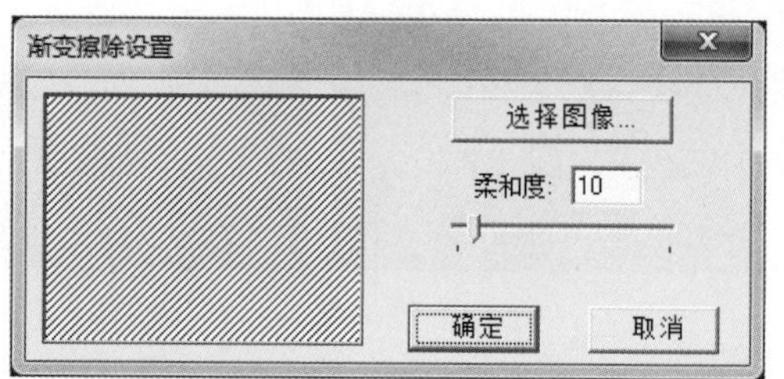

图 8-42

小技巧

在应用【渐变擦除】过渡效果时，通过设置过渡图片，可以控制画面的过渡效果。

13. 百叶窗

【百叶窗】视频过渡效果模拟的是百叶窗逐渐打开的效果，第二个素材以此方式逐渐覆盖第一个素材，最后占满整个屏幕，如图 8-43 所示。

图 8-43

14. 螺旋框

应用【螺旋框】视频过渡效果以后，第二个素材以螺旋旋转的形式逐渐覆盖第一个素材，最后占满整个屏幕，如图 8-44 所示。

图 8-44

15. 随机块

应用【随机块】视频过渡效果后，第二个素材以随机小矩形块的形式逐渐擦除第一个素材，最后占满整个屏幕，如图 8-45 所示。

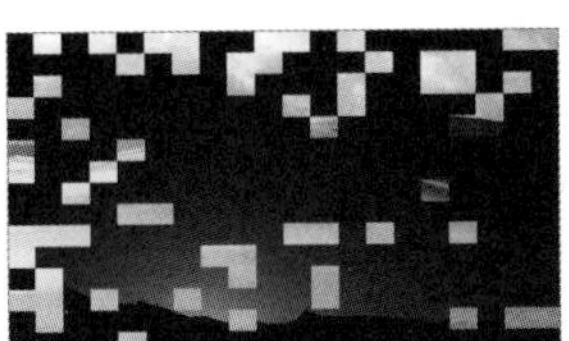

图 8-45

16. 随机擦除

应用【随机擦除】视频过渡效果后，第二个素材以随机小矩形块的形式，由上到下逐行擦除第一个素材，最后占满整个屏幕，如图 8-46 所示。

图 8-46

17. 风车

应用【风车】视频过渡效果后，第二个素材以风车旋转的方式逐渐覆盖第一个素材，最后占满整个屏幕，如图 8-47 所示。

图 8-47

课堂案例 风车

素材文件	素材文件 / 第 8 章 / 风车图片 01.jpg 和风车图片 02.jpg	扫码观看视频
案例文件	案例文件 / 第 8 章 / 风车.prproj	
教学视频	教学视频 / 第 8 章 / 风车.mp4	
案例要点	掌握应用【风车】视频过渡效果的方法	

Step 01 将【项目】面板中的【风车图片 01.jpg】和【风车图片 02.jpg】素材文件拖至视频轨道【V1】上，如图 8-48 所示。

Step 02 将【效果】面板中的【视频过渡】>【擦除】>【风车】过渡效果添加到两个素材之间的位置，如图 8-49 所示。

Step 03 激活【风车】效果的【效果控件】面板，单击【自定义】按钮，在【风车设置】对话框中，设置【楔形数量】值为 10，如图 8-50 所示。

图 8-48

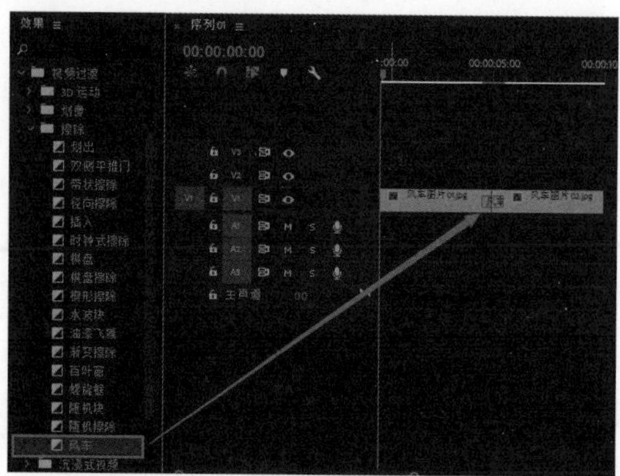

图 8-49

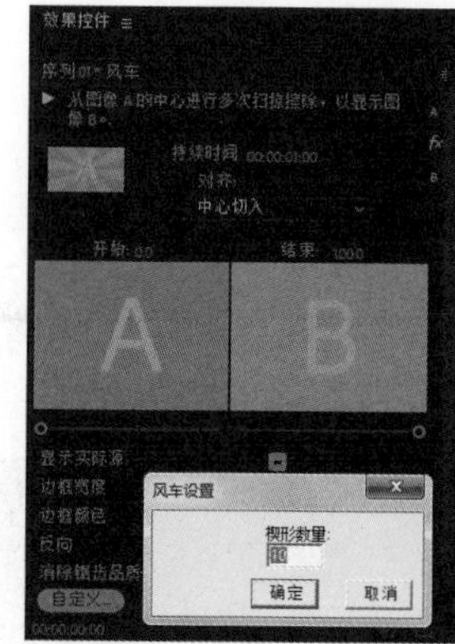

图 8-50

Step 04 在【节目】监视器面板中查看效果，如图 8-51 所示。

图 8-51

8.6 沉浸式视频过渡效果

沉浸式视频过渡效果用于在视频之间添加沉浸式过渡效果。【沉浸式视频】文件夹中包含 8 种过渡效果，分别是【VR 光圈擦除】、【VR 光线】、【VR 渐变擦除】、【VR 漏光】、【VR 球形模糊】、【VR 色度泄漏】、【VR 随机块】和【VR 默比乌斯缩放】，如图 8-52 所示。

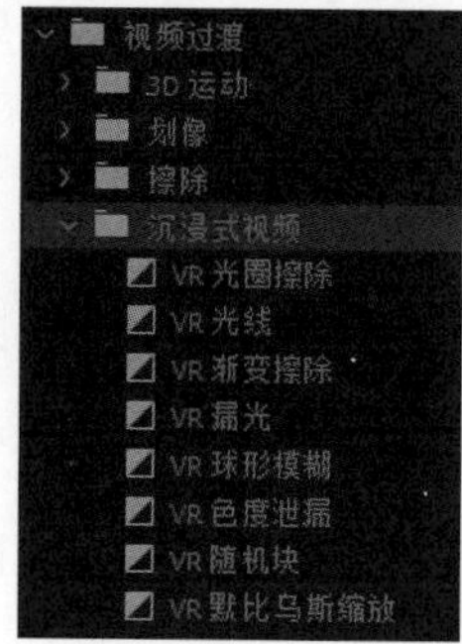

图 8-52

8.7 溶解类视频过渡效果

应用溶解类视频过渡效果后，第一个素材会逐渐淡出，第二个素材会逐渐显现。【溶解】文件夹中包含 7 种视频过渡效果，分别是【MorphCut】、【交叉溶解】、【叠加溶解】、【渐隐为白色】、【渐隐为黑色】、【胶片溶解】和【非叠加溶解】，如图 8-53 所示。

图 8-53

1. MorphCut

使用【MorphCut】视频过渡效果可以让两个素材进行融合过渡，做到无缝剪辑，并且可以使视频中的跳切镜头过渡得更为流畅，如图 8-54 所示。

图 8-54

2. 交叉溶解

应用【交叉溶解】视频过渡效果后，在第一个素材淡出的同时，第二个素材会逐渐显现，如图 8-55 所示。这也是最常用的效果之一，是默认的视频过渡效果。

图 8-55

课堂案例 交叉溶解

素材文件	素材文件 / 第 8 章 / 溶解图片 01.jpg ~ 溶解图片 04.jpg	扫码观看视频
案例文件	案例文件 / 第 8 章 / 交叉溶解 .prproj	
教学视频	教学视频 / 第 8 章 / 交叉溶解 .mp4	
案例要点	掌握应用【交叉溶解】视频过渡效果的 3 种方法	

Step 01 将【项目】面板中的【溶解图片 01.jpg】~【溶解图片 04.jpg】素材文件拖至视频轨道【V1】上，如图 8-56 所示。

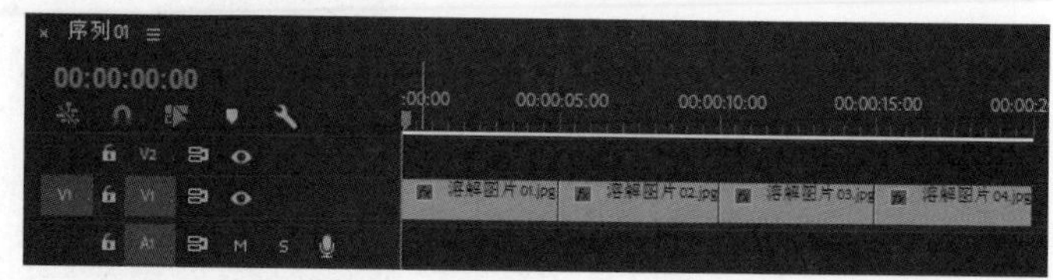

图 8-56

Step 02 将【效果】面板中的【视频过渡】>【溶解】>【交叉溶解】视频过渡效果添加到【溶解图片 01.jpg】和【溶解图片 02.jpg】素材之间，如图 8-57 所示。

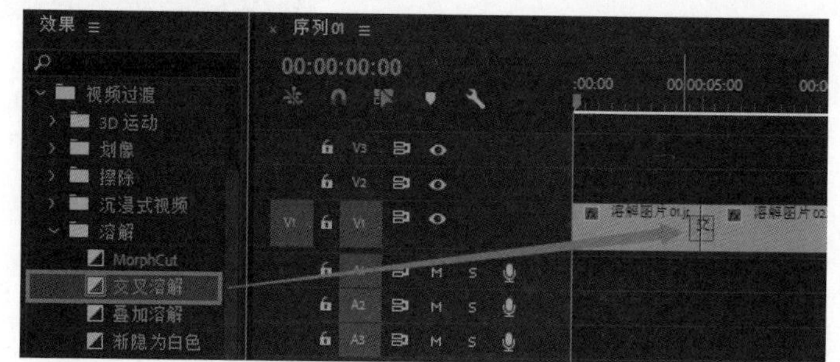

图 8-57

Step 03 将鼠标指针移动到【溶解图片 02.jpg】和【溶解图片 03.jpg】素材之间的编辑点处，并单击鼠标右键，选择【应用默认过渡】命令，如图 8-58 所示。

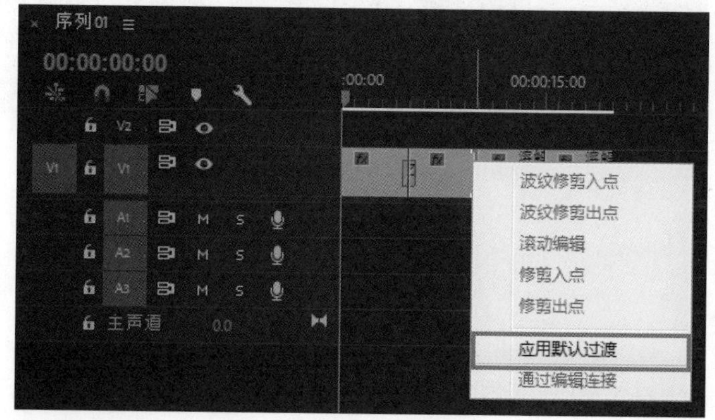

图 8-58

Step 04 激活【溶解图片 03.jpg】和【溶解图片 04.jpg】素材之间的编辑点，并按【Ctrl+D】组合键，即可添加视频过渡效果，如图 8-59 所示。

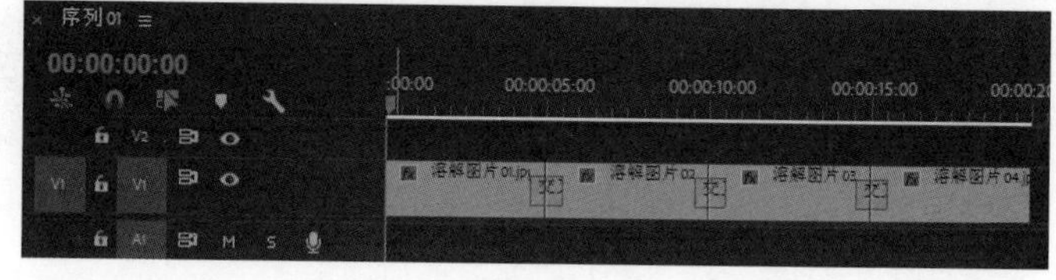

图 8-59

Step 05 在【节目】监视器面板中查看效果，如图 8-60 所示。

图 8-60

3. 叠加溶解

应用【叠加溶解】视频过渡效果后，第一个素材变亮，并且曝光叠化渐变到第二个素材，如图 8-61 所示。

图 8-61

4. 渐隐为白色

应用【渐隐为白色】视频过渡效果后，第一个素材逐渐淡化到白色，再从白色渐变到第二个素材，如图 8-62 所示。

图 8-62

5. 渐隐为黑色

应用【渐隐为黑色】视频过渡效果后，第一个素材逐渐淡化到黑色，再从黑色渐变到第二个素材，如图 8-63 所示。

图 8-63

6. 胶片溶解

应用【胶片溶解】视频过渡效果后，第一个素材产生胶片朦胧的效果，再渐变到第二个素材，如图 8-64 所示。该效果比【交叉溶解】视频过渡效果的画质更为细腻。

图 8-64

7. 非叠加溶解

应用【非叠加溶解】视频过渡效果后，第二个素材的高亮部分直接叠加到第一个素材上，再渐变到第二个素材，如图 8-65 所示。

图 8-65

8.8 滑动类视频过渡效果

滑动类视频过渡效果是素材之间以多种不同的形式滑入滑出的过渡效果。【滑动】文件夹中包含 5 种视频过渡效果，分别是【中心拆分】、【带状滑动】、【拆分】、【推】和【滑动】，如图 8-66 所示。

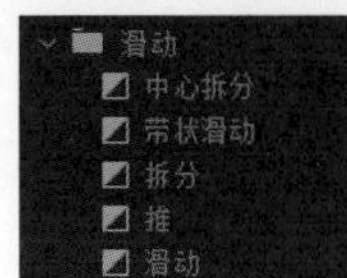

图 8-66

1. 中心拆分

应用【中心拆分】视频过渡效果后，第一个素材从中心分裂成4块，并向屏幕四角滑动移出，从而显现第二个素材，如图8-67所示。

图 8-67

2. 带状滑动

应用【带状滑动】过渡效果后，第二个素材以矩形条带的形式从画面左右两侧滑入，逐渐覆盖第一个素材，最终占满整个屏幕，如图8-68所示。

  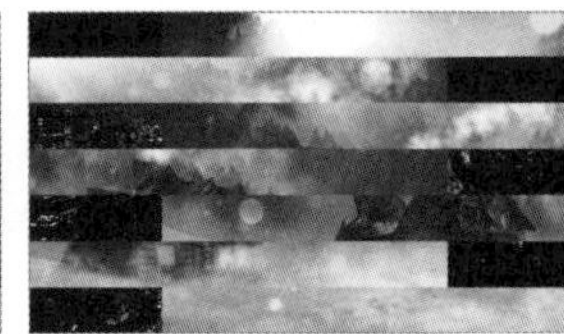 

图 8-68

3. 拆分

应用【拆分】过渡效果后，第一个素材从中心分裂成两块，并向屏幕两侧滑动移出，从而显现第二个素材，如图8-69所示。

图 8-69

4. 推

应用【推】过渡效果后，第二个素材从屏幕一侧将第一个素材从屏幕另一侧推出，如图8-70所示。

图 8-70

5. 滑动

应用【滑动】过渡效果后，第二个素材从屏幕一侧滑入，逐渐覆盖第一个素材，最终占满整个屏幕画面，如图8-71所示。

图8-71

8.9 缩放类视频过渡效果

应用缩放类视频过渡效果后，素材间以缩放的形式进行过渡。【缩放】文件夹中只包含一种视频过渡效果，即【交叉缩放】，如图8-72所示。

图8-72

应用【交叉缩放】过渡效果后，第二个素材从屏幕中心逐渐放大并覆盖第一个素材，最终占满整个屏幕，如图8-73所示。

图8-73

8.10 页面剥落类视频过渡效果

页面剥落类视频过渡效果主要用于模拟书籍翻页的效果。【页面剥落】文件夹中包含两个视频过渡效果，分别是【翻页】和【页面剥落】，如图 8-74 所示。

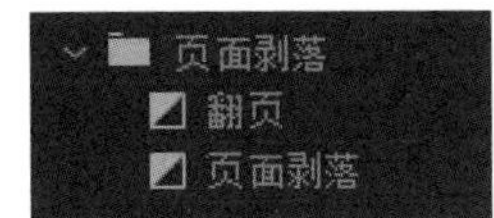

图 8-74

1. 翻页

应用【翻页】过渡效果后，第一个素材从屏幕一角卷起，逐渐显现第二个素材。注意：第一个素材卷起后的背面显示它的颠倒画面，但不显示卷曲效果，如图 8-75 所示。

图 8-75

2. 页面剥落

应用【页面剥落】过渡效果后，第一个素材像书页被翻起一样从屏幕一角卷起，逐渐显现第二个素材，如图 8-76 所示。

图 8-76

课堂练习 复仇者

素材文件	素材文件 / 第 8 章 / 复仇者 / 复仇者图片 01.jpg ~ 复仇者图片 09.jpg、复仇者背景 .jpg、复仇者标题.png 和背景音乐.mp3	扫码观看视频 
案例文件	案例文件 / 第 8 章 / 视频剪辑.prproj	
教学视频	教学视频 / 第 8 章 / 视频剪辑.mp4	
练习要点	让读者加深理解【划出】过渡效果，以及【划像】和【滑动】类文件夹中视频过渡效果的应用	

1. 练习思路

① 在【项目】面板中，设置素材持续时间。

② 使用【划出】效果制作标题出现。

③ 使用【划像】和【滑动】类文件夹中的效果设置视频过渡效果。

2. 制作步骤

（1）设置项目

Step 01 创建项目，设置项目名称为“复仇者”。

Step 02 创建序列。在【新建序列】对话框中，设置序列格式为【HDV】>【HDV 720p25】，在【序列名称】文本框中输入“复仇者”。

Step 03 导入素材。将【复仇者图片 01.jpg】~【复仇者图片 09.jpg】，以及【复仇者背景.jpg】、【复仇者标题.png】和【背景音乐.mp3】素材导入到项目中，如图 8-77 所示。

图 8-77

（2）设置片头

Step 01 选择【项目】面板中的【复仇者图片 01.jpg】~【复仇者图片 09.jpg】素材，单击鼠标右键，选择【速度/持续时间】命令，设置【持续时间】为 00:00:02:00，如图 8-78 所示。

Step 02 将【项目】面板中的【复仇者背景.jpg】和【复仇者标题.png】素材文件分别拖至视频轨道【V1】和【V2】上，如图 8-79 所示。

Step 03 激活【复仇者标题.png】素材的【效果控件】面板，设置【运动】下的【位置】为（640.0，130.0），如图 8-80 所示。

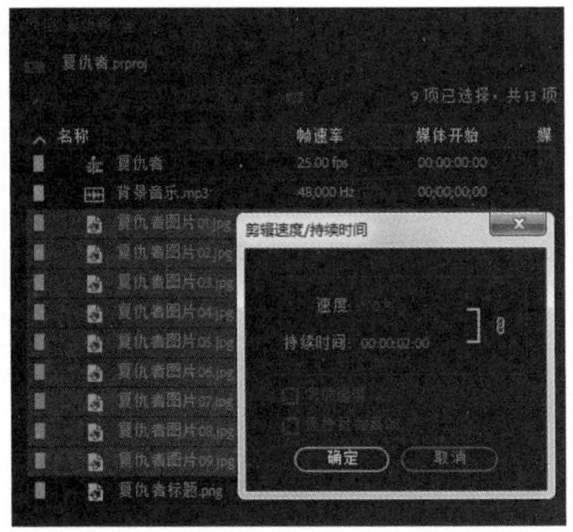
图 8-78

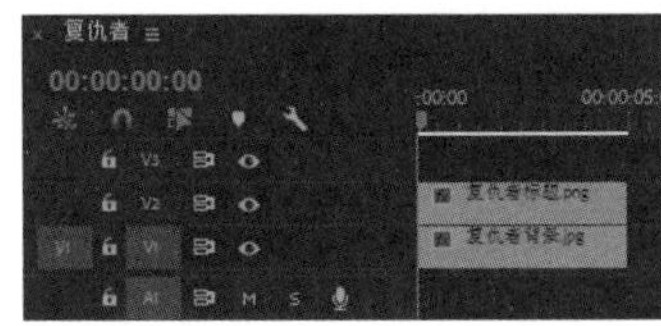
图 8-79

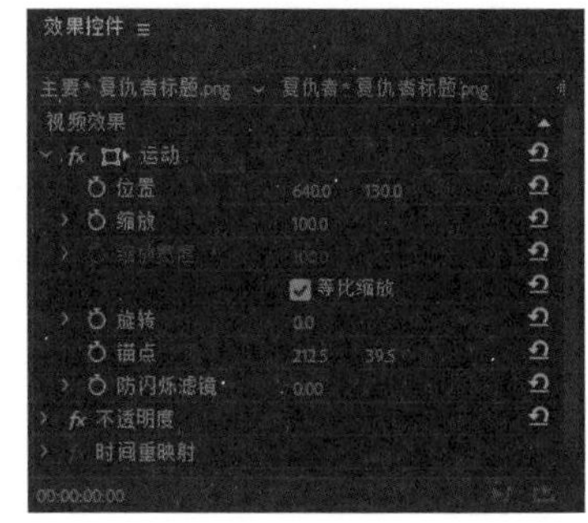
图 8-80

Step 04 激活【效果】面板，将【视频过渡】>【擦除】>【划出】效果添加到【标题.png】素材入点位置，如图 8-81 所示。

Step 05 单击素材上的【推】过渡效果，激活【效果控件】面板，设置【边缘选择器】为【自南向北】、【持续时间】为 00:00:00:20，如图 8-82 所示。

Step 06 选择视频轨道中的素材，单击鼠标右键，选择【嵌套】命令，如图 8-83 所示。

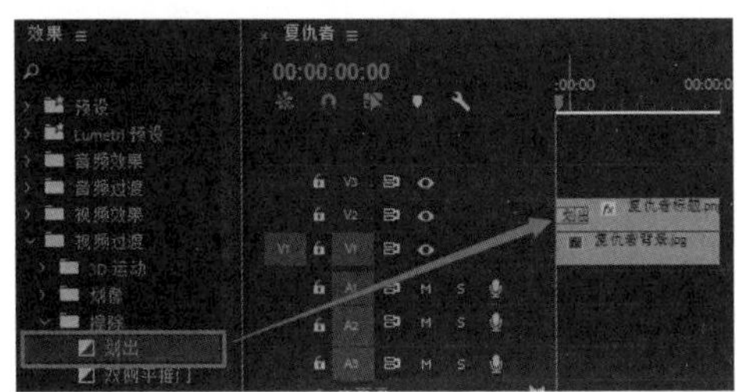
图 8-81

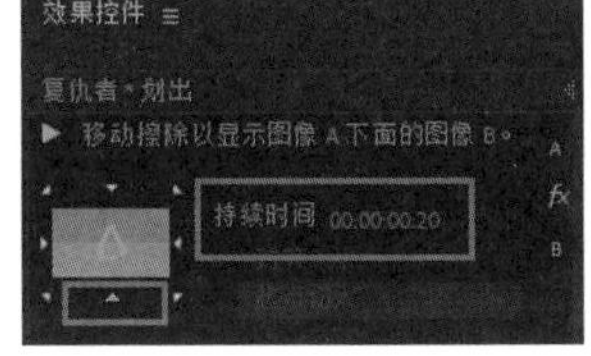
图 8-82

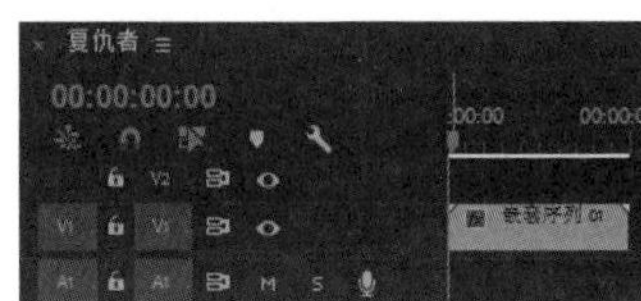
图 8-83

（3）设置过渡效果

Step 01 将当前时间指示器移动到 00:00:02:00 位置，然后将【项目】面板中的【陆战队 01.jpg】~【陆战队 09.jpg】素材拖到视频轨道【V1】上的 00:00:02:00 位置，如图 8-84 所示。

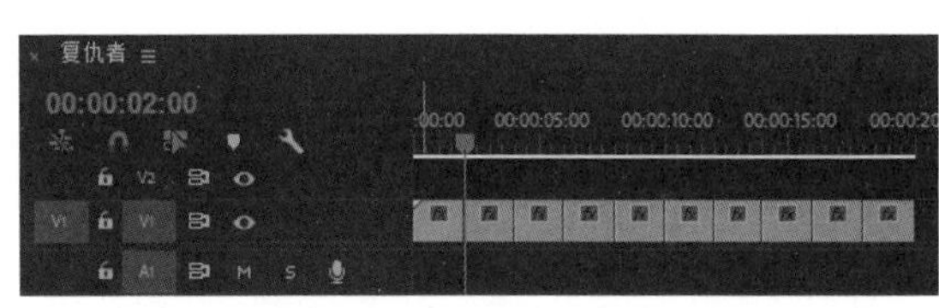
图 8-84

Step 02 激活【效果】面板，将【视频过渡】>【划像】和【滑动】文件夹中的过渡效果，依次拖到序列素材之间的编辑点上，如图 8-85 所示。

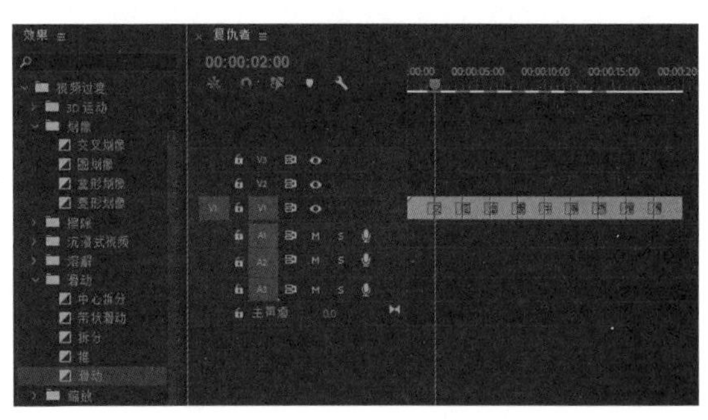
图 8-85

Step 03 在序列出点位置单击鼠标右键，选择【应用默认过渡】命令。

Step 04 将【项目】面板中的【背景音乐 .mp3】素材文件拖至音频轨道【A1】上，如图 8-86 所示。

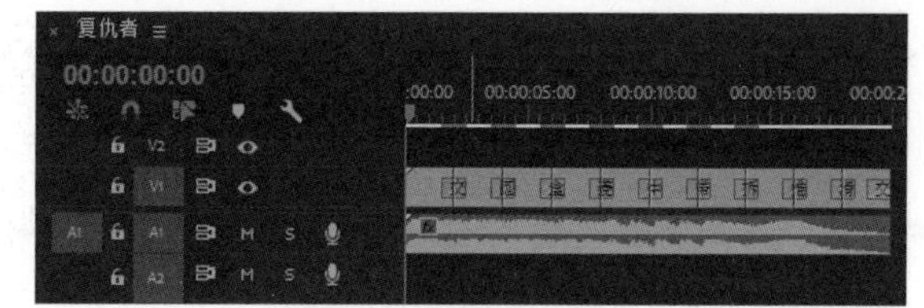

图 8-86

Step 05 在【节目】监视器面板中查看最终动画效果，如图 8-87 所示。

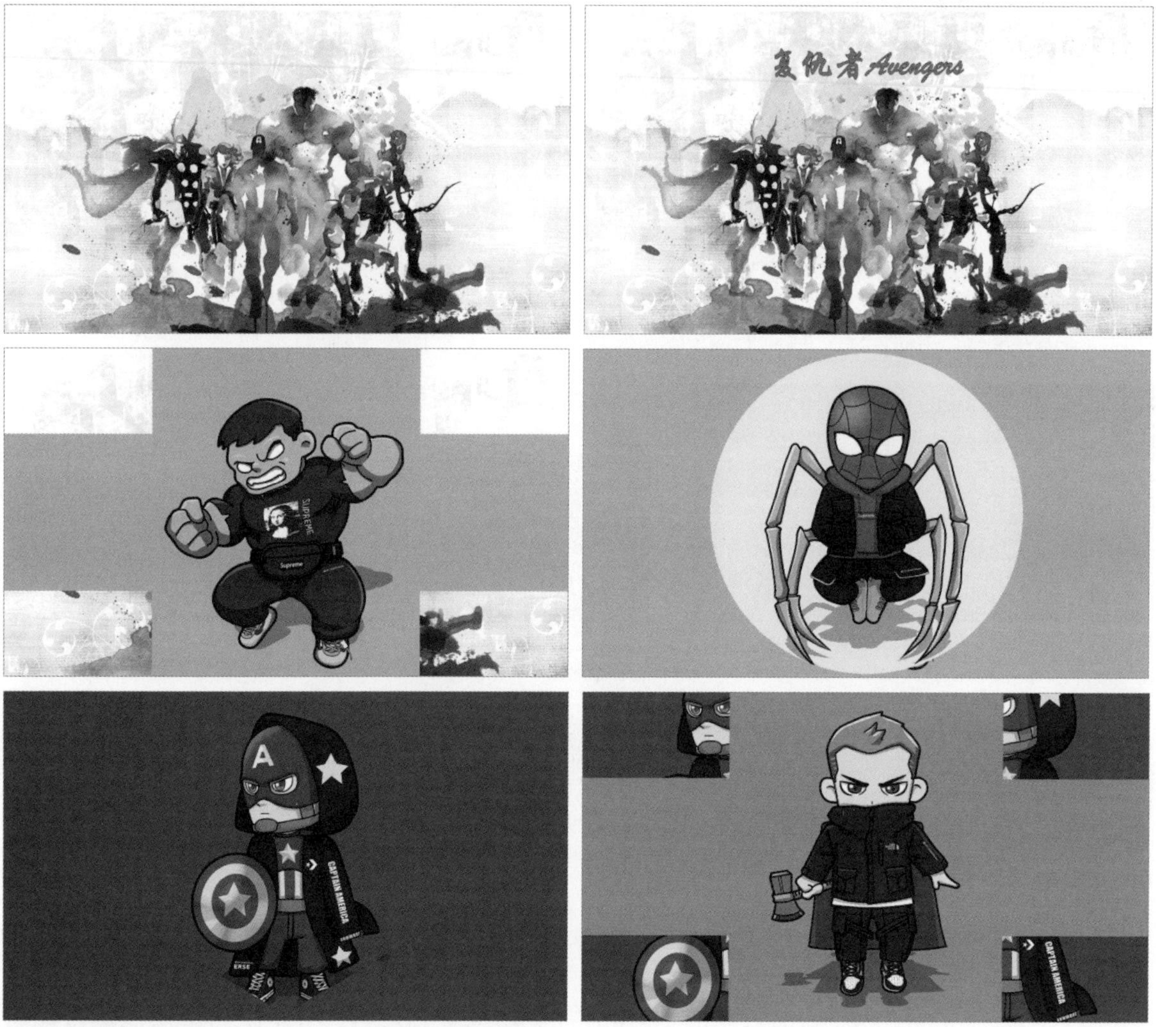

图 8-87

课后习题

一、选择题

1.（　　）中提供了大量的视频过渡效果，并且根据它们类型及特点的不同，分别放置在 8 个文件夹中。

A.【效果】面板

B.【时间轴】面板

C.【效果控件】面板

D.【节目】监视器面板

2.【3D 运动】视频过渡效果文件夹中包含两种视频过渡效果，分别是【立方体旋转】和（　　）。

A.【划出】

B.【插入】

C.【翻转】

D.【滑动】

3.（　　）视频过渡效果主要是以多种不同的形式逐渐擦除第一个素材，逐渐显示第二个素材的。

A. 划像类

B. 擦除类

C. 溶解类

D. 滑动类

4. 默认的视频过渡效果是（　　）。

A.【交叉溶解】

B.【叠加溶解】

C.【渐隐为黑色】

D.【非叠加溶解】

5.【拆分】视频过渡效果在（　　）文件夹中。

A. 划像类

B. 擦除类

C. 缩放类

D. 滑动类

二、填空题

1. 在 ________ 面板中，可以查看或修改视频过渡效果，以达到制作需要。

2. 视频过渡效果对齐方式包括【中心切入】、________、________ 和【自定义起点】。

3.【划像】文件夹中包含 4 种视频过渡效果，分别是【交叉划像】、【圆划像】、【盒形划像】和 ________。

4. ________ 类视频过渡效果主要模拟素材在三维空间中的变换效果。

5. 应用 ________ 过渡效果后，第二个素材以圆形的形式从画面中心由小到大逐渐覆盖第一个素材。

三、简答题

1. 简述 Premiere Pro CC 中视频效果与视频过渡效果的不同。

2. 列举 5 种常用的调整视频过渡效果持续时间的方法。

四、案例习题

习题要求：制作伦敦主题的动态相册。

素材文件：练习文件 / 第 8 章 / 练习图片 01.png、练习图片 02.jpg ~ 练习图片 11.jpg 和练习音乐.mp3。

效果文件：效果文件 / 第 8 章 / 案例习题.mp4，如图 8-88 所示。

习题要点：

1. 在【项目】面板中，设置素材持续时间。

2. 使用【推】效果制作标题出现动画。

3. 使用【3D 运动】和【擦除】文件夹中的部分效果设置视频过渡效果。

图 8-88

第 9 章 音频效果

视频短片是声画结合的产物，由视频和音频两部分组成。视频作品中的声音包括 3 种类型，分别是人声、音效和音乐。视频中的声音具有模拟真实环境、表达思想、烘托气氛的作用。Premiere Pro 具有强大的音频处理功能，能够录制声音、编辑音频素材和添加特殊效果。

PREMIERE PRO

学习目标

- 了解音频效果
- 了解音频过渡效果
- 熟悉不同的音频效果
- 熟悉不同的音频过渡效果

技能目标

- 掌握编辑音频效果的方法
- 掌握编辑音频过渡效果的方法
- 掌握制作混响效果的方法

数字音频基础知识

Premiere Pro CC 中使用的音频文件都属于数字音频文件，是计算机将电平信号转换成了二进制数据。每个含有音频的文件都包含许多专业的音频信息，如图 9-1 所示。人耳可以听到的声音频率在 20Hz ~ 20kHz 范围内的声波。了解这些相关的音频知识，可以更有效地对音频文件进行编辑使用。

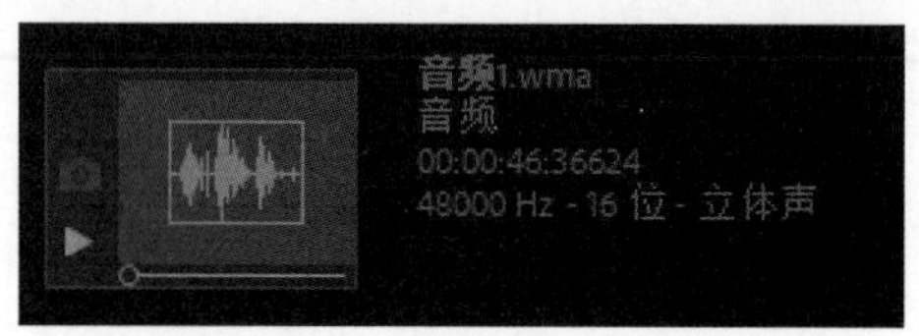

图 9-1

1. 采样率

采样率指的是采用一段音频作为样本。简单地说，就是通过波形采样的方式记录 1 秒钟长度的声音需要多少数据。最常用的采样率是 44.1kHz，即每秒取样 44 100 次。原则上采样率越高，声音的质量越好。

2. 比特率

比特率是指每秒传送的比特（bit）数，单位为 bps（bit per second）。比特率越高，数据传送速度越快。声音中的比特率是指将模拟声音信号转换成数字声音信号后，单位时间内的二进制数据量，是间接衡量音频质量的一个指标。

16 比特就是指把波形的振幅划为 2^{16}（即 65 536）个等级，根据模拟信号的轻响把它划分到某个等级中去，就可以用数字来表示了。和采样率一样，比特率越高，越能细致地反映乐曲的轻响变化。

3. 声道

声道（Sound Channel）是指在录制或播放声音时，在不同空间位置采集或播放的相互独立的音频信号，所以声道数就是录制声音时的音源数量或播放时相应的扬声器数量。声卡支持的声道数是衡量声卡档次的重要指标之一，从单声道到最新的环绕立体声。

4. 单声道

单声道是比较原始的声音复制形式，早期声卡比较普遍采用单声道。当通过两个扬声器回放单声道信息的时候，人们可以明显感觉到声音是从两个音箱中间传递到自己的耳朵里的。

5. 立体声

在录制声音的过程中，声音被分配到两个独立的声道，可以达到很好的声音定位效果，这就是立体声。这种技术在音乐欣赏中显得尤为有用，听众可以清晰地分辨出各种乐器来自的方向，从而使音乐更能激发听众的想象力，更加接近临场效果。

6. 5.1 声道

5.1 声道已广泛用于各类传统影院和家庭影院中，一些比较知名的声音录制压缩格式，比如杜比 AC-3（Dolby Digital）、DTS 等，都是以 5.1 声音系统为技术蓝本的。其中，“.1”声道则是一个专门设计的超低音声道，这一声道可以产生频响范围在 20Hz ~ 120Hz 的超低音。

9.2 编辑音频效果

Premiere Pro CC 中提供了音频编辑工具和大量的音频效果。这些效果被放置在【音频效果】和【音频过渡】两个文件夹中，处理这些音频效果的方式与视频效果类似。

1. 添加音频效果

为素材添加音频效果的方法与添加视频效果类似，常用的方法有 3 种。

- 将效果拖到素材上，如图 9-2 所示。
- 将效果拖到【效果控件】面板上。
- 选中素材后，双击需要的音频效果。

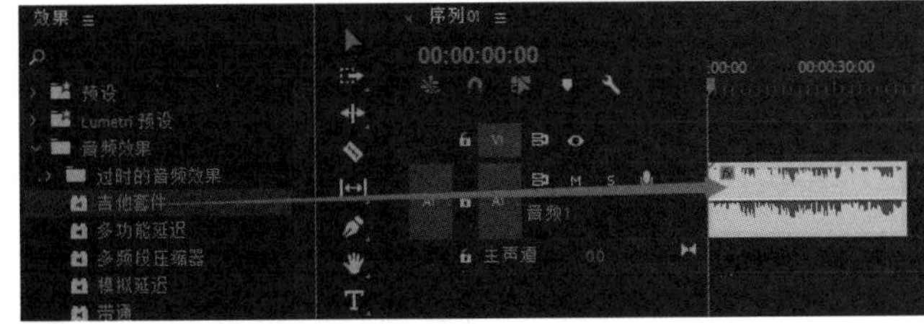

图 9-2

2. 修改音频效果

添加音频效果后就要修改相关参数，以达到需要的效果，如图 9-3 所示。

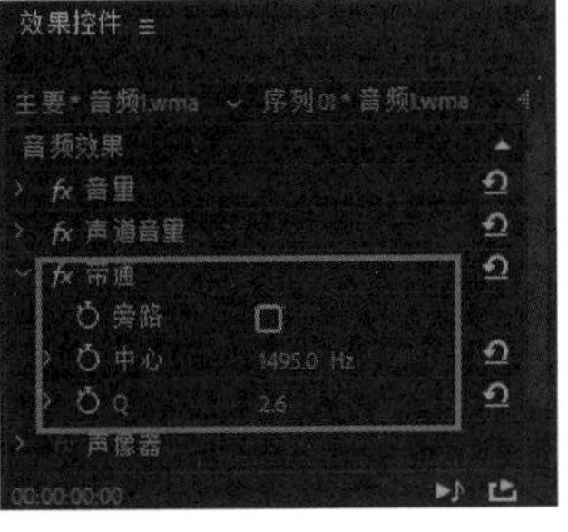

图 9-3

3. 音频动画

修改音频效果属性参数并添加动画关键帧，可以使声音产生变化。

4. 复制音频效果

用户可以将音频效果复制到另一个音频素材上，也可以在同一素材上复制多个音频效果。

音频效果

音频效果可以使音频素材产生特殊的变化。【音频效果】文件夹中包含 64 种音频效果，包括【吉他套件】、【多功能延迟】、【多频段压缩器】、【模拟延迟】、【带通】、【用右侧填充左侧】、【用左侧填充右侧】、【电子管建模压缩器】、【强制限幅】、【Binauralizer - Ambisonics】、【FFT 滤波器】、【扭曲】、【低通】、【低音】、【Panner - Ambisonics】、【平衡】、【单频段压缩器】、【镶边】、【陷波滤波器】、【卷积混响】、【静音】、【简单的陷波滤波器】、【简单的参数均衡】、【互换声道】、【人声增强】、【动态】、【动态处理】、【参数均衡器】、【反转】、【和声 / 镶边】、【图形均衡器（10 段）】、【图形均衡器（20 段）】、【图形均衡器（30 段）】、【声道音量】、【室内混响】、【延迟】、【母带处理】、【清除齿音】、【消除嗡嗡声】、【环绕声混响】、【科学滤波器】、【移相器】、【立体声扩展器】、【自适应降噪】、【自动咔嗒声移除】、【雷达响度计】、【音量】、【音高换挡器】、【高通】和【高音】等，如图 9-4 所示，这里不一一列举。

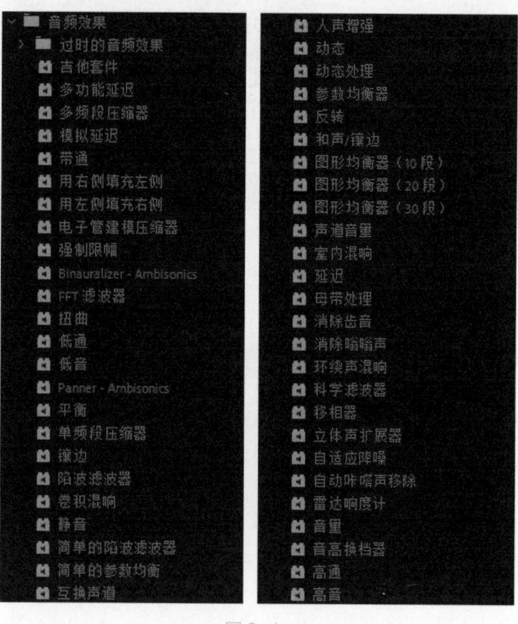

图 9-4

1. 吉他套件

使用【吉他套件】效果可以优化和改变吉他音轨声音，其参数设置界面如图 9-5 所示。

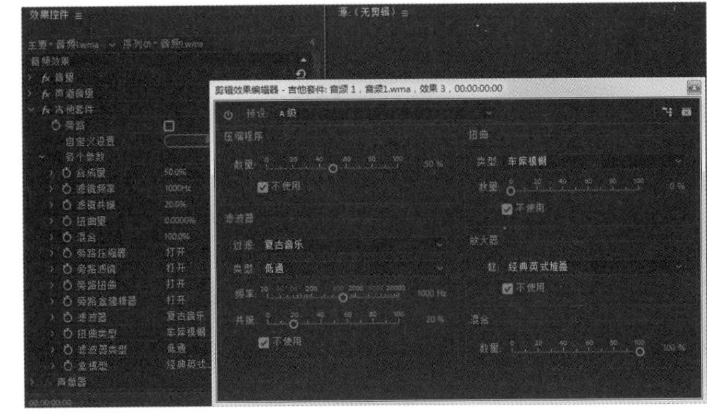

图 9-5

2. 多功能延迟

使用【多功能延迟】效果可以为音频素材添加 4 层回音效果，其参数设置界面如图 9-6 所示。

参数详解

【延迟 1/2/3/4】：设置音频素材与回声效果之间的延迟时间。

【反馈 1/2/3/4】：设置回声效果产生多重回声衰减的效果。

【级别 1/2/3/4】：设置每层回声效果的音量大小。

【混合】：设置音频素材与回声效果之间的混合程度。

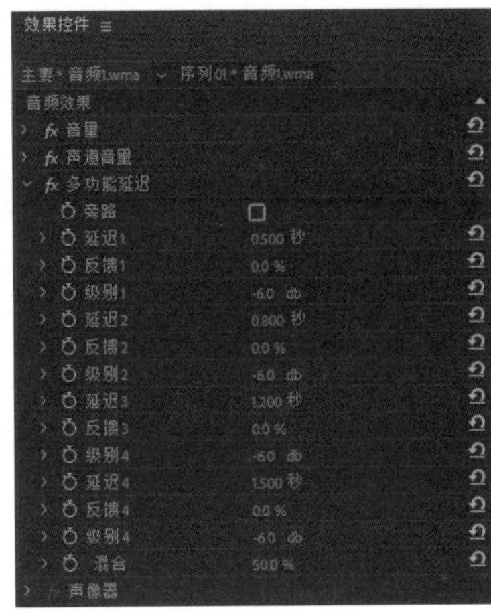

图 9-6

3. 多频段压缩器

【多频段压缩器】效果是一种三频段压缩器，其中有对应每个频段的控件，其参数设置界面如图 9-7 所示。当需要更柔和的声音压缩器时，可使用此效果代替“动力学”中的压缩器。

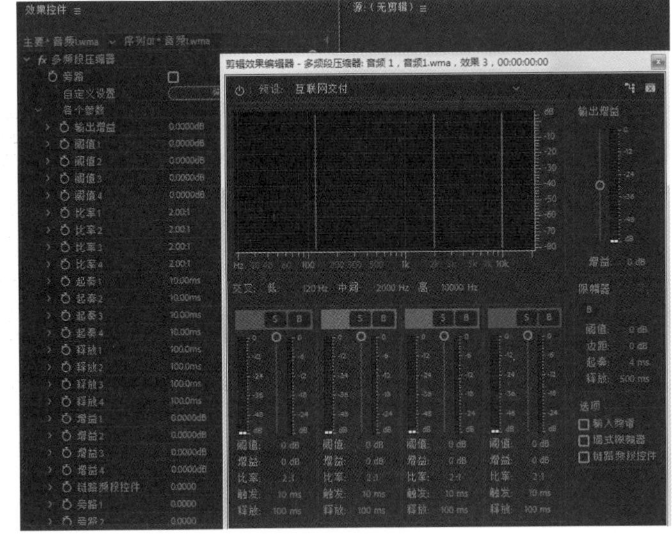

图 9-7

4. 带通

【带通】效果用于消除音频素材中不需要的高低波段频率，其参数设置界面如图 9-8 所示。

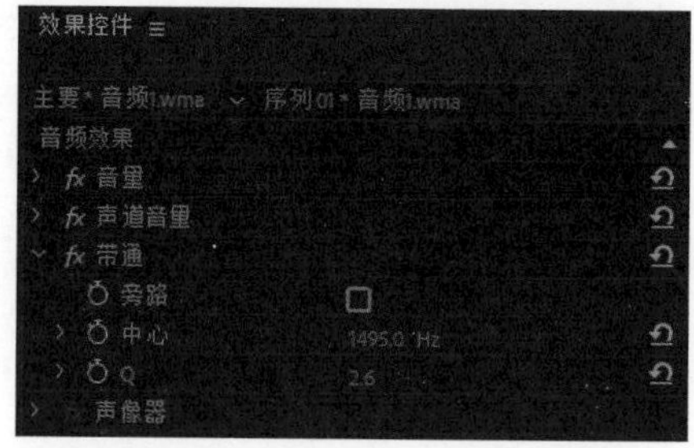

图 9-8

参数详解

【中心】：设置指定消除的音频频率。

【Q】：设置音频频率的带宽。

5. 用右侧填充左侧

【用右侧填充左侧】效果用于将音频素材右声道的音频信号复制并替换到左声道上，其参数设置界面如图 9-9 所示。

6. 用左侧填充右侧

【用左侧填充右侧】效果用于将音频素材左声道的音频信号复制并替换到右声道上，其参数设置界面如图 9-10 所示。

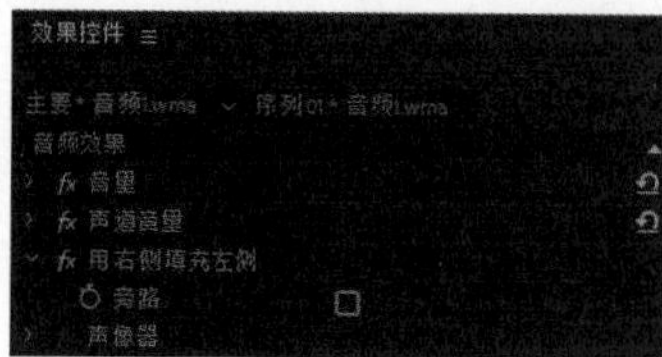

图 9-9

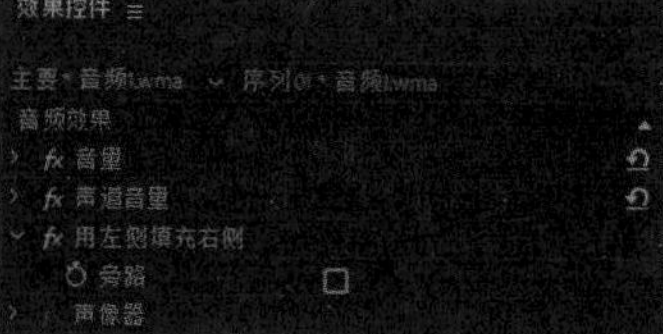

图 9-10

7. 扭曲

使用【扭曲】效果可将少量砾石和饱和效果应用于任何音频，其参数设置界面如图 9-11 所示。

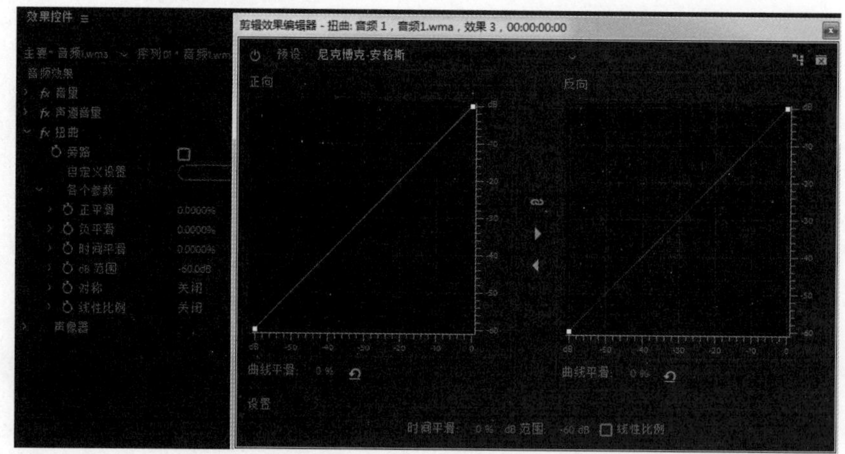

图 9-11

8. 低通

【低通】效果是通过设置音频素材中的指定频率数值，消除低于设定值的低频频率，保留高频频率，来产生清脆的高音效果的，其参数设置界面如图 9-12 所示。

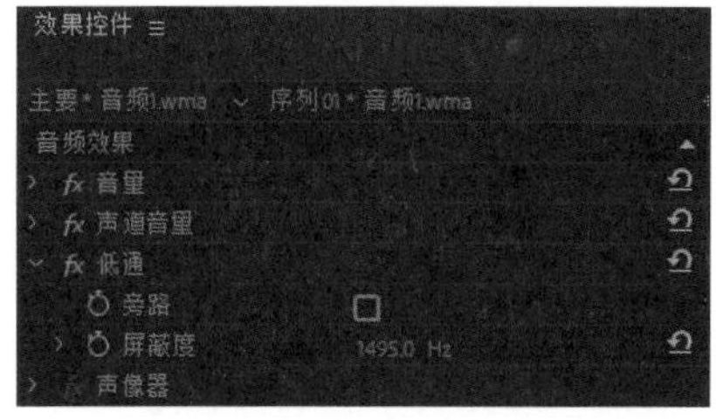

图 9-12

9. 低音

【低音】效果用于调整音频素材中的低音分贝音量，改变低音效果，其参数设置界面如图 9-13 所示。

图 9-13

参数详解

【提升】：设置音频素材中低音音量增强或减弱的值。

课堂案例 低音

素材文件	素材文件 / 第 9 章 / 音频 2.mp3
案例文件	案例文件 / 第 9 章 / 低音.prproj
教学视频	教学视频 / 第 9 章 / 低音.mp4
案例要点	掌握制作低音效果的方法

扫码观看视频

Step 01 将【音频 2.mp3】素材文件拖到音频轨道【A1】上，如图 9-14 所示。

Step 02 选中序列中的【音频 2.mp3】素材，然后双击【音频效果】>【低音】效果，如图 9-15 所示。

Step 03 在【效果控件】面板中，设置【低音】的【提升】为 24.0dB，如图 9-16 所示。

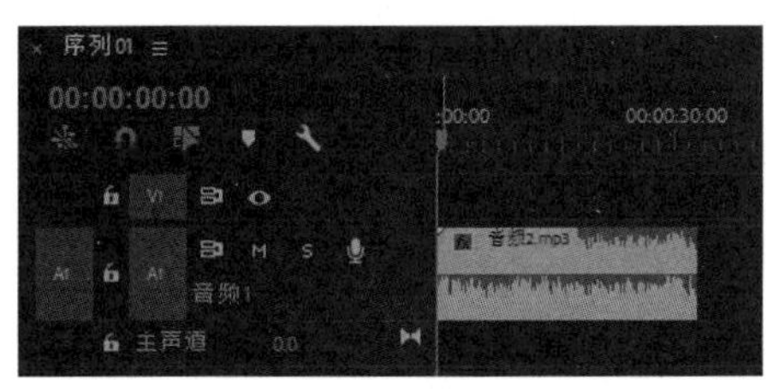

图 9-14

图 9-15

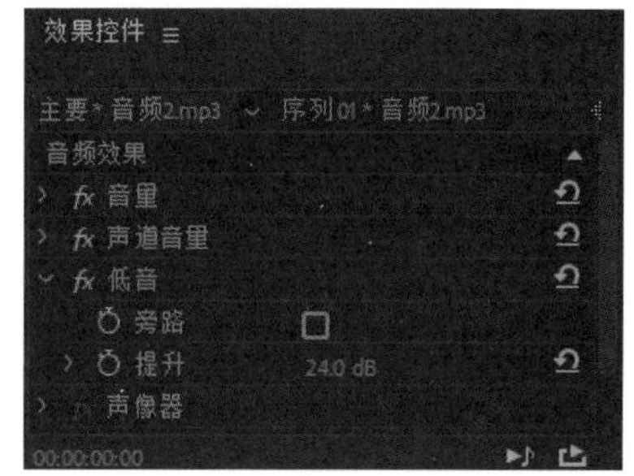

图 9-16

Step 04 制作完成后，可以在【节目】监视器面板中欣赏最终的声音效果。

10. 平衡

【平衡】效果用于调整音频素材左右声道的音量大小，其参数设置界面如图 9-17 所示。

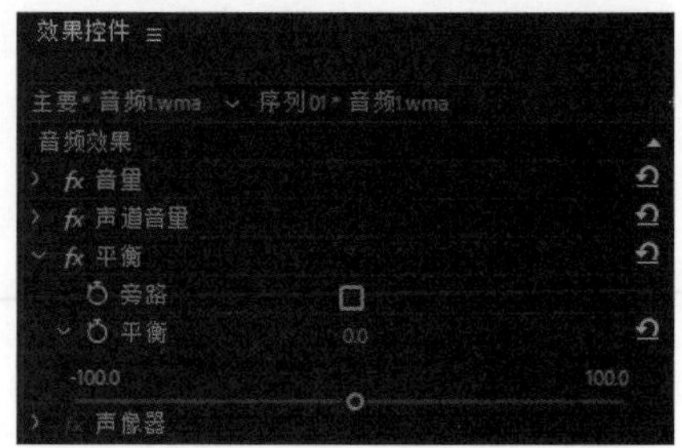

图 9-17

参数详解

【平衡】：设置音频素材中左右声道的音量大小。当数值为正数时，可以提高右声道音量并降低左声道音量；当数值为负数时，可以提高左声道音量并降低右声道音量。

11. 镶边

【镶边】效果是通过混合与原始信号大致等比例的可变短时间延迟产生动画效果的，其参数设置界面如图 9-18 所示。

12. 卷积混响

【卷积混响】效果类似于在一个位置录制声音，然后将音响效果应用到不同的录制内容，使它听起来像在原始环境中，其参数设置界面如图 9-19 所示。

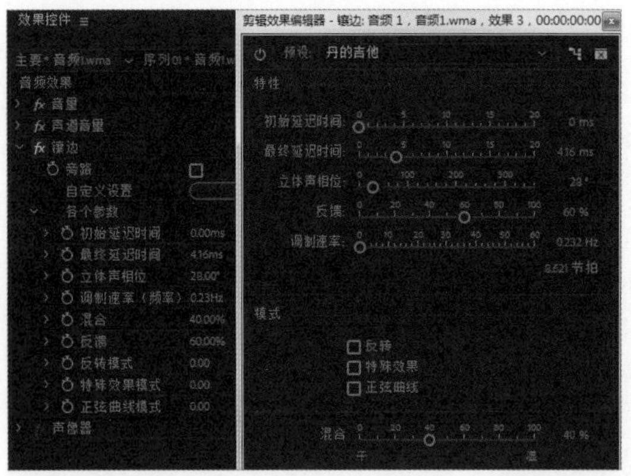
图 9-18

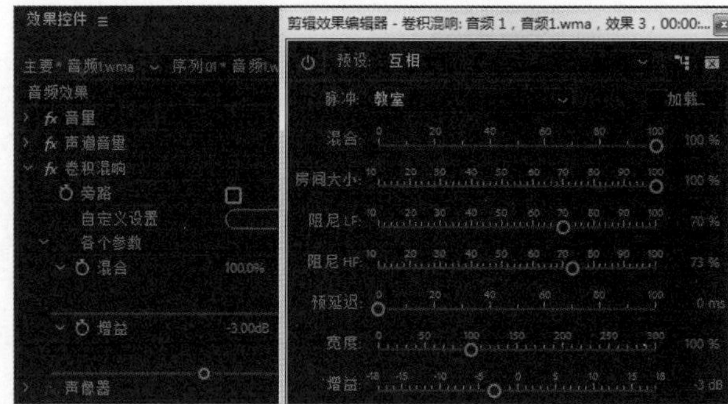
图 9-19

13. 静音

【静音】效果用于对音频素材或音频素材左右声道的静音效果进行处理，其参数设置界面如图 9-20 所示。

参数详解

【静音】：设置音频素材的静音效果。

【静音 1】：设置音频素材左声道的静音效果。

【静音 2】：设置音频素材右声道的静音效果。

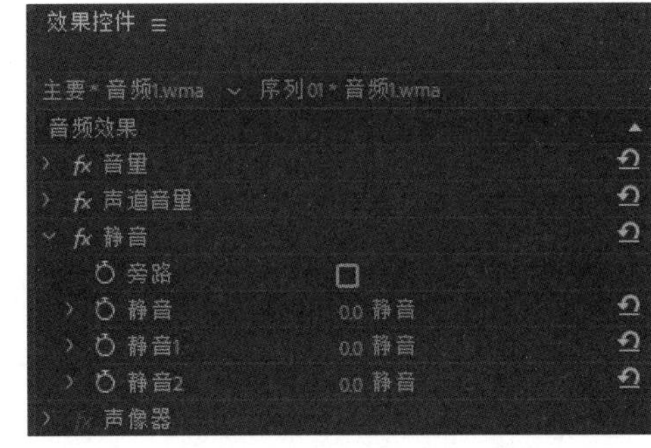

图 9-20

14. 简单的参数均衡

使用【简单的参数均衡】效果可以精确地调整音频素材指定范围内的频率波段，其参数设置界面如图 9-21 所示。

参数详解

【中心】：设置均衡频率波段范围的中心数值。

【Q】：设置音频特效效果的强度范围。

【提升】：设置音频素材的音量。

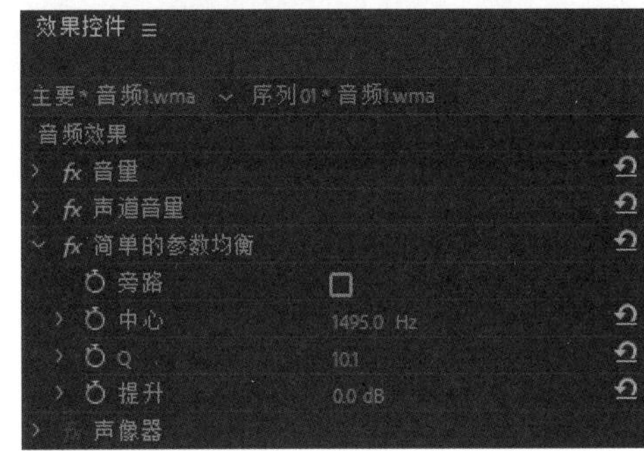

图 9-21

15. 互换声道

【互换声道】效果就是交换音频素材中的左右声道后产生的效果，其参数设置界面如图 9-22 所示。

图 9-22

16. 动态

【动态】效果主要针对音频素材的中频信号进行调节，可以扩大或删除指定范围的音频信号，从而突出主体信号的音量，可以控制声音的柔和程度，其参数设置界面如图 9-23 所示。

17. 参数均衡器

【参数均衡器】效果用于实现音频参数均衡的效果，可以设置音频素材中声音频率、带宽、波段和多重波段的均衡效果，其参数设置界面如图 9-24 所示。

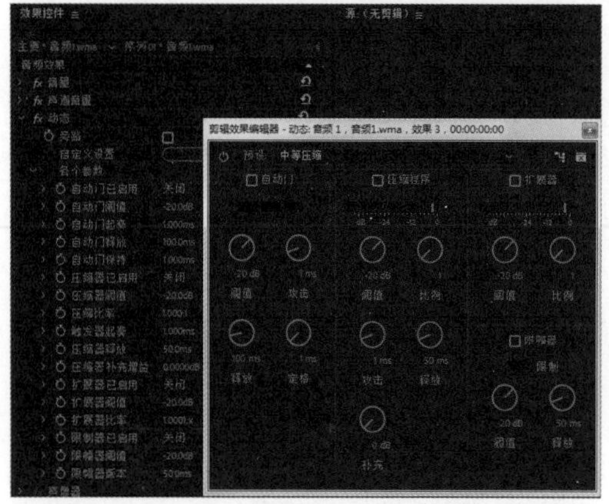

图 9-23

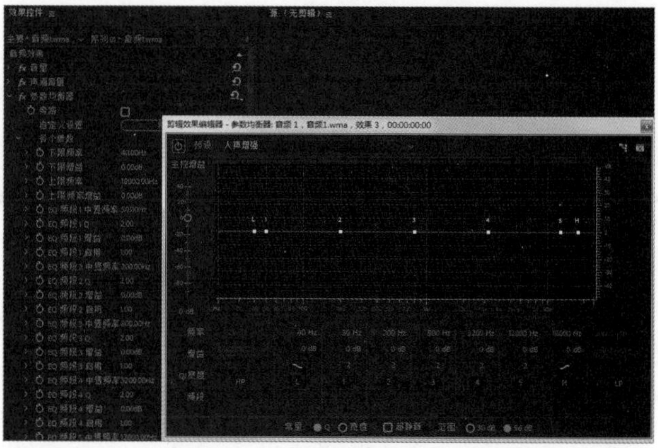

图 9-24

18. 反转

使用【反转】效果可以反转声道状态，其参数设置界面如图 9-25 所示。

19. 声道音量

【声道音量】效果用于独立控制立体声、5.1 声道或轨道中每条声道的音量，其参数设置界面如图 9-26 所示。每条声道的音量级别以分贝衡量。

图 9-25

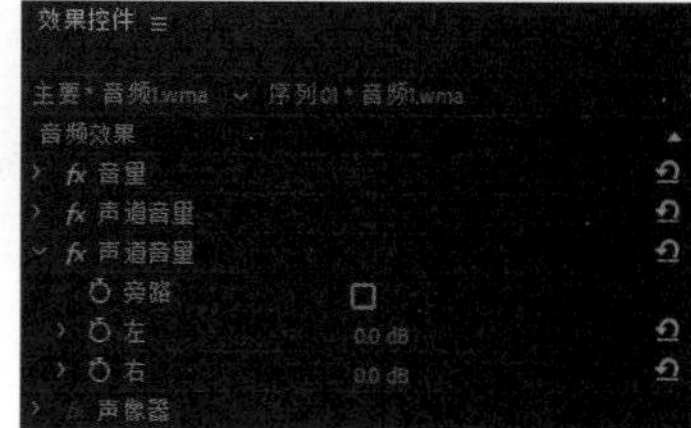

图 9-26

20. 延迟

【延迟】效果用于为音频素材添加回声效果，其参数设置界面如图 9-27 所示。

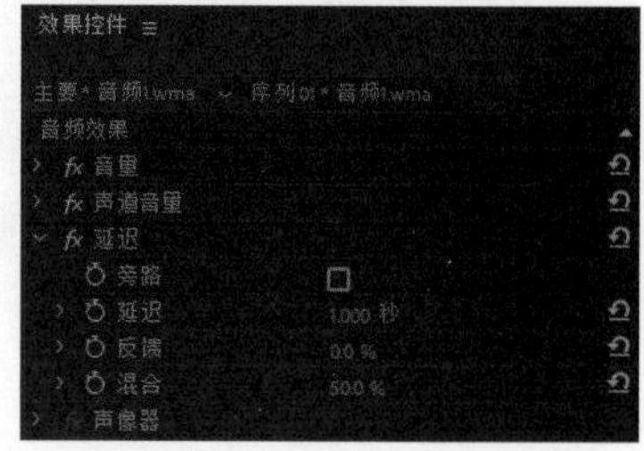

图 9-27

参数详解

【延迟】：设置音频素材与回声效果的间隔时间。

【反馈】：设置回声效果的强度。

【混合】：设置音频素材与回声效果的混合程度。

21. 清除齿音

【清除齿音】效果用于清除录制音频素材时产生的齿音效果，使人物的声音更加清晰，其参数设置界面如图9-28所示。

22. 清除嗡嗡声

使用【清除嗡嗡声】效果可以从音频中消除不需要的 50 Hz/60 Hz 嗡嗡声，其参数设置界面如图 9-29 所示。此效果适用于 5.1 声道、立体声或单声道素材。

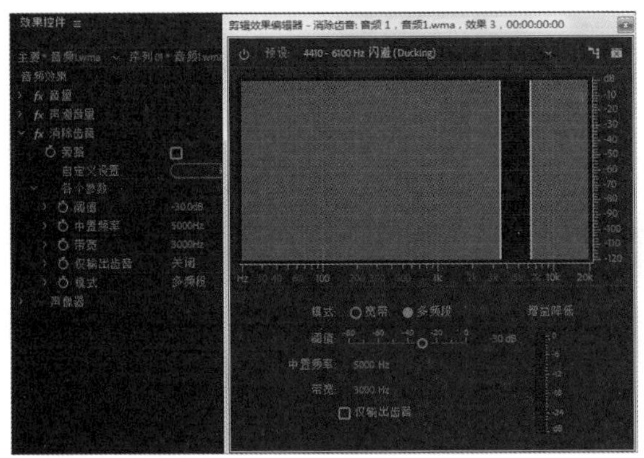

图 9-28

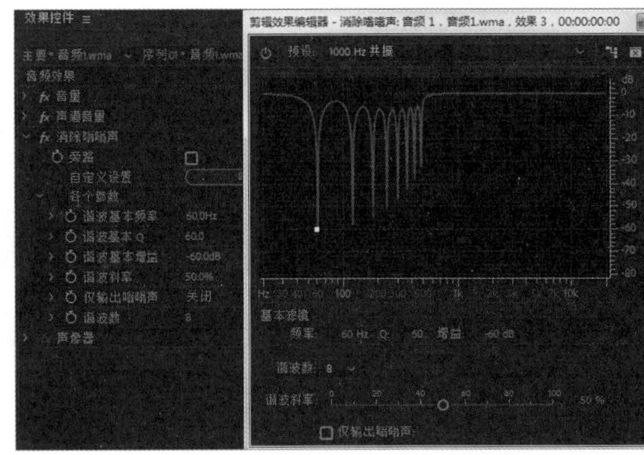

图 9-29

23. 移相器

为素材应用【移相器】效果后，素材会接受输入信号的一部分，使相位移动一个角度，然后将其混合回原始信号，其参数设置界面如图 9-30 所示。

24. 自动咔嗒声移除

使用【自动咔嗒声移除】效果可以自动降低或消除音频素材的各种噪声。其中，20Hz 以下的音频都会被自动消除，其参数设置界面如图 9-31 所示。

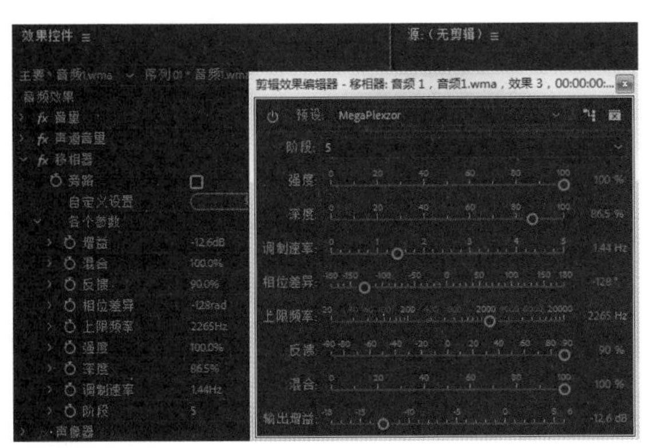

图 9-30

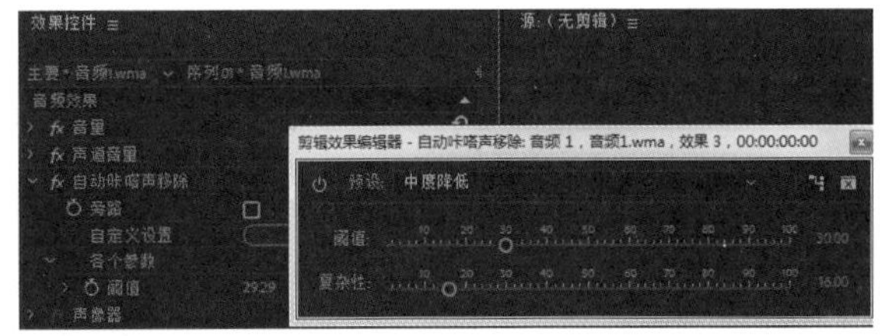

图 9-31

25. 音量

使用【音量】效果可以调整音频素材音量的大小，其参数设置界面如图 9-32 所示。

26. 高通

【高通】效果是通过设置音频素材中的指定频率数值，消除高于设定值的高频频率，保留低频频率的，可以产生浑厚的低音效果，其参数设置界面如图 9-33 所示。

27. 高音

【高音】效果用于调整音频素材中的高分贝音量，从而改变高音效果，其参数设置界面如图 9-34 所示。

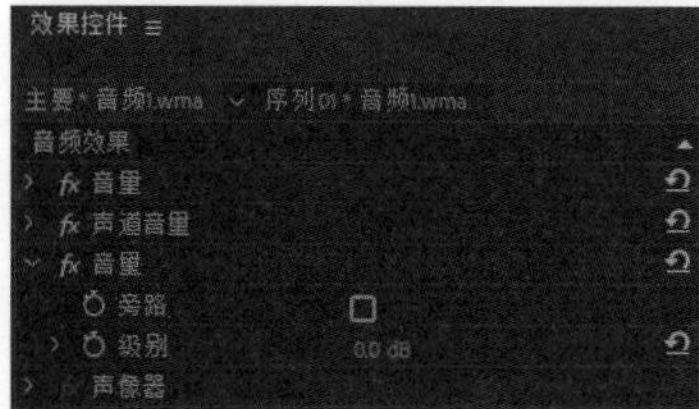

图 9-32

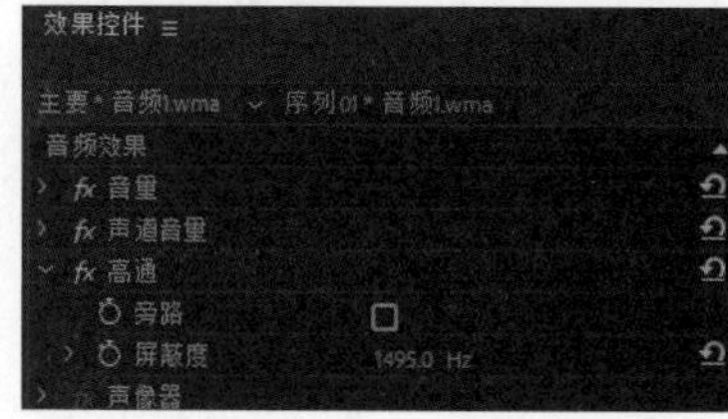

图 9-33

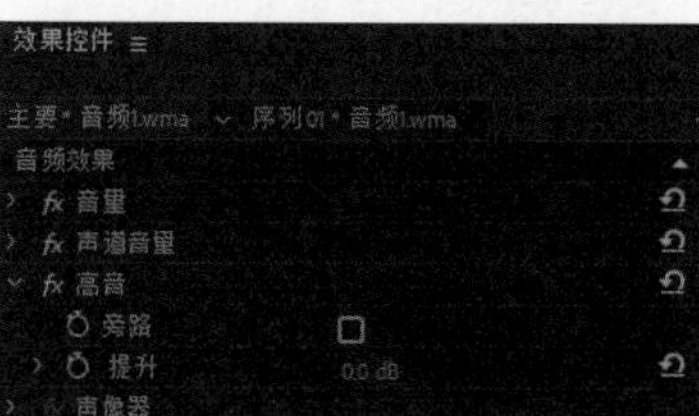

图 9-34

过时的音频效果

在【音频效果】文件夹中还包含【过时的音频效果】文件夹，其中包含 14 种旧版的音频效果，分别是【多频段压缩器（过时）】、【Chorus（过时）】、【DeClicker（过时）】、【DeCrackler（过时）】、【DeEsser（过时）】、【DeHummer（过时）】、【DeNoiser（过时）】、【Dynamics（过时）】、【EQ（过时）】、【Flanger（过时）】、【Phaser（过时）】、【Reverb（过时）】、【变调（过时）】和【频谱降噪（过时）】，如图 9-35 所示。

图 9-35

1. 多频段压缩器（过时）

【多频段压缩器（过时）】效果是根据音频中的低、中和高频率对应的 3 种带宽来压缩声音的，其参数设置界面如图 9-36 所示。

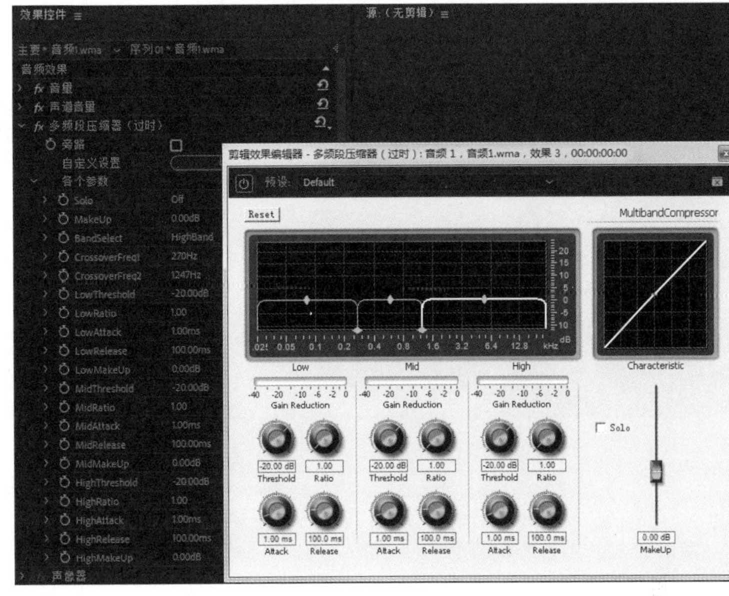

图 9-36

2. Chorus（过时）

使用【Chorus（过时）】（合唱）效果可以为音频素材添加和声的效果，模拟一些被演奏出来的声音或乐器的声音，其参数设置界面如图 9-37 所示。

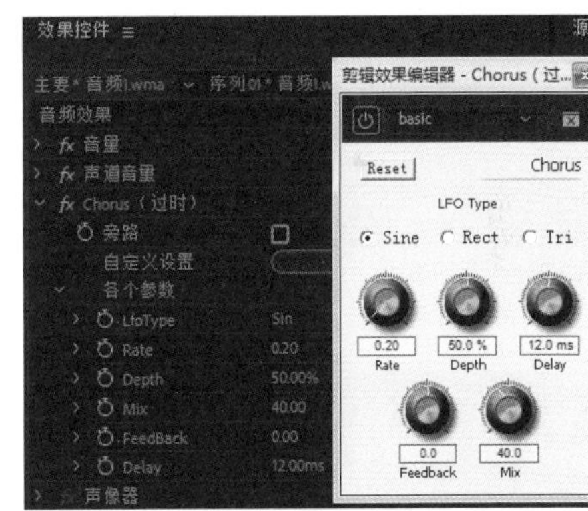

图 9-37

参数详解

【Lfo Type】（处理类型）：设置音频效果的类型。

【Rate】（速率）：设置音频效果的频率速度。

【Depth】（加深）：设置音频效果的变化幅度，使声音更自然。

【Mix】（混合）：设置音频素材和音频效果的混合程度。

【FeedBack】（回音）：设置音频效果的回音程度。

【Delay】（延迟）：设置音频效果的延迟时间。

3. DeClicker（过时）

使用【DeClicker（过时）】（消除咔嚓声）效果可以自动降低或消除音频素材的各种噪声，其中 20Hz 以下的音频都会被自动消除，其参数设置界面如图 9-38 所示。

4. DeCrackler（过时）

使用【DeCrackler（过时）】（清除爆音）效果可以自动降低或消除音频素材的爆炸噪声，其参数设置界面如图 9-39 所示。

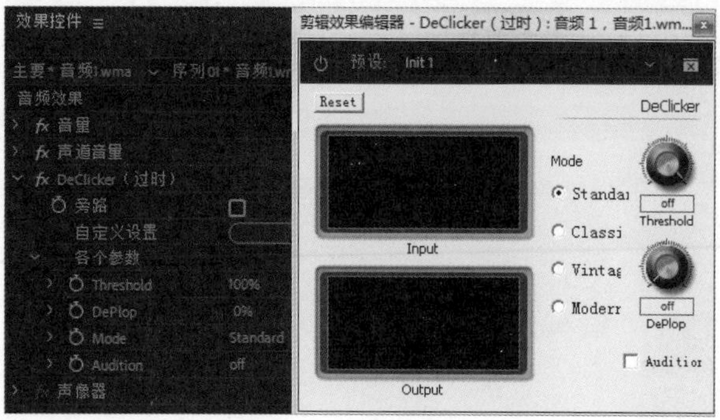

图 9-38

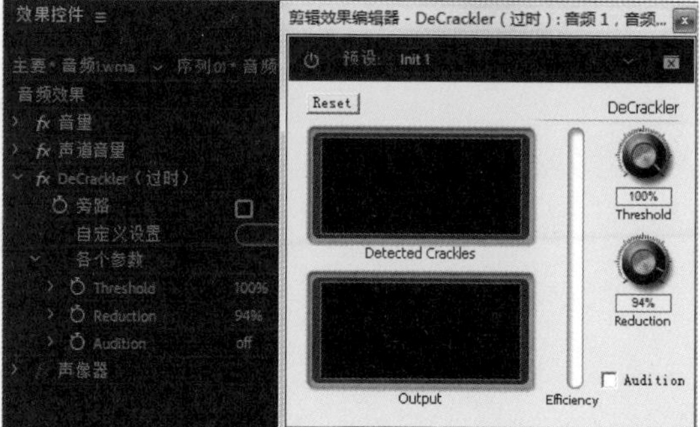

图 9-39

5. DeEsser（过时）

使用【DeEsser（过时）】（清除齿音）效果可以自动降低或消除音频素材中嘶嘶的声音，其参数设置界面如图 9-40 所示。

6. DeHummer（过时）

使用【DeHummer（过时）】（消除嗡鸣声）效果可以自动降低或消除音频素材中嗡鸣的声音，其参数设置界面如图 9-41 所示。

7. DeNoiser（过时）

使用【DeNoiser（过时）】（降噪）效果可以自动降低或消除音频素材中的噪声，其参数设置界面如图 9-42 所示。

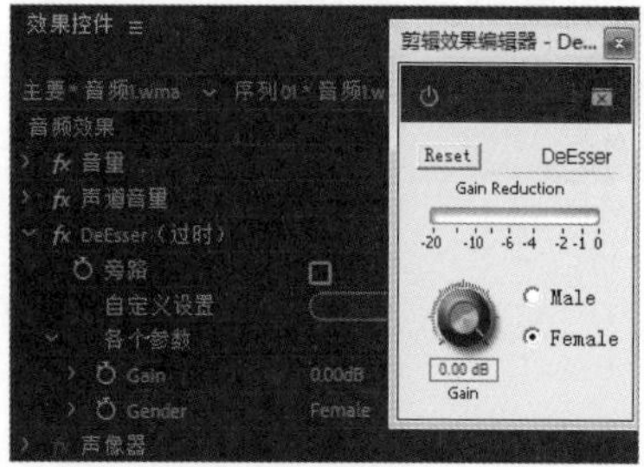

图 9-40

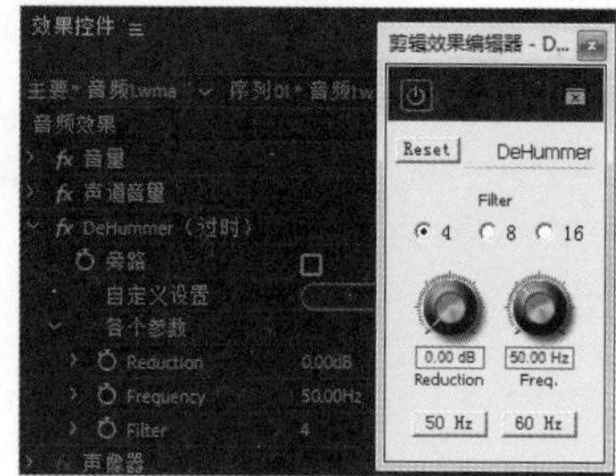

图 9-41

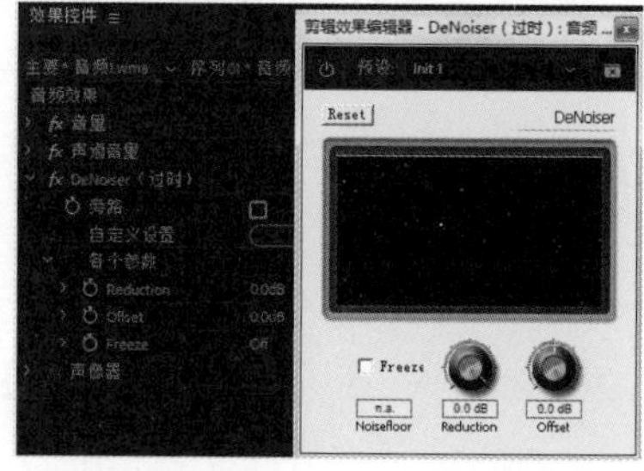

图 9-42

8. Dynamics（过时）

【Dynamics（过时）】（动态）特效是针对音频素材的中频信号进行调节的，可以扩大或删除指定范围的音频信号，从而突出主体信号的音量，可以控制声音的柔和程度，其参数设置界面如图 9-43 所示。

9. EQ（过时）

【EQ（过时）】（均衡）效果用于实现音频参数的均衡，可以设置音频素材中的声音频率、带宽、波段和多重波段的均衡效果，其参数设置界面如图 9-44 所示。

图 9-43

图 9-44

10. Flanger（过时）

【Flanger（过时）】效果与【Chorus（过时）】效果类似，可以推迟声音，并与原始声音素材相混合，以达到理想的效果，其参数设置界面如图 9-45 所示。

11. Phaser（过时）

使用【Phaser（过时）】（反相器）效果可以反转音频中一部分频率的相位，并与原音频混合，其参数设置界面如图 9-46 所示。

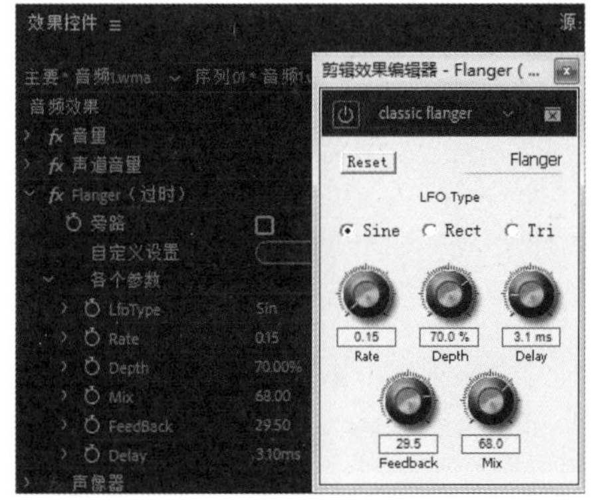

图 9-45

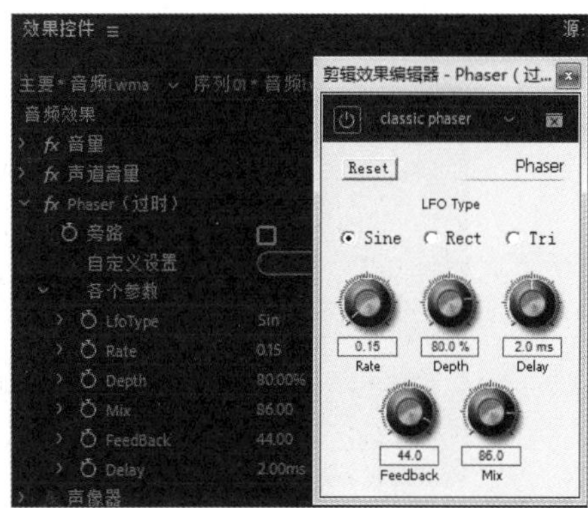

图 9-46

12. Reverb（过时）

使用【Reverb（过时）】（混响）效果可以模拟房间内的声音效果，通过调整参数模拟房间大小，其参数设置界面如图 9-47 所示。

参数详解

【PreDelay】（预延迟）：用于设置模拟声音碰撞到墙壁反弹回的时间。

【Absorption】（吸收）：用于设置声音吸收的比例。

【Size】（大小）：用于设置模拟房间的大小。

【Density】（密度）：用于设置反射声音的大小和密度。

【LoDamp】（低频衰减）：用于设置低频率的衰减时间。

【HiDamp】（高频衰减）：用于设置高频率的衰减时间。

【Mix】（混合）：用于设置音频素材和音频效果之间的混合程度。

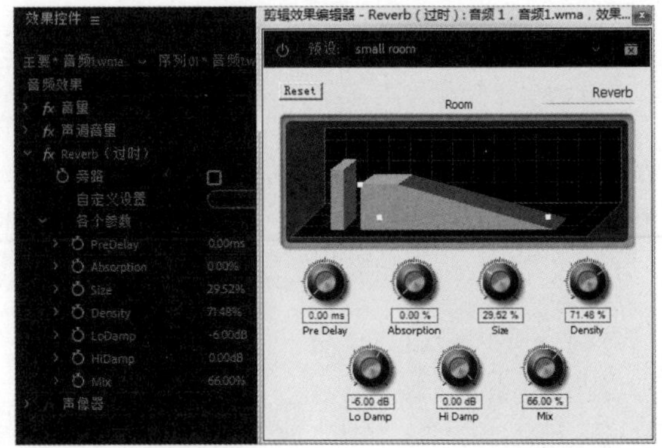

图 9-47

课堂案例 混响

素材文件	素材文件 / 第 9 章 / 音频 1.wma	扫码观看视频
案例文件	案例文件 / 第 9 章 / 混响.prproj	
教学视频	教学视频 / 第 9 章 / 混响.mp4	
案例要点	掌握制作混响效果的方法	

Step 01 将【音频 1.wma】素材文件拖到音频轨道【A1】上，如图 9-48 所示。

Step 02 双击【音频效果】>【过时的音频效果】>【Reverb（过时）】（混响）效果，如图 9-49 所示。

Step 03 在【效果控件】面板中，设置【Reverb（过时）】的【PreDelay】（预延迟）为 30.00ms、【Size】（大小）为 100%、【Density】（密度）为 71.48%、【Mix】（混合）为 100%，如图 9-50 所示。

Step 04 制作完成后，可以在【节目】监视器面板中欣赏最终的声音效果。

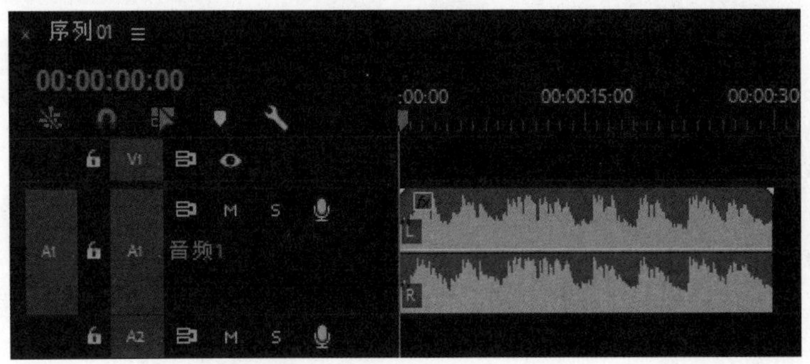

图 9-48

图 9-49

图 9-50

13. 变调（过时）

使用【变调（过时）】效果可以通过调整音频素材的波形，改变声音基调，从而产生特殊的音调效果，多用来模拟机器人声，其参数设置界面如图 9-51 所示。

14. 频谱降噪（过时）

【频谱降噪(过时)】效果可以使用 3 个陷波滤波器从音频信号中消除色调干扰，其参数设置界面如图 9-52 所示。它有助于消除原始素材中的杂音（如嗡嗡声和鸣笛声）。

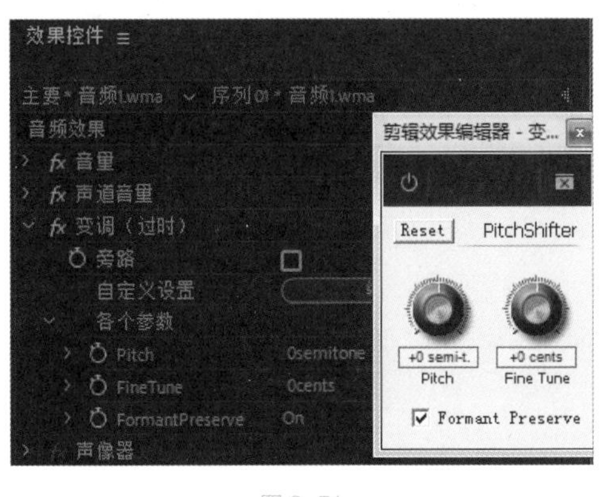

图 9-51

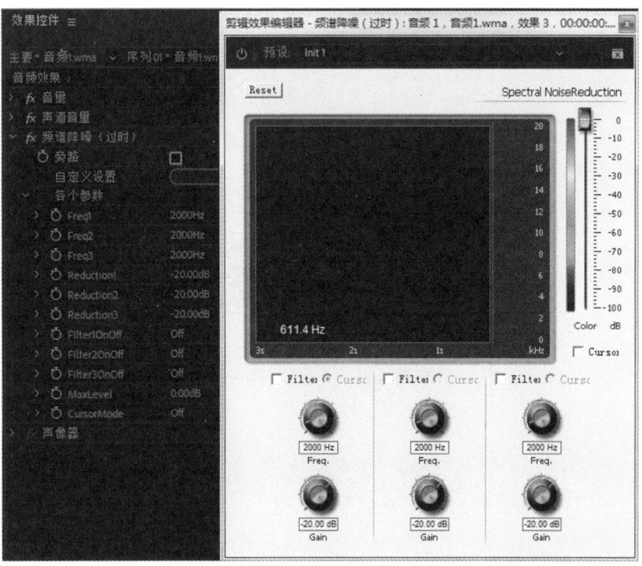

图 9-52

9.5 音频过渡

音频过渡又称音频切换，指音频与音频之间的衔接。音频过渡就是前一个音频逐渐减弱，后一个音频逐渐增强的过程。添加音频过渡效果的主要目的是调整音频素材之间的音量变化。

9.6 编辑音频过渡效果

音频过渡效果的编辑方式与视频过渡效果的编辑方式类似。

1. 添加音频过渡效果

要添加音频过渡效果，只需将音频过渡效果拖到两个素材之间的位置即可，如图 9-53 所示。

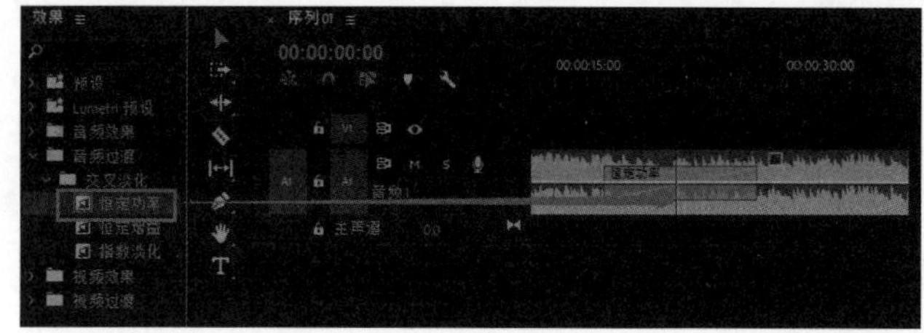

图 9-53

2. 替换音频过渡效果

要替换音频过渡效果，只需将新的音频过渡效果覆盖在原有的音频过渡效果之上即可，不必清除先前的音频过渡效果，如图 9-54 所示。

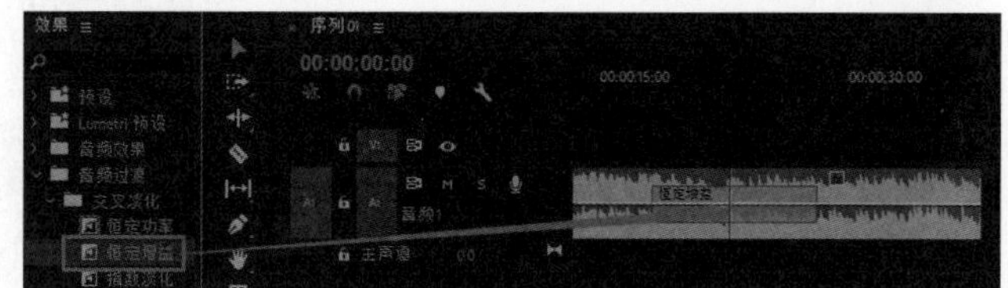

图 9-54

3. 修改持续时间

音频过渡效果的持续时间是可以自由调整的，常用的方法有 5 种。

- 在【效果控件】面板中，直接修改数值，或者用鼠标拖动改变数值。
- 在【效果控件】面板中的过渡效果边缘拖动，即可改变过渡效果的持续时间。
- 在【时间轴】面板中的过渡效果边缘拖动，可以加长或缩短过渡效果的持续时间。
- 在【时间轴】面板中的过渡效果上单击鼠标右键，选择【设置过渡持续时间】命令。
- 双击【时间轴】面板中的过渡效果，在弹出的【设置过渡持续时间】对话框中，修改持续时间。

4. 修改对齐方式

音频过渡效果的作用区域是可以自由调整的，可以将音频过渡效果偏向于某个素材方向。在【对齐】下拉列表里有【中心切入】、【起点切入】、【终点切入】和【自定义起点】4 个选项，如图 9-55 所示。

- 【中心切入】：将音频过渡效果添加到两个素材中间，此为默认对齐方式。
- 【起点切入】：将音频过渡效果添加到第二个素材的开始位置。
- 【终点切入】：将音频过渡效果添加到第一个素材的结束位置。
- 【自定义起点】：通过拖动鼠标，自定义过渡效果开始和结束的位置。

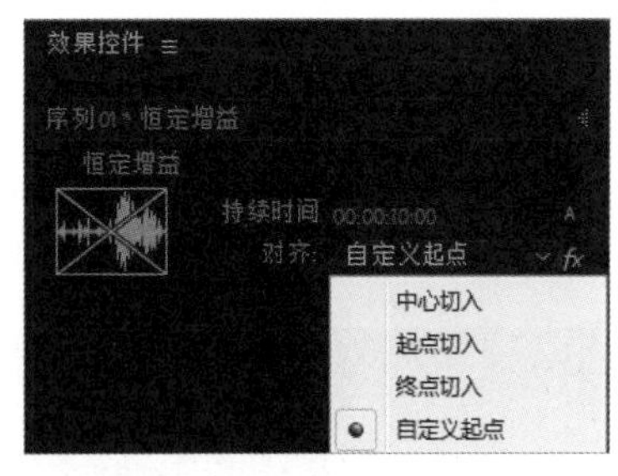

图 9-55

5. 删除音频过渡

要删除音频过渡效果，只需在音频过渡效果上单击鼠标右键，选择【清除】命令；或者选中序列中的音频过渡效果，按键盘上的【Delete】键。

9.7 交叉淡化

【音频过渡】文件夹里只有【交叉淡化】一种音频过渡类型。这种过渡类型包含 3 种音频过渡效果，分别是【恒定功率】、【恒定增益】和【指数淡化】，如图 9-56 所示。

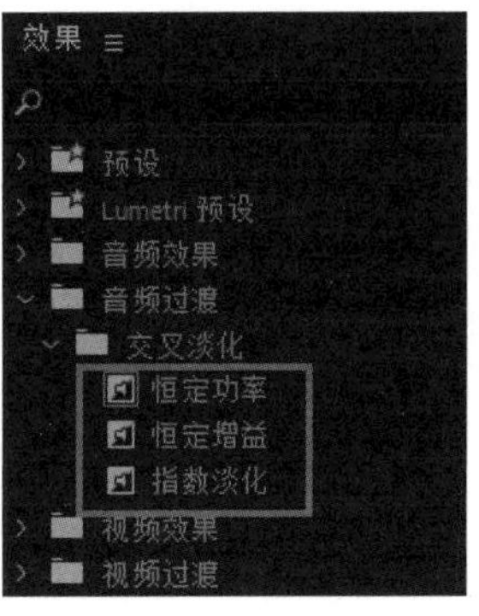

图 9-56

1. 恒定功率

应用【恒定功率】过渡效果后，前一个素材会逐渐淡化，再过渡到后一个素材，声音形成淡入淡出的效果，如图 9-57 所示。这是默认的音频过渡类型。

2. 恒定增益

【恒定增益】过渡效果是利用曲线的变化调整音频素材音量，来形成过渡效果的，如图 9-58 所示。

3. 指数淡化

【指数淡化】过渡效果是利用线性指数调整音频素材音量，形成过渡效果的，如图 9-59 所示。

图 9-57

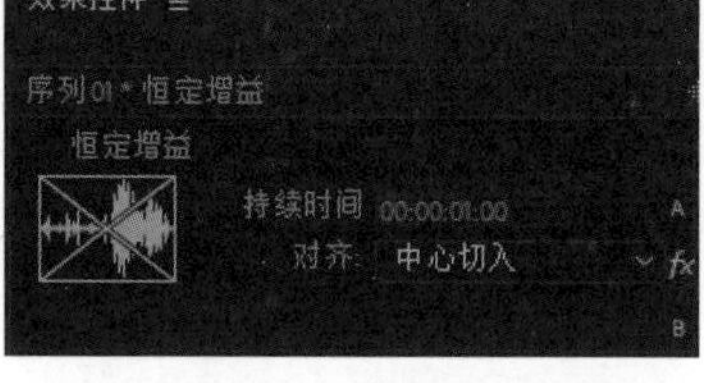

图 9-58

图 9-59

课堂案例 音频过渡

素材文件	素材文件 / 第 9 章 / 音频 1.wma 和音频 2.mp3	扫码观看视频
案例文件	案例文件 / 第 9 章 / 混响.prproj	
教学视频	教学视频 / 第 9 章 / 混响.mp4	
案例要点	掌握制作音频过渡效果的方法	

Step 01 将【音频 1.wma】和【音频 2.mp3】素材文件拖到音频轨道【A1】上，如图 9-60 所示。

Step 02 分别将【音频 1.wma】的出点和【音频 2.mp3】的入点调整到 00:00:20:00 和 00:00:40:00 位置，如图 9-61 所示。

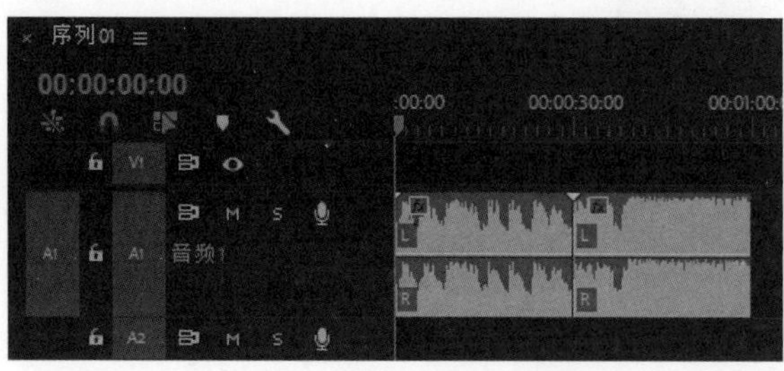

图 9-60

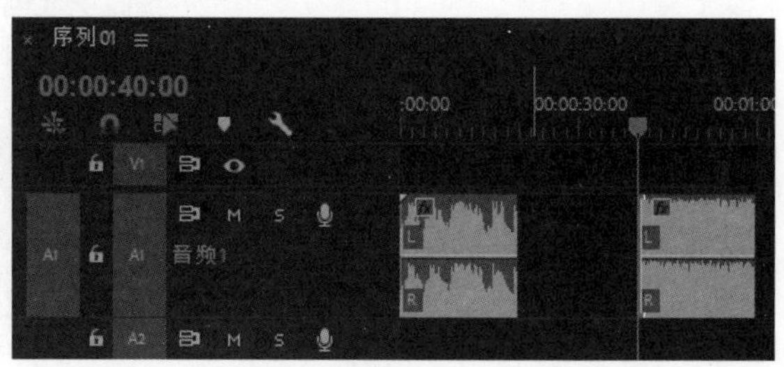

图 9-61

Step 03 在两个素材之间单击鼠标右键，选择【波纹删除】命令，将素材相连。

Step 04 将【音频 2.mp3】的出点调整到 00:00:35:00 位置，如图 9-62 所示。

Step 05 激活【效果】面板，将【音频过渡】>【交叉淡化】>【恒定增益】效果添加到两个素材之间，也添加到【音频 2.wma】的出点位置，如图 9-63 所示。

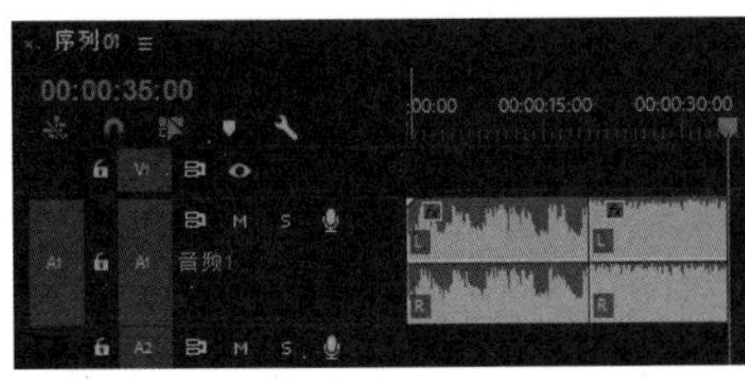

图 9-62

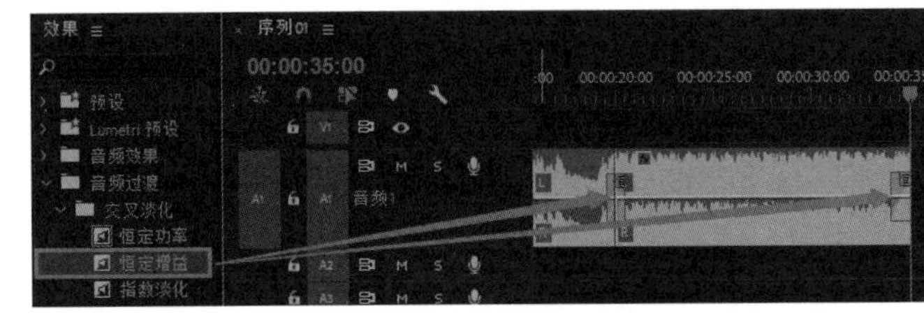

图 9-63

Step 06 激活【恒定增益】效果的【效果控件】面板，设置【持续时间】为 00:00:05:00，如图 9-64 所示。

Step 07 制作完成后，可以在【节目】监视器面板中欣赏最终声音效果。

图 9-64

课堂练习 电子音

素材文件	素材文件 / 第 9 章 / 音频 1.wma	扫码观看视频
案例文件	案例文件 / 第 9 章 / 电子音.prproj	
教学视频	教学视频 / 第 9 章 / 电子音.mp4	
练习要点	此练习是为了让读者掌握【高音换挡器】和【高音】音频效果的应用	

1. 练习思路

① 为"愤怒的沙鼠"预设添加【高音换挡器】音频效果，将素材音频变为电子音。

② 使用【高音】音频效果调整电子音的高音效果。

2. 制作步骤

（1）设置项目

Step 01 创建项目，设置项目名称为"电子音"。

Step 02 创建序列。在【新建序列】对话框中，设置序列格式为【HDV】>【HDV 720p25】，在【序列名称】文本框中输入“电子音”。

Step 03 导入素材。将【音频 1.wma】素材导入到项目中，如图 9-65 所示。

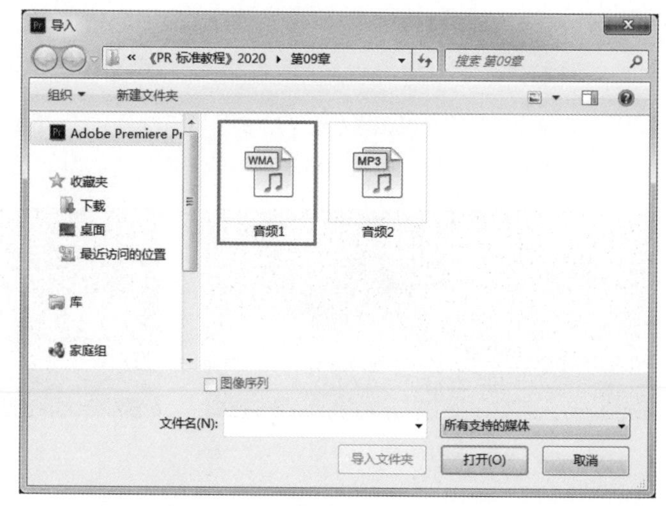

图 9-65

（2）制作效果

Step 01 将【项目】面板中的【音频 1.wma】素材文件拖至音频轨道【A1】上，如图 9-66 所示。

Step 02 激活序列中的【音频 1.wma】素材后，双击【效果】面板中的【音频效果】>【高音换挡器】效果和【高音】效果，如图 9-67 所示。

图 9-66

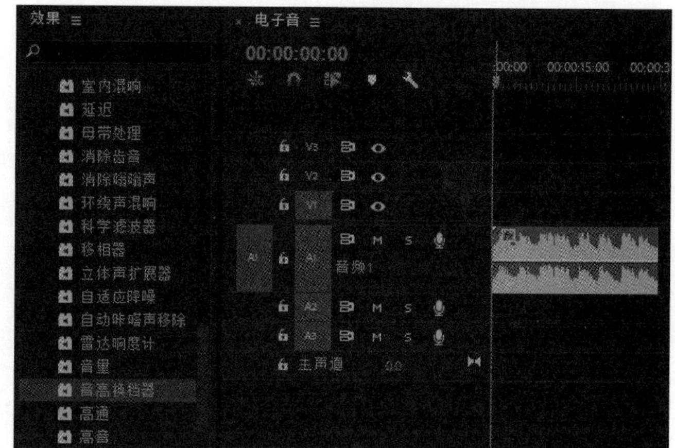

图 9-67

Step 03 在【效果控件】面板中，单击【高音换挡器】效果的【自定义设置】>【编辑】按钮，打开【高音换挡器】效果的剪辑效果编辑器对话框，如图 9-68 所示。

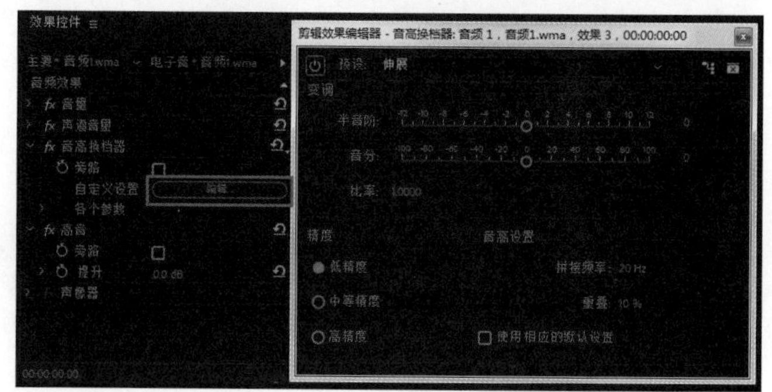

图 9-68

Step 04 在剪辑效果编辑器对话框中，设置【预设】为“愤怒的沙鼠”，设置【精度】为【高精度】，如图 9-69 所示。

Step 05 设置【高音】效果的【提升】为 20.0dB，如图 9-70 所示。

Step 06 制作完成后，可以在【节目】监视器面板中欣赏最终声音效果。

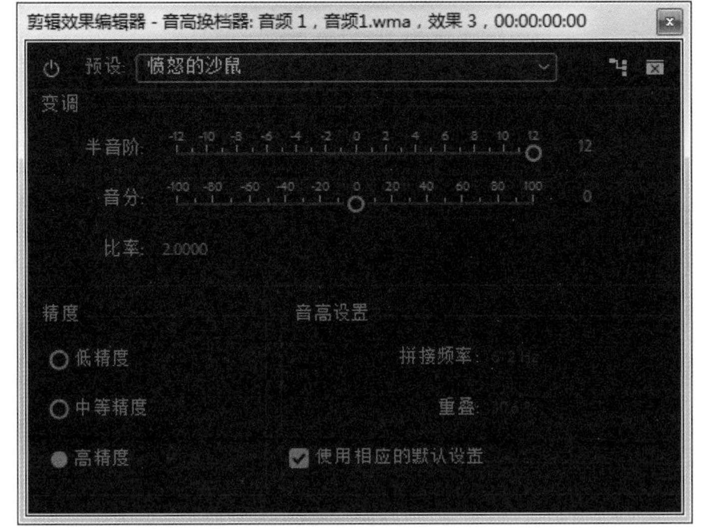

图 9-69

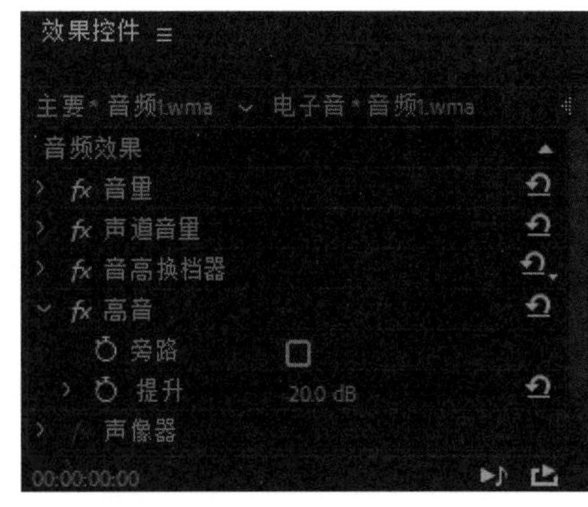

图 9-70

课后习题

一、选择题

1. （　　）是指在录制或播放声音时，在不同空间位置采集或播放的相互独立的音频信号。

A. 声道

B. 立体声

C. 采样频

D. 比特率

2. （　　）用于调整音频素材中的高音分贝音量，以改变高音效果。

A. 【高通】效果

B. 【高音】效果

C. 【低通】效果

D. 【低音】效果

3. 当在两个素材之间添加过渡效果时，【起点切入】选项会将过渡效果添加到（　　）位置。

A. 第一个素材的开始

B. 第一个素材的结束

C. 第二个素材的开始

D. 第二个素材的结束

4. 默认的音频过渡效果是（　　）。

A.【交叉淡化】

B.【恒定功率】

C.【恒定增益】

D.【指数淡化】

5.（　　）是利用曲线调整音频素材音量，形成过渡效果的。

A.【交叉淡化】过渡效果

B.【恒定功率】过渡效果

C.【恒定增益】过渡效果

D.【指数淡化】过渡效果

二、填空题

1. 视频是声画结合的产物，由视频和 ________ 两个部分组成。

2. 声音包括 3 种类型，分别是 ________、________ 和 ________。

3. 在录制声音的过程中，被分配到两个独立的声道，从而达到很好的声音定位效果的是 ________。

4. ________ 效果会对音频素材或音频素材左右声道的静音效果进行处理。

5. 使用 ________ 效果可以调整音频素材左右声道的音量大小。

三、简答题

1. 列举 5 种常用的添加音频过渡效果的方法。

2. 简述什么是音频过渡。

3. 列举 5 种常用的调整音频过渡效果持续时间的方法。

四、案例习题

习题要求：制作飞机从左侧向右侧掠过的声音效果。

素材文件：练习文件 / 第 9 章 / 练习音乐.mp3。

效果文件：效果文件 / 第 9 章 / 案例习题.mp3。

习题要点：通过【声道音量】和【平衡】音频效果，调整左右声道的音量，模拟飞机从左侧向右侧掠过的声音效果。

Chapter 10

第 10 章 图形和文本

文本和图形是视频作品的重要组成部分，可以起到增强内容表达、美化画面的作用。文本能够快速、有效地向观众传递信息。一般情况下，用户可以为视频作品添加片头名称、片尾名单和对白台词等。现在的视频作品越来越美观，文本和图形也可以起到装饰画面的作用。

PREMIERE PRO

学习目标

- 熟悉文本和图形
- 了解主图形的概念
- 了解滚动文本的概念
- 掌握修改图形属性的方法

技能目标

- 掌握创建基本图形的方法
- 掌握修改图形属性的方法
- 掌握制作滚动文本的方法

创建图形

在 Premiere Pro CC 中，用户可以创建文本和图形，如矩形、椭圆形等。用户可使用【文字工具】和形状工具，直接在【节目】监视器面板中创建文本和图形，然后使用【基本图形】面板中的功能进行调整。

图形素材可包含多个文本和形状图层，类似于 Photoshop 中的图层，可以作为序列中的单个素材进行编辑。当首次创建文本或形状图层时，将在位于当前时间指示器位置的【时间轴】面板中创建包含该图层的图形素材。如果已经在序列中选择了图形素材，则创建的文本或形状图层将被添加到现有图形素材中。

使用【基本图形】面板可以查看图层并对图层中的图形进行调整，包括调整单个图层中图形的外观、更改图层顺序等。

1. 创建文本图层

创建文本图层时，要先在工具面板中选择【文字工具】或【垂直文字工具】，如图 10-1 所示。

然后，单击要放置文本的【节目】监视器面板，输入需要的文本内容，如图 10-2 所示。单击可在某个点创建文本，而拖动鼠标则可在一个框内创建文本。

在【节目】监视器面板中使用【选择工具】可以直接操作文本和形状图层。用户可以调整图层的位置、更改锚点、缩放文本、更改文本框的大小并旋转等。

图 10-1

图 10-2

2. 创建形状图层

使用【矩形工具】、【椭圆工具】或【钢笔工具】，可以在【节目】监视器面板中创建自由形式的形状和路径，如图 10-3 所示。

图 10-3

3. 创建素材图层

在 Premiere Pro CC 中，用户可以将图像和视频作为图形中的图层添加到当前文件中。只需执行【图形】菜单 >【新建图层】>【来自文件】命令即可。

修改图形属性

激活图形图层，可以在【基本图形】面板或【效果控件】面板中修改图形属性。在【基本图形】面板的【编辑】选项卡中可以调整文本外观、字体大小等。

1. 响应式设计

凭借动态图形的响应式设计，用户设计的滚动效果和图形能够以智能的方式响应持续时间和图层位置的变化。

【响应式设计—位置】：可以定义图形内部图层之间的关系。

【响应式设计—时间】：可以保留常用作开场和结束的动画，可以在【效果控件】面板中查看并调整。

2. 对齐并交换

在【对齐并变换】选项区域可以设置对象的对齐方式、不透明度、位置和缩放等属性。

参数详解

【垂直居中对齐】：设置所选对象在垂直方向上居中于屏幕中心。

【水平居中对齐】：设置所选对象在水平方向上居中于屏幕中心。

【位置】：设置所选对象位置的横纵坐标。

【锚点】：设置所选对象变化的中心点。

【缩放】：设置所选对象的缩放比例。取消缩放锁定，可以非等比例缩放。

【旋转】：设置所选对象的旋转度数。

【不透明度】：设置文本对象的透明程度。

3. 主样式

利用主样式，可以将文本属性（如字体、颜色和大小）定义为预设，以便在多个图层中快速应用和传播样式。为图形图层或文本图层应用主样式之后，文本会自动继承对主样式的所有更改，从而可以同时快速更改多个图形。

4. 文本

在【文本】选项区域可以设置文本对象的字体样式、字体大小和对齐方式等属性，如图 10-4 所示。

图 10-4

参数详解

【字体】：设置文本对象的字体。

【字体样式】：设置文本对象的字体样式。

【字体大小】：设置文本对象的大小，默认为 100。

【左对齐文本】：设置文本为靠左对齐。

【居中对齐文本】：设置文本为居中对齐。

【右对齐文本】：设置文本为靠右对齐。

【制表符宽度】：设置段落文本的制表符，对段落文本进行格式化处理。

【字距间距】：设置文本字符之间的距离。

【字偶间距】：设置文本对象的字间距。

【行距】：设置文本对象行与行之间的距离。

【基线位移】：设置文本对象基线的位置。

【比例间距】：设置文本字符的间距比例。

5. 外观

在【外观】选项区域可以设置对象的【填充】、【描边】和【阴影】等属性，如图 10-5 所示。

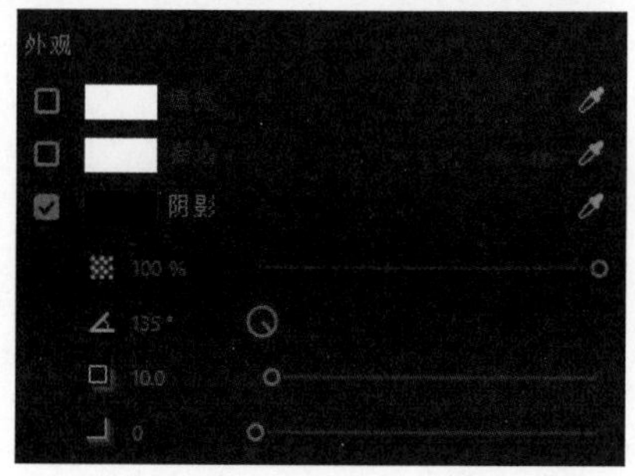

图 10-5

参数详解

【填充】：设置文本或图形对象的填充颜色。

【描边】：设置文本或图形对象的描边颜色和描边大小。

【阴影】：设置文本或图形对象的阴影效果。

课堂案例 修改图形属性

素材文件	素材文件 / 第 10 章 / 狗照片.png	扫码观看视频
案例文件	案例文件 / 第 10 章 / 修改图形属性.prproj	
教学视频	教学视频 / 第 10 章 / 修改图形属性.mp4	
案例要点	掌握修改图形属性的方法	

Step 01 新建背景。在【项目】面板的空白处单击鼠标右键，选择【新建项目】>【颜色遮罩】命令，设置颜色为（R:130，G:115，B:100）。再将【颜色遮罩】素材文件拖至视频轨道【V1】上，如图 10-6 所示。

Step 02 激活【时间轴】面板，执行【图形】>【新建图层】>【来自文件】菜单命令，选择【狗照片.png】素材，并在【节目】监视器面板中调整其大小和位置，如图 10-7 所示。

Step 03 新建文本。在工具面板中选择【文字工具】，然后在【节目】监视器面板中输入“有你真好”，如图 10-8 所示。

图 10-6

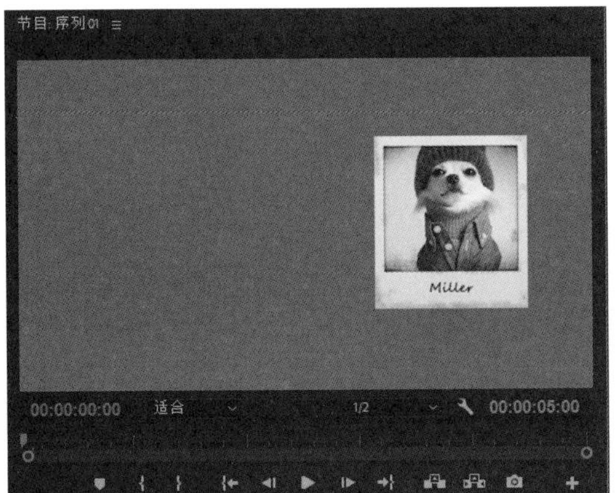

图 10-7

图 10-8

Step 04 在【基本图形】面板中，设置【位置】为（165.0，365.0）、【字体】为【LiSu】、【字体大小】为 120、【填充】为（R:240，G:235，B:255），选择【阴影】复选框，设置【距离】为 15.0、【模糊】为 50，如图 10-9 所示。

Step 05 在【节目】监视器面板中查看最终效果，如图 10-10 所示。

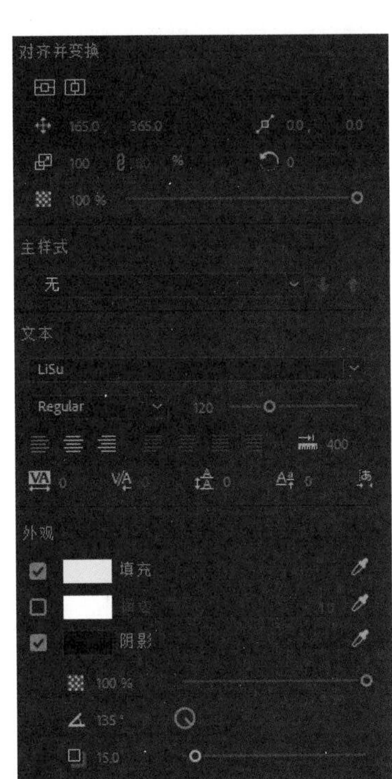

图 10-9

图 10-10

10.3 主图形

可以将图形图层或文本图层升级为主图形，使其在【项目】面板中显示，以方便更改和使用。要想升级为主图形，只需选择图形或文本元素，然后执行【图形】>【升级为主图】菜单命令即可。

10.4 滚动字幕

滚动文本

滚动文本是区别于静态字幕的动态字幕，具有运动的效果。滚动字幕多用于影视动画的开始和结束。

在【基本图形】面板的【编辑】选项卡中，选择【滚动】复选框，即可设置滚动文本，如图 10-11 所示。

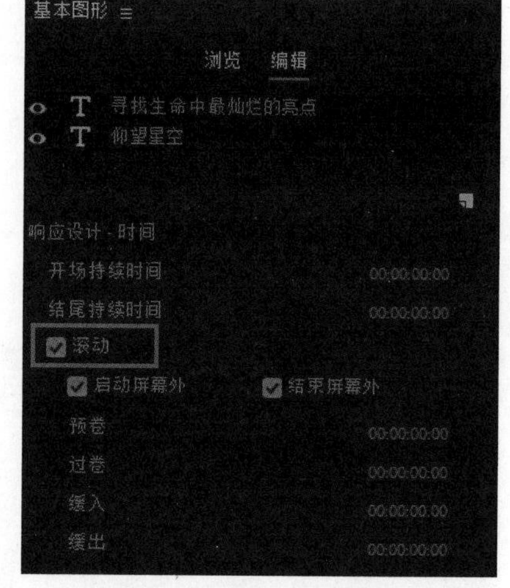

图 10-11

参数详解

【滚动】：设置文本从下向上垂直滚动显示。

【启动屏幕外】：选择此复选框，设置文本从屏幕外开始进入画面。

【结束屏幕外】：选择此复选框，设置文本移至屏幕外结束。

【预卷】：设置停留多长时间后，文本开始运动。

【过卷】：设置文本结束前静止的时长。

【缓入】：设置文本运动开始时由慢到快的时长。

【缓出】：设置文本运动结束前由快到慢的时长。

课堂案例 滚动字幕

素材文件	素材文件 / 第 10 章 / 古诗背景 .jpg 和送友人 .txt	扫码观看视频 
案例文件	案例文件 / 第 10 章 / 滚动字幕 .prproj	
教学视频	教学视频 / 第 10 章 / 滚动字幕 .mp4	
案例要点	掌握制作滚动字幕的方法	

Step 01 将【项目】面板中的【古诗背景.jpg】素材文件拖至视频轨道【V1】上，如图 10-12 所示。

Step 02 使用【文字工具】在【节目】监视器面板中输入【望月怀古.txt】中的内容，如图 10-13 所示。

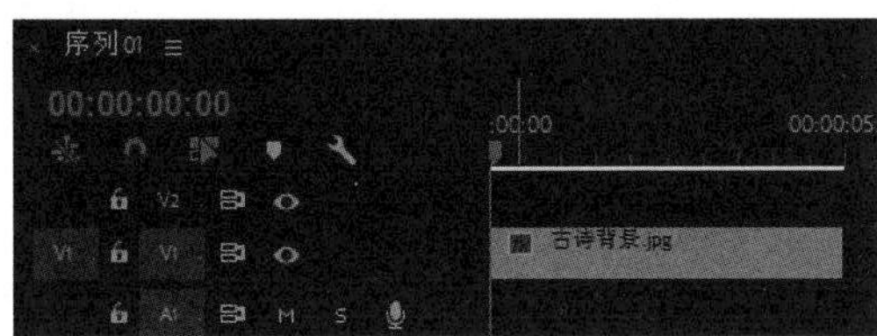

图 10-12

图 10-13

Step 03 设置【字体】为【KaiTi】（楷体）、【字体大小】为 60、【行距】为 50、【填充】为（R:0，G:0，B:0），效果如图 10-14 所示。

Step 04 设置文本滚动。单击【时间轴】面板中的文本图层，在【基本图形】面板的【编辑】选项卡中，选择【滚动】、【启动屏幕外】和【结束屏幕外】复选框，如图 10-15 所示。

图 10-14

图 10-15

Step 05 将序列中素材的出点调整到 00:00:10:00 位置，如图 10-16 所示。

Step 06 在【节目】监视器面板中查看最终动画效果，如图 10-17 所示。

图 10-16

图 10-17

课堂练习 女孩

素材文件	素材文件 / 第 10 章 / 女孩背景.jpg 、女孩 LOGO.png、女孩.mp3 、女孩.txt	扫码观看视频 
案例文件	案例文件 / 第 10 章 / 女孩.prproj	
教学视频	教学视频 / 第 10 章 / 女孩.mp4	
案例要点	本练习是为了让读者掌握字幕和图形的使用方法	

1. 练习思路

① 插入图像。

② 创建文本和图形素材。

③ 利用【阴影】属性，制作光感效果。

④ 设置滚动字幕，模拟歌词滚动出现的效果。

⑤ 利用擦除效果制作播放进度动画。

2. 制作步骤

（1）设置项目

Step 01 创建项目，设置项目名称为“女孩”。

Step 02 创建序列。在【新建序列】对话框中，设置序列格式为【HDV】>【HDV 720p25】，在【序列名称】文本框中输入“女孩”。

Step 03 导入素材。将【女孩背景.jpg】和【女孩.mp3】素材导入到项目中，如图 10-18 所示。

图 10-18

（2）设置静态素材

Step 01 将【女孩背景.jpg】素材文件拖到视频轨道【V1】上，如图 10-19 所示。

Step 02 激活【时间轴】面板，执行【图形】>【新建图层】>【来自文件】菜单命令，选择【女孩 LOGO.png】素材。

Step 03 在【基本图形】面板中，设置【位置】为（700.0，680.0）、【缩放】为 25，如图 10-20 所示。

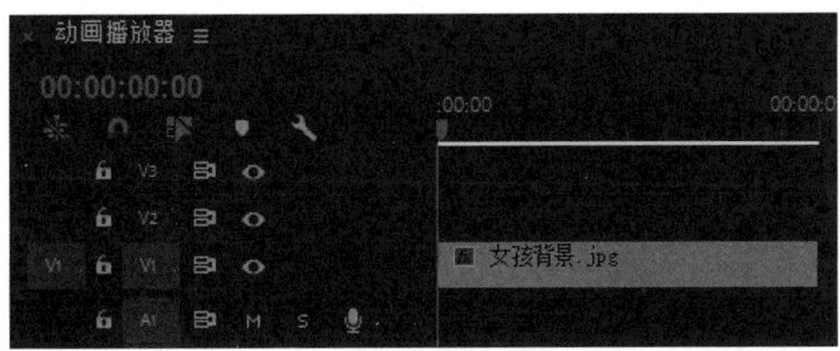

图 10-19

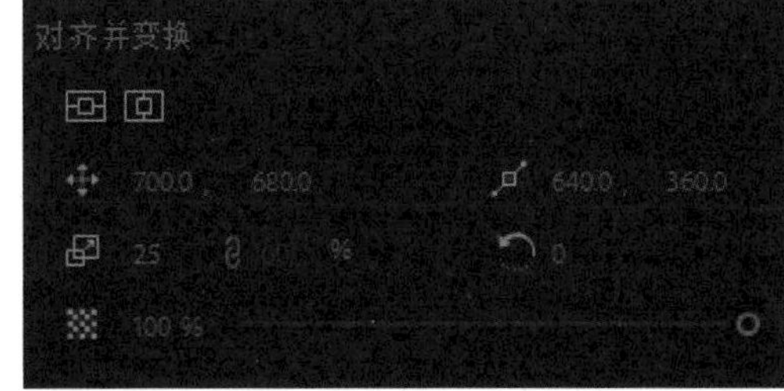

图 10-20

Step 04 激活【时间轴】面板，执行【图形】>【新建图层】>【文本】菜单命令，输入文本内容“Wherever you are”，如图 10-21 所示。

Step 05 在【基本图形】面板中，设置【位置】为（750.0，675.0）、【缩放】为 70、【字体】为【KaiTi】、【字体大小】为 60、【填充】为（R:255，G:0，B:100），如图 10-22 所示。

Step 06 单击【时间轴】面板的空白处，执行【图形】>【新建图层】>【矩形】菜单命令。

Step 07 在【基本图形】面板中，设置【位置】为（747.0，688.0），关闭【设置缩放锁定】，设置【缩放】为 4、【填充】为（R:255，G:0，B:100），选择【阴影】复选框，设置【阴影】为（R:255，G:0，B:0）、【距离】为 0、【模糊】为 100，如图 10-23 所示。

图 10-21

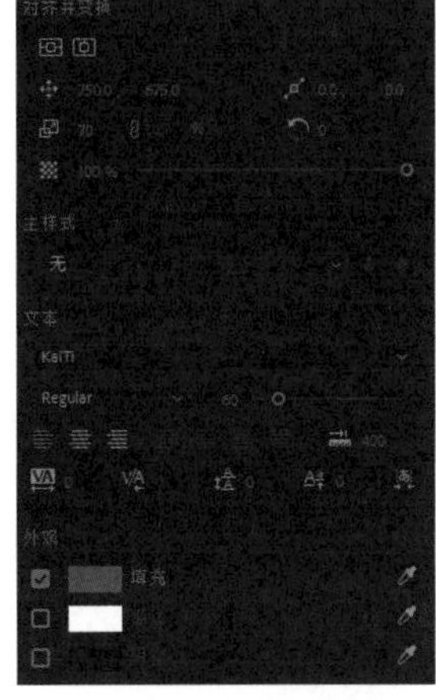

图 10-22

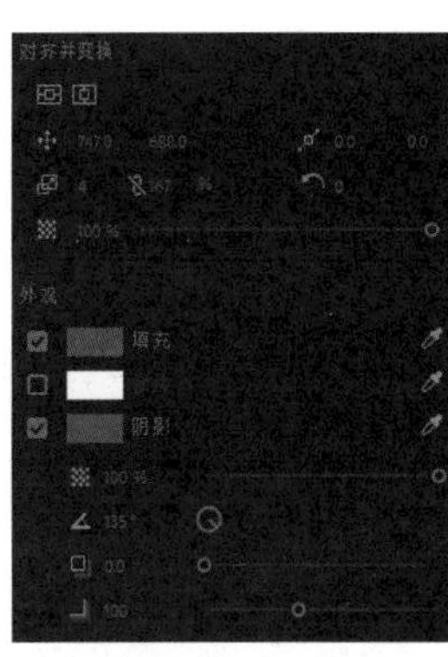

图 10-23

（3）设置滚动字幕

Step 01 使用【文字工具】在【节目】监视器面板中输入【女孩.txt】中的内容，如图 10-24 所示。

图 10-24

Step 02 在【基本图形】面板中，设置【位置】为（100.0，100.0）、【缩放】为 65、【字体】为【KaiTi】、【字体大小】为 80、【行距】为 40、【填充】为（R:255，G:0，B:100）；选择【阴影】复选框，设置【阴影】为（R:255，G:0，B:0）、【距离】为 0、【模糊】为 20，如图 10-25 所示。

Step 03 单击文本选择框的空白处，在【基本图形】面板的【编辑】选项卡中，选择【滚动】、【启动屏幕外】和【结束屏幕外】复选框，如图 10-26 所示。

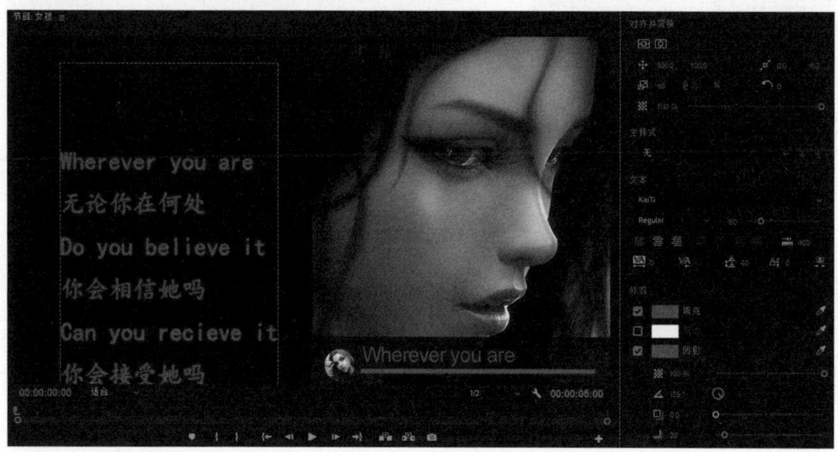

图 10-25

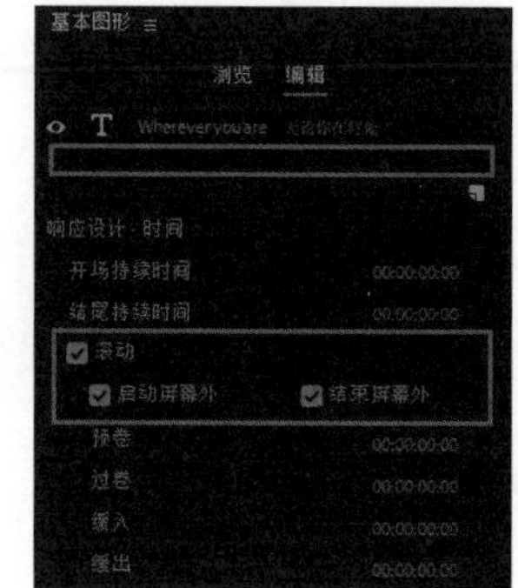

图 10-26

(4) 设置播放动画

Step 01 将【项目】面板中的【女孩.mp3】素材拖到音频轨道【A1】上，并将视频轨道上所有素材的出点与之对齐，如图 10-27 所示。

Step 02 单击视频轨道【V4】上的【图形】素材，执行【图形】>【升级为主图】菜单命令，如图 10-28 所示。

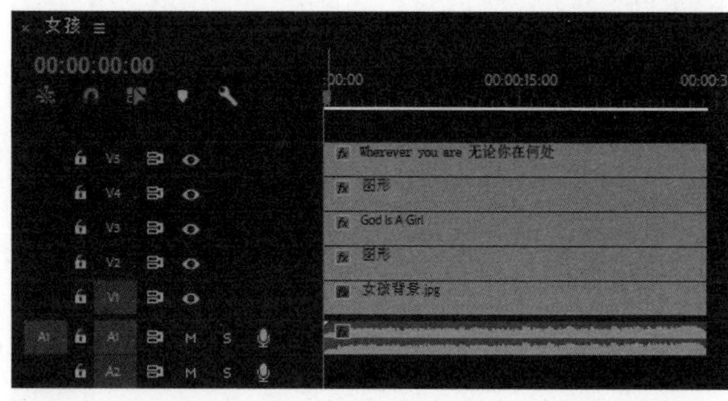

图 10-27

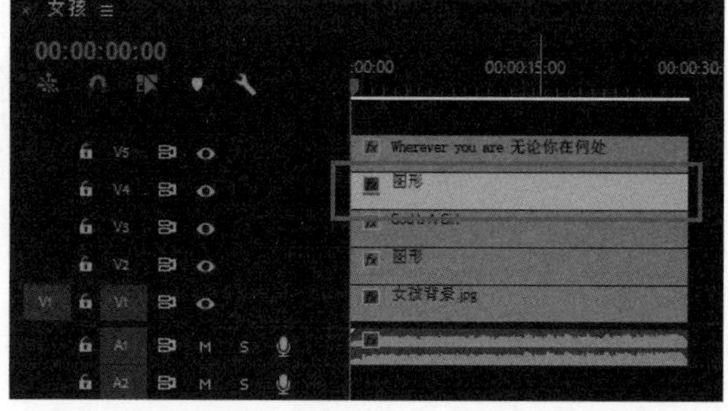

图 10-28

Step 03 激活序列中的【图形】素材，然后双击【效果】面板中的【视频效果】>【过渡】>【线性擦除】效果，如图 10-29 所示。

Step 04 激活【图形】素材的【效果控件】面板，设置【线性擦除】效果的【擦除角度】为 -90.0°。将当前时间指示器移动到 00:00:00:00 位置，打开【过渡完成】的【切换动画】按钮，设置【过渡完成】为 42%；将当前时间指示器移动到 00:00:29:09 位置，设置【过渡完成】为 2%，如图 10-30 所示。

图 10-29

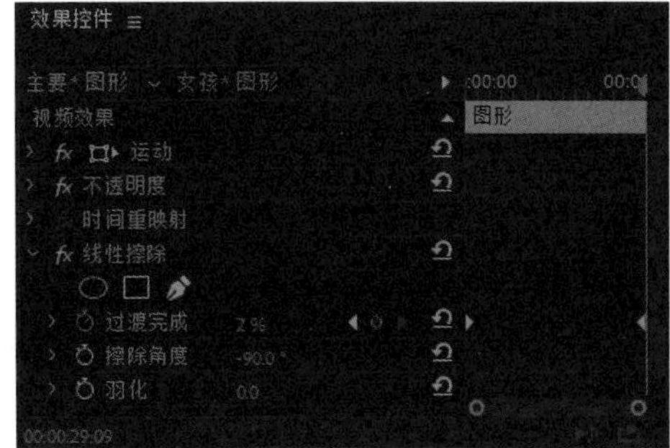

图 10-30

Step 05 在【节目】监视器面板中查看最终的动画效果，如图 10-31 所示。

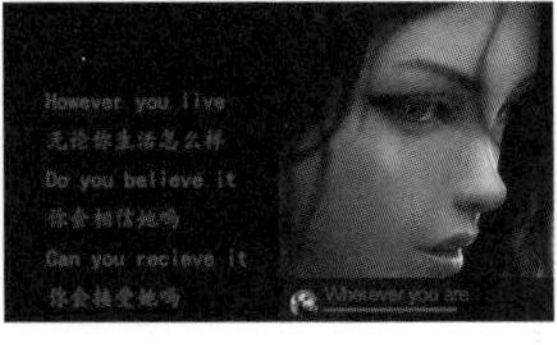

图 10-31

课后习题

一、选择题

1. 在【节目】监视器面板中使用（　　）可以直接操作文本和形状图层，可以调整图层的位置、更改锚点、缩放文本、更改文本框的大小并旋转。

A.【选择工具】

B.【矩形工具】

C.【钢笔工具】

D.【文字工具】

2.（　　）可以用来设置文本字符的间距比例。

A.【字距间距】

B.【字偶间距】

C.【行距】

D.【比例间距】

3. 在（　　）选项区域可以设置对象的【填充】、【描边】和【阴影】等属性。

A.【文本】

B.【外观】

C.【主样式】

D.【对齐并变换】

4. 在【基本图形】面板中，选择（　　）复选框，即可设置滚动文本。

A.【缓入】

B.【缓出】

C.【滚动】

D.【过卷】

5.（　　　）可以用来设置停留多长时间后，文本开始运动。

A.【预卷】

B.【过卷】

C.【缓入】

D.【启动屏幕外】

二、填空题

1. 在工具面板中选择 ________ 或 ________，即可在【节目】监视器面板中创建文本。

2. 如果将图像和视频作为图形中的图层添加到当前文件中，只需执行【图形】>【新建图层】>________ 菜单命令即可。

3. 利用 ________ 可以将文本属性（如字体、颜色和大小）定义为预设，以便在多个图层中快速应用和传播样式。

4. 将图形图层或文本图层升级为主图形素材后，其会在 ________ 面板中显示。

5.【滚动】复选框在【基本图形】面板的 ________ 选项卡中。

三、简答题

1. 简述如何将图形或文本元素升级为主图形。

2. 简述如何制作诗歌的滚动字幕。

四、案例习题

习题要求：制作手机中的音乐播放效果。

素材文件：练习文件 / 第 10 章 / 练习图片 01.png、练习音乐.mp3 和歌词.txt。

效果文件：效果文件 / 第 10 章 / 案例习题.mpeg，如图 10-32 所示。

习题要点：

1. 使用【颜色遮罩】制作背景颜色。

2. 使用【图形】菜单命令创建图形素材，制作播放界面。

3. 使用【时间码】效果制作播放时间显示效果。

4. 设置滚动字幕，模拟滚动歌词出现的效果。

5. 使用【线性擦除】效果，制作播放进度动画。

6. 使用【图形】菜单命令创建图形素材，制作进度滑块。

图 10-32

Chapter

11

第 11 章

输出文件

输出是影视编辑的最后一个环节，是影视编辑的最终目的，因此选择一种适合的输出方式尤为重要。在 Premiere Pro 中制作完成一部影视作品后，用户就要根据需求选择是导出与其他软件交互的交换文件，还是输出最终保存的影视图像文件。无论是导出还是输出，都有很多种格式可以选择。只有了解各种格式的特点，才能选择最佳方式。

PREMIERE PRO

学习目标

- 了解什么是视频输出
- 了解可以输出的文件类型
- 熟悉音视频格式输出的参数

技能目标

- 掌握输出图像格式文件的方法
- 掌握输出音频格式文件的方法
- 掌握输出视频格式文件的方法

导出文件

Premiere Pro CC 中提供了多种导出格式，用户可以根据需要进行选择，以方便保存、观赏或在其他软件中再次编辑使用。

执行【文件】>【导出】菜单命令，可以选择导出文件的类型。导出类型包括媒体、字幕、EDL、OMF 和 Final Cut Pro XML 等，如图 11-1 所示。

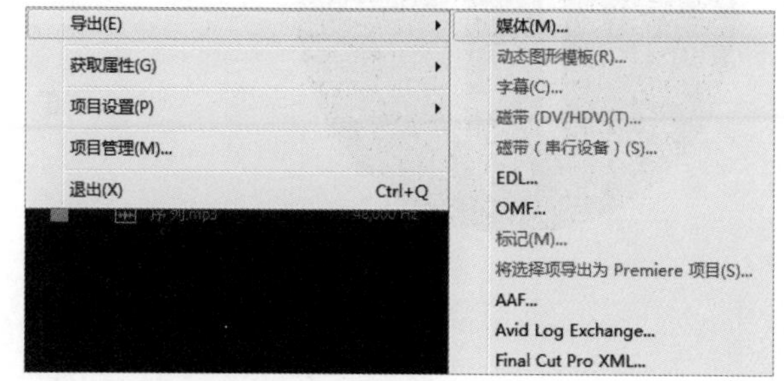

图 11-1

【媒体】：选择此命令，可以打开【导出设置】对话框，设置媒体输出的各种格式。

【字幕】：选择此命令，可以导出用户在 Premiere Pro CC 软件中创建的字幕文件。

【磁带（DV/HDV）】/【磁带（单行设备）】：可以将音视频文件导出到专业录像设备的磁带上。

【EDL】（编辑决策列表）：选择此命令，会导出一个描述剪辑过程的数据文件，以方便导入到其他软件中再次编辑。

【OMF】（公开媒体框架）：选择此命令，可以将激活的音频输出为 OMF 格式的文件，以方便导入到其他软件中再次编辑。

【AAF】（高级制作格式）：选择此命令，可以导出较为通用的 AAF 格式的文件，以方便导入到其他软件中再次编辑。

【Final Cut Pro XML】（Final Cut Pro 交换文件）：选择此命令，可以导出数据文件，以方便导入到苹果平台的 Final Cut Pro 剪辑软件中再次编辑。

输出图像

1. 输出单帧图像

在 Premiere Pro CC 中，可以对素材文件中的任何一帧进行单独输出，输出为一张静态图片，常用的格式有 BMP、JPEG 和 PNG 等，如图 11-2 所示。

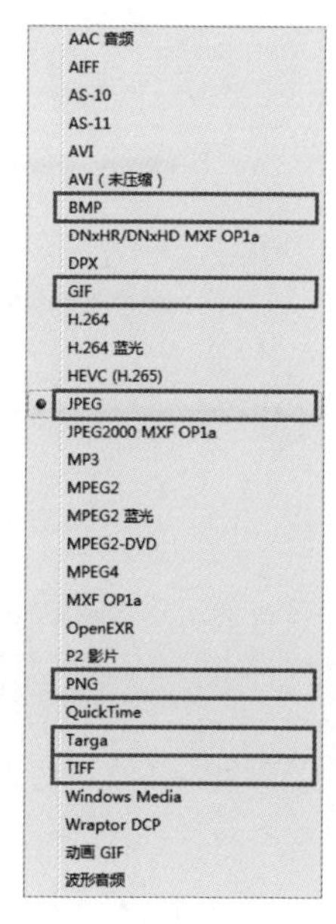

图 11-2

课堂案例 输出单帧图像

素材文件	素材文件 / 第 11 章 / 视频.mp4	扫码观看视频
案例文件	案例文件 / 第 11 章 / 输出单帧图像.prproj	
教学视频	教学视频 / 第 11 章 / 输出单帧图像.mp4	
案例要点	掌握输出单帧图像的方法	

Step 01 将【项目】面板中的【视频.mp4】素材文件拖至视频轨道【V1】上，如图 11-3 所示。

Step 02 激活【时间轴】面板，将当前时间指示器移动到 00:00:08:00 位置，如图 11-4 所示，执行【文件】>【导出】>【媒体】菜单命令。

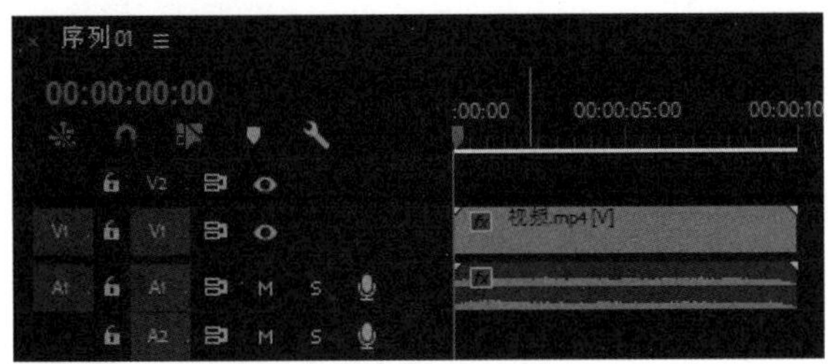

图 11-3

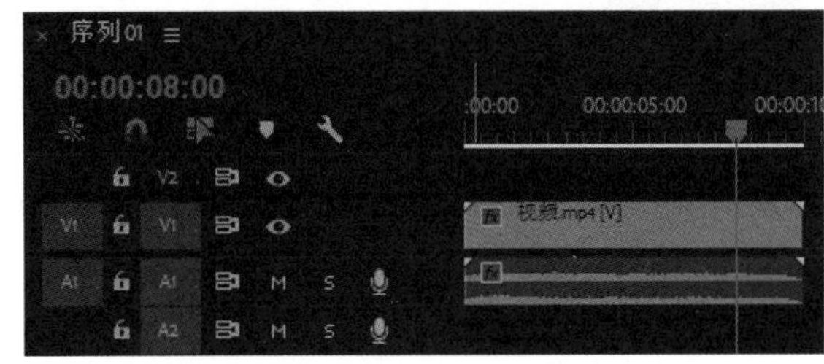

图 11-4

Step 03 在弹出的【导出设置】对话框中，设置【格式】为【JPEG】，单击【输出名称】处显示的文件名称，选择文件的输出位置，设置名称为“单帧”。在【视频】选项卡中取消选择【导出为序列】复选框，最后单击【导出】按钮即可，如图 11-5 所示。

Step 04 在资源管理器中查看输出的文件，如图 11-6 所示。

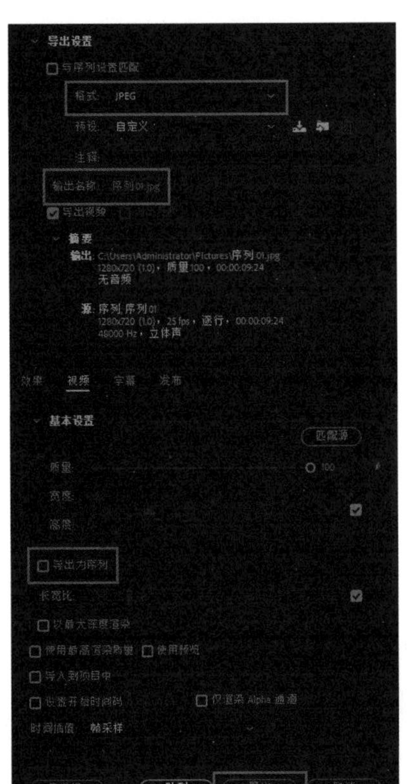

图 11-5

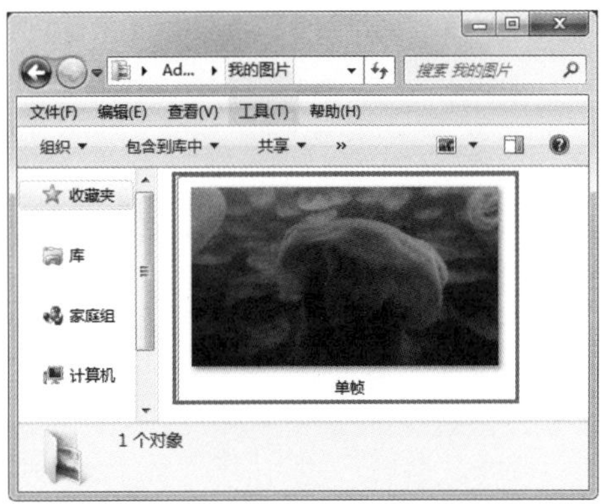

图 11-6

2. 输出序列帧图像

为了将编辑制作好的影片在保证清晰度最高、损失最小的情况下，导出到其他软件中继续编辑，就需要将视频文件导出为序列帧文件。在Premiere Pro CC中，可以将视频文件输出为一组序列帧图像。只需选择好图片格式，选择【导出为序列】复选框。

输出音视频格式

1. 输出音频格式

在 Premiere Pro CC 中，用户可以将音频文件单独进行输出，一般会输出为 MP3 等格式，如图 11-7 所示。

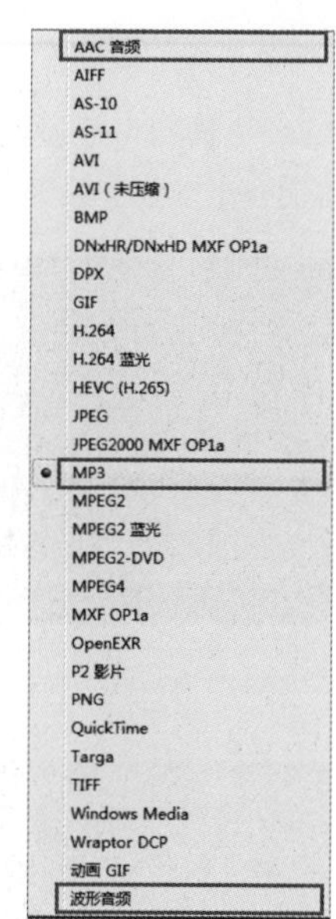

图 11-7

课堂案例 输出音频格式

素材文件	素材文件 / 第 11 章 / 视频.mp4	扫码观看视频
案例文件	案例文件 / 第 11 章 / 输出音频格式.prproj	
教学视频	教学视频 / 第 11 章 / 输出音频格式.mp4	
案例要点	掌握输出音频文件的方法	

Step 01 将【项目】面板中的【视频.mp4】素材文件拖至视频轨道【V1】上，如图 11-8 所示。

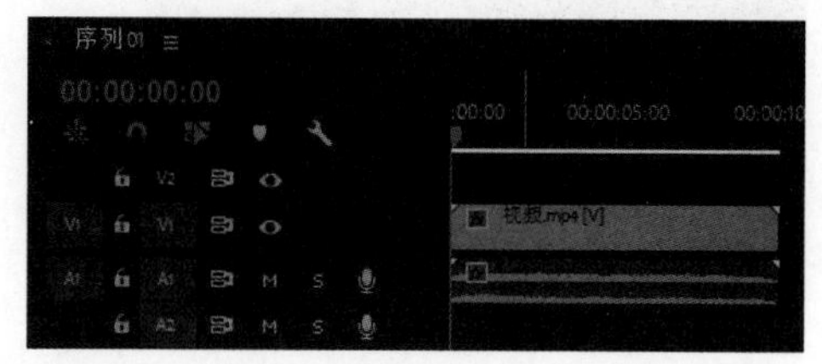

图 11-8

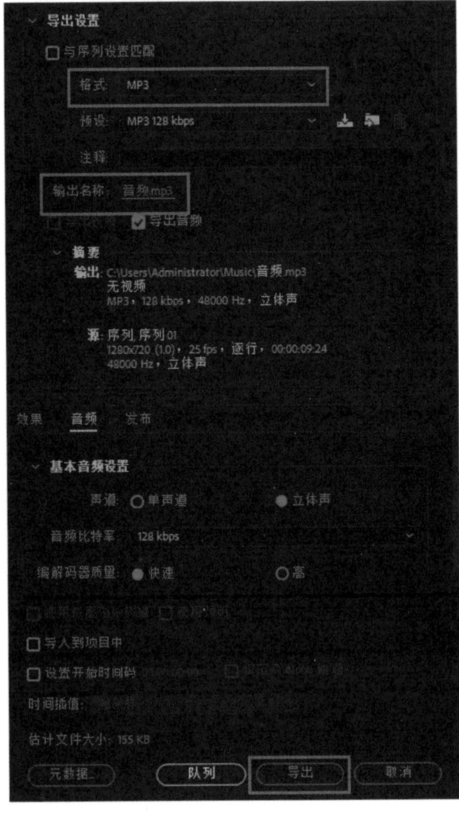

图 11-9

Step 02 激活【时间轴】面板，执行【文件】>【导出】>【媒体】菜单命令。

Step 03 在弹出的【导出设置】对话框中，设置【格式】为【MP3】，单击【输出名称】处显示的文件名称，选择文件的输出位置，设置名称为“音频”，再单击【导出】按钮，如图 11-9 所示。

Step 04 在资源管理器中查看输出的文件，如图 11-10 所示。

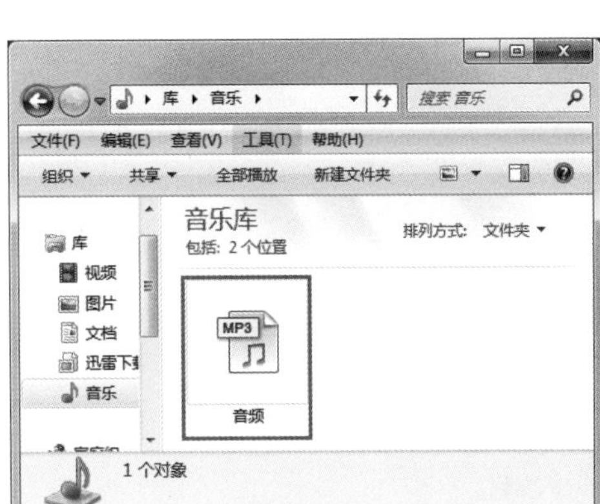

图 11-10

2. 输出视频格式

编辑完成的影视文件需要选择适合的视频格式，并进行详细的设置，以便达到最为合适的视频输出效果。首先要了解【导出设置】对话框中各选项的功能。

参数详解

【与序列设置匹配】：选择此复选框，则以序列设置的属性来定义输出影片的文件属性。

【格式】：用来设置输出音视频文件的格式。

【预设】：用来设置定义好的制式。

【注释】：用来标注输出音视频文件的说明。

【输出名称】：用来设置输出文件的文件名称和路径。

【导出视频】：取消选择此复选框，则文件不输出视频。

【导出音频】：取消选择此复选框，则文件不输出音频。

【摘要】：显示文件的输出路径、文件名称、尺寸大小和质量等信息。

常用的视频格式有 AVI、MPEG 和 MP4 等，如图 11-11 所示。

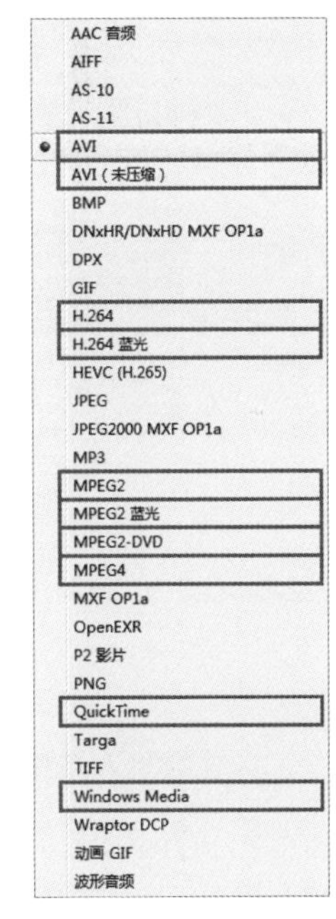

图 11-11

课堂练习 视频输出

素材文件	素材文件 / 第 11 章 / 序列 / 序列 000.jpg ~ 序列 099.jpg 和序列 .mp3	扫码观看视频 
案例文件	案例文件 / 第 11 章 / 视频输出 .prproj	
教学视频	教学视频 / 第 11 章 / 视频输出 .mp4	
案例要点	视频输出练习是为了让读者熟练掌握输出 AVI 格式视频文件的方法	

1. 练习思路

① 将【序列 000.jpg】等图片素材文件，以序列帧的形式导入到项目中。

② 将【序列.mp3】素材文件导入到项目中。

③ 输出 AVI 格式的影片。

2. 制作步骤

（1）设置项目

Step 01 创建项目，设置项目名称为“视频输出”。

Step 02 创建序列。在【新建序列】对话框中，设置序列格式为【HDV】>【HDV 720p25】，在【序列名称】名称文本框中输入“视频输出”。

Step 03 导入素材。将【序列 000.jpg】等序列素材和【序列.mp3】素材导入到项目中，如图 11-12 所示。

Step 04 分别将【序列.mp3】素材文件和【序列 000.jpg】等序列素材拖到音视频轨道【A1】和【V1】上，如图 11-13 所示。

图 11-12

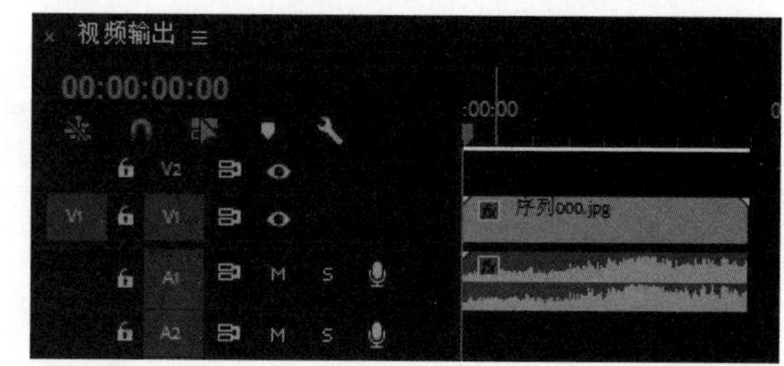

图 11-13

（2）输出 AVI 格式的影片

Step 01 执行【文件】>【导出】>【媒体】菜单命令，在【导出设置】对话框中，设置【格式】为 AVI，单击【输出名称】处显示的文件名称，选择文件的输出位置，如图 11-14 所示。

Step 02 在【视频】选项卡中，设置【视频编解码器】为【None】，在【基本视频设置】选项组中，关闭在调整大小时保持帧长宽比不变链接，设置【宽度】为 1280、【高度】为 720、【帧速率】为 25、【场序】为【逐行】、【纵横比】为【方形像素（1.0）】，如图 11-15 所示。

Step 03 在【音频】选项卡中，设置【采样率】为 48000Hz，如图 11-16 所示。最后单击【导出】按钮。

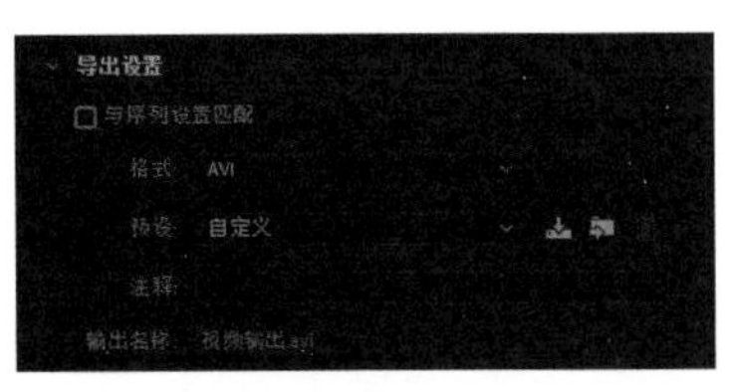

图 11-14

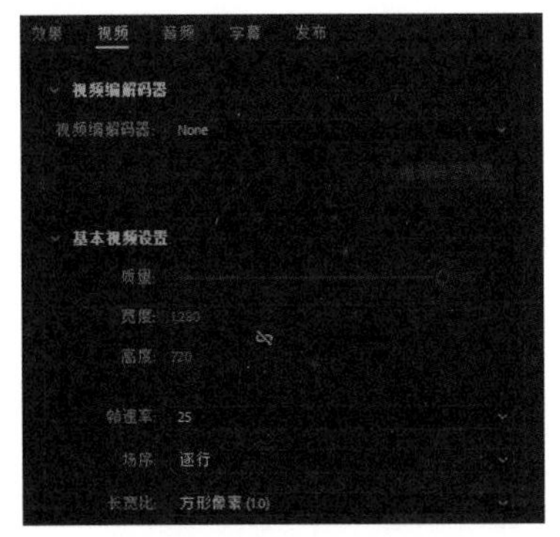

图 11-15

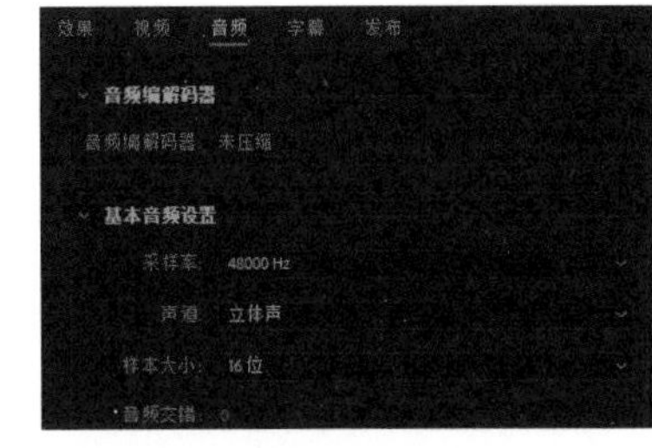

图 11-16

Step 04 在资源管理器的文件夹中查看输出的文件，如图 11-17 所示。

图 11-17

课后习题

一、选择题

1. 执行【文件】>【导出】菜单命令，可以选择的输出类型包括（　　　）、字幕、磁带（DV/HDV）、磁带（单行设置）、EDL、OMF 和 Final Cut Pro XML 等。

A. 媒体

B. 图片

C. 音频

D. 视频

2. 下列选项中，（　　　）不在 Premiere Pro CC 的输出类型中。

A. MPEG2

B. MPEG2 蓝光

C. MPEG3

D. MPEG4

3. 下列选项中，（　　）格式不能在 Premiere Pro CC 中直接输出。

A. AVI

B. MP4

C. MPEG

D. RMVB

4. 如果想将影视作品中的音频部分单独输出，不属于合理输出选项类型的是（　　）。

A. AAC 音频

B. MP3

C. Windows Media

D. 波形音频

5. 如果想输出同步音视频的影视作品，不属于合理输出选项类型的是（　　）。

A. AVI

B. GIF

C. H.264

D. MPEG2

二、填空题

1. 要想输出一组序列帧图像，只需选择好图片格式，选择 ________ 复选框即可。

2. 在【导出设置】对话框中，可以使用 ________ 命令来设置输出文件的文件名称和路径。

3. 在【导出设置】对话框中，取消选择 ________ 复选框，则文件不输出视频。

4. 在【导出设置】对话框中，在 ________ 文本框中，可以标注输出音视频文件的说明。

5. 在【导出设置】对话框中，________ 区域会显示文件的输出路径、文件名称、尺寸大小和质量等信息。

三、简答题

1. 简述在影视作品中输出单帧图像文件时需要进行的设置。

2. 简述在影视作品中输出音频文件时需要进行的设置。

四、案例习题

习题要求：输出“.mpg”格式的视频文件。

素材文件：练习文件 / 第 11 章 / 练习序列 000.jpg ~ 练习序列 198.jpg 和练习音乐.mp3。

效果文件：效果文件 / 第 11 章 / 案例习题.mp4，如图 11-18 所示。

习题要点：

1. 设置符合素材大小的【HDV 720p25】序列格式。

2. 将序列和音频素材导入到序列中。

3. 在【导出设置】对话框中，设置【格式】为 MPEG2。

4. 调整格式的细节参数。

图 11-18

第 12 章 综合案例

PREMIERE PRO

电子相册

电子相册是照片和摄影摄像片段的合集，多用于展示婚礼庆典或儿童成长历程等内容。本节将制作电子相册专辑，将精彩的照片，配合音乐进行巧妙的组接。

素材文件	素材文件 / 第 12 章 /12.1/ 图片 01.jpg ~ 图片 06.jpg 和背景音乐.mp3	扫码观看视频
案例文件	案例文件 / 第 12 章 /12.1 电子相册.prproj	
教学视频	教学视频 / 第 12 章 /12.1 电子相册.mp4	
案例要点	掌握制作电子相册的方法	

1. 案例思路

① 使用【基本图形】面板生成标题和标题框素材。
② 使用【效果控件】面板制作标题框出现的效果。
③ 使用【视频过渡】效果制作标题出现的效果。
④ 使用【视频过渡】效果制作图片之间的切换效果。
⑤ 使用嵌套的方式将序列安放在相框中。
⑥ 使用【基本图形】面板添加字幕。

2. 制作步骤

（1）设置项目

Step 01 新建项目，设置项目名称为“电子相册”。

Step 02 创建序列。在【新建序列】对话框中，设置序列格式为【HDV】>【HDV 720p25】，在【序列名称】文本框中输入“电子相册”。

Step 03 导入素材。将【图片 01.jpg】~【图片 06.jpg】和【背景音乐.mp3】素材导入到项目中，如图 12-1 所示。

图 12-1

（2）制作片头

Step 01 将【项目】面板中的【图片 01.jpg】素材拖到视频轨道【V1】上，如图 12-2 所示。

Step 02 单击【时间轴】面板的空白处，执行【图形】>【新建图层】>【矩形】菜单命令。

Step 03 在【基本图形】面板中，设置【位置】为（640.0，360.0）、【锚点】为（150.0,100.0）；取消缩放锁定，设置缩放长宽分别为 200 和 140、【旋转】为 45° 、【不透明度】值为 50%；取消选择【填充】复选框，选择【描边】复选框，设置【描边】为（R:255，G:255，B:255）、【描边宽度】为 5.0，如图 12-3 所示。

图 12-2

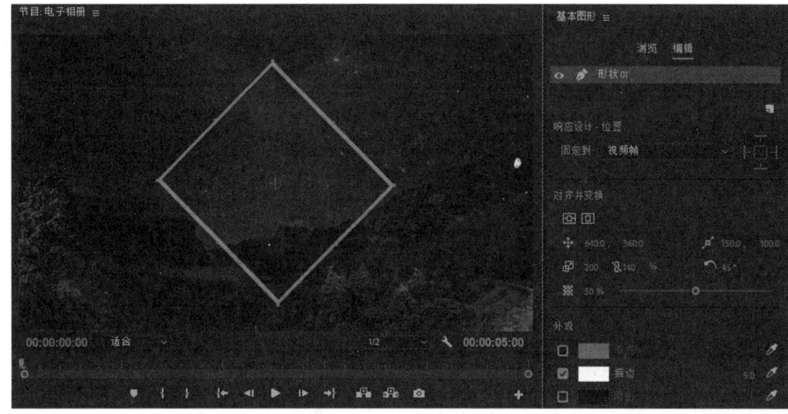

图 12-3

Step 04 单击【时间轴】面板的空白处，执行【图形】>【新建图层】>【文本】菜单命令。

Step 05 在【节目】监视器面板中，输入文本内容“假期风光”，并且另起一行输入内容“Vacation View”，如图 12-4 所示。

Step 06 激活【假期风光 Vacation View】文本素材的【基本图形】面板，设置【字体】为【Microsoft YaHei】、【字体样式】为【Bold】，设置两个文本的【字体大小】分别为 90 和 50，居中对齐文本，设置【行距】为 20，如图 12-5 所示。

图 12-4

图 12-5

Step 07 激活视频轨道【V2】中【图形】素材的【效果控件】面板。将当前时间指示器移动到 00:00:00:00 位置，打开【缩放】和【旋转】的【切换动画】按钮，设置【缩放】为 0.0、【旋转】为 0.0，如图 12-6 所示。

Step 08 将当前时间指示器移动到 00:00:00:10 位置，设置【缩放】为 100.0、【旋转】为 180.0° ，如图 12-7 所示。

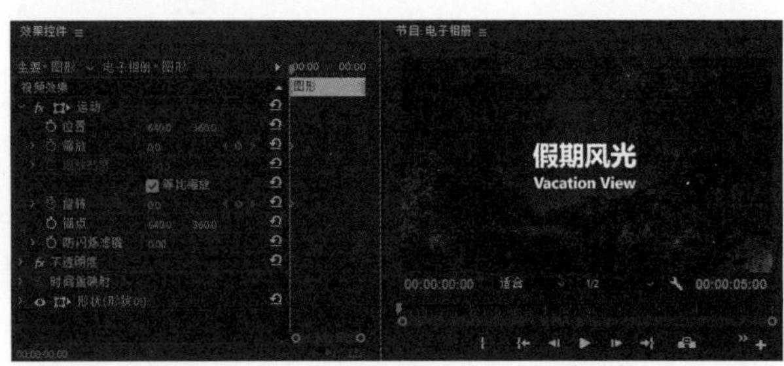

图 12-6

图 12-7

Step 09 激活【效果】面板，将【视频过渡】>【擦除】>【划出】过渡效果添加到视频轨道【V3】中素材的入点位置，如图 12-8 所示。

Step 10 激活【划出】过渡效果的【效果控件】面板，设置【边缘选择器】为【自西向东】，如图 12-9 所示。

Step 11 将当前时间指示器移动到 00:00:03:00 位置，选择序列中所有素材的出点，如图 12-10 所示，执行【序列】>【将所选编辑点扩展到播放指示器】菜单命令。

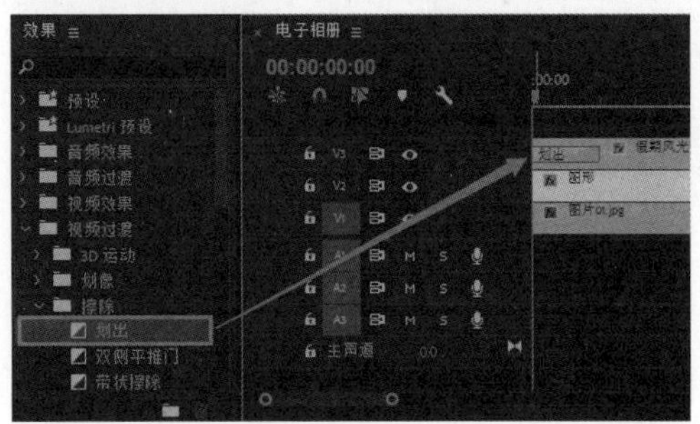

图 12-8

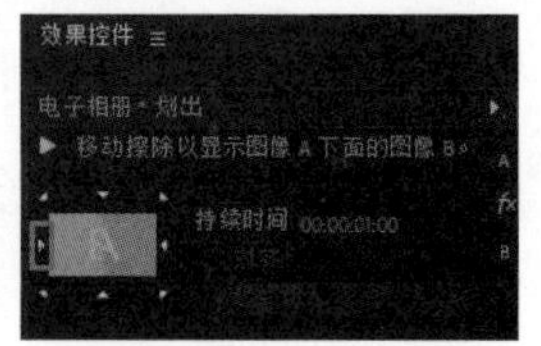

图 12-9

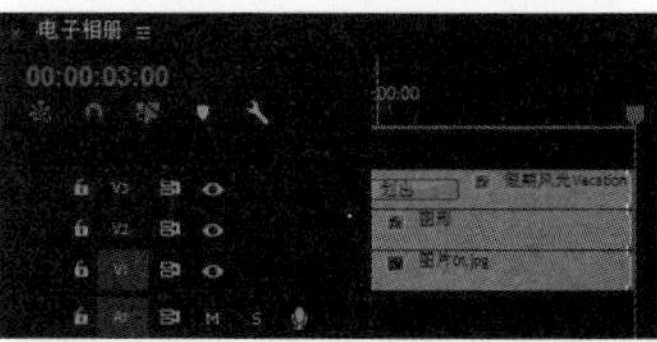

图 12-10

（3）制作场景一

Step 01 将【项目】面板中的【图片 02.jpg】素材拖到视频轨道【V4】的 00:00:02:00 位置，并单击鼠标右键，选择【速度/持续时间】命令。设置【持续时间】为 00:00:02:00，如图 12-11 所示。

Step 02 激活【效果】面板，将【视频过渡】>【划像】>【交叉划像】和【圆划像】过渡效果添加到【图片 02.jpg】素材的入点和出点位置，如图 12-12 所示。

Step 03 双击素材上的过渡效果，设置【盒形划像】和【菱形划像】过渡效果的【持续时间】为 00:00:00:10，如图 12-13 所示。

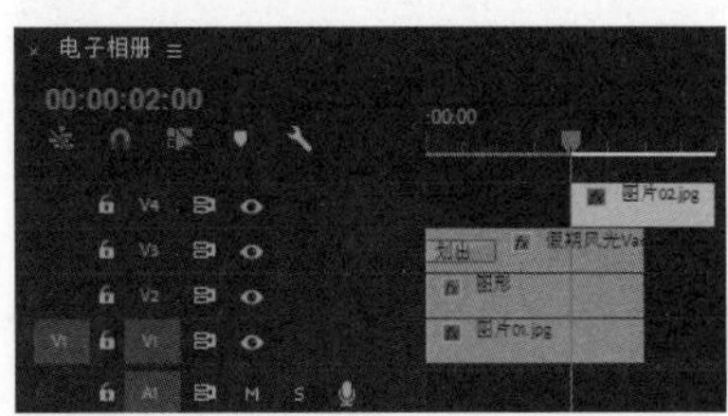

图 12-11

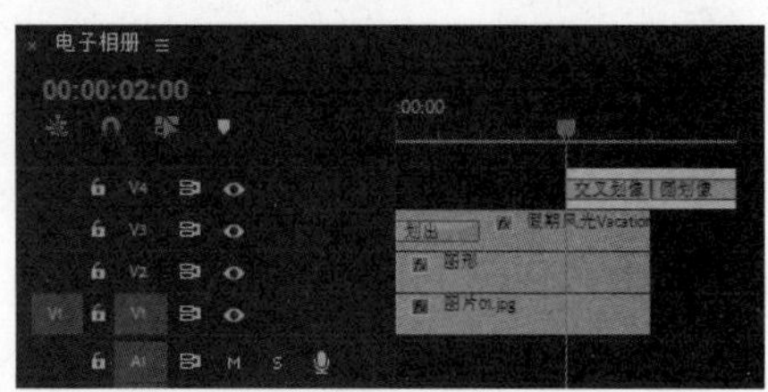

图 12-12

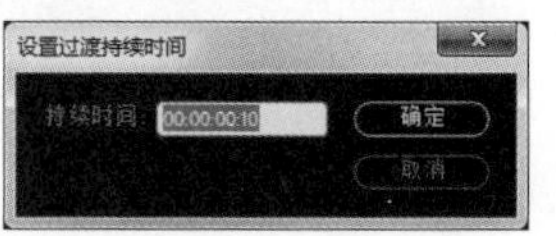

图 12-13

Step 04 选择【项目】面板中的【图片 03.jpg】~【图片 05.jpg】素材，并单击鼠标右键，选择【速度/持续时间】命令，设置【持续时间】为 00:00:03:00，如图 12-14 所示。

Step 05 将【项目】面板中的【图片 03.jpg】素材拖到视频轨道【V1】的 00:00:03:00 位置。再将【图片 04.jpg】素材拖到视频轨道【V1】的 00:00:05:00 位置，如图 12-15 所示。

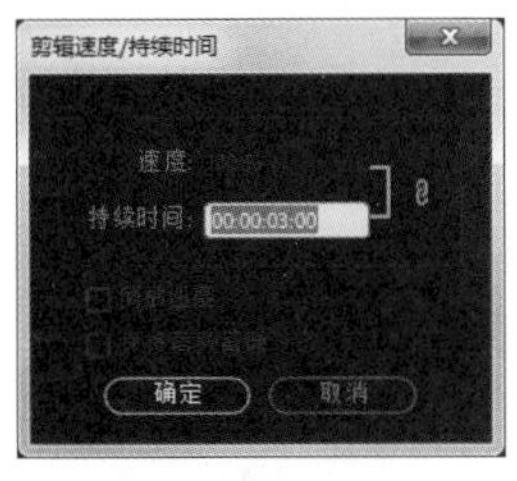

图 12-14

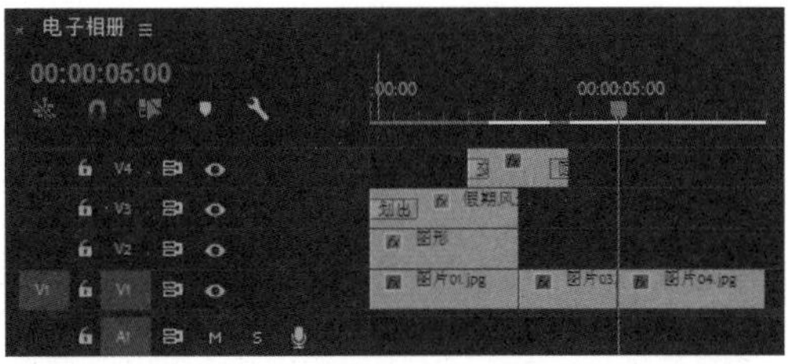

图 12-15

(4)制作场景二

Step 01 将当前时间指示器移动到 00:00:05:00 位置，激活【时间轴】面板的空白处，执行【图形】>【新建图层】>【文本】菜单命令。在【节目】监视器面板中输入文本内容“童年圣地”，如图 12-16 所示。

Step 02 在文本的【效果控件】面板中，设置【位置】为（800.0，360.0）、【字体】为【Microsoft YaHei】、【字体样式】为【Bold】、【字体大小】为 70、【填充】为（R:65，G:100，B:190），如图 12-17 所示。

图 12-16

图 12-17

Step 03 将【童年圣地】文本素材的出、入点位置与视频轨道【V2】中素材的出、入点位置对齐。

Step 04 激活【效果】面板，分别将【视频过渡】>【擦除】>【划出】和【溶解】>【叠加溶解】过渡效果添加到【图片 04.jpg】素材和【童年圣地】文本素材的入点位置，如图 12-18 所示。

Step 05 激活【划出】过渡效果的【效果控件】面板，设置【边缘选择器】为【自东向西】，如图 12-19 所示。

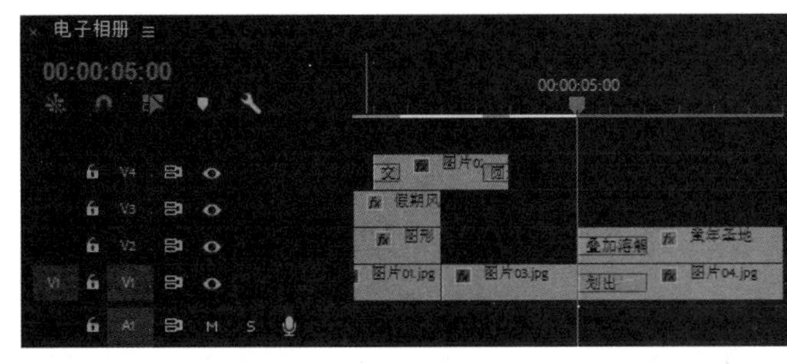

图 12-18

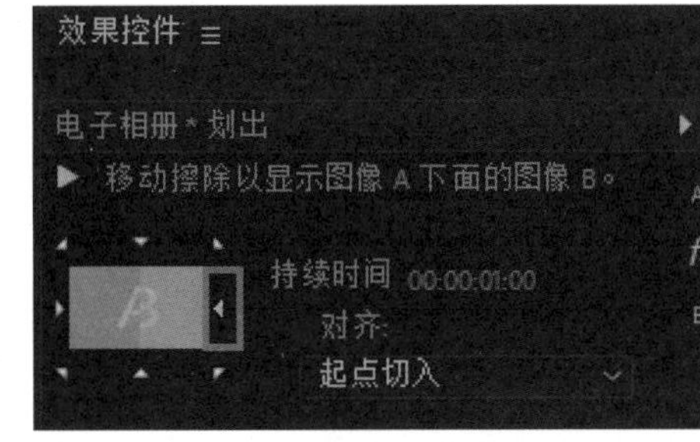

图 12-19

Step 06 将【项目】面板中的【图片 05.jpg】素材拖到视频轨道【V3】的 00:00:07:00 位置。

Step 07 激活【效果】面板，将【视频过渡】>【划像】>【菱形划像】过渡效果添加到【图片 05.jpg】素材的入点位置，如图 12-20 所示。

Step 08 将【项目】面板中的【背景音乐.mp3】素材拖到音频轨道【A1】上，如图 12-21 所示。

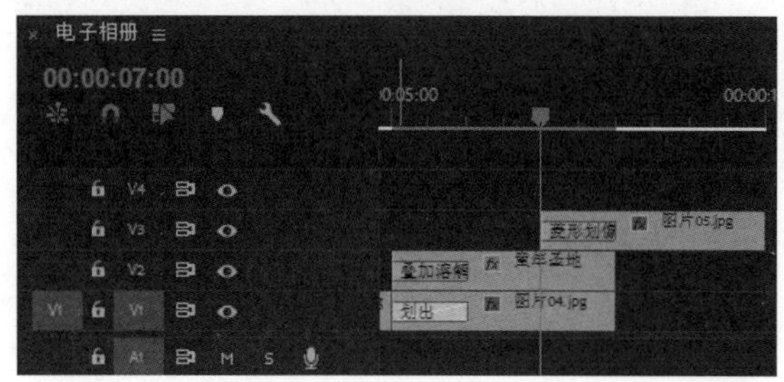

图 12-20

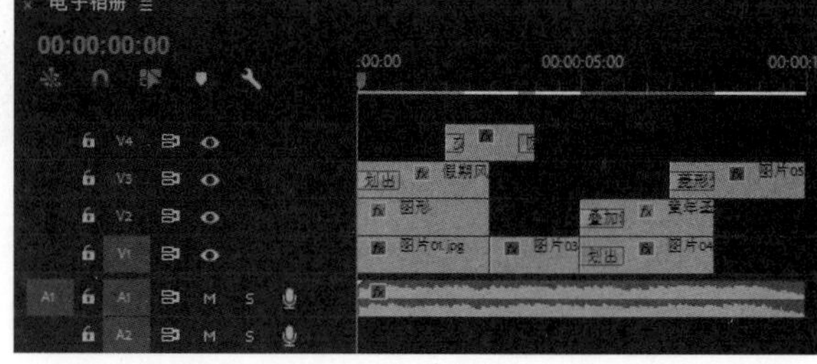

图 12-21

（5）制作相框效果

Step 01 选择序列中的所有素材，单击鼠标右键，选择【嵌套】命令，并使用默认名称“嵌套序列 01”，如图 12-22 所示。

Step 02 将视频轨道【V1】中的素材移动到视频轨道【V2】中。将【图片 06.jpg】素材拖到视频轨道【V1】中，并将出点位置与视频轨道【V2】中素材的出点位置对齐，如图 12-23 所示。

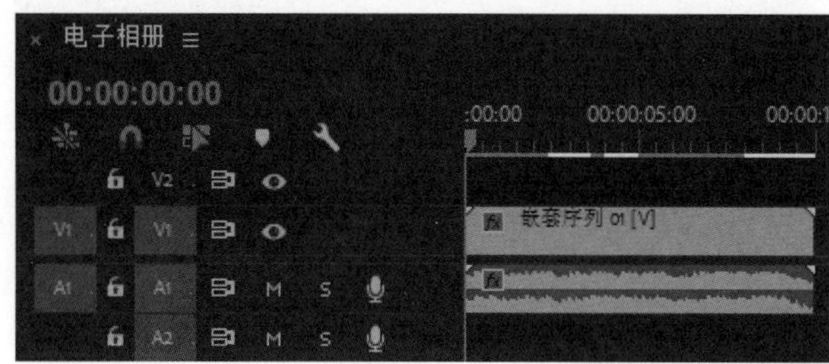

图 12-22

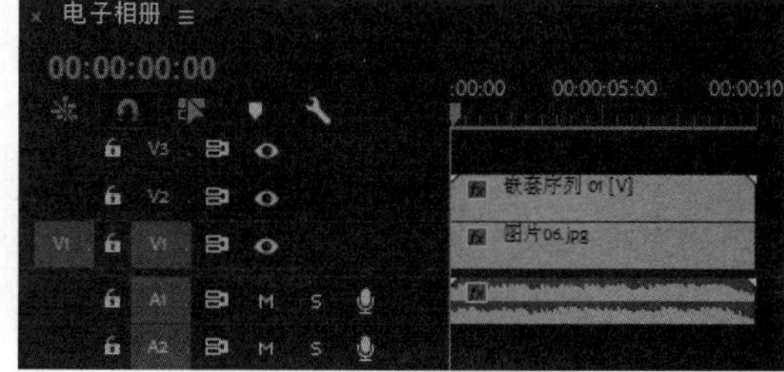

图 12-23

Step 03 激活视频轨道【V2】中素材的【效果控件】面板，设置【位置】为（640.0，300.0）、【缩放】为 50.0，如图 12-24 所示。

Step 04 单击【时间轴】面板的空白处，执行【图形】>【新建图层】>【文本】菜单命令。在【节目】监视器面板中输入文本“假期摄影作品”，如图 12-25 所示。

图 12-24

图 12-25

Step 05 在文本的【效果控件】面板中，设置【位置】为（640.0，620.0）、【字体】为【Microsoft YaHei】、【字体样式】为【Bold】、【字体大小】为 40、【填充】为（R:0，G:0，B:0），如图 12-26 所示。

Step 06 将【假期摄影作品】文本素材的出点位置与视频轨道【V2】中素材的出点位置对齐，如图 12-27 所示。

图 12-26

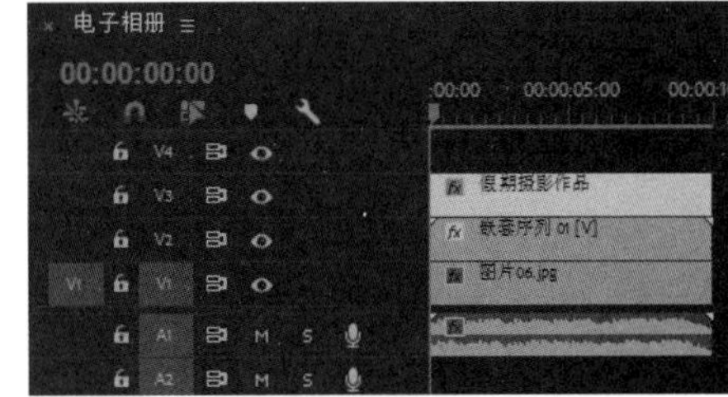

图 12-27

Step 07 在【节目】监视器面板中查看最终画面效果，如图 12-28 所示。

图 12-28

12.2 影视宣传片

宣传片属于影片剪辑类型，是对影视作品中的精彩镜头进行选择、取舍、分解与重新组接后，最终剪辑成的精彩短片。Premiere 软件具有极其强大的剪辑功能，非常适合制作影片剪辑。

素材文件	素材文件 / 第 12 章 /12.2/ 视频短片.mp4 和背景音乐.mp3	扫码观看视频
案例文件	案例文件 / 第 12 章 /12.2 宣传片.prproj	
教学视频	教学视频 / 第 12 章 /12.2 宣传片.mp4	
案例要点	掌握制作影视宣传片的方法	

1. 案例思路

① 根据素材创建符合其格式的序列。

② 使用【源】监视器面板和【节目】监视器面板进行剪辑。

③ 使用工具面板中的工具进行调整和裁剪。

④ 使用【比率拉伸工具】和【速度/持续时间】命令，改变剪辑片段的播放速度。

⑤ 使用【基本图形】面板制作字幕。

⑥ 使用【不透明度】命令和默认过渡效果，制作闪黑和叠化效果。

⑦ 使用【音频增益】命令改变背景音乐的音量。

2. 制作步骤

（1）创建项目

Step 01 创建项目，设置项目名称为“宣传片”。

Step 02 导入素材。将【视频短片.mp4】和【背景音乐.mp3】素材导入到项目中，如图 12-29 所示。

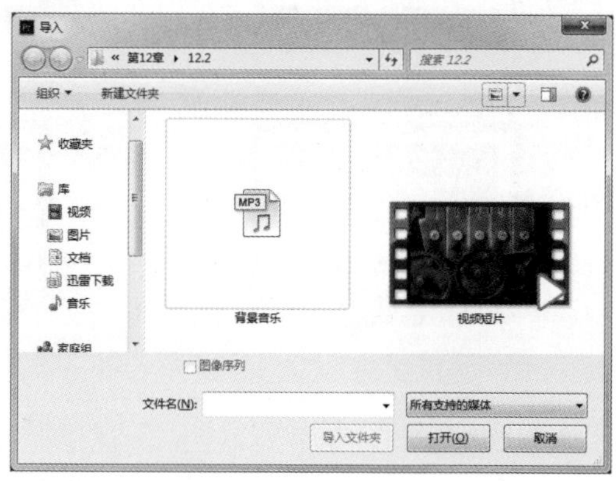

图 12-29

Step 03 创建序列。选择【视频短片.mp4】素材，如图 12-30 所示，单击鼠标右键，选择【从剪辑新建序列】命令。

Step 04 删除素材音频。按住【Alt】键，同时选择音频部分，然后按键盘上的【Delete】键即可，如图 12-31 所示。

图 12-30

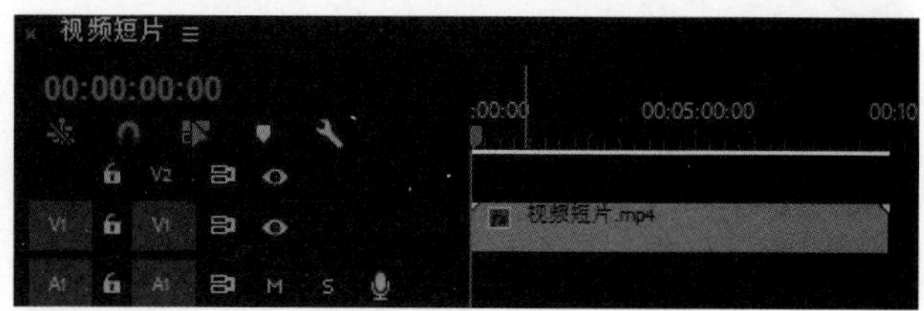

图 12-31

Step 05 调整轨道设置。在【时间轴】面板中轨道的头部单击鼠标右键，选择【删除轨道】命令。在【删除轨道】对话框中，选择【删除视频轨道】和【删除音频轨道】复选框，并在轨道类型下拉列表中选择【所有空轨道】选项，如图 12-32 所示。

Step 06 关闭【对插入和覆盖进行源修补】按钮，如图 12-33 所示。

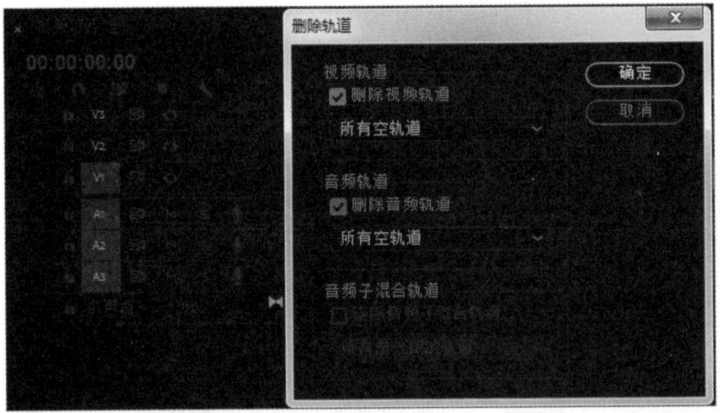

图 12-32

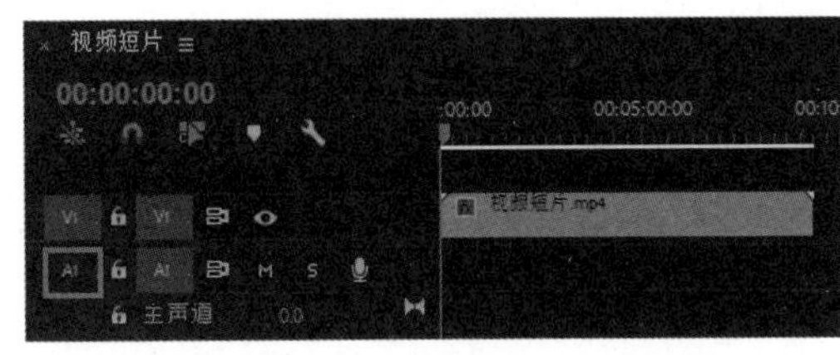

图 12-33

图 12-34

（2）制作场景一

Step 01 在【节目】监视器面板中，设置【标记出点】为 00:02:44:16，然后单击【提取】按钮，如图 12-34 所示。

Step 02 剪辑素材。将当前时间指示器移动到 00:00:02:15 位置，执行【序列】>【添加编辑】命令，然后删除 00:00:02:15 位置右侧的剪辑片段，如图 12-35 所示。

图 12-35

Step 03 添加字幕。激活【时间轴】面板，执行【图形】>【新建图层】>【文本】菜单命令。在【节目】监视器面板中，输入文本“宣传片”。

Step 04 在【基本图形】面板中，设置【位置】为（544.0，300.0）、【不透明度】值为 80%、【字体】为【Microsoft YaHei】、【字体大小】为 70，居中对齐文本，设置【字距】为 200，如图 12-36 所示。

Step 05 激活【宣传片】文本素材的【效果控件】面板，进行如下调整：

将当前时间指示器移动到 00:00:03:05 位置，设置【不透明度】值为 0；

将当前时间指示器移动到 00:00:03:15 位置，设置【不透明度】值为 100.0%；

将当前时间指示器移动到 00:00:04:15 位置，设置【不透明度】值为 100.0%；

将当前时间指示器移动到 00:00:05:00 位置，设置【不透明度】值为 0，如图 12-37 所示。

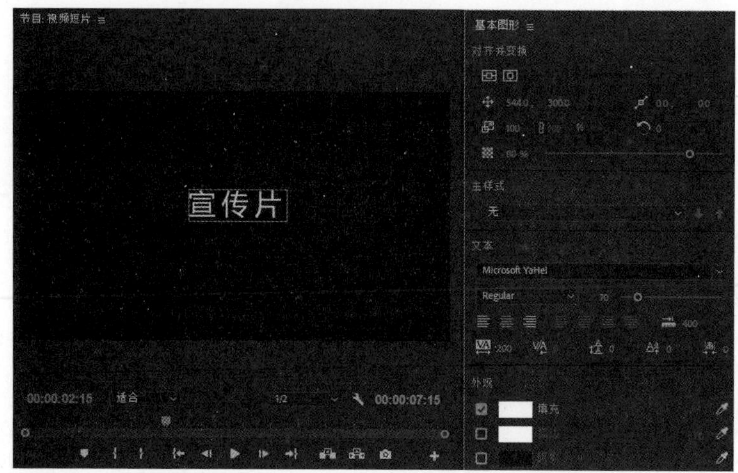

图 12-36

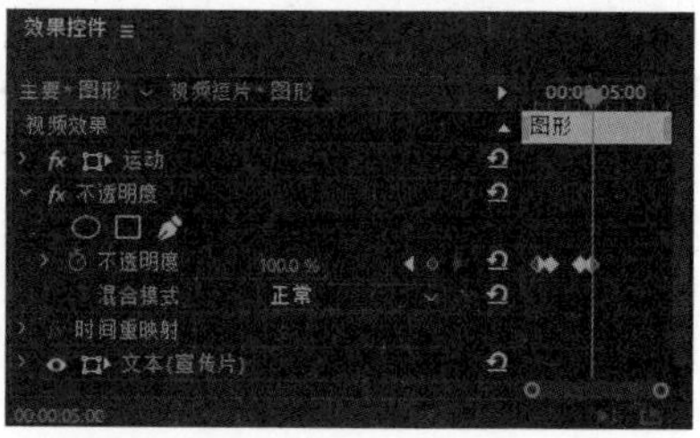

图 12-37

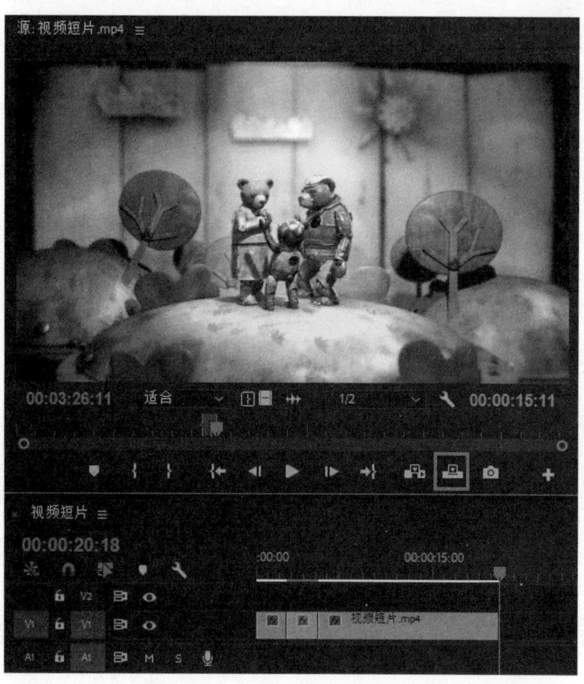

图 12-38

Step 06 将当前时间指示器移动到 00:00:05:07 位置，双击【项目】面板中的【视频短片.mp4】素材，使其在【源】监视器面板中显示出来。

Step 07 在【源】监视器面板中，设置【标记入点】为 00:03:11:01、【标记出点】为 00:03:26:11，然后单击【覆盖】按钮，将剪辑片段插入到视频轨道【V1】上，如图 12-38 所示。

Step 08 使用工具面板中的【剃刀工具】，依次在 00:00:08:11 位置和 00:00:09:22 位置进行裁切，如图 12-39 所示。

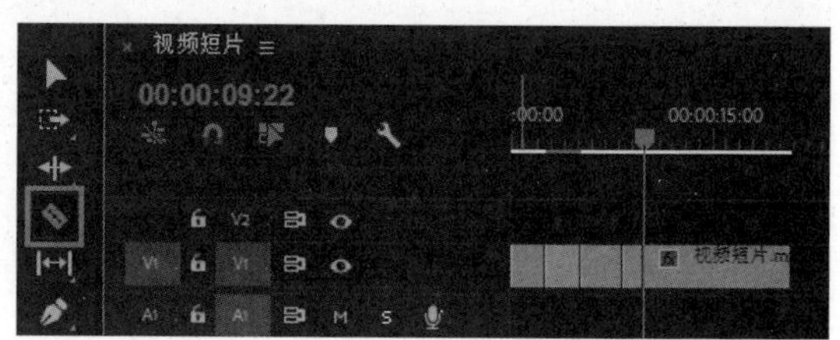

图 12-39

Step 09 移动剪辑片段。使用工具面板中的【选择工具】，选择 00:00:09:22 位置右侧的剪辑片段，然后在键盘的数字键盘区域，依次按【+】、【1】、【3】和【Enter】键。

Step 10 使用工具面板中的【比率拉伸工具】，将 00:00:09:22 位置的编辑点调整到 00:00:10:11 位置，如图 12-40 所示。

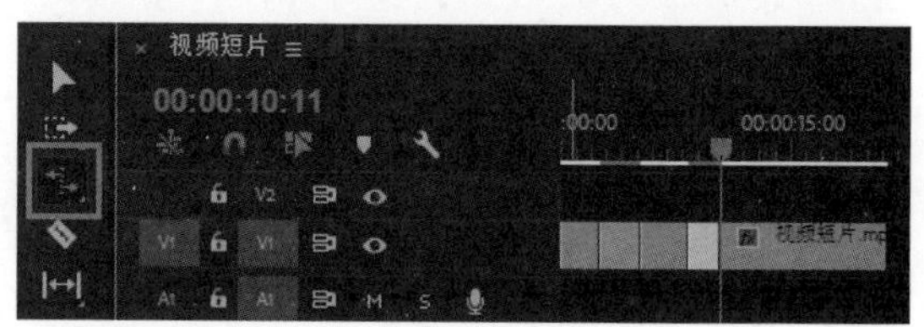

图 12-40

（3）制作场景二

Step 01 在【时间轴】面板中，将当前时间指示器移动到00:00:21:07位置。然后，将【视频短片.mp4】素材在【源】监视器面板中显示出来，设置【标记入点】为00:06:22:12、【标记出点】为00:06:28:15，并单击【插入】按钮，将剪辑片段插入到视频轨道【V1】上，如图12-41所示。

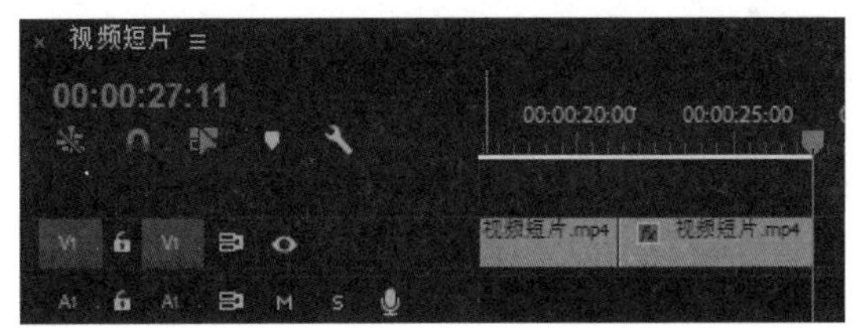

图 12-41

Step 02 在【节目】监视器面板中，设置【标记入点】为00:00:22:08、【标记出点】为00:00:23:09，然后单击【提取】按钮，如图12-42所示。

Step 03 在【时间轴】面板中，将当前时间指示器移动到序列出点的00:00:26:09位置。然后，双击【项目】面板中的【视频短片.mp4】素材，在【源】监视器面板中，继续剪辑素材片段。分别设置【标记入点】为00:07:04:21、【标记出点】为00:07:46:15，【标记入点】为00:04:03:13、【标记出点】为00:04:11:07。然后单击【插入】按钮，依次将剪辑片段插入到视频轨道【V1】上，如图12-43所示。

图 12-42

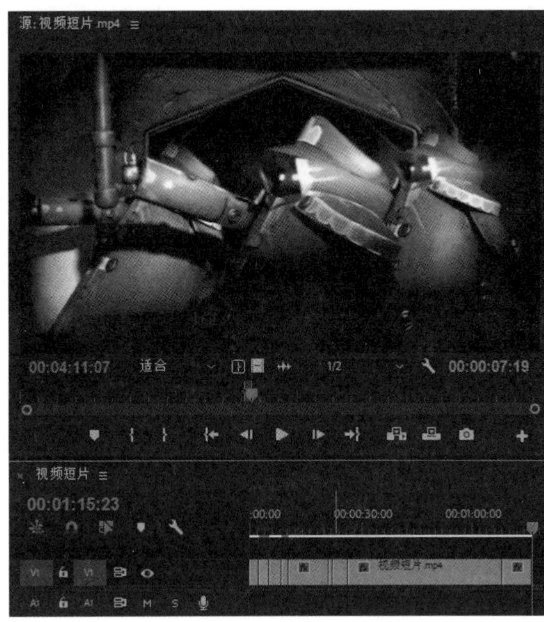

图 12-43

Step 04 剪辑素材。将当前时间指示器依次移动到00:00:27:08、00:00:59:08、00:01:00:08和00:01:06:14位置，并执行【序列】>【添加编辑】命令，如图12-44所示。

Step 05 按住【Shift】键，选择00:00:27:08位置右侧的剪辑片段和00:01:00:08位置右侧的剪辑片段，并单击鼠标右键，选择【波纹删除】命令，如图12-45所示。

提示

【添加编辑】命令的快捷键是【Ctrl + K】。

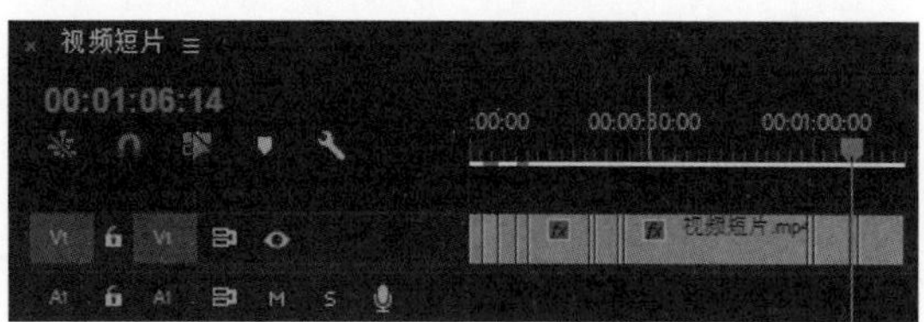

图 12-44

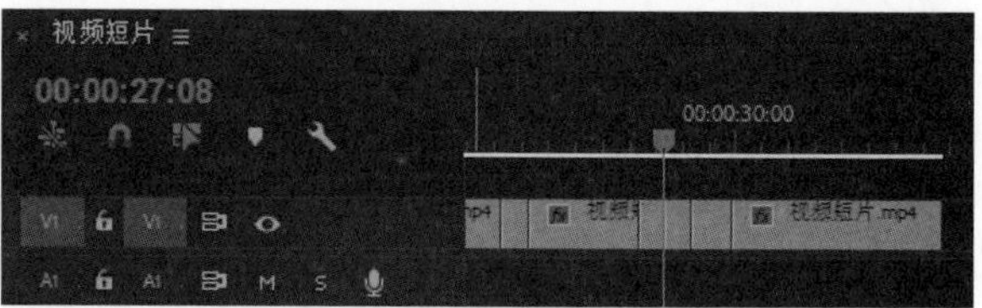

图 12-45

Step 06 在 00:00:26:09 编辑点处，单击鼠标右键，选择【应用默认过渡】命令。单击过渡效果，在【效果控件】面板中，设置【持续时间】为 00:00:00:05、【对齐】为【终点切入】，如图 12-46 所示。

Step 07 选择 00:00:29:22 位置右侧的剪辑片段，单击鼠标右键，选择【速度 / 持续时间】命令，设置【速度】为 110%，如图 12-47 所示。

Step 08 在【时间轴】面板中，将当前时间指示器移动到序列出点的 00:00:37:00 位置。在【源】监视器面板中，继续剪辑素材片段。分别设置【标记入点】为 00:04:27:18、【标记出点】为 00:04:34:19，【标记入点】为 00:03:29:21、【标记出点】为 00:03:37:22。然后单击【插入】按钮，依次将剪辑片段插入到视频轨道【V1】上，如图 12-48 所示。

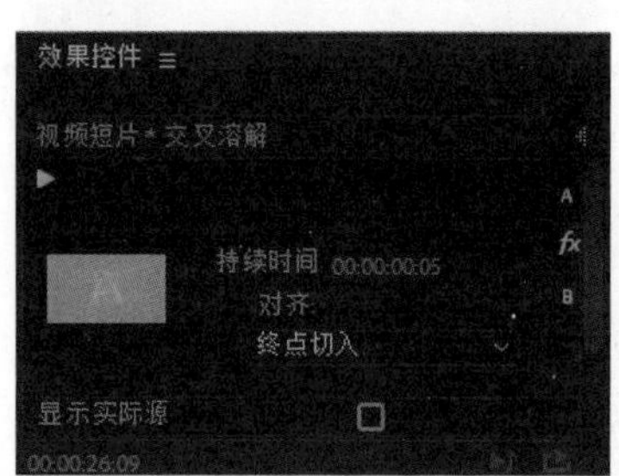

图 12-46

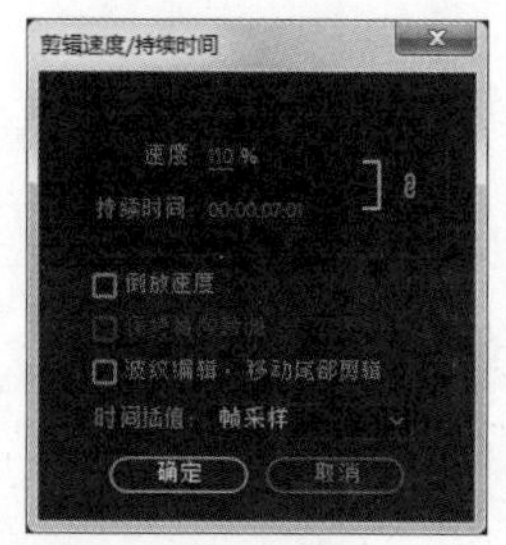

图 12-47

图 12-48

（4）制作片尾字幕

Step 01 添加字幕。将当前时间指示器移动到 00:00:52:03 位置。激活【时间轴】面板，执行【图形】>【新建图层】>【文本】菜单命令。在【节目】监视器面板中，输入文本“精彩短片”。

Step 02 将当前时间指示器移动到 00:00:54:00 位置。在【基本图形】面板中，设置【位置】为（400.0, 300.0）、【不透明度】值为 80%、【字体】为【Microsoft YaHei】、【字体大小】为 60，居中对齐文本，设置【字距】为 100，如图 12-49 所示。

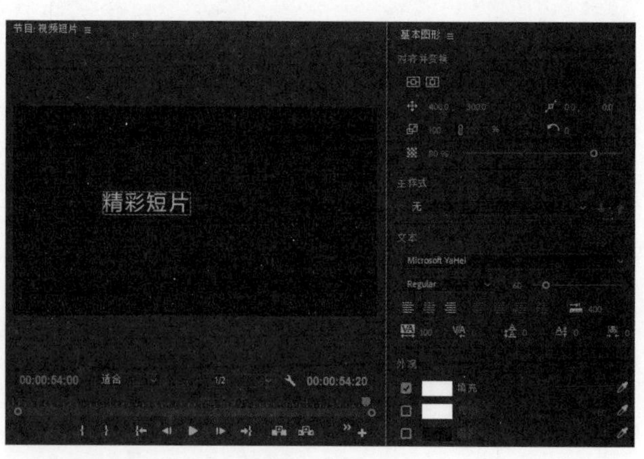

图 12-49

Step 03 在【精彩短片】文本素材的入点和出点位置，分别单击鼠标右键，选择【应用默认过渡】命令，双击过渡效果，设置【持续时间】为 00:00:00:10，如图 12-50 所示。

Step 04 继续复制字幕。将当前时间指示器移动到 00:00:52:10 位置，然后按住【Alt】键，同时将【精彩短片】文本素材拖到视频轨道【V1】上，如图 12-51 所示。

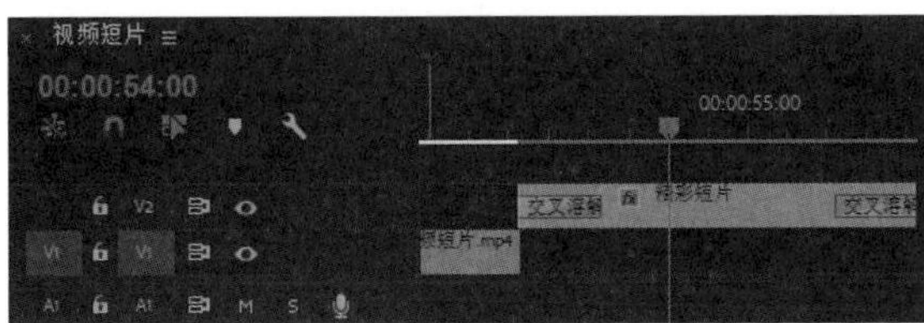

图 12-50

图 12-51

图 12-52

Step 05 激活【精彩短片】文本素材的【基本图形】面板，修改【位置】为（700.0，300.0）。

Step 06 在【节目】监视器面板中，修改文本内容为“即将上映”，如图 12-52 所示。

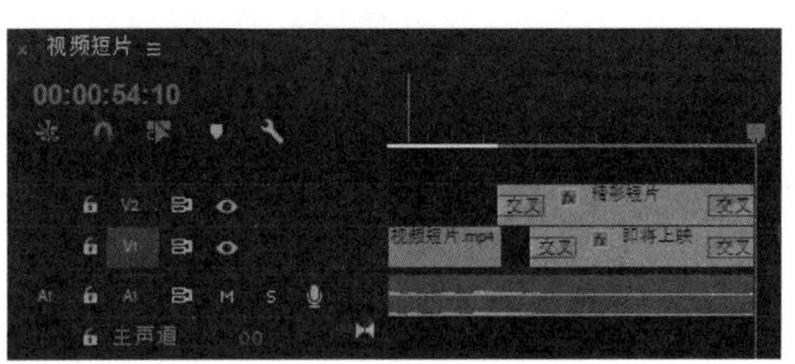

图 12-53

Step 07 将【项目】面板中的【背景音乐.mp3】素材文件拖至音频轨道【A1】上，并将视频轨道中素材的出点位置与之对齐，如图 12-53 所示。

Step 08 选择音频轨道【A1】上的【背景音乐.mp3】素材，单击鼠标右键，选择【音频增益】命令。在弹出的【音频增益】对话框中，设置【调整增益值】为 15dB，如图 12-54 所示。

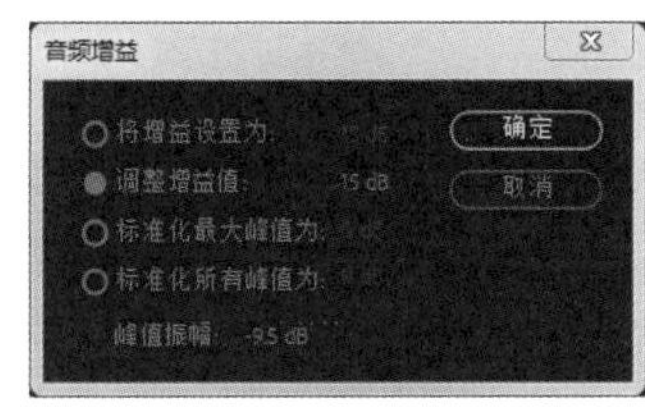

图 12-54

Step 09 在【节目】监视器面板中查看最终动画效果，如图 12-55 所示。

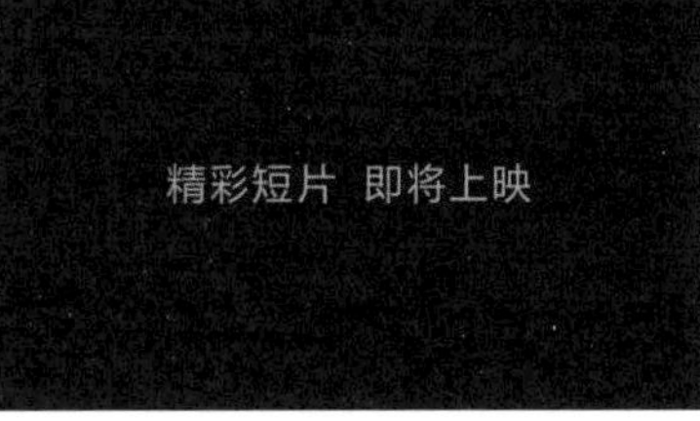

图 12-55

栏目包装

栏目包装是对电视节目、栏目、频道甚至是电视台的整体形象进行的一种外在形式的规范和强化。本案例将为体育频道的栏目制作包装，突出栏目圆形的版式设计和品牌的标志性颜色，配合精美图片，使栏目具有统一性和整体性。

素材文件	素材文件 / 第 12 章 /12.3/ 图片 01.jpg ~ 图片 03.jpg 和背景音乐 .mp3	扫码观看视频
案例文件	案例文件 / 第 12 章 /12.3 栏目包装.prproj	
教学视频	教学视频 / 第 12 章 /12.3 栏目包装.mp4	
案例要点	掌握制作栏目包装的方法	

1. 案例思路

① 创建【黑场视频】和【颜色遮罩】元素，制作基础素材。

② 在【黑场视频】上生成圆形图像，并将其制作为子序列素材以便使用。

③ 使用【基本图形】面板制作栏目标题。

④ 使用【带状滑动】过渡效果使标题左右滑出。

⑤ 使用基础素材配合视频过渡效果，制作 3 个不同的栏目版式。

⑥ 根据音乐节点，显示栏目的定版宣传语。

2. 制作步骤

（1）创建项目素材

Step 01 新建项目，设置项目名称为“栏目包装”。

Step 02 创建序列。在【新建序列】对话框中，设置序列格式为【HDV】>【HDV 720p25】，在【序列名称】文本框中输入“栏目包装”。

Step 03 导入素材。将【图片 01.jpg】~【图片 03.jpg】和【背景音乐.mp3】素材导入到项目中，如图 12-56 所示。

Step 04 在【项目】面板的空白处单击鼠标右键，选择【新建项目】>【颜色遮罩】命令，设置颜色为（R:200，G:70，B:60），如图 12-57 所示。

图 12-56

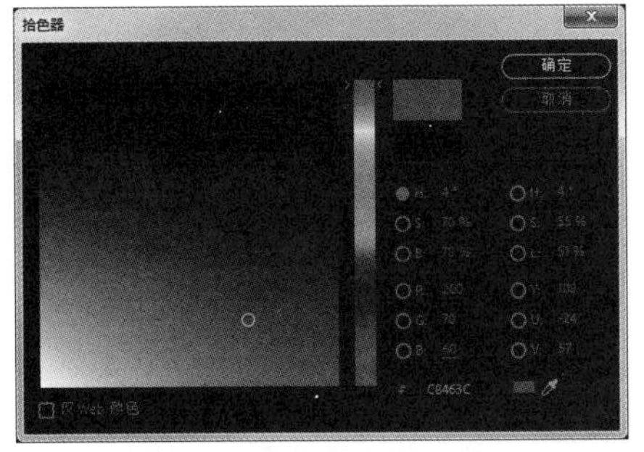

图 12-57

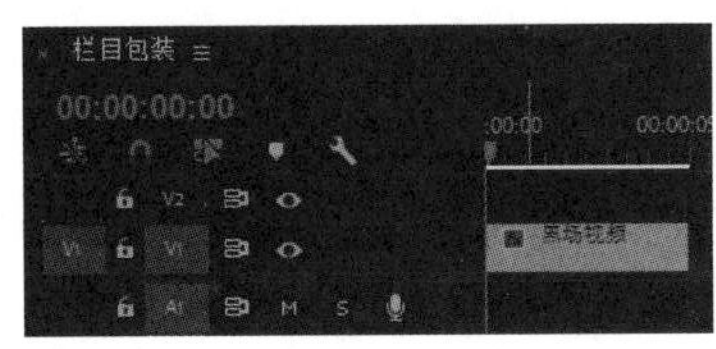

图 12-58

Step 05 在【选择名称】对话框中，设置【选择新遮罩的名称】为【背景颜色】。

Step 06 在【项目】面板的空白处单击鼠标右键，选择【新建项目】>【黑场视频】命令。

Step 07 将【黑场视频】素材拖到视频轨道【V1】上，如图 12-58 所示。

Step 08 激活视频轨道【V1】上的【黑场视频】素材，然后双击【效果】面板中的【视频效果】>【生成】>【圆形】效果，如图 12-59 所示。

Step 09 在【效果控件】面板中，设置【圆形】的【半径】为 200.0、【颜色】为（R:200，G:70，B:60），如图 12-60 所示。

Step 10 选择序列中的【黑场视频】素材，单击鼠标右键，选择【制作子序列】命令，然后删除序列中的【黑场视频】素材。

Step 11 在【项目】面板中选择【栏目包装 _Sub_01】序列素材，单击鼠标右键，选择【重命名】命令，将名称修改为“圆形”，如图 12-61 所示。

图 12-59

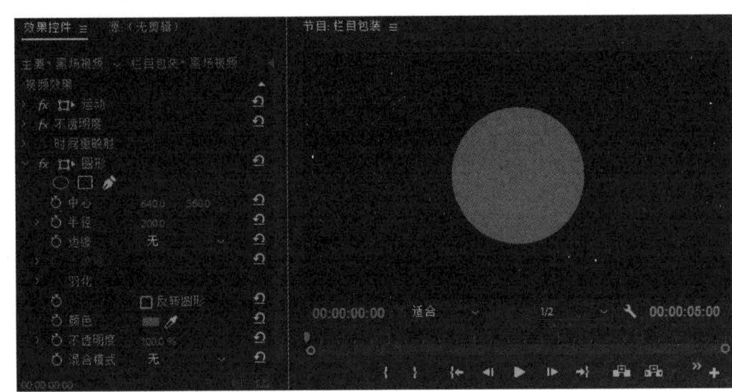

图 12-60

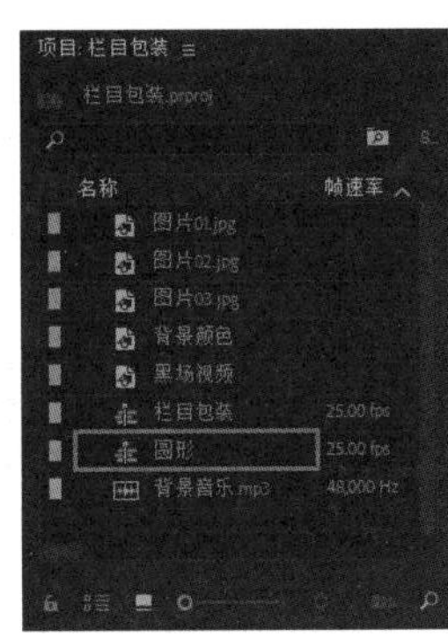

图 12-61

（2）制作片头

Step 01 分别将【项目】面板中的【图片 01.jpg】素材和【背景颜色】素材拖到视频轨道【V1】和【V2】上，如图 12-62 所示。

Step 02 单击【时间轴】面板的空白处，执行【图形】>【新建图层】>【文本】菜单命令。

Step 03 在【节目】监视器面板中，输入文本“体育频道”，如图 12-63 所示。

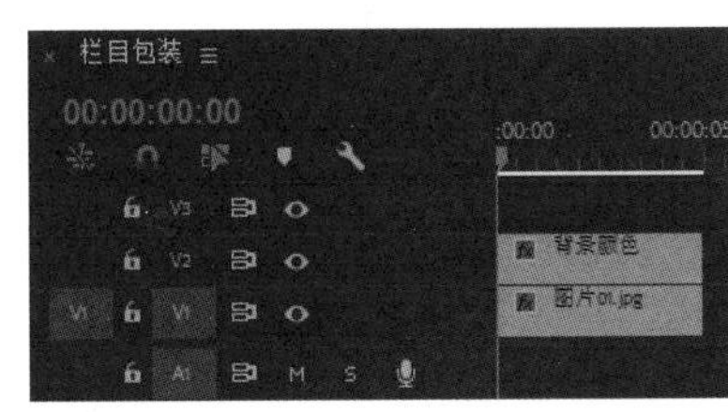

图 12-62

Step 04 激活【体育频道】文本素材的【基本图形】面板，设置【位置】为（640.0,330.0）、【字体】为【Microsoft YaHei】、【字体样式】为【Bold】、【字体大小】为 80，居中对齐文本，设置【字距】为 200、【填充】颜色为（R:255，G:255，B:255），如图 12-64 所示。

图 12-63

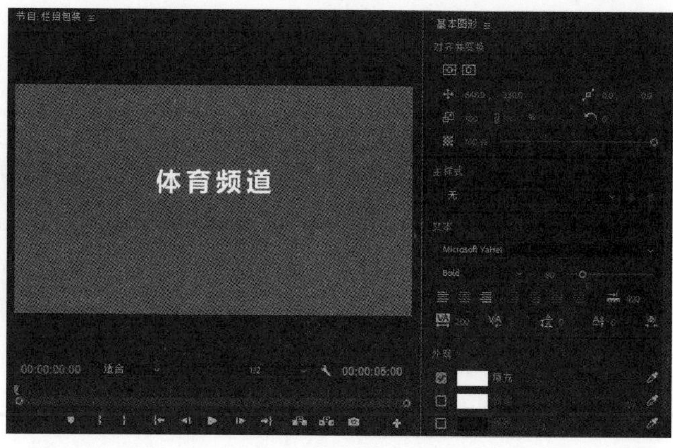

图 12-64

Step 05 在【基本图形】面板的【编辑】选项区域，选择【体育频道】文本素材，单击鼠标右键，选择【复制】命令，如图 12-65 所示。然后在【编辑】选项区域的空白处，单击鼠标右键，选择【粘贴】命令。

Step 06 在【基本图形】面板中，修改复制出来的文本素材的【位置】为（640.0,400.0）、【字体大小】为 50、【字距】为 0、【填充】颜色为（R:255，G:220，B:0）。

Step 07 在【节目】监视器面板中，输入文本“Sports Channel”，如图 12-66 所示。

Step 08 激活【效果】面板，将【视频过渡】>【滑动】>【带状滑动】过渡效果添加到视频轨道【V3】中素材的入点位置，如图 12-67 所示。

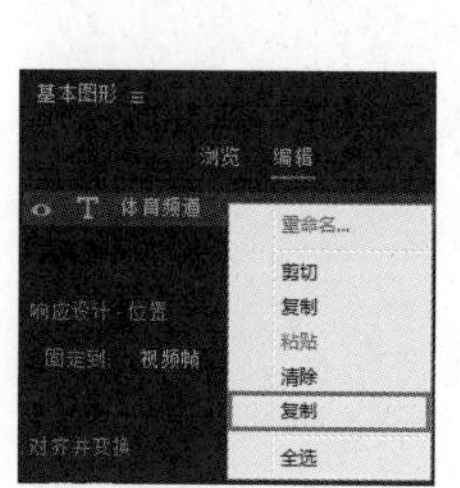

图 12-65

图 12-66

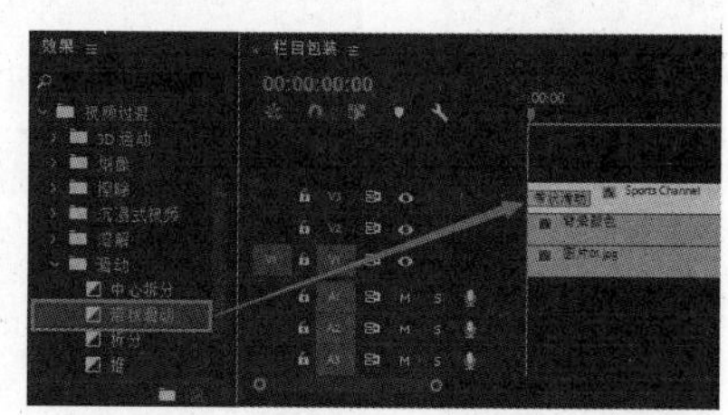

图 12-67

Step 09 单击素材上的【带状滑动】过渡效果，在【效果控件】面板中，设置【边缘选择器】为【自西向东】、【持续时间】为 00:00:00:10，单击【自定义】按钮，设置【带数量】为 2，如图 12-68 所示。

Step 10 选择视频轨道【V2】和【V3】上的素材，单击鼠标右键，选择【嵌套】命令，并设置名称为默认的“嵌套序列 01”。

Step 11 将【嵌套序列 01】素材的出点移动到 00:00:02:00 位置，如图 12-69 所示。

Step 12 激活【效果】面板，将【视频过渡】>【划像】>【圆划像】过渡效果添加到视频轨道【V2】中的素材【嵌套序列 01】的出点位置，如图 12-70 所示。

Step 13 双击出点位置的【圆划像】过渡效果，设置【持续时间】为 00:00:00:10。

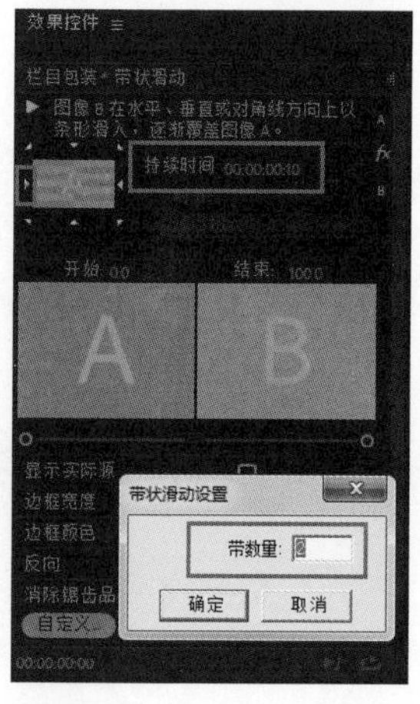

图 12-68

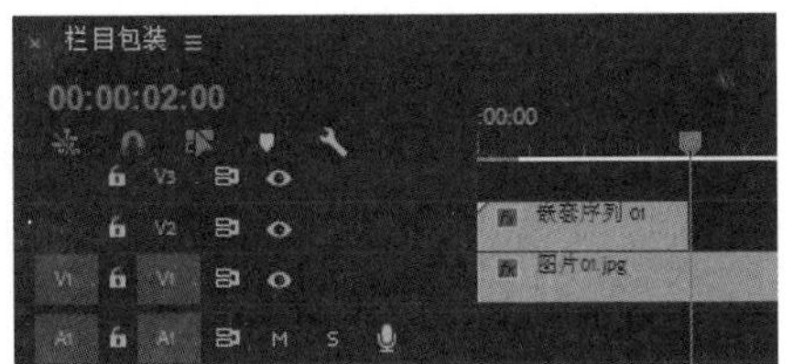

图 12-69

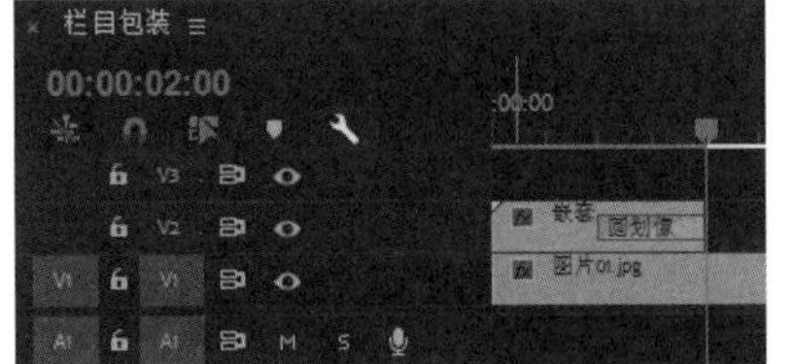

图 12-70

（3）制作片段一

Step 01 将【项目】面板中的【圆形】序列素材拖到视频轨道【V2】的 00:00:02:10 位置，并将出点调整到 00:00:05:00 位置。

Step 02 激活【效果】面板，将【视频过渡】>【滑动】>【推】过渡效果添加到【圆形】序列素材的入点位置，如图 12-71 所示。

Step 03 激活【推】过渡效果的【效果控件】面板，设置【边缘选择器】为【自东向西】、【持续时间】为 00:00:00:10、【开始】为 70.0，如图 12-72 所示。

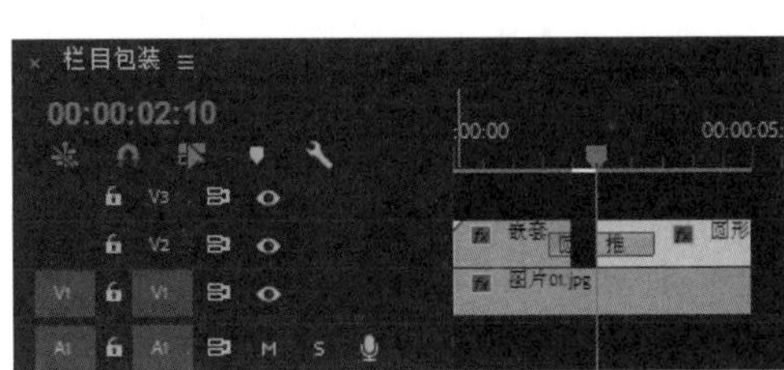

图 12-71

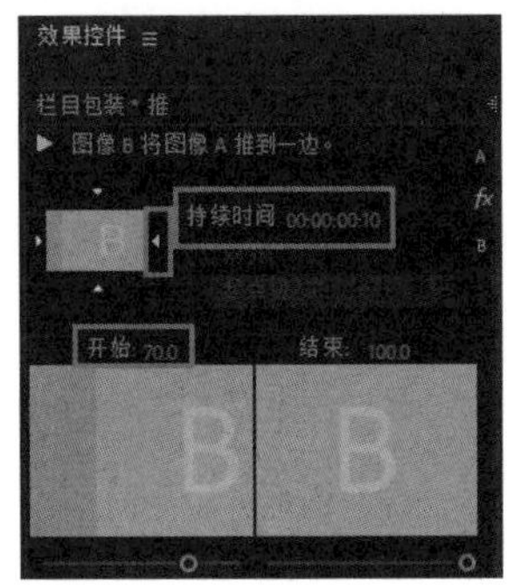

图 12-72

Step 04 激活【圆形】序列素材的【效果控件】面板，将当前时间指示器移动到 00:00:04:10 位置，打开【位置】和【缩放】的【切换动画】按钮，设置【位置】为（1280.0,360.0）、【缩放】为 180.0，如图 12-73 所示；再将当前时间指示器移动到 00:00:05:00 位置，设置【位置】为（640.0,360.0）、【缩放】为 370.0。

Step 05 将当前时间指示器移动到 00:00:02:20 位置，单击【时间轴】面板的空白处，执行【图形】>【新建图层】>【文本】菜单命令。在【节目】监视器面板中输入文本“海上冲浪 10:00AM”。

Step 06 激活【海上冲浪 10:00AM】文本素材的【基本图形】面板，设置【位置】为（1020.0,360.0）、【字体】为【Microsoft YaHei】、【字体样式】为【Bold】、【字体大小】为 40、【字距】为 0、【填充】颜色为（R:255, G:255, B:255），如图 12-74 所示。

图 12-73

图 12-74

Step 07 选择【海上冲浪 10:00AM】文本素材的入点，单击鼠标右键，选择【速度 / 持续时间】命令，设置效果的【持续时间】为 00:00:01:15。

Step 08 在【海上冲浪 10:00AM】文本素材的出点位置单击鼠标右键，选择【应用默认过渡】命令，设置效果的【持续时间】为 00:00:00:10，如图 12-75 所示。

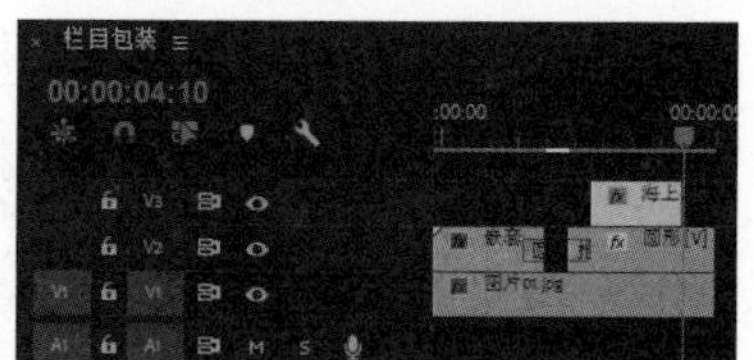
图 12-75

（4）制作片段二

Step 01 分别将【项目】面板中的【图片 02.jpg】和【背景颜色】素材，拖到视频轨道【V1】和【V2】的 00:00:05:00 位置，并将出点位置调整到 00:00:08:00，如图 12-76 所示。

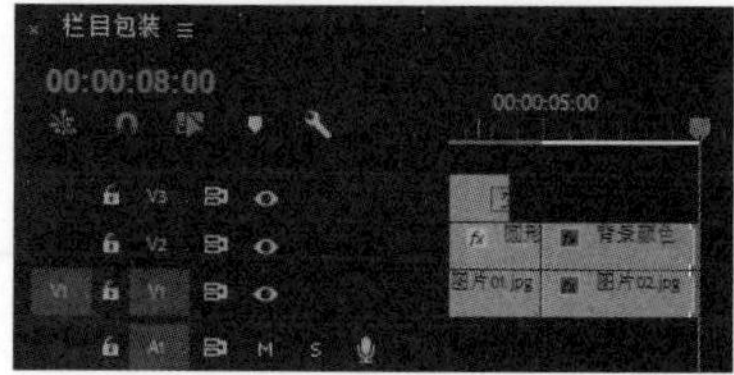
图 12-76

Step 02 激活【背景颜色】素材，然后双击【效果】面板中的【视频效果】>【生成】>【圆形】效果。

Step 03 激活【背景颜色】素材的【效果控件】面板，进行如下调整。

将当前时间指示器移动到 00:00:05:00 位置，打开【圆形】设置界面，激活【中心】和【半径】的【切换动画】按钮，设置【中心】为（640.0,360.0）、【半径】为 0.0，选择【反转圆形】复选框，设置【颜色】为（R:200，G:70，B:60）；

将当前时间指示器移动到 00:00:05:20 位置，设置【中心】为（1000.0,360.0）、【半径】为 600.0；

将当前时间指示器移动到 00:00:08:00 位置，设置【中心】为（640.0,360.0）、【半径】为 735.0；

复制 00:00:05:20 位置的【中心】和【半径】关键帧到 00:00:07:10 位置，如图 12-77 所示。

Step 04 复制素材。按住【Alt】键，拖动视频轨道【V3】上的【海上冲浪 10:00AM】文本素材到视频轨道【V3】的 00:00:05:20 位置，如图 12-78 所示。

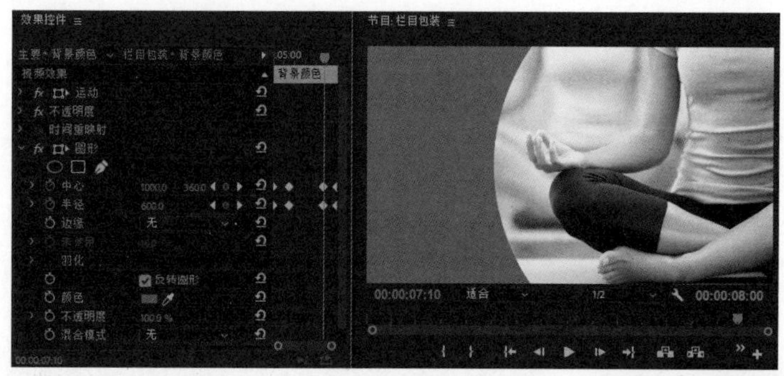
图 12-77

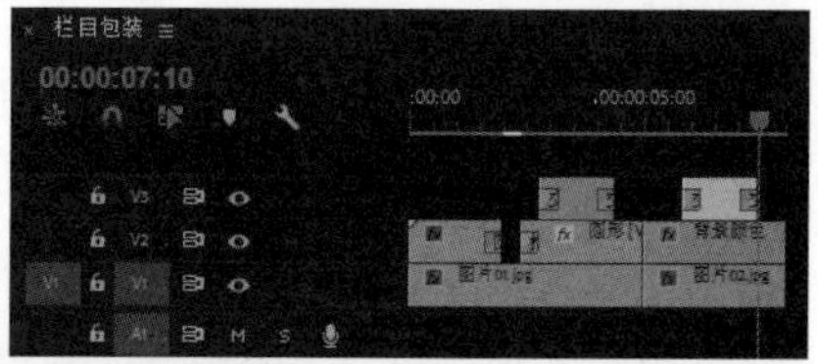
图 12-78

Step 05 修改文本。在【节目】监视器面板中，将文本修改为“养生瑜伽 11:00AM”。

Step 06 激活【养生瑜伽 11:00AM】文本素材的【效果控件】面板，设置其【变换】下的【位置】为（100.0, 360.0），如图 12-79 所示。

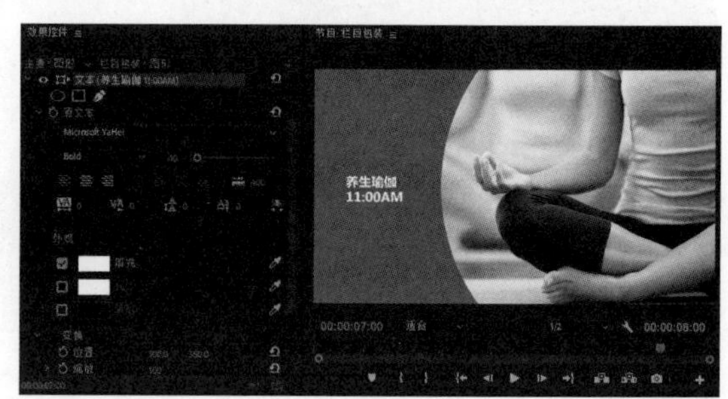

图 12-79

（5）制作片段三

Step 01 分别将【项目】面板中的【图片 03.jpg】和【圆形】序列素材，拖到视频轨道【V1】和【V3】的 00:00:08:00 位置。将【背景颜色】素材拖到视频轨道【V2】的 00:00:08:20 位置，并将出点调整到 00:00:11:15 位置，如图 12-80 所示。

Step 02 激活【效果】面板，将【视频过渡】>【擦除】>【径向擦除】过渡效果添加到视频轨道【V1】的 00:00:08:00 位置。

Step 03 单击素材上的【径向擦除】过渡效果，在【效果控件】面板中，设置【边缘选择器】为【自西北向东南】、【对齐】为【起点切入】，如图 12-81 所示。

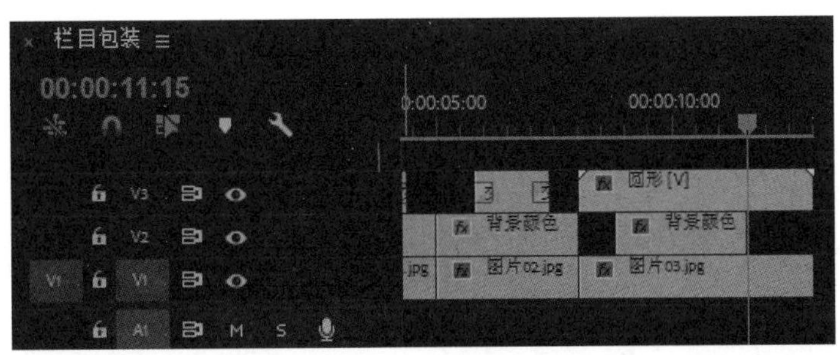

图 12-80

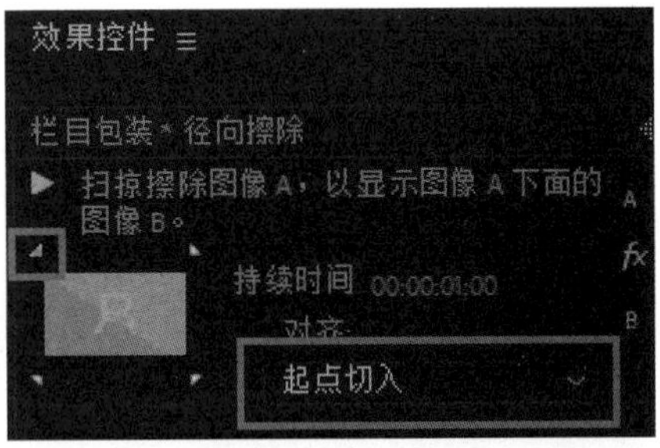

效果控件
栏目包装 * 径向擦除
扫掠擦除图像 A，以显示图像 A 下面的图像 B。
持续时间 00:00:01:00
对齐
起点切入

图 12-81

Step 04 激活视频轨道【V2】上【背景颜色】素材的【效果控件】面板，设置【位置】为（880.0，150.0），取消选择【等比缩放】复选框，设置【缩放高度】为 20.0、【缩放宽度】为 35.0，如图 12-82 所示。

Step 05 激活【效果】面板，将【视频过渡】>【擦除】>【划出】过渡效果添加到视频轨道【V2】上【背景颜色】素材的入出点位置。

Step 06 激活两个【划出】过渡效果，在【效果控件】面板中，分别设置【边缘选择器】为【自东向西】和【自西向东】，【持续时间】分别为 00:00:00:20 和 00:00:00:10。

Step 07 激活视频轨道【V3】上【圆形】序列素材的【效果控件】面板，将【效果】面板中的【视频效果】>【透视】>【投影】效果拖到【效果控件】面板中。

Step 08 在【效果控件】面板中，设置【方向】为 -90.0°、【距离】为 10.0、【柔和度】为 20.0，如图 12-83 所示。

图 12-82

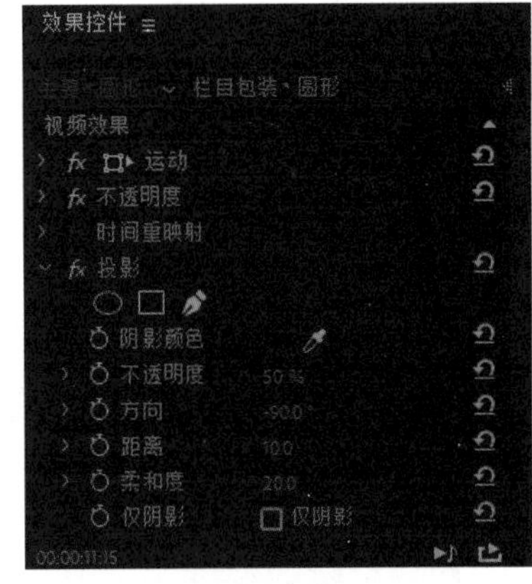

图 12-83

Step 09 继续激活视频轨道【V3】上【圆形】序列素材的【效果控件】面板，进行如下设置，如图 12-84 所示。

将当前时间指示器移动到 00:00:08:00 位置，打开【缩放】、【旋转】和【锚点】的【切换动画】按钮，设置【位置】为（1100.0,150.0）、【缩放】为 0.0、【旋转】为 0.0° 、【锚点】为（0.0，0.0）；

将当前时间指示器移动到 00:00:08:20 位置，设置【缩放】为 50.0、【旋转】为 2x0.0° 、【锚点】为（640.0，360.0）；

将当前时间指示器移动到 00:00:11:15 位置，设置【缩放】为 50.0；

将当前时间指示器移动到 00:00:12:03 位置，设置【缩放】为 0.0。

Step 10 复制素材。按住【Alt】键，将视频轨道【V3】上的【养生瑜伽 11:00AM】文本素材拖到视频轨道【V4】的 00:00:09:15 位置。

Step 11 修改文本。在【节目】监视器面板中，将文本修改为“雪地运动 11:30AM”。

Step 12 在【基本图形】面板中，设置【雪地运动 11:30AM】文本素材的【对齐并变换】的【位置】为（760.0，140.0），如图 12-85 所示。

图 12-84

图 12-85

（6）制作片尾

Step 01 将【项目】面板中的【背景颜色】素材拖到视频轨道【V1】的 00:00:12:15 位置，如图 12-86 所示。

Step 02 将当前时间指示器移动到 00:00:13:00 位置，单击【时间轴】面板的空白处，执行【图形】>【新建图层】>【文本】菜单命令。在【节目】监视器面板中输入文本“全民健身”。

Step 03 激活【全民健身】文本素材的【基本图形】面板，设置【位置】为（440.0,360.0）、【字体】为【Microsoft YaHei】、【字体样式】为【Bold】、【字体大小】为 100，居中对齐文本，设置【字距】为 0、【填充】颜色为（R:255，G:255，B:255），如图 12-87 所示。

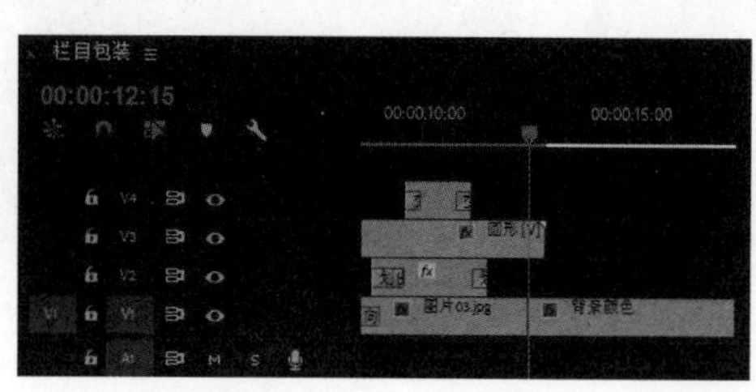

图 12-86

图 12-87

Step 04 在【基本图形】面板的【编辑】区域，复制【全民健身】文本素材。修改复制出的文本素材的【位置】为（850.0，360.0）、【填充】颜色为（R:255，G:220，B:0）。

Step 05 在【节目】监视器面板中，设置复制文本的内容为“你我同行”，如图 12-88 所示。

Step 06 将 00:00:13:00 位置右侧作为视频轨道【V2】素材的入点，单击鼠标右键，选择【应用默认过渡】命令，设置效果的【持续时间】为 00:00:00:10。

Step 07 激活【效果】面板，将【视频过渡】>【擦除】>【百叶窗】过渡效果添加到视频轨道【V1】的 00:00:12:15 位置。

Step 08 将【项目】面板中的【背景音乐.mp3】素材拖到音频轨道【A1】上，并将视频轨道素材的出点与其出点对齐，如图 12-89 所示。

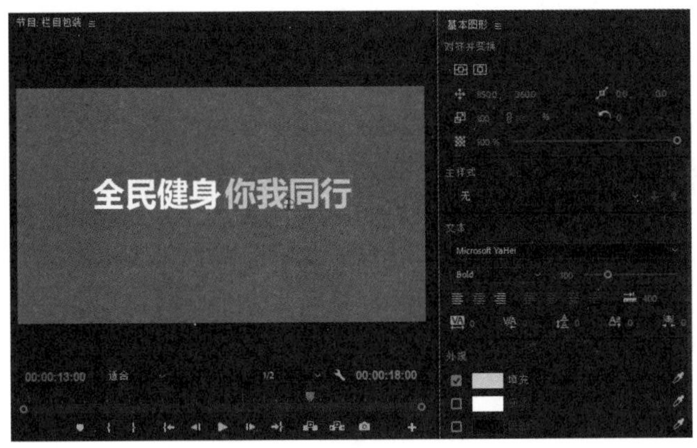

图 12-88

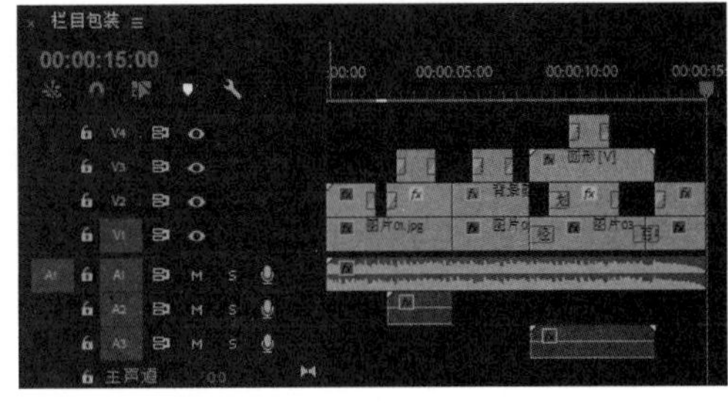

图 12-89

Step 09 在【节目】监视器面板中查看最终画面效果，如图 12-90 所示。

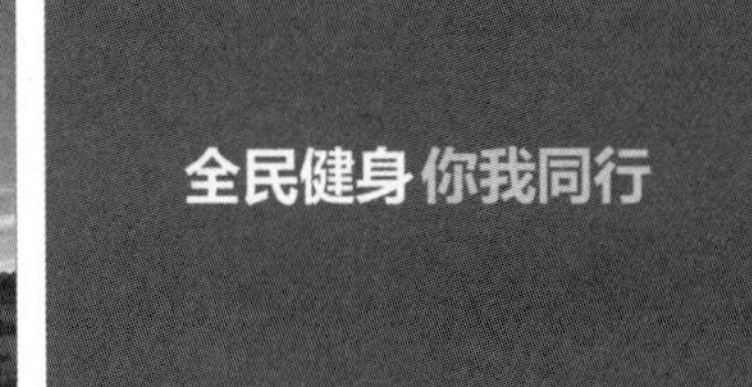

图 12-90

习题参考答案

第一章

一、选择题

1、A　2、A　3、C　4、B　5、D　6、D　7、C　8、D

二、填空题

1、像素（Pixel）　2、像素比　3、方形、矩形

4、720×576、1280×720、1400×1080、1920×1080　5、帧　6、帧频率　7、24fps、25fps

8、时间码　9、NTSC、PAL、SECAM　10、景别

三、简答题

1. JPEG 格式的基本概念。

JPEG(Joint Photographic Expert Group)是最常用的图像文件格式之一，由软件开发联合会组织制定，是一种有损压缩格式，能够将图像压缩在很小的储存空间中。JPEG 格式是目前网络上最流行的图像格式，可以把文件压缩到最小，就是用最少的磁盘空间得到较好的图像品质。

2. AVI 格式的基本概念。

AVI（Audio Video Interleaved）即音频视频交错格式，是将语音和影像同步组合在一起的文件格式。通常情况下，一个 AVI 文件里会有一个音频流和一个视频流。AVI 格式文件是 Windows 操作系统上最基本的，也是最常用的一种媒体文件格式文件。AVI 文件作为主流的视频文件格式之一，被广泛应用在影视、广告、游戏和软件等领域，但由于该文件格式占用内存较大，经常需要进行一些压缩。

3. MP3 格式的基本概念。

MP3（PEG Audio Player3）是 MPEG 标准中的音频部分，也就是 MPEG 音频层。MP3 格式采用保留低音频、高压高音频的有损压缩模式，具有 10 ： 1 ~ 12 ： 1 的高压缩率，因此 MP3 格式文件体积小、音质好，成为较流行的音频格式。

第二章

一、选择题

1、B　2、D　3、D　4、A　5、B　6、A　7、B　8、D　9、B　10、C

二、填空题

1、文件、编辑、剪辑、序列、标记、图形、窗口、帮助　2、文件　3、剪辑

4、基本图形　5、效果

三、简答题

1. 比较【效果】面板和【效果控件】面板在功能上的区别。

【效果】面板是提供音视频特效和过渡特效的功能面板。

【效果控件】面板是显示素材固有的效果属性，并且可以设置属性参数变化，从而产生动画效果的功能面板。

【效果】面板主要用来提供效果，而【效果控件】面板则主要用来编辑效果。

2. 比较【源监视器】面板和【节目监视器】面板在功能上的区别。

【源监视器】面板主要用于预览素材，设置素材的入点和出点，以方便剪辑。

【节目监视器】面板主要用于显示【时间轴】中的编辑效果。

【源监视器】面板主要是对原始素材的剪辑预览，而【节目监视器】面板则主要是对序列效果的编辑预览。

3. 比较【参考监视器】面板和【节目监视器】面板在功能上的区别。

【参考监视器】面板相当于一个辅助监视器，多与【节目监视器】面板比较查看序列的图像信息。

【节目监视器】面板主要用于显示【时间轴】中的编辑效果。

【参考监视器】面板主要用来监视，而【节目监视器】面板除了用来监视效果，还可以进行序列剪辑。

第三章

一、选择题

1、C　2、B　3、D　4、C　5、A

二、填空题

1、项目　　2、节目监视器　　3、列表视图　　4、颜色　　5、自动匹配到序列

三、简答题

1、列出常用的导入素材的 4 种方法。

（1）使用【文件】菜单导入素材。

（2）使用【媒体浏览器】面板导入素材。

（3）使用【项目】面板导入素材。

（4）将素材直接拖进【项目】面板中。

2、【移除未使用资源】命令的作用是什么？如何操作。

执行【移除未使用资源】命令，可以移除【项目】面板中未使用的素材，简化素材选择，方便管理，同时也减轻操作压力。

执行【编辑】菜单下的【移除未使用资源】命令，即可移除未使用素材。

四、案例习题

（略）

第四章

一、选择题

1、C　　2、B　　3、D　　4、A　　5、B

二、填空题

1、音视频　　2、音频、视频　　3、[V]　　4、解组　　5、缩放为帧大小

三、简答题

1、写出 3 种水平查看【时间轴】面板中未显示素材序列的方式。

（1）使用鼠标滚轮。滚动鼠标滚轮，就可水平滚动序列，查看未显示的序列了。

（2）使用键盘快捷键。使用【Page Up】（上页）键或【Page Down】（下页）键，可以使序列显示区域向左移动，或者向右移动。

（3）使用缩放滚动条。向左或向右拖动缩放滚动条，可以使序列显示区域向左移动，或者向右移动。

2、写出 3 种根据指定素材创建新序列的方法。

（1）选择指定素材，执行【文件】>【新建】>【序列来自素材】菜单命令。

（2）选择指定素材，执行右键快捷菜单中的【由当前素材新建序列】命令。

（3）将素材拖至【项目】面板中的【新建项目】按钮上。

3、写出 4 种将素材添加到序列中的方法。

（1）将素材从【项目】面板或【源监视器】面板中，拖到【时间轴】面板或【节目监视器】面板中。

（2）使用【源监视器】面板中的【插入】和【覆盖】按钮，将素材添加到【时间轴】面板中，或者使用与这些按钮相关的键盘快捷键。

（3）将素材在【项目】面板中自动组合序列，可以使用右键快捷菜单中的【由当前素材新建序列】命令。

（4）将来自【项目】面板、【源监视器】面板或【媒体浏览器】面板中的素材，拖到【节目监视器】面板中。

四、案例习题

（略）

第五章

一、选择题

1、A　　2、B　　3、C　　4、D　　5、B

二、填空题

1、时间标尺　　2、当前时间指示器　　3、当前时间显示　　4、持续时间显示　　5、添加标记

三、简答题

1、【插入】和【覆盖】命令的区别。

单击【插入】按钮，在【时间轴】面板中将素材添加到当前时间指示器的右侧。【时间轴】面板中原有的素材将会在所在的位置分成两部分，右侧部分的素材移动到插入素材之后。【时间轴】上原有素材的时长和内容没有发生改变，只是位置变化了。

单击【覆盖】按钮，在【时间轴】面板中将素材添加到当前时间指示器的右侧，并替换相同时间长度的原有素材。【时间轴】上原有素材的位置没有变化，只是时长和内容被裁剪了。

主要区别在于操作后当前时间指示器右侧的素材是位置发生变化，还是被相应的裁剪了。

2、【提升】命令和【提取】命令的区别。

【提升】命令是将序列内的选中部分删除，但被删除素材右侧的素材时间和位置不会发生改变，只是在序列中留出了删除素材的空间。

【提取】命令是将序列内的选中部分删除，同时被删除素材右侧的素材会向左移动，移动到入点的位置，相当于素材被删除后又执行了波纹删除操作。

主要的区别在于操作后被删除素材右侧的素材位置是否发生变化。

3、外滑工具和内滑工具的区别。

外滑工具用于改变素材的入点和出点，而序列总长度保持不变，且相邻素材不受影响。

内滑工具用于改变相邻素材的入点和出点，也改变自身在序列中的位置，而序列总长度保持不变。

主要的区别在于操作后相邻的素材是否受到影响，自身在序列中的位置是否发生改变。

四、案例习题

（略）

第六章

一、选择题

1、B　2、A　3、C　4、B　5、B

二、填空题

1、线性、缓入　2、位置、缩放、旋转　3、等比缩放　4、不透明度　5、正常、溶解

三、简答题

1、写出 3 种删除关键帧的方法。

（1）选择要删除的关键帧，然后按键盘上的【Delete】键。

（2）在弹出的右键快捷菜单中选择【清除】命令，即可完成删除关键帧的操作。

（3）将当前时间指示器移动到关键帧上，然后单击【添加 / 移除关键帧】按钮，即可完成删除关键帧的操作。

2、【混合模式】属性中的比较模式组包含哪些混合模式？各自混合的原理是什么？

比较模式组中的混合效果就是比较当前图层素材与下层图层素材的颜色来产生差异效果。包括【差值】、【排除】、【相减】和【相除】4 种模式。

【差值】模式是查看每个通道中的颜色信息，并从基础颜色中减去混合颜色，或者从混合颜色中减去基础颜色，具体取决于哪个颜色的亮度值更高。与白色混合将反转基础颜色值；与黑色混合则不产生变化。

【排除】模式与差值模式非常类似，只是对比度效果较弱。与白色混合将反转基础颜色值；与黑色混合则不产生变化。

【相减】模式是查看每个通道中的颜色信息，并从基础颜色中减去混合颜色。

【相除】模式是将基础颜色与混合颜色相除，结果颜色是一种明亮的效果。任何颜色与黑色相除都会产生黑色，与白色相除都会产生白色。

四、案例习题

（略）

第七章

一、选择题

1、C　2、B　3、A　4、C　5、D

二、填空题

1、效果　2、【垂直翻转】、【水平翻转】　3、【水平翻转】　4、【高斯模糊】　5、过渡

三、简答题

1、Premiere Pro CC 软件与 Photoshop CC 软件中的视频效果在操作上有什么不同？

Premiere Pro CC 与 Photoshop CC 都为 Adobe 公司旗下的主流软件，所以功能及操作很相似。但有所不同的是，Photoshop CC 软件中的视频效果是对图像进行效果处理，而 Premiere Pro CC 主要是对动态视频影像进行效果处理，一个素材是静态的，一个素材是动态的。

2、常用的添加视频效果的方法有哪 3 种？

（1）将选中的视频效果拖到序列中的素材上。

（2）将选中的视频效果拖到素材的【效果控件】面板中。

（3）选中素材后，双击需要的视频效果。

四、案例习题

（略）

第八章

一、选择题

1、A　　2、C　　3、B　　4、A　　5、D

二、填空题

1、效果控件　　2、起点切入、终点切入　　3、菱形划像　　4、3D 运动　　5、圆划像

三、简答题

1、Premiere Pro CC 中的视频效果与视频过渡效果，在操作上有什么不同？

Premiere Pro CC 中的视频效果与视频过渡效果是有区别的，虽然应用有些效果后的画面效果相同，但在制作技巧上略有不同。前者是对单个视频素材进行效果变化处理，后者主要是对两个视频素材之间的过渡效果进行处理。

2、列举出 5 种常用的调整视频过渡效果持续时间的方法。

（1）在【效果控件】面板中，直接修改数值，或者滑动鼠标左键改变数值。

（2）【效果控件】面板上过渡效果的边缘，以改变过渡效果的持续时间。

（3）拖动【时间轴】面板上过渡效果的边缘，以加长或缩短过渡效果的持续时间。

（4）在【时间轴】面板中的过渡效果中单击鼠标右键，在右键快捷菜单中选择【设置过度持续时间】命令。

（5）双击【时间轴】面板上的过渡效果，在弹出的【设置过度持续时间】对话框中，修改持续时间。

四、案例习题

（略）

第九章

一、选择题

1、A　　2、B　　3、C　　4、B　　5、C

二、填空题

1、音频　　2、人声、音效、音乐　　3、立体声　　4、静音　　5、平衡

三、简答题

1、列举 3 种常用的添加音频效果的方法

（1）将效果拖到素材上。

（2）将效果拖到【效果控件】面板上。

（3）选中素材后，双击需要的音频效果。

2、简述什么是音频过渡。

音频过渡又称为音频切换，是音频与音频之间的过渡衔接。音频过渡是指前一个音频逐渐减弱，后一个音频逐渐增强的过程。音频过渡效果主要用于调整音频素材之间的音量变化，从而产生过渡效果。

3、列举 5 种常用的调整音频过渡效果持续时间的方法。

（1）在【效果控件】面板中，直接修改数值，或者滑动鼠标左键改变数值。

（2）拖动【效果控件】面板上过渡效果的边缘，以改变过渡效果的持续时间。

（3）拖动【时间轴】面板上过渡效果的边缘，以加长或缩短过渡效果的持续时间。

（4）在【时间轴】面板中的过渡效果上单击鼠标右键，在右键快捷菜单中选择【设置过度持续时间】命令。

（5）双击【时间轴】面板上的过渡效果，在弹出的【设置过度持续时间】对话框中，修改持续时间。

四、案例习题

（略）

第十章

一、选择题

1、A　2、D　3、B　4、C　5、A

二、填空题

1、文字工具、垂直文字工具　2、来自文件　3、主样式　4、项目　5、编辑

三、简答题

1、如何将图形或文本元素升级为主图形。

选择需要升级的图形或文本元素，然后执行【图形】>【升级为主图】菜单命令，即可将其升级为主图形。

2、如何制作诗歌的滚动字幕。

（1）可以先将诗歌的背景图片导入【时间轴】面板中的视频轨道【V1】中。

（2）添加字幕图层，在【节目监视器】中编辑诗歌内容。

（3）在【基本图形】或【效果控件】面板中，对文本进行调整。

（4）在【基本图形】面板的【编辑】选项卡中，选中【滚动】复选框，即可生成诗歌的滚动字幕了。

四、案例习题

（略）

第十一章

一、选择题

1、A　2、C　3、D　4、C　5、B

二、填空题

1、导出为序列　2、输出名称　3、导出视频　4、注释　5、摘要

三、简答题

1、简述在影视作品中输出单帧图像文件时，都需进行哪些设置。

（1）将影视作品素材导入【时间轴】面板。

（2）将当前时间指示器移动到需要输出图像的位置。

（3）在【导出设置】对话框中，设置【格式】为图片格式，单击【输出名称】里的文件名称，选择文件的输出位置，设置名称。

（4）在【视频】选项卡中取消选中【导出为序列】复选框，最后单击【导出】命令。

2、简述在影视作品中输出音频格式文件时，都需进行哪些设置。

（1）将影视作品素材导入【时间轴】面板。

（2）选择要输出的片段。

（3）激活【时间轴】面板，执行【文件】>【导出】>【媒体】菜单命令。

（4）在【导出设置】对话框中，设置【格式】为音频格式，单击【输出名称】里的文件名称，选择文件的输出位置，设置名称，再单击【导出】命令。

四、案例习题

（略）